電動汽機車

李添財　編

U0068893

全華圖書股份有限公司

序

電動汽車早於一百年前汽油車未問世前就被利用於交通工具。可是自從汽油車日益發達，進步迅速，電動汽車因續航里程太短而被淘汰。但是自從 1970 年第一次石油危機後，因估計地球所能開採的石油儲藏量不多，可能再過35年後能源枯竭，就無石化燃料可供使用於交通工具。

又從廿世紀末葉，環保運動的推行，尤其是綠色組織的興起，在世界各國獲得共識後，均對環保工作的努力不遺餘力。環保工作中以空氣污染排爲首要嚴格執行項目。而空氣污染的原兇，以汽車排放廢氣爲首要罪狀。所以世界各國的汽車生產國，均爲了節省能源及防止空氣污染而投入鉅資，研發替代燃料汽車及低污染車。低污染車的低公害車，目前研發出來的有甲醇汽車、酒精汽車、天然瓦斯(LNG 及 CNG)車、液化石油氣(LPG)車及氫氣車(以上爲替代燃料車)外，有電動汽車及太陽能汽車等多種。低公害車之電動汽車及太陽能汽車幾乎可以稱爲零污染車(ZEV：zero emission vehicle)。

本書是專爲電動汽車、太陽能車、電動機車及自行車，依筆者所蒐集資料，不問國別，作深入的介紹，提供讀者多認識零污染車等，對環保有貢獻的交通工具，提供汽車界同好參考，以利循此世界趨勢發展零污染車即電動汽車，早日在台灣問世以確保低污染之空氣品質，爲台灣二千三百萬人民而努力。

美國加州爲了改善空氣污染在 1990 年導入了低公害車普及規則。其規則亦含無公害車之導入計劃。並要求加州的汽車製造廠商 1998 年至2000年要生產銷售量的2%，2001年至2002年生產銷售量的5%，2003年以後爲10%之電動汽車。

日本對電動汽車亦積極研發中，從1991年3月開始推出後，不論電動汽車或替代燃料車，其普及程度可圈可點。統計至2002年3月的普及情形；電動車772輛，混合型車50,566輛，合計51,338輛，其他替代燃料車CNG車5,928輛，LPG車288,108輛，甲醇車234輛，合計294,270輛。其積極研發程度及成績實可供我國借鏡。

電動汽車的重要性能在於一次充電後的續航里程，其未能普及的原因即在於此。但今已研發出燃料電瓶(FC)，不過成本尙高，如能克服製造成本，則普及率指日可待，但仍然與汽油車一樣，有燃料用盡時同樣續航里程受限制。然而今有華太能源開發公司發明風力發電，可使用於任何交通工具。如此，則不使用昂貴的燃料電瓶，僅使用鉛電瓶，在行車中由氣流不斷供應風力發電機之發電來向電瓶充電，則電瓶不論何時皆能充滿電力備用，隨時都有足夠的電力來驅動車輛。此風力發電裝置若能早日量產提供車輛使用，則我國之電動汽機車甚至自行車之電動化之普及，則指日可待也。

「南台科技大學在第七屆世界太陽能車挑戰賽榮獲第七名，不但是該校的榮譽，也是我國的榮耀，特此提出祝賀之意。」

在蒐集我國電動汽機車資料時期，承蒙南台科技大學艾和昌博士，統一工業公司侯宗仁先生，台灣區車輛工業同業公會王嘉生先生等及清華大學周卓煇教授等從中協助提供寶貴資料，於此出版之際，敬向四位先生致十二萬分之謝意。期望本書對我國之電動汽機車及自行車之發展有所貢獻。筆者才疏學淺諒必尙有疏漏之處，敬祈諸位先進不吝指正。

李添財　謹識於台南

編輯部序

「系統編輯」是我們的編輯方針，我們所提供給您的，絕不只是一本書，而是關於這門學問的所有知識，它們由淺入深，循序漸進。

環境的污染及環保意識抬頭，其中環境污染最大元兇爲汽車的廢氣污染，世界各國均爲節省能源及防止空氣污染，紛紛研究發展替代燃料及低污染車，低污染車又以電動汽機車爲代表，譯者有鑑於此：蒐集各國電動汽車、太陽能車、電動機車及自行車有關資料予以翻譯成中文，以提供電動汽機車電子的技術。內容分十四章來介紹，主要重點介紹在電動汽車的能量效率、驅動成式、電瓶應用、行車性能分析、馬達控制器等詳盡介紹。相信在別本相關書籍裏並未有如此詳細的介紹，本書適合大學、科大車輛工程學相關科系輔修教材及對電動汽機車有興趣的汽車界人士閱讀。

同時，爲了使您能有系統且循序漸進研習相關方面的叢書，我們以流程圖方式，列出各有關圖書的閱讀順序，以減少您研習此門學問的摸索時間，並能對這門學問有完整的知識。若您在這方面有任何問題，歡迎來函連繫，我們將竭誠爲您服務。

相關叢書介紹

書號：0587301
書名：汽車材料學(第二版)
編著：吳和桔
16K/552 頁/580 元

書號：06234
書名：汽車原理
編著：黃靖雄.賴瑞海
16K/528 頁/500 元

書號：0618002
書名：車輛感測器原理與檢測(第三版)
編著：蕭順清
16K/224 頁/300 元

書號：0609602
書名：油氣雙燃料車 – LPG 引擎
編著：楊成宗.郭中屏
16K/248 頁/333 元

書號：0507401
書名：混合動力車的理論與實際(修訂版)
編著：林振江.施保重
20K/288 頁/350 元

書號：0395002
書名：現代汽車電子學(第三版)
編著：高義軍
16K/776 頁/680 元

書號：0155601
書名：汽車感測器原理(修訂版)
編著：李書橋.林志堅
20K/288 頁/250 元

◎上列書價若有變動，請以最新定價為準。

流程圖

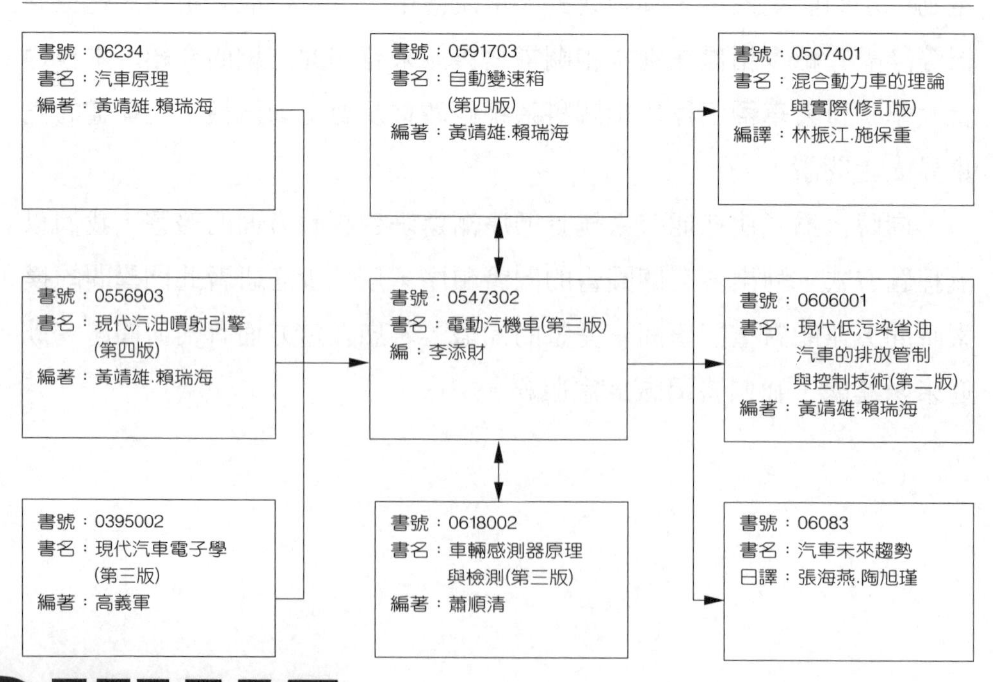

目錄 CONTENTS

1 章　汽車之發展史 1-1

1-1　前　言 1-1

1-2　汽油車之發展簡史 1-2

1-3　電動汽車之發展史 1-4

1-4　低公害車 1-5

1-4-1　前　言 1-5

1-4-2　低公害車 1-6

1-4-3　低公害車之種類 1-6

2 章　電動汽車之研發情形 2-1

2-1　日本的研發情形 2-1

2-1-1　第一階段之研發情形 2-1

2-1-2　第二階段的研發情形 2-3

2-2　美國電動汽車之發展簡史 2-5

2-3　歐洲電動汽車之發展簡史 2-6

2-3-1　法　國 2-7

2-3-2　德　國 2-8

2-4　中華民國 2-8

3 章　電動汽車之構造 3-1

3-1　電動汽車之基本構造 3-2

3-1-1　動力源 3-2

3-1-2　底　盤 3-3

3-1-3　車　身 3-3

3-2　動力馬達 3-4

3-3　電　瓶 3-4

3-3-1　一般車輛用電瓶 3-4

3-3-2　電動汽車用電瓶 3-4

3-3-3　電瓶的種類 3-5

3-4　驅動方式 3-5

3-5　剎車回生能量裝置 3-6

3-6　電力容量計 3-7

3-7　冷房設備 3-7

4 章　電動汽車之能量效率 4-1

4-1　前　言 4-1

4-1-1　電動汽車對環保的優缺點 4-1

4-1-2　電動汽車對技術上及經濟上的優缺點 4-3

4-2　電動汽車與內燃機引擎車之比較 4-4

4-2-1　能量效率被誤解比汽油車差的原因 4-4

4-2-2　能量效率之比較 4-5

4-2-3　燃料費的比較 4-6

4-3　混合型車與燃料電瓶車的比較 4-7

4-3-1　混合型車之種類 4-7

4-3-2　混合型車之比較 4-7

4-3-3 燃料電瓶車 4-8

4-4 汽油與電瓶之能量密度 4-8

4-4-1 前 言 4-8

4-4-2 能量密度之比較 4-9

4-4-3 燃料容積之比較 4-10

4-4-4 動力源之能量效率..4-10

4-4-5 可有效利用之能量比較 4-10

5 章 電動汽車之驅動方式 5-1

5-1 汽油車的行車性能曲線 5-2

5-1-1 汽油車須要變速箱..5-2

5-1-2 車輛特性之行駛性能曲線 5-2

5-2 迴轉部分相當重量..5-4

5-2-1 迴轉部分相當重量和齒輪比的二次方成比例..........................5-4

5-2-2 馬達的轉子慣性力距比較大...5-5

5-3 電動汽車可不使用變速箱 5-5

5-4 電動汽車亦可不使用差速箱...5-6

5-4-1 可利用改變馬達的轉速以控制扭力變動 5-6

5-4-2 左右輪的扭力差可由輪胎的抓地力吸收 5-7

5-5 電動汽車的驅動方式...5-8

5-5-1 引擎和馬達的扭力特性 5-8

5-5-2 電動汽車的驅動方式...5-9

5-6 驅動方式之優劣點..5-12

5-6-1 傳統方式 5-12

5-6-2 無變速箱方式..5-15

5-6-3 無差速箱方式..5-15

5-6-4 輪內方式 5-17

5-6-5 本田公司的輪內方式驅動裝置 5-17

6 章 電動汽車用電瓶 6-1

6-1 概 述 6-1

6-1-1 前 言 6-1

6-1-2 電瓶的分類 6-2

6-2 電動汽車用電瓶性能的評估 6-3

6-2-1 概 述 6-3

6-2-2 電瓶性能或特性評估 6-3

6-2-3 發展目標 6-4

6-3 電動汽車用電瓶之性能 6-5

6-3-1 電瓶的放電特性 6-5

6-3-2 安培小時電容量 6-7

6-3-3 電瓶的能量密度 6-9

6-3-4 電瓶的輸出力(功率)密度 6-9

6-3-5 電瓶的壽命 6-10

6-3-6 其他重要特性 6-12

6-4 電動汽車用電瓶 6-13

6-4-1 研發中的電瓶 6-13

6-4-2 鉛(酸)電瓶 6-16

6-4-3 鎳-鎘(Ni-Cd)電瓶 6-18

6-4-4 鈉-硫磺(Na-S)電瓶 6-19

6-4-5 鎳-氫電瓶 6-20

6-4-6 鋰離子電瓶 6-22

6-4-7 飛輪電瓶 6-27

6-4-8 錳-鋰電瓶及電容器電瓶 6-27

6-4-9 電瓶的製造成本及技術規格 6-30

6-4-10 燃料電瓶 6-32

6-5 燃料電瓶的發電原理 6-36

6-5-1 前　言 6-36

6-5-2 燃料電瓶的構造 6-36

6-5-3 燃料電瓶的燃料 6-40

6-5-4 燃料電瓶的發電原理 6-46

6-6 電動汽車用電瓶未來的發展趨勢 6-47

6-6-1 各型電瓶的性能比較 6-47

6-6-2 未來的發展趨勢 6-48

6-7 電瓶充電 6-49

6-7-1 前　言 6-49

6-7-2 充電方法 6-50

6-7-3 電瓶的充電特性 6-54

7 章 電動汽車之行車性能 7-1

7-1 前　言 7-1

7-2 滾動阻力 7-2

7-2-1 滾動阻力的主因為輪胎 7-2

7-2-2 滾動阻力與前輪校正 7-4

7-2-3 滾動阻力和碟式煞車 7-5

7-2-4 軸承的滾動摩擦阻力 7-5

7-2-5 護油圈也有滾動摩擦阻力 7-6

7-3 車輛重量 7-6

7-3-1 小型車的重量分析 7-6

7-3-2 車體強度與材質及形狀有關 7-7

7-3-3 材料強度間接影響行車性能 7-9

7-4 空氣阻力 7-11

7-4-1 空氣阻力與速度的二次方成比例 7-11
7-4-2 降低空氣阻力的方法 7-12
7-4-3 空氣阻力係數與形狀及空氣動力零件有關 7-13
7-5 全部行駛阻力 7-13
7-5-1 行駛阻力隨速度而增加 7-13

8 章 馬達及控制器 8-1

8-1 前　言 8-1
8-2 馬達的基本構造 8-2
8-2-1 馬達的原理及構造 8-2
8-2-2 馬達的種類及特徵 8-5
8-2-3 直流馬達與交流馬達 8-6
8-3 電動汽車用各種馬達 8-13
8-3-1 直流串聯馬達 8-13
8-3-2 直流並聯馬達 8-14
8-3-3 感應式馬達 8-14
8-3-4 DC 無刷馬達 8-15
8-4 馬達控制器 8-16
8-4-1 概　述 8-16
8-4-2 斬波器 8-17
8-4-3 反相器 8-19
8-5 馬達用磁鐵 8-21
8-5-1 稀土類磁鐵的開發 8-21
8-5-2 減磁曲線之用途 8-22
8-5-3 稀土類磁鐵之性能比較 8-22
8-6 馬達之性能 8-24
8-6-1 扭力和迴轉數之關係 8-24

8-6-2 扭力和電流之關係..8-25
8-6-3 馬達之銅、鐵損失..8-26
8-6-4 馬達總效率之評估..8-28
8-7 電動汽車所要求的馬達性能..8-29
8-8 控制器用元件..8-29
8-8-1 新元件之研發..8-29
8-8-2 控制器元件之性能..8-30
8-8-3 元件性能之比較..8-31
8-9 回生制動裝置..8-31
8-9-1 回生制動為電動汽車之最大特徵..................................8-31
8-9-2 回生煞車裝置之電路..8-32
8-10 弱場磁..8-34
8-10-1 提高最高速度用之弱場磁..8-34
8-10-2 弱場磁特性..8-34

9 章 電動汽車之輔助機件..9-1

9-1 電力容量計(錶)..9-1
9-1-1 前 言..9-1
9-1-2 電解液比重量測法..9-2
9-1-3 利用電瓶電壓求出之方法..9-2
9-1-4 高精度化的容量計..9-3
9-2 空氣調節器..9-3
9-2-1 概 述..9-3
9-2-2 空氣調節器之性能係數..9-4
9-2-3 引擎車專用空氣調節器效率低....................................9-5
9-2-4 停車時不斷換氣即可免冷氣機作動............................9-6
9-2-5 運轉時所需之冷房動力..9-6

9-2-6 冷氣機降低消耗能量之方法......9-7
9-2-7 暖房用能量比冷房低......9-8
9-3 動力制動(煞車)......9-9
9-4 動力轉向機......9-10
9-4-1 概 述......9-10
9-4-2 電動汽車亦須有動力轉向機之配備......9-10

10章 電動汽車之基層建設......10-1

10-1 概 述......10-1
10-2 充電機......10-2
10-2-1 充電機之種類......10-2
10-2-2 充電要領......10-3
10-3 充電系統......10-3
10-3-1 宜選擇非尖峰時段的夜間充電......10-3
10-3-2 利用快速充電之方法......10-4
10-3-3 裝載備用電瓶......10-5
10-3-4 電瓶更換方式......10-6
10-3-5 航程伸長機(引擎發電機)......10-6
10-4 充電管理系統......10-8
10-4-1 以夜間剩餘電力即有充分發電能力......10-8
10-4-2 電力分配之平衡化極為重要......10-10
10-5 材料之再循環系統......10-11
10-5-1 電瓶再循環系統......10-11
10-5-2 車身再循環系統......10-12
10-5-3 理想之再循環系統......10-12
10-6 修護系統......10-13

11 章　電動汽車之發展狀況 11-1

11-1　概　述 11-1

11-1-1　美國之概況 11-1

11-1-2　日本之概況 11-2

11-1-3　歐洲之概況 11-2

11-2　美國之電動汽車發展狀況 11-3

11-2-1　通用汽車公司推出了 ZEV 車 11-3

11-2-2　美國本田公司出售 CUV-4 電動汽車 11-12

11-2-3　福特公司之電動汽車 11-12

11-2-4　克萊斯勒展出迷你旅行車 11-16

11-3　日本之電動汽車發展情況 11-16

11-3-1　概　述 11-16

11-3-2　IZA 車 11-17

11-3-3　RAV4L 電動汽車 11-30

11-3-4　CUV-4 電動汽車 11-38

11-3-5　慶應大學的高級廂型電動汽車“KAZ” 11-42

11-3-6　馬自達 11-45

11-3-7　迷你電動汽車 11-48

11-3-8　其他電動汽車 11-54

11-3-9　燃料電瓶電動汽車 11-56

11-3-10　混合型電動汽車 11-64

11-4　歐洲各國之電動汽車發展情況 11-112

11-4-1　歐洲的電動汽車開發狀況 11-112

11-4-2　法國的電動汽車 11-113

11-4-3　瑞典的電動汽車 11-122

11-4-4　德國的電動汽車 11-130

11-4-5　使用空氣動力的法國計程車 11-140

11-5 中華民國電動汽車之發展 11-141
11-5-1 前　言 11-141
11-5-2 電動汽車之發展簡史 11-142
11-5-3 電動汽車之性能 11-142
11-5-4 電瓶之研發 11-148
11-5-5 燃料電瓶 11-151
11-5-6 未來電動汽車之發展趨勢 11-153
11-5-7 我國的低污染公車之營運概況 11-153
11-5-8 結　語 11-155
11-5-9 華太能源開發公司的電動車用風力發電裝置 11-155

12章 太陽能汽車 12-1

12-1 前　言 12-1
12-2 太陽能之汽車世界 12-2
12-2-1 陽光變為電能之效率不到 20% 12-2
12-2-2 到實用化尚要一段距離 12-3
12-3 在“能登”舉辦太陽能汽車長途賽車 12-5
12-4 太陽能汽車之機構 12-10
12-4-1 效率良好與輕量化之重點 12-11
12-4-2 太陽能汽車的底盤與車體 12-14
12-4-3 結　語 12-17
12-5 優異的太陽能汽車 12-20
12-5-1 本田幻想號 12-20
12-5-2 日產 Sun Farvor 12-23
12-5-3 Kyocera 太陽之子 12-26
12-6 何謂太陽能電池 12-28
12-6-1 地球上的自然現象要靠太陽 12-28

12-6-2 為何有陽光車輛就能動？ 12-29
12-6-3 太陽能電池的顏色是灰色 12-30
12-6-4 單晶體及多晶體 12-31
12-7 鈴鹿賽車雜感 12-33
12-7-1 太陽能汽車有生存空間 12-34
12-7-2 並非“閒遊”的鈴鹿賽車 12-35
12-8 更進步的太陽能汽車 Kyocera“SCV-3” 12-36
12-9 中華民國之太陽能車 12-37
12-9-1 前　言 12-37
12-9-2 南台科大太陽能車發展歷程 12-38
12-9-3 計畫緣由與目的 12-40
12-9-4 車　體 12-41
12-9-5 懸　吊 12-42
12-9-6 轉　向 12-43
12-9-7 煞　車 12-43
12-9-8 太陽能板(動力系統) 12-44
12-9-9 馬　達 12-45
12-9-10 車　身 12-45
12-9-11 第四代阿波羅四號太陽能車 12-47
12-9-12 成功完成了世界太陽能車挑戰賽 12-48
參考文獻 12-50

13章 未來車探討 13-1

13-1 未來汽車技術之關鍵 13-1
13-1-1 關鍵在於安樂 13-1
13-1-2 車輛永久的課題是“環境保護”和“安全” 13-2
13-1-3 環境保護性能 13-3

13-1-4　提高車輛本體的效率......13-3
13-1-5　零污染車之實現......13-4
13-1-6　移動效率之提高......13-5
13-1-7　安全性能......13-6
13-1-8　近期及未來車......13-9

13-2　廿一世紀的汽車發展探討......13-10
13-2-1　再循環......13-10
13-2-2　保修方面......13-10
13-2-3　安全性......13-11

14章　電動機車及自行車......14-1

14-1　日本電動機車......14-1
14-1-1　電動機車之先驅者(pioneer)——東京研究發展部......14-1
14-1-2　ES 600 電動機車......14-2
14-1-3　本田汽車公司之電動機車......14-5

14-2　中華民國—電動機車......14-9
14-2-1　前　言......14-9
14-2-2　電動機車的發展簡史......14-9
14-2-3　新購電動機車之補助......14-14
14-2-4　電動機車之性能......14-19
14-2-5　電動機車之發展趨勢......14-19
14-2-6　空氣汙染問題......14-25
14-2-7　電動機車用電瓶......14-28
14-2-8　電動機車(F-21 型)實車介紹......14-34
14-2-9　免牌照小型電動機車......14-38
14-2-10　結　語......14-40

14-3　電動自行車......14-41

14-3-1 前　言 14-41
14-3-2 電動自行車的類型..14-42
14-3-3 電動自行車的規格..14-42
14-3-4 電動自行車與一般自行車構造的異同..........................14-43
14-3-5 電動自行車用電池..14-43
14-3-6 電動自行車實車介紹..14-43
14-3-7 結　語 14-48
14-4 日本的電動自行車...14-48
14-4-1 山葉公司研發輕輪 PAS 系電動自行車..........................14-48

參考文獻 參-1

1 汽車之發展史

1-1 前　言

自從汽車問世以後，汽車就成爲人類的交通工具，因爲汽車只要有道路的地方均可以行駛。所以最受人喜愛、並擁有之。汽車可快樂自由行駛於任何道路上，不論辦公、購物、休閒活動甚至長途旅行，均爲不可或缺的交通工具，是幫助人類實施夢想的工具。

汽車技術發達，人類生活品質之提高，時間的寶貴，形成時間就是金錢的時代，所以汽車也就隨著人類的欲望不斷被研究發展下來。依科技之發達，利用各種動力，研發速度快、行車安全、又省錢，尤其是環保意識抬頭之今日，更要性能優異而低污染，甚至零污染的汽車當交通工具。

電動汽車因幾乎零污染，所以又被人類所重視，而喚起復興之聲，於是世界各國之汽車生產公司，無不投下鉅資研發實用之電動汽車。茲將汽車之歷史簡述如下。

1-2 汽油車之發展簡史

1. 1599 年在荷蘭的“西蒙・斯的敏”，二支桅桿裝成帆船狀，利用風力在海濱的硬砂地行駛 24km/h，因不實用而停止發展(參閱圖 1-1)。

圖 1-1 西蒙斯的敏的風力汽車

2. 1648 年德國的“漢斯・豪丘”利用彈簧構造製車行駛，亦不實用。
3. 1767 年英國的“瓦特(James Watt)”，在蒸汽引擎裝置凝結器(Condenser)把蒸汽發生器和汽缸分離當作車輛之動力使容易使用，由此在 1769 年爲了運輸大炮而製造了蒸汽汽車。
4. 1785 年英國的“偉廉・廝特克(William Murdocke)”製造了三輪的蒸汽汽車(參閱圖 1-2)。

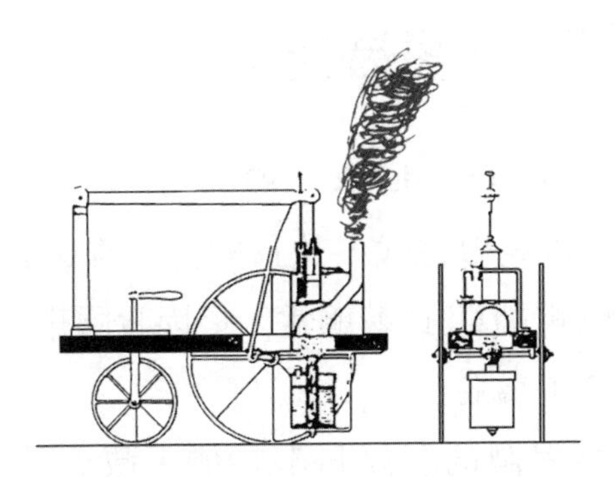

圖 1-2　麻特克的蒸汽汽車

5. 1825 年英國的“哥爾斯．瓦奇．卡尼(Gals Worthy Garnie)”製造了全長六公尺 15 人座的蒸汽公共汽車實際營運。
6. 但是到了 1886 年因汽油引擎的汽車之誕生並發展下來，於是蒸汽汽車就逐漸消失於世間。
7. 1864 年奧地利(Austria)的“傑克富利特．麻爾克斯”裝載汽油引擎製造了世上第一部汽車。
8. 1885 年德國的“卡爾．朋馳(Carl Friedrich Benz)”和“克特利普．台夢拉(Gottlieb Daimler)”，各自行製造了汽油引擎汽車，其後形成汽車發展的原動力。
9. 1890 年在美國的汽車生產量，汽油車爲 936 輛佔 22%，蒸汽汽車爲 1684 輛(40%)，其餘電動汽車有 1575 輛(38%)。
10. 1911 年汽油車最大缺點的引擎發動用起動馬達被發明，就可幫助引擎之起動，於是引擎可多汽缸化，使性能急遽提高。
11. 從此後始有眞正的汽油車在世上行駛，爲人類代步充當交通工具，因限於篇幅不再敘述。

1-3 電動汽車之發展史

所謂電動汽車(electric vehicle，簡稱爲EV)，是將動力源的引擎以馬達替代，石化燃料以電瓶替代，並且完全不排出有害氣體的汽車。因此可能稱爲電動車輛(電動車)比較適當，但因我國車子一般均稱爲汽車，所以本書仍以電動汽車爲名。

而今世人對環境保護的意識日漸抬頭，政府爲了環保維持空氣品質，已訂定「空氣污染防治法」和「交通工具空氣污染物排放標準」以及「噪音管制法」等，以免影響國民健康。故電動汽車是爲了環保對策及噪音管制法而研發出來，並推動普及之一種低公害車。茲將電動汽車的發展簡史簡述如下。

1. 電動汽車之開端在於1799年，由義大利的物理學家“波耳達(Alessandro Volta)”發明製造電瓶(電池)開始的。
2. 1831 年有英國的化學、物理學家“法拉第(Michael Faraday)”發明了發電機原理，1839 年由“安達孫(Anderson)”製造了馬達(Motor)。
3. 1839年開始製造電動汽車，但因電瓶不耐用而告失敗。
4. 1873 年英國的“爾．黎畢特孫”製造了眞正可行駛的四輪電動汽車。
5. 1886年在英國裝載28個電瓶，以最高速度12.8km/h行駛。
6. 1890 年在美國的汽車生產量，蒸汽汽車爲 1684 輛(40%)，電動汽車爲1575輛(38%)，汽油車爲936輛(22%)。如上述，在100年前，所謂的電動汽車，是極普及的汽車。
7. 1897 年在英國倫敦電動汽車公司使用“巴息”的電動汽車進行營運，裝載 40 只電瓶，旋轉三馬力的馬達，實現了一次充電行駛80公里的紀錄。

8. 1899 年在法國有“蔣透”製造的“查美・康旦特”號初次超過 100km/h，而達到了 105.9km/h 的行車速度紀錄(此紀錄至 1902 年止未被打破)，參閱圖 1-3。

圖 1-3　查美・康旦特號汽車

9. 1900 年製造電動汽車的公司增加了，可是到了 1911 年起動馬達的發明，提高了汽油車的性能。然而電動汽車，因電瓶的更換或必要充電成爲其缺點，到了 1920 年左右幾乎停用了電動汽車。
10. 在 1960 年代因大氣污染對策，使用電動汽車可以維護空氣品質，於是世界各國又開始了電動汽車之研發工作。
11. 從此後世界各國如死灰復燃，又興起研發電動汽車，並且廠牌車種繁多，因篇幅關係，不再做介紹。

1-4　低公害車

1-4-1　前　言

自從發生第一次石油危機後，全球的先進國家對汽車用燃料，就不斷持續研發各種替代燃料的汽車，也就是低公害車。繼之而有綠色組織的興起，推動環保運動，並在世界各國獲得共識，對環境污染物質特別重視後，於是對空氣污染的原兇-汽車排放廢氣更加重視。不但積極研發替代燃料(能源)甚至還要防止空氣之污染，近十幾年來世界各國的汽車生產公司均投入鉅資研發低污染之汽車。所謂之低公害車，除了使用替代能源外，也要符合環保標準及噪音管制法的低污染的低公害車。然而電動汽車亦屬低公害車之一。

1-4-2 低公害車

自從 1970 年發生第一次石油危機後，爲了研發各種替代燃料的汽車，目前世界各國研發出來的低公害車有電動汽車、太陽能車、甲醇汽車、酒精汽車、天然瓦斯(LNG及CNG)車、液化石油氣(LPG)車及氫汽車等多種。

在日本從 1991 年五月起被矚目的低公害車，舉辦了第一次“低公害車展覽”，接著在 1992 年五月廿三、廿四日兩天，於東京綠園地一代代木公園展覽廣場也舉行了一次低公害車展覽。

其主辦單位爲環境廳、東京都、公害健康受害補償預防協會、協辦單位爲日本電動車輛協會、石油產業活性化中心、日本瓦斯協會、日本甲醇汽車株式會社、全日本卡車協會、東京都卡車協會。

1-4-3 低公害車之種類

其低公害車按種類分別爲如下：(兩大類、九種車)

一、內燃機改良型汽車

1. 甲醇汽車。
2. 天然瓦斯(LNG)汽車。
3. 廢氣淨化裝置追加型柴油客車。
4. 各種混合型汽車。

⑴ 柴油、LPG 混合使用柴油客車。

⑵ HIMR(裝載制動能量回收電力系統)大客車及大貨車。

5. 制動、減速能量回收追加型柴油客車。

6. 氫汽車。

二、電動汽車

電動汽車可分類爲如下三種(參閱圖 1-4)：

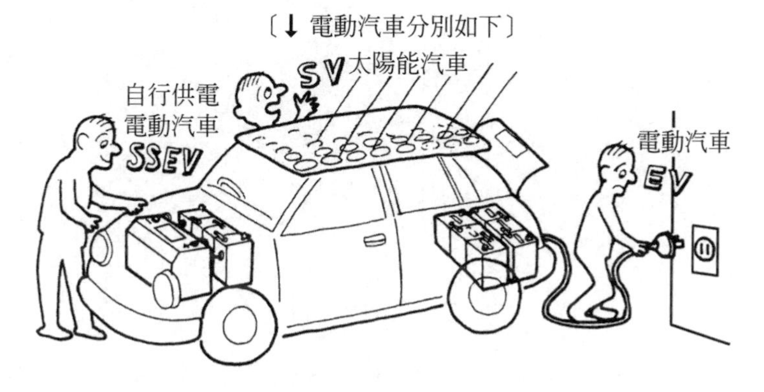

圖 1-4 電動汽車之分類

1. 純電動汽車(pure EV)

電動汽車(EV)，是利用電力公司電源之能量，儲存於車載之電瓶，依其放電能量來行車。

2. 自行供電之電動汽車

自行供電之電動汽車(SSEV：self supply electric vehicle)，是裝載燃料電瓶，主要是靠其發電能量儲存於燃料電瓶，依其放電能量來行車。

混合型電動汽車(HEV：hybrid electric vehicle)此型電動汽車亦可歸納於自行供電之電動汽車。是電動汽車裝載引擎混合使用之電動汽車。

3. 太陽能車

太陽能車(SV：solar vehicle)，是裝載很多太陽能電池，把受太陽照射而產生的能量儲存於車載電瓶，依其電瓶的放電能量來行車。

2 電動汽車之研發情形

因石油危機之發生而導出有替代能源的必要性，及地球溫室效應的產生，爲了地球的環境保護，對空氣污染源之一的車輛排放氣體之限制，始研討出不排放廢氣而又無噪音可淨化空氣的交通工具之一的電動汽車。於是世界各國的汽車製造廠均投下鉅資，研發低污染的電動汽車，茲將筆者所收集的資料列出如下。

2-1 日本的研發情形

2-1-1 第一階段之研發情形

1. 據說日本初次進口汽車是在1897年末至1898年正月，是由法國人“特布內”進口的汽油車。

2. 1899年住在橫濱的美國人進口了“普路克麗斯”的三輪電動汽車。
3. 1900年大正天皇尙爲皇太子時的結婚賀禮，由美國三藩市的日僑獻上了一部電動汽車。
4. 1908年由東京電燈會社購入電動汽車。
5. 1911年日本自動車以東京電燈會社的輸入車爲基礎，試造了電動汽車。
6. 1917年由京都電燈及日本電池會社，進口了五輛美國製“底特律號”電動汽車。當時的日本電池會社的社長，以該電動汽車爲交通車上下班。該電動汽車迄今仍然展示於日本電池會社。
7. 1929年由湯淺電池、中島製作所、東邦電力三家會社合作，試造了電動客車。
8. 1934年日本電氣自動車會社成立，開始製造小型車。
9. 1947年東京電氣自動車會社成立，生產「玉號」電動汽車並銷售，到了1949年達到全日本汽車輛數的3%即有了3299輛。
10. 1950年因韓戰大爆發，電池上所使用的鉛，以軍用爲優先。
11. 1954年因石油容易購入，汽油的統制取消，電動汽車無利可圖，各電氣自動車會社，可轉換爲汽油自動車會社，因此因汽油車的普及電動汽車就日漸式微。
12. 從1952年均改生產汽油車，東京電氣自動車會社改稱爲太子(Prince)自動車工業會社，1966年被日產(Nissan)自動車會社購併。車名雖然尙留在於日產車中，但會社名稱就此匿跡了。
13. 1954年電動汽車完全從街頭消失了其蹤跡。
14. 1955年道路運送車輛法的電氣自動車之項目取消了。

2-1-2 第二階段的研發情形

1. 到了 1960 年因替代能源問題、地球溫室效應問題及空氣污染防制問題等地球環保的對策問題，取得世界各國的共識，由此引導低公害車的研究發展。
2. 1965 年大發(Daihatsu)自動車會社開始著手研發電動汽車，從此各汽車製造廠也開始再研發電動汽車。
3. 1971 年至 1973 年止因通產省(交通部)的大型計劃而研發，除汽車製造廠之外，電機及電池製造廠也參加進行研發工作。
4. 1970 年至 1980 年間行駛一般道路的電動汽車，總生產量為 219 輛。
5. 自 1971 年至 76 年止六年間投入 57 億日圓，開發電動汽車之大計劃。
6. 1976 年為了研發電動汽車的製造及普及有關事業，成立了社團法人日本電動車輛協會。
7. 1988 年因環保問題，牽涉到二氧化碳(CO_2)的排放及冷媒之使用，再重視電動汽車之普及。
8. 通產省之電動汽車普及計劃

   通產省機械情報產業局設置電動車輛協會，在 1991 年 10 月擬具了「電動汽車普及計劃」，在 2000 年設定要生產廿萬輛，從 1992 年起五年投資總資本額十八億日圓之規模，由「電動汽車普及總合推進體制整備」運作。
9. 東京都總合實施計劃

   1991 年 10 月在東京舉辦汽車展，亦展出了電動汽車。

   此總合實施計劃，是 1991 年至 1993 年度之三年計劃。預定計劃引進電動汽車做監視器調查用 150 輛，供州廳(屬我國縣政府)用車，195 輛合計 345 輛。

在 1992 年 4 月東京都低公害車普及促進檢討委員會，發表到2000年東京都內之電動汽車普及預定輛數爲十九萬輛。

10. 電動汽車試用制度

社團法人日本電動車輛協會，自 1978 年起實施了「電動汽車試用制度」，至 1992 年全國有 230 輛之電動汽車在試用中，其試用電動汽車如圖 2-1 所示。

圖 2-1　在大阪試用之電動汽車

11. 環境廳致力於普及

1975 年在日本制定了嚴格的排氣規則，爲期待因汽車而引起的大氣污染，環境廳進行各種試驗。其一即爲實施由電動汽車開始之低公害車普及政策。

1978年第一屆電動汽車檢討會，進行了一整年。其後由1986年起每年六月之日本環境週期間，集合了低公害車於一堂展示，並進行推廣活動。

從 1990 年起對地方公共團體購買電動汽車時，設立補助一半金額之制度，以促進其普及。此年度之推行實績爲導入了 132 輛電動汽車。

為貫徹其政策，在東京、大阪、川崎等地之各自治體也積極實行普及計劃。其後推向全國之自治體。而且郵件分送車等服務車亦開始試用。

12. 電動汽車之初期發展，有變換型(convert model)與改良型(grand up model)二種，以改良型設計並導入新技術，則可圖謀顯著的高性能化。
13. 從 1990 年起逐漸從事開發上述概念(concept)的電動汽車。在 6 月新日本製鐵公司發表了 3NAV 電動汽車。
14. 1991 年東京汽車展，由日產汽車公司及東京電力公司發表了 3FEV 及IZA電動汽車，這些車的研發目標有些不同，所以在動力性能方面亦獲得不同之結果。可是在技術上其概念極相似。

    註：FEV 是 front drive electric vehicle(前輪驅動電動汽車)
15. 從 1991 年後在日本的東京汽車展幾乎每年都有低公害車含電動汽車之展示。每年都有研發新車發展車種繁多不再敘述，以後提出代表性的車加以介紹。

2-2 美國電動汽車之發展簡史

1. 美國在 1973 年之石油危機後，為能源可自給為目的而注意電動汽車之研發。所以在 1976 年制定電動汽車、混合型電動汽車之研發普及計劃。
2. 從 1977 年起六年間編立壹億陸仟萬美元預算規模之活動。
3. 1981 年舉辦國際電動汽車研討會，研究之最盛期，在美國有 20 家以上的電動汽車製造公司，一年內製造了 1500 輛以上。這些公司幾乎都是製造變換型車之小規模公司。其後因其法律之適用

逐漸縮小，隨之這些公司因而倒閉，僅剩下Solic公司及Unicmobilite公司。

4. 加州對電動汽車之普及，如此熱心，是有其必然性，可歸納爲如下幾項因素。其一爲地域的環境問題，以南加州有15%之兒童因大氣污染而造成各種肺病患者之例即可證明。其二爲地球的環境保護問題，由於有 20%二氧化碳(CO_2)係由行駛中的車輛之能源消耗所引起的，其三爲能源的自給問題。

   此三點亦爲全世界的共同問題。因此加州在美國率先在1990年制定了「加州低公害車、低公害燃料計劃」等規制。是研發電動汽車的催生法律。

5. 1993 年 12 月初在加州安納漢姆(Anaheim)的迪斯耐飯店舉行第12屆國際電動汽車研討會(EVS 12)。
6. 其後每二年舉行檢討其施行之可行性，1992年及1994年舉行檢討。
7. 1989年末通用汽車公司(GMC)發表了“IMPACT”第1號車。不久繼續研發了第2號及第3號車。到了1993年研發出“IMPACT”第4號車。
8. 聯邦政府在1992年制定「能源政策行動，92」。
9. 1998 年在加利福尼亞(California)州實行無公害車(ZEV：zero emission vehicle)規制。通用汽車公司開發的“IMPACT”車向加州政府的環保局提出申請。

2-3 歐洲電動汽車之發展簡史

1. 1830年代由“克爾內俞”等開始研究，1860年由“布蘭迪”發明了蓄電池，始邁入了實用化。在 1865 年最早的實用電動汽車是由英國製造的。是發表汽油車的12年前。

2. 1899 年“恰梅耿旦特”創造了 105km/h 之最高紀錄。可是因電瓶的充放電特性不良，後來因汽油車之發展迅速，被其所取代。
3. 自從石油危機後尋找替代能源，以及地球溫室效應而興起綠色組織運動後，地球環保取得共識，因此電動汽車之研發又被重視。所以歐洲各國對電動汽車之研發也不甘落後。茲將各國之簡史列出如下：

2-3-1 法　國

1. 法國政府的環保及經濟部，在1992年7月委託了雷諾(RENAULT)、標緻(PEUGEOT)、雪鐵龍(CITROEN)等集團(PSA 集團)與 EDF 公司研發了小型電動汽車。
2. 雷諾公司和“馬特拉”公司合作開發“ZOOM”的二人座小型單廂電動汽車。
3. 標緻公司雖然從 1989 年就在市面上出售商業用所謂“J6”的電動車，但是在 1993 年研發在市區當交通車使用的“106”的四人座電動汽車。
4. 雪鐵龍和PSA集團研究部共同研發了市區使用的單廂型可乘坐大人三人及小孩一人的 CITELA 電動汽車。
5. 除上列三家汽車製造廠外，尚有“強諾”公司的汽車部Micro Car 及 SEER 公司“歐洲電力公司”等均研發了獨特的電動汽車。
6. 除汽車製造廠外，尚有SAFT公司“電瓶製造廠”，CEAC(歐洲累積器製造公司)、“魯亞蘇明爾”公司、“特夢遜奧克西列”公司等公司，則致力開發馬達等電動汽車用配件。
7. EDF電力公司亦配合電動汽車之發展在杜爾市設置了十處充電站。

2-3-2 德 國

在德國有福斯(VW)及奧迪(AUDI)等汽車製造廠也研發混合型電動汽車。VW 廠以高爾夫(Golf)柴油車為基礎，與電動馬達、發電機等組合之混合型車。奧迪公司則以汽油引擎與電動馬達之混合型車。

2-4 中華民國

我國不論汽、柴油車，以及電動汽車均落後先進國家許多。因為起步慢雖然目前我國的汽車(小型車)也有外銷但為數不多，但是尚未達到百分百之自製率。對電動車而言，還是落後。實際上我國爾來電子、電機、自動控制，以及材料科學進步甚多，尤其以電子為最。欲發展電動汽車，已有良好背景，如有大企業家欲從事其研發應無問題。

茲將我國從事電動汽車之簡史(依筆者所集資料)介紹如下：

1. 1979 年由清華大學首開研發之門，其研發之電動汽車命名為“清華一號”，其後推出“清華二號”至“清華五號”車，從四號車開始量產，提供郵局作收發郵件之用。今已研發至第八號車，其進展年份不詳。
2. 由台塑集團董事長王永慶先生主導的亞太投資公司，在 1996 年間與美國獨特動力公司(UNIQUE MOBILITY CO.)聯合開發，電瓶則採用與美國能源開發公司(OVONIC)合作開發的鎳氫電瓶，車身則由義大利“平尼法瑞那”(PININF ARINA)設計，採用可回收的塑膠車身之概念車，命名為亞太一號(AP-1)。

   其次為減輕電動汽車的電瓶負擔及解決長距離行駛的問題，於 1997 年另發展電動、汽油混合的四人座混合型電動概念車。可是不久不知何故就終止了合作。

3. 1996年九月成立“中華民國電動車輛發展協會”。
4. 2000年二月一日起至四月卅日止於台北市正式試行“複合式(混合型)電動公車”。

3

電動汽車之構造

電動汽車的基本構成，是由馬達、控制器、電瓶、加速感應器、DC-DC 轉換器、動力轉向機、冷氣機、電瓶容量計、電流錶、電壓錶及高電壓用繼電器等所構成外，制動系統上有剎車回生能量裝置。其基本構造和一百年前無甚大區別。即底盤及車身仍是必然需要的基本構成品。電動汽車的構造系統圖如圖 3-1 及圖 3-2 所示。

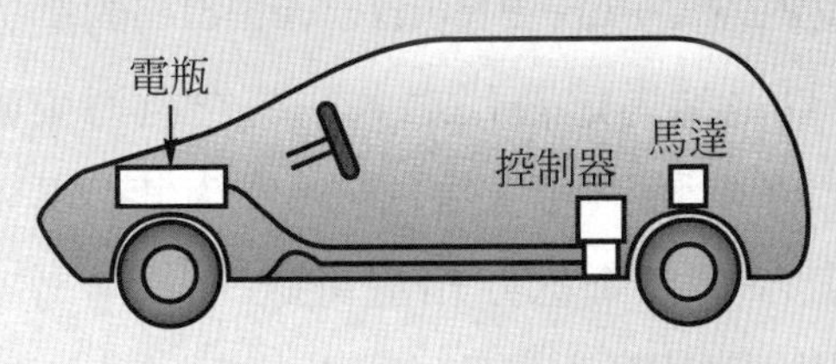

圖 3-1　電動汽車之基本構造圖在後方放置一只馬達，前方放置電瓶

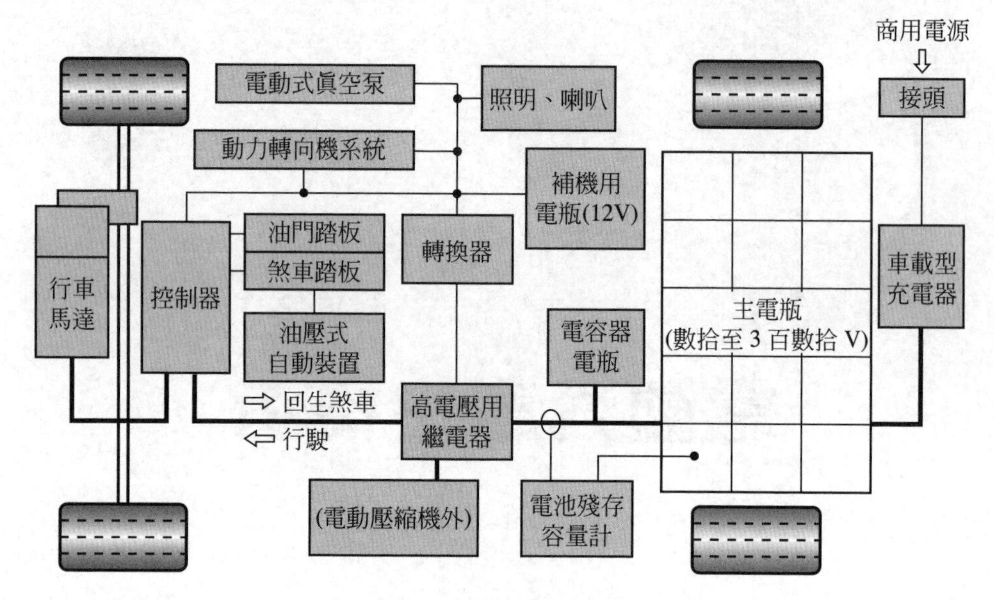

圖 3-2　電動汽車系統圖

3-1　電動汽車之基本構造

3-1-1　動力源

1. 純電動汽車(PEV：Pure Electric Vehicle)的動力來源，是將汽、柴油引擎，以電動馬達替代之。並將空氣污染減低至接近零的程度。所以此種電動汽車又稱爲無公害車(ZEV：zero emission vehicle)。其噪音之降低亦相當可觀。
2. 混合型電動汽車(HEV：hybrid electric vehicle)，是引擎和電動汽車混合使用之車輛。其引擎的燃料有汽油、柴油、氫氣、LPG(液化石油氣)及太陽能電池等多種。

總而言之，電動汽車的動力源，是把內燃機的引擎，由電動馬達替代之。其石化燃料則以電瓶替代之。而且電動汽車的引擎，僅裝置一具不能裝置多具，但是馬達則可裝置複數仍然可以使用，引擎則不然。

3-1-2 底 盤

電動汽車跟一般汽車一樣，需要行駛於公路上，所以行車、停車、轉變性能等要求均相同。所以懸吊裝置、操縱裝置等有特殊例外，均與一般汽車相同的構造。其不同點爲驅動方式及刹車系統另設置刹車回生能量裝置。驅動方式因種類較多，另備一章介紹。

此外，動力轉向機一般車輛是使用油壓式動力轉向機，可是電動汽車沿用油壓式外，如前置兩字「電動」，其利用馬達動力比較簡單，亦可使用電動式動力轉向機，因馬達迴轉力可直接轉動轉向機柱，其能量效率良好適合電動汽車使用。

至於刹車系統，一般車輛使用的倍力裝置，使用眞空(氣壓)式和油壓式兩種居多。汽、柴油車可利用進氣歧管的眞空，但電動汽車無此裝置，不能沿用。所以電動汽車的倍力裝置沿用上述兩種倍力裝置時，負壓式就可利用電動眞空馬達，而油壓式則可使用電動油壓泵以提供制動力。

3-1-3 車 身

有關車身方面，初期均以一般車輛改造的佔多數，但是最近開發電動汽車裝用車身的情形與日俱增。其原因是電動汽車用電瓶爲數甚多，其重量形成缺點，必須儘量製造較輕量之車體來彌補。此外，爲了提高能源效率、空氣阻力小之車身，以及滾動阻力小的輪胎，均爲被要求之項目。

又考慮以馬達與電瓶爲主要零件時，雖然在原來的車輛需要的零件，在電動汽車上不需要的情形亦有之，所以製造電動汽車專用的車體形成提高效率不可或缺之事。

上述外，有關電動汽車之構成配件，如下各節另行簡介。其重要部分則另備章節詳細介紹。

3-2 動力馬達

替代引擎之動力馬達，有直流馬達和交流馬達兩種。直流馬達，則有繞線式和永久磁鐵式兩種。繞線式則可分爲串聯(串激)式、並聯(分激)式及複聯(複激)式三種。交流馬達則可分爲感應(誘導)式及同步式兩種。

爲了調整馬達的迴轉或輸出力，設有馬達控制器，把從加速感測器送來的指令以調整輸出力。

3-3 電 瓶

3-3-1 一般車輛用電瓶

使用於一般車輛的電瓶，是供給起動引擎用起動馬達的動力來源外，並接受發電機的發電之回充。甚至車輛的加熱器或冷氣機、雨刷、燈類等附屬裝置外，凡行車需要或舒適行車裝備等，全車消耗用電力均需要由電瓶供應。

3-3-2 電動汽車用電瓶

電動汽車的電瓶，除了上述一般汽車需用電力外，尚需要供應替代引擎用動力馬達之電力。所以其容量要大，並且在瞬間可產生大電力爲首要條件。所以其電瓶一般使用從 96 伏特至 288 伏特之高電壓，所以爲使車身不會通電，使用良好絕緣的電路。電源開關則使用稱爲conductor(接觸器或開關)的高壓電用斷電器。在電源迴路則考慮萬一漏電，使用即斷性保險絲和無熔絲開關(no-fuse breaker)。

車輛裝載的電裝品電源，也是沿用 12 伏特或 24 伏特電壓係統，所以有專用的電瓶，並且使用 DC-DC 轉換器(converter)從高電壓的主電瓶可以經常充電之設施。

3-3-3 電瓶的種類

初期之電動汽車或混合型電動汽車均沿用一般車輛用鉛酸電瓶約佔有 95%，裝用鎳鎘電瓶約爲 4%，鈉硫磺電瓶約爲 1%(德國和英國使用)。

電瓶使用於電動汽車，因必須供給動力源的動力馬達，而汽車行駛中需要有瞬間能夠產生大動力，也就是電瓶之容量要大，始能取用大電力，供行車之用。所以要特別重視電瓶之性能，因此對電動汽車用電瓶之研發，也不遺餘力。

所研發出來的電瓶有多種，如鋁-空氣電瓶、鐵-空氣電瓶、鎳-鋅電瓶、鎳-鐵電瓶、鎳-氫化合物電瓶及鋅-溴素電瓶等各有優缺點，容後再詳加介紹。

3-4 驅動方式

電動汽車因引擎以馬達替代，所以引擎室可裝置電瓶或動力馬達，而驅動方式亦可利用原來車輛的驅動方式，又電動汽車因主要動力源是靠電瓶的電能來帶動馬達，其需要裝載電瓶的空間與驅動力源的動力馬達，所以其配置有多種方式，因此其驅動方式可以靈活運用。

又目前因燃料電池尚未達到盡善盡美的地步，所以因續航距離的問題，汽車製造廠均以開發混合型電動汽車居多。其驅動方式就可利用原來車輛較爲方便。茲將各種驅動方式列出如圖 3-3 所示。其驅動裝置之配置以及其優劣情形另行介紹。

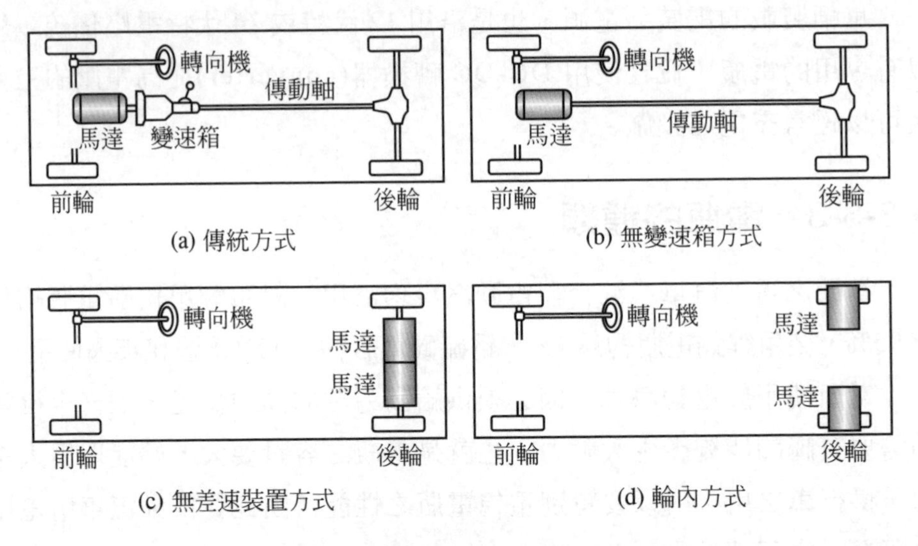

圖 3-3　各種電動汽車用驅動裝置

3-5　刹車回生能量裝置

電動汽車的制動方式與電車一樣，可裝置動能回生裝置，稱爲“刹車回生能量裝置”，其裝置是當車輛制動時，車輛減速則馬達就轉換爲發電機而發電，電流逆向流向電瓶加以充電。其回生能量可達 50～70% 之回收率。其詳情容後另行介紹。

3-6 電力容量計

汽油車用燃料錶，等於電動汽車之電力容量計。電力容量計，是表示電瓶容量之剩餘容量。在電動汽車，筆者認爲命名爲(電力容量計)比較可讓讀者一看便知何物。但是電瓶之剩餘容量(電力容量)要正確取出，有其困難性。電瓶的放電電流愈大或消耗電力愈大，其可取出之電量，有變少之特性。其剩餘容量大概可由電壓查其容量，如果要更正確的存量時，可從使用過程的電流，及通電時間來推定，亦有裝載微電腦來計算的容量計。

3-7 冷房設備

至於冷氣機，在台灣夏季是不可缺的配備。尤其是在盛夏停車在大太陽的馬路上時，車內溫度有時可達70℃以上，所以勢必行車時，就被要求能夠急速接近外氣溫度的速冷(cold-down)性能。所以在如此惡劣條件下，就須要冷卻能力大的冷氣設備。因此消耗能量非常大，據云其消耗能量相當於定速行駛40km/h的能量。

在汽油車，冷氣壓縮機是利用引擎動力來驅動，所以引擎動力即驅動扭力被消耗一部分，就導致引擎動力降低，影響行車動力。電動汽車則使用冷氣壓縮機與馬達一體型的壓縮機。

4 電動汽車之能量效率

4-1 前 言

電動汽車和引擎汽車最大的不同點，是引擎以馬達替代，燃料則由電瓶替代外，其餘有很多相似之處。如車身、底盤、電瓶及駕駛方法等幾乎都是一樣。然而所謂的「能量效率(energy efficiency)」是使用某能源爲目的來工作時的變換效率。並且需要與性能相似的其他能源相比較，則容易顯出其優劣。

4-1-1 電動汽車對環保的優缺點

自從 1960 年後半，大氣污染，地球溫室效應及噪音等公害問題發生後，尤其是到了 1973 年石油危機後，因提倡低公害車，使電動汽車被更加重視。是因為電動汽車對環境保護有優異的性能。其優點何在？茲將其優缺點介紹如下。

1. 優　點

⑴ 電動汽車在行駛中氮化合物(NO_X)的排出量等於零。可是若考慮到火力發電廠的發電時，則氮化合物的排出量為柴油車的約十分之一。

⑵ 影響地球溫室效應的二氧化碳(CO_2)排出量為柴油車的約二分之一，汽油車的約三分之一。

⑶ 有關噪音方面，其噪音在加速噪音標準為汽油車的約八分之一。在定速行車時為汽油車的約二分之一。

若不考慮噪音，則發電無必要僅依賴石油，若考慮利用水力、太陽能、風力及原子能等，則氮化合物及二氧化碳的排出量會降低甚多。因此電動汽車可說優異於環保是絕對無問題的。

另從電力供應來說，考慮把電動汽車的電瓶充電，考慮在夜間進行，則對深夜的電力供應，可以有效利用，也是一件非常好的經濟建設之一。

2. 缺　點

電動汽車，按其使用方法或使用環境，不一定對環保有利的時候。茲將缺點介紹如下：

行駛於上坡道時，比汽油車重的電動汽車，其能量消耗量就比汽油車多，若考慮使用依火力發電的電力，則電動汽車有時候也會比汽油車給予環境受到更多的不良影響。所以電動汽車適用於坡道少而交通量大的都市道路，對環境保護比較有效。

由此考慮環保概念(concept)，就是減少電瓶裝載數量，並且行駛近距離用的迷你車(純電動汽車)比較適用。而在郊外或山間道路，則使用混合型電動汽車比較有效的趨勢。

4-1-2　電動汽車對技術上及經濟上的優缺點

電動汽車一般來說對環保比較有利，但是如果將來燃料電池能夠達到理想的境界，可減少裝載電瓶數量而降低車輛重量，則在經濟上及其性能上可提高一層，可確保零污染而性能優異的汽車。

茲將其優缺點列表如下表 4-1 所示：

表 4-1　電動汽車的優缺點

項目	優點	項目	缺點
1	無有害的排出氣體	1	續航距離短
2	噪音小	2	動力性能低
3	振動小	3	充電時間長
4	可利用多種能源	4	電瓶壽命短
5	能源效率高	5	電瓶保養麻煩(鉛電瓶)
6	能量費用便宜	6	電瓶剩餘容量不易得知
7	利用電力可水準化	7	車輛價格高
8	動力控制簡單		
9	車輛設計自由度高		
10	配件、配置的自由度高		

4-2 電動汽車與內燃機引擎車之比較

4-2-1 能量效率被誤解比汽油車差的原因

電動汽車研發推出使用後，被誤認為比汽油車的電動汽車差，所以對電動汽車的發展或多或少受到影響。茲將被誤解的原因說明如下：

1. 觀念上的誤解

   電動汽車剛研發推出使用初期，因設計上之錯誤及電瓶之研發未能及時進步，所以其性能較低，續航距離又短，因此被誤解為能量效率比汽油車為低。

2. 與內燃機引擎車之比較

   假設電動汽車與汽油車，均以原油為燃料時，電動汽車的行駛係由發電廠發電、輸送電、再充電給電動汽車之電瓶，而由電瓶供電給馬達轉動，藉以驅動車輛。而汽油車則是原油經過精煉成汽油，再輸送至加油站，供應給車輛添加燃料使引擎迴轉以驅動車輛。

   如上述電動汽車比汽油車要經過較多關卡才能獲得動力，因此乍見之下，受各經路(從汽油至動力之過程)效率的影響，就被誤解為電動汽車的能量效率比較差。

3. 電力為較高價的先入為主的錯誤關念

   在家庭中也有電力比燈油貴出很多之印象。若電力僅作暖房裝置使用時比燈油費用高是事實。從燃料發電產生電力送到家庭為止，因發電廠的能量效率，燃料中所帶熱量三分之二均損失掉。另思考燈油經精煉到家庭消耗之階段，原油中有90%的熱量仍然保留。所以使用石油爐比使用電力爐較經濟。由上述以先入為主的錯誤關念，因而被誤解電動汽車的能量效率比較差。

4-2-2 能量效率之比較

依發電的能量源，考慮發電效率、輸電效率、充電器或馬達種類等，其效率就有些不同。所以汽油車與電動汽車的能量效率，以單純的比較有其困難之處。於是兩種車均以原油爲能量源，從馬達或引擎取出其效率之迴轉能量之比來定義能量效率。

此定義有幾種能量效率之計算，在日本到平成五年(1993年)所製造的變換型電動汽車與汽油車的能量效率比較，經試算結果介紹(如圖4-1)所示。

圖中，發電效率爲日本火力發電廠的平均效率，輸電效率亦爲日本的平均值，充電效率雖然因電瓶種類而異，但取用鉛電瓶顯示之最低水準值。所謂效率，是指所消耗的總能量中，有多少比例變成有效的工作(work)之表示參數(parameter)。

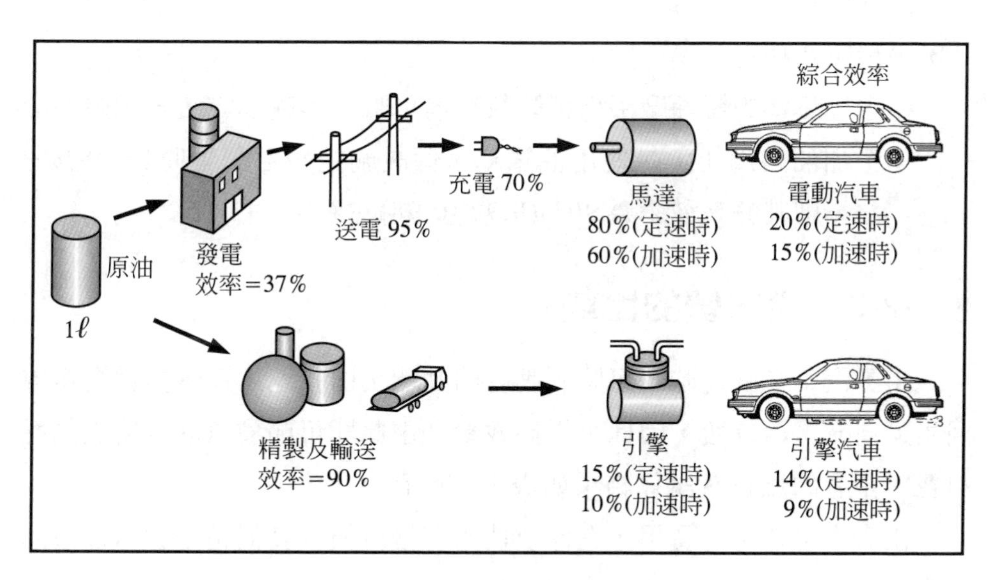

圖 4-1 以原油為一次能源時，變換型電動汽車與汽油車之能量效率

1. 綜合能源效率

以原油爲一次能源時所計算的綜合能源效率，在定速行車時電動汽車爲21%，汽油車爲14%。加速行車時電動汽車爲16%，汽油車爲 9%。由此可知，不論定速行車或加速行車，電動汽車都比汽油車優良 7%之譜。即電動汽車的能量效率爲汽油車的約1.5倍優異。

2. 動力源的實用能量效率

一般如引擎產生熱的能量變換，因爲效率很低，所以引擎和馬達的效率就產生很大的差異。電動汽車的馬達及控制器的效率，在時速40km/h 以上的定速行車時可獲得80%效率，加速時則降低至60%左右。

汽油車因引擎效率甚低，定速行車時爲15%，加速時降低至10%左右。

3. 精製及輸送效率

日本的製油廠平均精製效率爲92%，其輸油方法，從製油廠至加油站爲止，是使用油罐車，假設輸送一百公里時爲 98%左右，則其輸送效率爲90%(0.92×0.98)左右。

4-2-3 燃料費的比較

電動汽車在減速時，可將制動時的動能，由減速馬達轉換爲發電機回生逆向充電給電瓶，因此可提高效率。由此即可節省汽油車所謂的燃料費。兩者的燃料費試算結果如表4-2所示。

由表中可知電力費用，在深夜使用有優待價，其價格僅爲汽油車的十分之一左右。

表 4-2　電動汽車與汽油車之燃料費比較表

車別	費用種類	費用計算(日圓即台幣的元)
電動汽車	電燈費	約 17 圓/kWh÷7km/kWh = 2.4 圓/km
	深夜電力	約 6 圓/kWh÷7km/kWh = 0.9 圓/km
汽油車	汽油	約 100 圓/L÷10km/L = 10 圓/km

4-3　混合型車與燃料電瓶車的比較

混合型電動汽車，使用馬達爲動力源時與電動汽車相同，但若與引擎動力併用或電力的供應方法，則與電動汽車不同。而所謂的混合型電動汽車，是動力源使用引擎外，另備有動力馬達，並且備有發電功能的車輛。

4-3-1　混合型車之種類

混合型電動汽車有串聯式(series model)和並聯式(parallel model)兩種。串聯式，是使用引擎發電後將電力供給馬達，再由馬達驅動車輛行車之方式。並聯式，則使用馬達驅動當然沒問題，又可利用引擎動力直接傳輸車輪以驅動車輛之方式。

4-3-2　混合型車之比較

以上兩者均使用引擎動力，所以容易被認爲效率與引擎車同等或在其下，但實際上是比汽油車的效率好。此因引擎以最好的效率狀態下迴轉來發電，可向電瓶充電故也。因爲引擎效率依使用條件而異。也就是內燃機之引擎基本上有很大的缺點存在，因爲引擎效率是依轉速或負荷狀態而變化的。可是引擎車的車速，不得不依引擎的迴轉來調節，所以不能僅依效率良好的狀態下來行車。

然而混合型電動汽車，其車速只要變化馬達之電流就可以調節馬達的迴轉。也就是說，混合型電動汽車，雖然也使用引擎動力源，總比汽油車的效率良好。

4-3-3 燃料電瓶車

現在電動汽車的發展關鍵在於燃料電瓶，而燃料電瓶中，以氫氣與氧氣的反應來發電的系統爲主題。燃料電池並非傳統的電瓶而已，而是屬於發電系統。若考慮燃料電瓶的效率，則使用純粹的氫氣爲燃料比較簡單，如日本武藏工業大學古濱庄一院長，經歷了廿幾年的氫氣汽車開發，雖然有氫氣汽車問世，但因其氫氣的裝載問題以及安全問題上難於解決以致不能實用。

如上述，氫氣對於安全性的困難解決，所以據云目前由汽油或甲醇(methanol)等有機燃料，改質爲氫氣比較有希望。尤其是首推甲醇改質型的燃料電瓶。並且其能量效率暫定55%爲開發目標。由此使用混合型車，其不必向電瓶充電。此純電動汽車(pure EV)，可能比較有利可圖吧。

4-4 汽油與電瓶之能量密度

4-4-1 前　言

單位重量或每一單位容積的燃料或電瓶所儲存之能量稱爲能量密度。此能量密度對電瓶的影響很大。因爲電動汽車使用電瓶，有些能量密度會影響電動汽車之加速力、最高速度及一次充電後之行駛里程。因此我們把它提出來研究一下。經日本電動汽車研發單位研究結果，每一輛電動汽車與汽油車所儲存可有效利用能量之比較，如圖 4-2 所示。茲按圖中 1-4 項之電動汽車與汽油車的比較介紹如下。

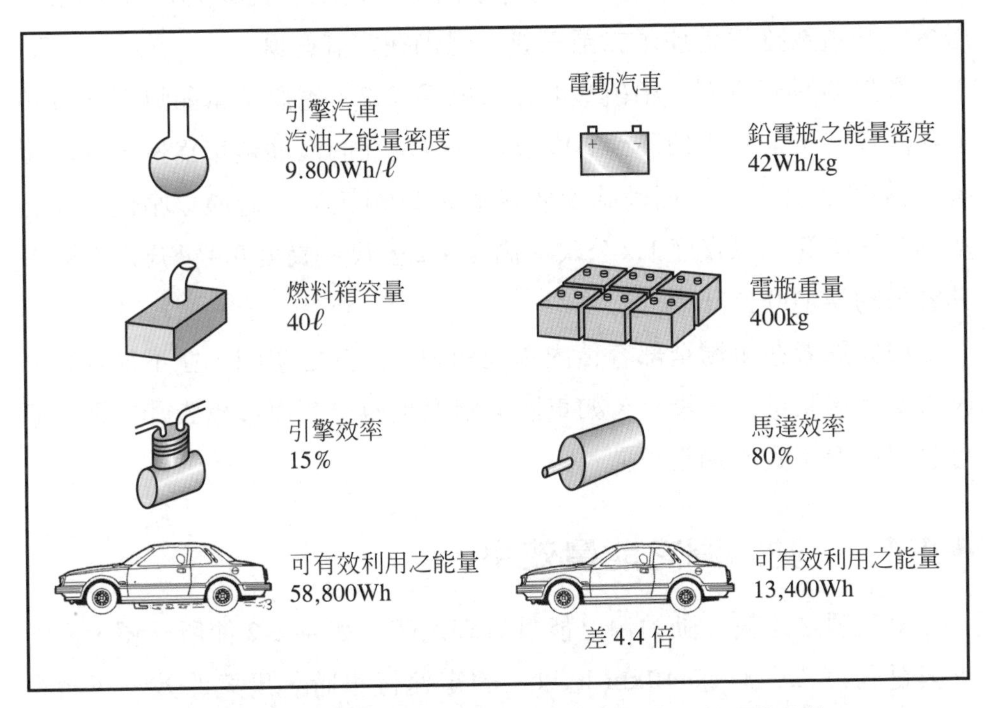

圖 4-2　1 輛電動汽車與汽油車所貯存可有效利用能量之比較

4-4-2　能量密度之比較

第一項的汽油與電瓶(以鉛電瓶代表之)的能量密度作比較時，其優劣很明顯相差甚大。汽油每一單位重量的能量密度優於電瓶的 233 倍。

由於電瓶與汽油有如此大的能量密度之差異，因此很多人認爲使用電動汽車實際上無法來載貨。此乃電動汽車性能上之最大瓶頸。但實際上電動汽車把它比汽油車優異點扣除後，並無如此巨大之能量差異。

4-4-3 燃料容積之比較

第二項之比較；如以小客車(passenger car)爲例時，其燃料箱容積約爲40公升，目前爲止轎車型的電動汽車，電瓶都裝載300～500公升居多，其重量雖然增加了二至三成，但仍在容許範圍。

今以鉛電瓶爲例，稀硫酸的比重約爲 2.2，電瓶重量如以平均 400 公斤計算時，則其容積不到200公升。以現在的汽油轎車爲例，其油箱容量爲40公升左右。而備胎所佔容積約爲60公升。若僅以座位下面之空間及後座等，以寬度1.2公尺、高度4.2公尺、長度0.4公尺之空間，其容積約爲100公升。

如此思考在車體全部容積內尋找約200公升之空間，並不很困難。因爲電瓶形狀可自由設計，如車體以確保電瓶空間而專程設計，則電瓶可設置於看不到的適當位置。

4-4-4 動力源之能量效率

第三項之比較，動力源之能量效率比較，如4-2-2節所介紹，汽油車與電動汽車在時速 40km/h 以上的定速行車時，馬達的效率可獲得80%，加速時可獲得60%，而汽油車可獲得15%，加速時爲10%。由此可知馬達之效率優於引擎五倍以上。

4-4-5 可有效利用之能量比較

第四項之比較，也就是綜合比較，從第一項至第三項的比較結果，按其研發單位的結論，引擎車的可有效利用之能量爲 58,800Wh，而電動汽車則爲 13,400Wh。由此可知電動汽車的可有效利用之能量較低，低於汽油車約4.4倍。

此 4.4 倍的差仍然甚大，將來如在燃料電瓶的研發，可達到理想的境界，則其差值必可再縮小，尤其是地球村的環保重視，電動汽車的發展必無可限量，爲下一代子孫設想，期望電動汽車能夠取代汽油車。

5 電動汽車之驅動方式

汽車是由動力源(引擎或馬達)透過傳動裝置(變速箱、傳動軸及差速箱等)來驅動車輪行車的。從引擎或馬達傳輸動力至驅動輪，使車輪獲得動力而行車的部分稱爲驅動裝置。在電動汽車，因爲無引擎而裝載馬達爲動力源，所以可不必有變速箱或差速箱之裝置，其原因另在下節介紹。至於電動汽車的驅動方式，因不必考慮變速箱或差速箱的配置，所以其驅動方式的自由度高，有多種方式可以採用，以利發揮電動汽車的優異性能。

又汽油車的行駛性能，研究電動汽車時也需要瞭解，始能夠加以利用，茲簡單介紹如下：

5-1 汽油車的行車性能曲線

5-1-1 汽油車須要變速箱

介紹電動汽車的驅動方式之前，先來討論引擎的性能。一般汽車用轉速一扭力曲線圖如圖 5-1(a)所示。引擎轉速太低或太高都不適用，太低會熄火，太高則引擎容易因而損壞。其高低轉速在 700～7000rpm 左右爲宜。扭力之最大値爲 4000rpm，因此汽車從低速至高速，欲以任意速度來行駛時，必須裝載有各種齒輪比的變速箱，由此轉速及扭力才能夠任意變更，經過變速行車的行駛性能曲線，則如圖 5-1(b)所示。其他行車須要的配件，則不再介紹。

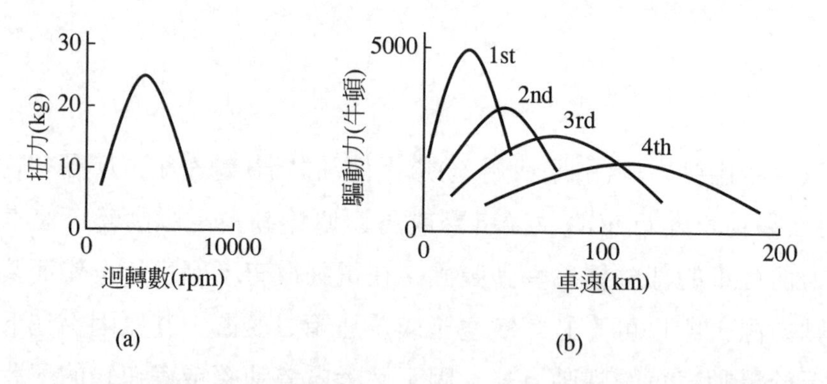

圖 5-1 (a)引擎迴轉數與扭力之關係(b)裝上變速箱時各齒輪比對車速及驅動力之關係

5-1-2 車輛特性之行駛性能曲線

從引擎傳輸動力到車輪驅動車輛的迴轉(即扭力)，在定速行駛時要能夠克服車輪的滾動摩擦阻力及空氣阻力，車輛才能夠起步行駛前進。在定速行車時，其行駛阻力是地面的車輪滾動阻力與在地面上行車時的空氣阻力之和，稱爲行駛阻力。而在加速或爬坡時，各變換爲運動能量及位置能量。所以在斜坡路一面爬坡一面加速時，其全部行駛阻力，是滾動阻力、爬坡阻力、空氣阻力及加速阻力等四種阻力之和，但是行駛阻力之大小，是依車速而變化的。其中的空氣阻力，是與車速的二次方成比例而增加的。

驅動力是由迴轉力(扭力)除以車輪半徑而得，驅動力及行駛阻力，以一張圖面來表示時，則可瞭解車輛的加速度及最高速度等動力性能。此種圖示稱爲行駛性能曲線，如圖 5-2 所示。

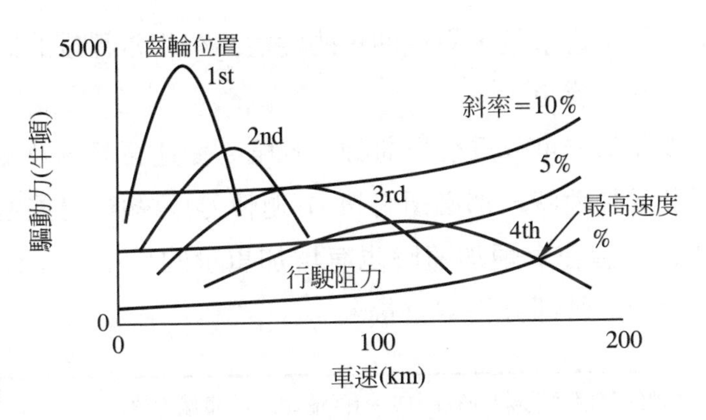

圖 5-2　引擎汽車之行駛性能曲線

圖中的行駛阻力，是在行駛各種不同爬坡角度時所畫出的。其最高速度，可從水平(平地)行駛時之行駛阻力曲線與引擎驅動力曲線之交叉點而求得。加速度，則可由某速度之驅動力與行駛阻力相減之值除以車輛重量之值來求得。於此簡稱爲重量，若以正確之說法，應該是慣性重量之謂。所謂慣性重量，是車輛重量加搭乘人員及最大載貨量即總重量，再加上迴轉部分相當重量。

5-2 迴轉部分相當重量

車輛從靜止起步，需要很大的動力，一經起步移動，則所需動力就比較小了，這是眾所周知之事。此與慣性，車輪的滾動摩擦以及迴轉部分相當重量等有關。茲對迴轉部分相當重量介紹如下。

5-2-1 迴轉部分相當重量和齒輪比的二次方成比例

迴轉部分的相當重量，對汽油車的性能，有相當程度的影響，對電動汽車而言，其影響更大。

車輛的驅動部分可分為引擎曲軸、飛輪、變速箱齒輪及輪胎等，在車輛起步行駛或加速時，都必須將扭力(迴轉力)傳輸給這些迴轉體才能行車。因此迴轉體在車輛加速時也有增加重量的作用，將此換算為重量，即為所謂的迴轉部分相當重量。

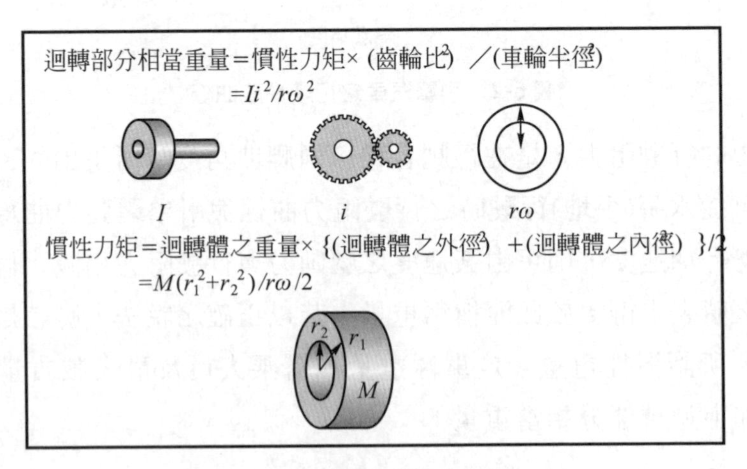

圖 5-3　迴轉部分相當重量之概念圖

迴轉部分相當重量如圖 5-3 所示，如使用齒輪而轉速(rpm)降低時，必須注意其迴轉部分相當重量，是與齒輪比的二次方成正比。在汽油車中引擎部分對迴轉部分相當重量有影響的，是活塞、曲軸及飛輪等重量，這些迴轉部分相當重量在低速行車時，是車輛總重量的0.6倍。因此車輛若在低速加速時與不考慮迴轉部分相當重量相比時，必須要有1.6倍的驅動力。

因此車輛在低速行車欲急加速時，燃料的消耗比較多。當車輛在行車當中，在二檔、三檔、四檔時，其值可減少爲0.24、0.12、0.08左右。

5-2-2　馬達的轉子慣性力距比較大

如果以馬達和引擎比較其迴轉部分，則電動汽車的馬達轉子之相當重量，比引擎的相當重量大出甚多。因此電動汽車必須注意迴轉部分相當重量對加速力的影響。

如果馬達轉子的形狀，假設爲密度相同的圓筒或圓盤時，求迴轉部分相當重量的公式，可應用圖5-3所示之公式。在日本迄今爲止，所研發的小型電動汽車，如果使用同程度的馬達，在低速加速時，所求的迴轉部分相當重量則爲1,100公斤左右，大約接近車輛的總重量。

5-3　電動汽車可不使用變速箱

汽油車的最高及最低速度之轉速，目前爲十倍左右。因此必須使用變速箱，藉以傳輸引擎動力。電動馬達的轉速，則可從零起動至其所容許之最高轉速，作順暢迴轉以提供動力源。所以車輛不論要求高速或低速，甚至任意的車速，都不必裝置變速箱。在日本新幹線目前最高速度時速超過250公里的電動火車，也沒有變速箱的裝備。

不過變速箱的另一功用，是可藉以改變大扭力，可以在低速時有效地獲取大扭力。所以混合型電動汽車仍然需要使用變速箱。

但是裝置變速箱則會增加車重，又經由齒輪傳輸動力，會造成動力的損失，其因傳動效率無法達到百分之百所致。當齒輪比大時，其迴轉部分相當重量亦隨著變大，除了加速力不容易發揮外，其能量損失也大。

如考慮變速箱之此缺點時，則可選擇大型馬達以利獲得大扭力。但是大型馬達雖然可提高效率。可是大型馬達同樣也會增加重量，如在某一定範圍內則其影響程度比較小。

由此考慮上述條件，則電動汽車，可不使用變速箱，但是混合型電動汽車則不然。

5-4 電動汽車亦可不使用差速箱

如前述馬達的轉速，可從零起動至其所容許之最高轉速，所以可利用此特性使用於差速裝置。茲將利用其特性情形介紹如下。

5-4-1 可利用改變馬達的轉速以控制扭力變動

汽柴油車必須使用差速裝置，不僅是使用於傳輸動力又有差速裝置可使車輛順利轉彎之兩種功能。爲了瞭解電動車與汽油車在各種車速的驅動力和行駛阻力的關係，經專家實驗研究結果如圖 5-4 所示。圖中黑實線(1)所表示的行駛阻力曲線，是在平地直行前進行車時所畫出的曲線。(2)實線所表示的是電動車用馬達驅動力曲線，是以某速度v行駛時，爲了獲取須要的驅動力，而踩下加速油門踏板調整車速之狀態。

爲瞭解電動汽車各種車速的驅動力，強力踩下加速油門踏板，其驅動力曲線就如虛線(2)′的改變情形。如將油門全力踩到底，則其驅動力因受馬達最大扭力的限制，就如虛線(2)″曲線所示之變化。

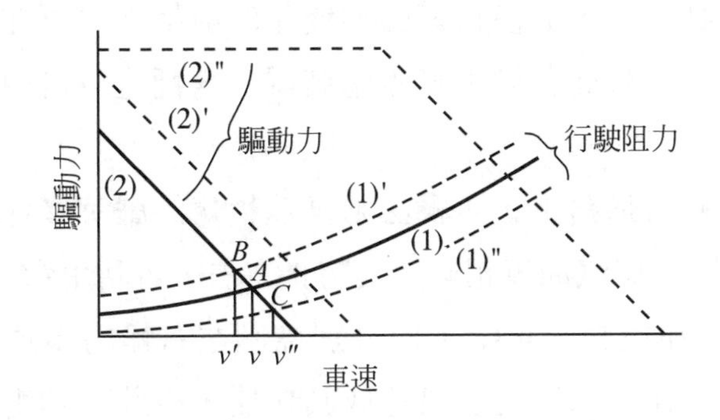

圖 5-4　電動汽車行駛中驅動力及行駛性能之關係

在相當於實線(2)之行車狀態下，假設行駛阻力曲線產生如(1)′的變化時，驅動力曲線和行駛阻力曲線之交點，由圖中的A點移動到B點的速度降低爲v'，當行駛阻力變化爲(1)"時交點移到 C 點而其速度成爲v''，由此可知馬達的轉速，可因應行駛阻力之大小，而隨著任意變化。

利用馬達的此種特性，使用大小相同的兩個馬達，可在左右驅動輪裝置一個，使雙方馬達承受相同的電壓，於是在直線車道行駛時，左右雙方驅動輪的馬達，皆以相同速度v'迴轉。由此可知電動汽車亦可不使用差速箱。

5-4-2　左右輪的扭力差可由輪胎的抓地力吸收

眾所周知，車輛在轉彎時爲使能夠順利轉彎，在彎道外側的車輪，必須增快轉速，內側車輪則降低轉速。

另一方面，因外側車輪所承受的荷重會大於內側車輪，因此外側馬達的轉速，就往降低的方向作用，因而妨礙車輪順利轉彎。如果在實際轉彎時作用於左右輪的荷重差極大時，即成爲在實際上彎道上的轉彎障礙，例如有單輪滑行。但因實際上輪胎的抓地力大於此滑行力，若左右車輪承受了相當程度的行駛阻力差，車輛仍然可順利轉彎。所以利用馬

達的特性而變動扭力，並使轉速彈性變化的前提下，可在左右驅動輪各裝置一個馬達，若有此裝備則無差速裝置，車輛也可自由轉彎，不致產生轉彎障礙。

但是在急轉彎道路上，車輛必須高速轉彎的嚴苛條件下，左右輪會產生滑行，此狀況與汽油車相同，其防止方法，可利用牽引控制(traction control)系統，在電動汽車上，僅分別控制左右輪的馬達電流，就可輕易防止其滑行，比汽油車更容易達成其功能，由此可知電動汽車亦可不使用差速箱。

5-5 電動汽車的驅動方式

5-5-1 引擎和馬達的扭力特性

汽柴油車(引擎汽車)的驅動方式，有前輪驅動、後輪驅動及四輪驅動等三種。電動汽車當然亦可利用此三種驅動方式。不過另有僅在電動汽車才可使用的驅動方式。即裝置複數馬達，不使用變速箱及不使用差速箱等三種方式。

引擎車(內燃機)為了發揮行車動力的驅動力，須要變速箱及差速箱等裝置。因為引擎在特性上，在被限制於某迴轉域始能發揮其扭力。

可是馬達的特性和引擎的特性不同，馬達的特性，從低速至高速上，其全迴轉域都能夠發揮其特性，引擎車則不然。所以電動汽車沒有變速箱也能夠充分發揮其驅動力。

因為引擎轉速過低就不能輸出扭力，所以必須提高減速比，利用引擎高轉速來起步行車，又當行車速度過高，則其扭力又會降低，所以必須變換為減速比低的排檔，以降低引擎轉速，始能獲得大的驅動力。茲將馬達和引擎的扭力特性表示於圖 5-5 所示。

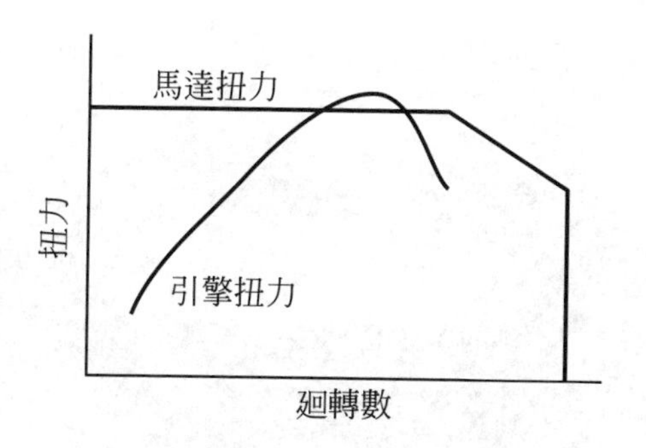

圖 5-5　馬達與引擎之特性

5-5-2　電動汽車的驅動方式

電動汽車的驅動方式在3-4節已簡單介紹過，茲將其各種驅動方式介紹如下，至於其優劣點擬在5-6節介紹。

1. 傳統方式

　　傳統方式的驅動裝置，就是引擎以馬達替代的配置(layout)，其餘完全和引擎車相同。此方式，是初期將汽油車改造為電動汽車，即所謂的改造電動汽車(Convert EV)所使用的最簡單的方式。當然混合型電動汽車亦適用之。

　　不過使用轉速為5000rpm左右的馬達時，若欲使馬達更有效地利用時，使用變速箱絕對不算浪費之舉。其驅動系統的配置圖參閱圖3-3(a)所示。

2. 無變速箱方式

　　此方式以歐美各國新製造的電動汽車居多，就是利用馬達特性不使用變速箱的驅動方式。是使用最高轉速12000rpm的最新型馬達，以發揮馬達威力的驅動方式。請參閱圖3-3(b)。

(a) 可自由行駛

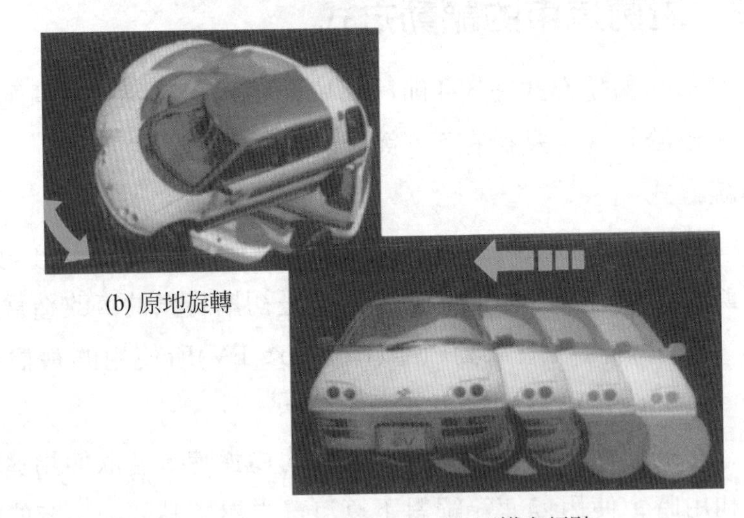

(b) 原地旋轉

(c) 可橫向行駛

圖 5-6　可橫向行駛的畢波特 EV

3. 無差速箱方式

此方式是利用馬達特性，以取代差速箱，把馬達裝置於左右驅動輪的所謂無差速箱方式。因爲轉彎時的左右輪之轉速差，可由馬達控制，所以可不使用差速箱。請參閱圖 3-3(c)。

此方式以美國通用公司的 GM“IMMPACT”車及日本日產公司的FEV爲代表作。

4. 裝置輪內方式

此方式是無差速箱方式的再進一步設施，即將兩個馬達裝置於左右驅動車輪內之方式。請參閱圖 3-3(d)。

輪內(in wheel)方式，又可在前後四個車輪內都裝置馬達之方式。此方式可以控制各車輪內的馬達扭力，就可以控制車輛姿勢(style control)或牽引控制(traction control)等技術程度高的控制，此仍電動汽車的特性之一。

驅動方式除上述四種方式成爲基本外，尚有可能再變化。上列四種都以後輪驅動爲主的驅動方式。除後輪驅動外，尚有前輪驅動(以日本日產公司的FEV爲代表作)及四輪驅動等。在無差速箱方式，在兩個馬達和左右驅動輪之間，分別裝置變速器的方式亦被考慮之方式。

5. 輪內方式的實際應用(可橫向行駛)

輪內方式的實際應用，可以說實現了汽車的夢想，實現了原來汽車所未有的功能。茲介紹如下。

四輪各裝置一個馬達的輪內方式，當然無傳動軸或驅動軸的裝備。因此各車輪皆可操作360度的旋轉。所以四輪轉向當然無問題，因此可在當場(原地)旋轉或橫向移動的行車，由此可知，此種車輛是可自由自在行車的汽車。其可能就是把電動汽車的特長活用了最大限制之一吧！(參閱圖 5-6)。

如此有夢想的汽車，從有了既成概念才可完全自由設計的汽車，因其爲電動汽車，才有其可能性吧！

5-6 驅動方式之優劣點

驅動方式在上節已介紹過，茲將其優劣點分別介紹如下。

5-6-1 傳統方式

傳統驅動方式，可使用小型馬達(小輸出力馬達)，在低速起步時可獲得大扭力。如使用最高速檔也可提高到最高速度。如此小型馬達也可發揮全部能力，而且馬達規格對電動汽車的性能影響並不大。因此目前的電動汽車使用最多。

茲將電動汽車和汽油車的車速與驅動力，作比較如圖 5-7 所示。

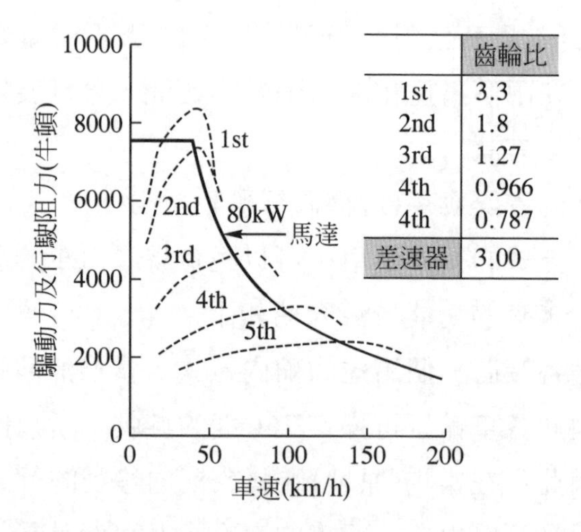

	齒輪比
1st	3.3
2nd	1.8
3rd	1.27
4th	0.966
4th	0.787
差速器	3.00

圖 5-7　80kW 之最高輸出力傳統式電動車與 2000cc 級(133 馬力、100kW)之引擎汽車，車速與驅動力之比較

今以 2000cc 級最大輸出力爲 133 匹馬力(100kW)的汽油轎車，與電動汽車作比較，此車的驅動力曲線如圖 5-7 的虛線所示，圖中變速箱的各檔齒輪比，和差速裝置的齒輪曲線比如圖所示。

爲了獲得一樣的驅動力曲線，傳統方式的電動汽車，使用最大輸出力爲 80kW 的直流並聯馬達。其馬達轉速一扭力曲線如圖 5-8 所示，該馬達的最大扭力爲 23kg-m，其扭力開始下降時的轉速爲 3450rpm，降至基底時的最高轉速爲 7500rpm，最高轉速時的扭力爲 10.6kg-m。

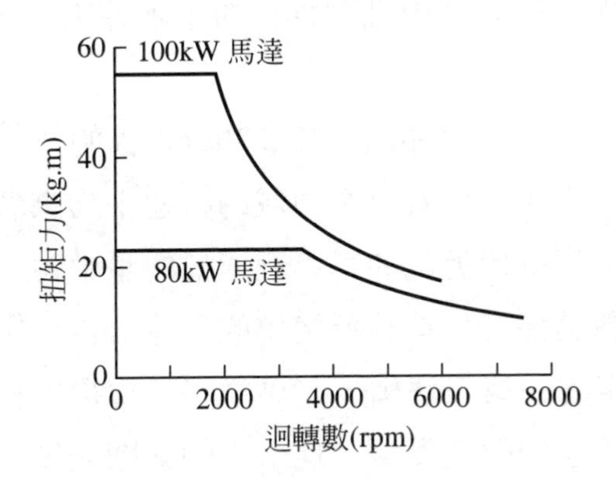

圖 5-8　與汽油車比較，使用最高輸出力 80kW 及 100kW 之電動汽車，其直流並聯馬達迴轉時之扭力

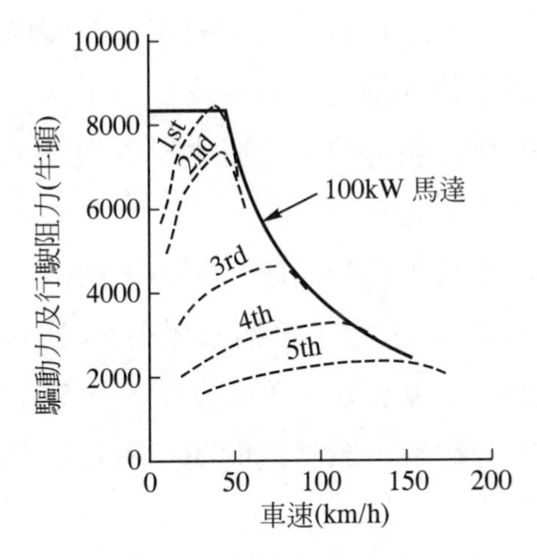

圖 5-9　100kW之最高輸出力的變速箱電動汽車與 2000cc級(133 馬力、100kW)引擎汽車車速與驅動力之比較

按此馬達，假設差速器的齒輪比爲 3，變速箱第一檔的齒輪比爲 3.3，則其驅動力曲線如圖 5-7 所示的粗實線，而行車速度達到 40km/h 止，其驅動力爲一定值超出此速度，由圖中可看出驅動力就逐漸降低的曲線，使用第一速檔的最高速度爲 85km/h。要換爲第二速檔以後的各檔，其驅動力曲線，是如圖中細實線往右下延伸去，至200 km/h 時其驅動力爲最小。

如上述，由此電動汽車和汽油車 2000cc 級的作比較，其驅動力曲線則有或多或少的出入，但若以全領域的轉速平均來看，則電動汽車到了第三速檔，就可獲得接近汽油車第五速檔的驅動力。因此電動汽車若使用傳統方式的驅動裝置，按其所使用的馬達，當引擎車最高輸出力的 80%時，電動汽車處在第三速檔，其馬達就能獲得大約相同的驅動力。檢討其原因，是馬達的轉速領域，比引擎的範圍較廣，並且因速度而變化扭力的狀況也比較少。

反之，在傳統方式的驅動方式，有下列缺點介紹如下。

1. 首先因傳統方式，所以離合器和變速箱的裝備仍然存在，使驅動系統全部變成複雜的構造。
2. 引擎動力經過變速箱傳輸，會產生能量損失，因爲變速箱的傳輸效率爲 90～95%左右。
3. 迴轉部分相當重量也有些問題，例如電動汽車的馬達轉子重量爲 80 公斤，外徑爲 30 公分，車輪直徑爲 50 公分時，由第一速檔至第四速檔分別爲 980 公斤、290 公斤、145 公斤、84 公斤。此重量在第四速檔行駛時，雖然沒問題，可是在第一速檔加速時，則其能量損失甚大。
4. 又迴轉部分相當重量比引擎更重的馬達，其扭力(迴轉力)經離合器傳輸到變速箱時，離合器片會因而急激增加磨耗的問題。

5-6-2 無變速箱方式

此方式是考慮馬達的迴轉範圍比較寬闊，並利用其低速時的扭力大，始有拆下變速箱的構想。傳統方式和無變速箱方式的驅動系統，以無變速箱方式的優點比較多。但是初期在日本國內，尚未生產電動汽車用大馬達，大部分沿用電動推高機馬達。因此在日本製造的電動汽車，以傳統方式驅動的居多。

爲了作比較要有二種型式，今以傳統方式和無變速箱方式來作比較。假設欲得到與汽油車相同的驅動力，就要使用比較大的馬達，今使用 100kW 的馬達，若轉子重量爲 100 公斤，如其他條件和傳統方式相同時，其迴轉部分相當重量爲 290 公斤。

100kW大的馬達，其最高輸出力的轉速－扭力曲線，如圖 5-8 上方所示，此馬達亦使用並聯馬達。如此電動汽車係裝載齒輪比 4.5 的差速箱，則其驅動力曲線如圖 5-9 所示。但圖中表示驅動力曲線的虛線，係如圖 5-7 所示的 2000cc級引擎車的驅動力曲線。由此圖可知，不使用變速箱而使用 100kW 的大馬達，在迴轉的全領域，可獲得比同樣最大輸出力的引擎車更大之驅動力。

此種驅動方式的優點列出如下。

1. 可使汽車之構造單純化，並可消除經變速箱而產生的扭力損失。
2. 可減輕車重，又可增加空間的利用。
3. 因不使用變速箱，就跟著不需要離合器的裝備。
4. 因無變速箱及離合器，操縱簡單又容易，亦無兩者之故障。

5-6-3 無差速箱方式

不使用差速箱時，最少須要兩個馬達及控制器。欲獲得和汽油車相同的驅動力，則兩個馬達的輸出力之和，要與不使用變速箱方式所使用的馬達之輸出力相同。但因無差速箱就不產生 5～10%的能量損失，由此兩個馬達可小型化。

今以無差速箱和無變速箱的驅動方式來作比較，改造 FR(前置引擎、後輪驅動)車，則無變速箱方式比較容易製造。而FF(前置引擎、前輪驅動)車，因變速箱和差速器是整體構造，不能僅取出差速器，所以製造改造型(convert model)車時，不論構造性，效率及性能方面，都是無差速箱方式比較有利。

無差速箱方式迄今所試用者，皆在馬達和車輪間裝置齒輪，使馬達降低轉速以獲取大扭力。

茲將無差速箱的驅動方式之優缺點介紹如下。

1. 優 點

⑴ 因無差速箱裝置，構造單純化又容易設計。

⑵ 無差速箱方式，因不經過差速器傳輸動力，所以就無 5～10%之能量損失。

⑶ 因無差速箱的能量損失，所用馬達可小型化又可減輕車重。

⑷ 無差速箱裝置，則可減輕車重，又可增加空間的利用。

⑸ 無差速箱裝置，因在左右驅動輪，各裝置一個馬達，可在各輪自行產生驅動用扭力，在泥濘地或雪地，不會有單輪滑行不能前進的缺點。

2. 缺 點

使用馬達在加速時，當轉速較低而扭力較大的場合，為了減少銅損失而裝置齒輪，雖然很有效，但因齒輪有傳輸損失，又因裝置齒輪，迴轉部分相當重量增加，使損失也增加。

5-6-4　輪內方式

輪內方式的驅動裝置，從早期就有此構想，但因尚無極小型馬達可獲得大扭力的高效率馬達。近來由於開發了稀土類磁鐵的無碳刷DC馬達，甚至實用化以後，此方式才能夠實現，並且可能成爲電動汽車最佳的驅動方式。

此型馬達，是將馬達減速機構及控制迴路等，製成一體型之結實的(compact)產品。可直接內藏於任何一個驅動輪內、馬達的轉速從 0～200rpm可自由設定。若電瓶性能低落，作業上也不受其影響的好功能。

茲將輪內方式驅動裝置的優缺點介紹如下。

1. 優　點
   ⑴ 無差速箱的優點⑴至⑸都具備。
   ⑵ 車體內無裝置馬達的空間，可有效利用空間。
2. 缺　點
   ⑴ 馬達直接裝置於驅動輪內，受到激烈振動，其耐久性會受影響。
   ⑵ 因馬達裝設位置低，進水機率高影響壽命。

5-6-5　本田公司的輪內方式驅動裝置

1. 輪內型馬達概要

   本田公司大概於 1990 年後半開發了輪內型電動馬達。如上節所介紹，是將馬達、減速機構及控制迴路等，製成一體型的結實產品。馬達轉速從0～200rpm可自由設定的高效率馬達。當然亦直接裝置於驅動輪內(參閱圖 5-10)圖中左圖是裝置於輪胎，右圖爲輪內型馬達的解剖圖。並且若電瓶性能低落時，作業上也不受其影響。

圖 5-10　輪內型馬達

2. 馬達的構造

其構造如圖 5-11 所示，是把馬達、減速機構及控制電路等，全部裝置於密閉容器(殼)，內藏於驅動輪內。是一個裝載性良好的一體包裝(package)。因此使用於一般車輛時，不必要從新設計或製造其減速機構及控制電路。8 吋以上的鋼圈內容易裝置使用。因爲製成結實的一體型構造，如前述，因應使用目的，從一輪至多輪的驅動用，皆可以自由選擇使用。

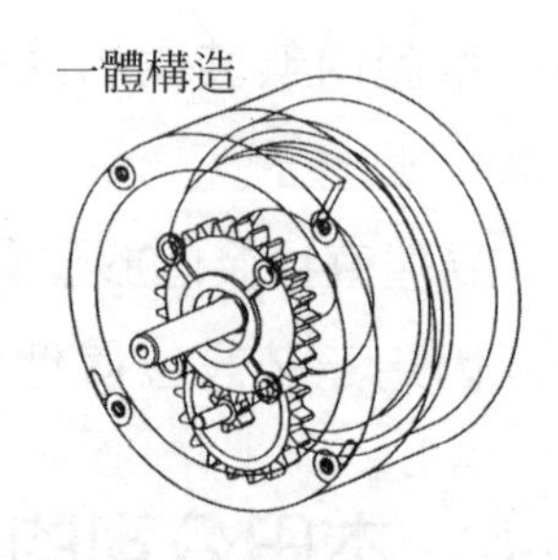

圖 5-11　輪內馬達一體構造

3. 輸出軸的貫通構造

一般的電動馬達，馬達和減速機構分別組合裝置。可是如圖 5-12 所示，採用把馬達的迴轉軸製成中空，在其中貫通減速機的最終輸出軸，是獨特方式的構想。由此可獲得薄型又偏平的結果的尺寸，使輸出軸的軸承間隔取得寬闊，裝置一輪的每具馬達，可承受400公斤的荷重的驅動力。

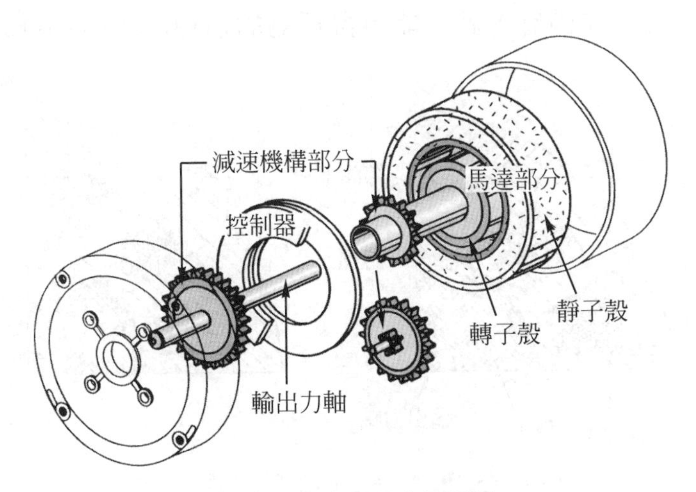

圖 5-12　輪內馬達分解圖

4. 使用無刷DC高效率馬達

馬達採用現在被認爲最強力磁鐵，即所謂的釹(neodymium；化學符號Nd)系的稀土類磁鐵。由此可減輕線圈的負擔，並且可抑制其發熱，甚至把繞線圈的間隔取其最大限制，使馬達本體可以低迴轉之設計。由此可抑制馬達的減速比，同時亦減少齒數藉以減低因嚙合而產生的損失，以圖謀低噪音化。

並且，所謂的釹系的稀土類磁鐵，是指稀土類中的釹和釙(polonium；化學符號 Po)及鐵等爲成分的磁鐵，是現在的釹系中，最強力的燒結環型磁鐵，具有一般肥粒鐵(ferrite)磁鐵的五至十倍的磁力，是與日立金屬(株)會社共同開發的產品。

因爲馬達使用如上述的強力磁鐵，當磁鐵誇越線圈部位時，發生“克克”的迴轉振動。雖然因此容易發生粗扭力(cogging torque)，但是爲了抑制此振動進行了磁場解析模擬(simulation)，從原來閉口形狀的溝(slot)，改成末寬型的最適當的開口形狀的溝，使磁力變化順暢，在極近迴轉時產生，以抑制失去駕駛性的“克克”振動感，就可能獲得順暢的迴轉(參閱圖 5-13)。

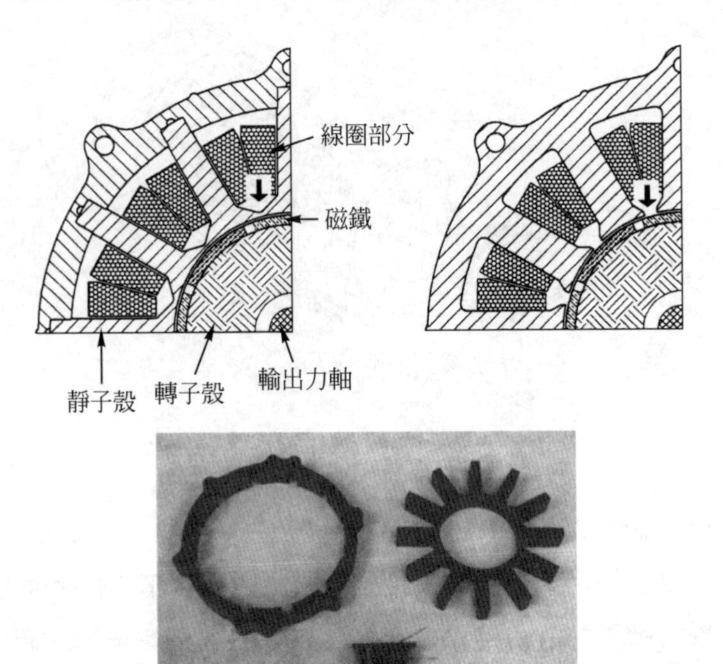

圖 5-13　本田的末廣型閉口形狀槽(左)，與一般型開口形狀槽(右)之比較。下圖是靜子殼與捲成繞線管的線圈

線圈部分採用可繞更多銅線的繞線管型(Bobbin type)，以減低線圈的阻力，原來型的馬達效率爲 56%，本田公司則達成 85%之高效率馬達。由此效率的改善，結果獲得了抑制溫度上升的效果。

馬達驅動電路的控制信號，電壓以 5 伏特爲基本，但亦適合更高度的電子控制電路的信號輸出。馬達的主要諸元如表 5-1 所示。表中表示 S 符號者，係指標準品，另用 L 型，是表示加寬寬度，以提高馬達性能。

表 5-1　三相 DC 無刷馬達之諸元

型式名	24S	24L	48S	48L
使用電壓(DC-V)	24	24	48	48
額定輸出力(W)	150	200	300	600
額定迴轉數(rpm)	100	50	200	100
額定扭力(kgm)	15	40	15	60
總合效率	85%以上			
軸荷重	最大 400kg			
重量(kg)	8	12	8	12
馬達全長(mm)	120	160	120	160
外徑(mm)	195			

5. 馬達的特徵(結語)

茲將上述情形(本節)整理，把其特徵列出讓讀者多加瞭解並當結語。

⑴ 由於將馬達和減速機構及控制電路等，製成一體化，另外車輛多採用的 8 吋車輪內藏的結實尺寸型，實現了高剛性。

⑵ 採用世界最初的輸出軸貫通構造，依寬軸承間隔可確保耐高“軸荷重”(400 斤)。

⑶ 採用釹(neodymium)系稀土類磁鐵，或依末寬型閉口形狀溝的設計，製造了低噪音、低轉速、低粗扭力(low cogging torque)的馬達構造。

⑷ 採用對雨或泥土等污染耐用度高，全天後型的密閉構造。

⑸ 採用高效率又不需電刷保養的 DC 無刷馬達。

(6) 電源是配合使用製品的規格與負荷，適用於24伏特和48伏特的各種一般市售電瓶。

Electric Vechicle

6 電動汽車用電瓶

6-1 概　述

6-1-1 前　言

電動汽車，必須與現在的汽、柴油引擎爲動力源的汽車在同樣的道路上行駛，因此應該要有上列汽車同等的加速能力及爬坡能力。即具備瞬間能產生大動力的交通工具。

電瓶(battery)的使用如眾所周知，除行車所必須使用的電力外，如加熱器或冷氣機等空調設備之行車用舒適裝備也皆須要消耗電力，所以電動汽車用電瓶必須有某種程度的電容量及價廉爲首要條件。

電動汽車是以電瓶替代引擎爲動力源，所以電瓶的重要性由此可知，也是目前電動汽車的最大技術課題。雖然經多年的研發到目前爲止，未能研發出更高性能的電瓶，以致無法普及於電動汽車上使用。電瓶性能依目前的水準，雖然研發出燃料電池(fuel cell)，但在電動汽車尚難實用化。

目前電動汽車用電瓶以燃料電池爲目標在研發，其燃料雖有多種，但皆尚未實用化，可是離實用化階段諒必不遠了吧！

6-1-2 電瓶的分類

所謂電瓶，正如別名的所謂蓄電池(storage battery)或簡稱爲電池(battery)，是利用化學能(chemical energy)變化爲電能(electric energy)而產生直流電的能源供應之一種製品。其可分爲兩大類，即一次電池及二次電池，茲簡介如下。

1. 一次電池(primary battery)

   從外部提供“物質或能量”使發揮非機械式機能的構造，以供給機械或電器用品的電力之電池稱爲一次電池。如乾電池、太陽能電池及燃料電池等。

2. 二次電池(secondary battery)

   從外部供給“電能”，就可反覆發揮充電或放電的機能的構造，以供應機械或電器用品的電力之電池稱爲二次電池，如蓄電池。一般所稱電池或蓄電池是指二次電池而言。

6-2 電動汽車用電瓶性能的評估

6-2-1 概　述

電動汽車用電瓶有別於一般汽柴油車用電瓶，因爲電瓶是動力源，供給電動汽車行車用動力(電力)，所以其充電一次後的續航里程，是最受重視的性能。在評估的幾項電瓶性能當中，有少數是彼此相關而且是互相影響的，即某項性能提高，則他項有降低的可能。

6-2-2 電瓶性能或特性評估

對電瓶的性能或特性有必要考慮的有，一次充電後的續航里程、加速性能、爬坡性能、有關動力性能的輸出力(功率)密度、在經濟面的電瓶壽命、保養性、信賴性及安全性等。茲將五種電瓶的能量密度、功率密度、循環壽命、公害性、安全性、資源來源及經濟性等七項評估列出如表 6-1 以供參考。

電瓶的性能，不僅是行車用之性能，維護管理上的問題也不得不予以考慮。

首先要考慮的是充電時間數，若充滿電的時間比可行駛時間長，則使用者一定不能接受。要盡可能在短時間內安全地充滿電，是使用者必求之性能。所謂安全充電，是在充電時會發熱，或產生瓦斯的話，還要考慮其對策。並且若需高壓充電時，也有觸電之危險性，亦須考慮其對策。如此須要考慮安全對策的產品，亦不受歡迎的。

表 6-1　特性評價

電瓶	能量密度(現狀→將來)(Wh/kg)	輸出力密度(現狀→將來)(W/kg)	循環壽命(現狀→將來)	公害性	安全性	資源性	經濟性(材料費相對比)
密閉鉛	40→50	120→180	400→1000				100
	△	△	△	△	○	○	○
鎳-鎘 Ni-Cd	50→60	160→200	500→1000				1300
	○	○	○	×	△	×	×
鎳-鋅 Ni-Zn	70→85	160→220	200→500				630
	○	○	△	○	○	△	△
鈉-硫磺 Na-S	100→120	130→150	350→1000				1100
	○	△	○	○	△	○	×
鎳-氫 Ni-MH	60→75	160→200	500→1000				1500
	○	○	○	○	○	△	×

註：(1)性能：在性能方面可分類爲鉛電瓶、鎳系電瓶、鈉-硫磺電瓶、鋰系電瓶。
(2)公害性：在鎳系電瓶中從公害方面著眼希望使用無鎘的電瓶。
(3)資源性：鉛因容易再循環，此類在電瓶中資源量最豐富。
(4)經濟性：材料費比較假設鉛爲 100，則鎳鎘爲鉛的 10 倍以上，鎳鋅爲 6 倍。

6-2-3　發展目標

如上述電動汽車用電瓶有別於一般汽車用電瓶其發展有需要依評估項目去研發。其將來之發展目標可依下列目標去發展茲介紹如下。

1. 安全性
2. 環境相融性(適合環保)
3. 可再生性
4. 提高性能
5. 可用性
6. 經濟性

6-3 電動汽車用電瓶之性能

目前在汽車上所使用的電瓶，是屬於二次電池，可反覆充電、放電使用。每個電瓶雖然都有其一定的壽命，但其壽命因使用狀況而異，有多種因素可影響其壽命。有關此點容後再介紹。

茲介紹各種電瓶的性能以供評估，以利使用於電動汽車之決擇。

6-3-1 電瓶的放電特性

1. 作業上之放電

電瓶的特性，也可以放電特性來表示。茲以圖 6-1 爲例，是表示兩種不同電流放電時之時間與電壓之變化，如圖所示，一般二次電池，其放電初期電壓都比較急速降低，至一般時間後電壓就緩慢下降，到放電終期電壓再急遽下降。圖中因以不同電流放電故畫出(1)及(2)兩條曲線，(1)爲電流大於(2)時的放電曲線。一小時電壓幾乎爲零。此種放電方法其放電率定義爲 1C。(2)爲兩小時後才放電終了，其放電率就是 0.5C。圖中電壓降緩慢進行階段從 A 到 B 範圍的電壓平均值，則定義爲電瓶之電壓。

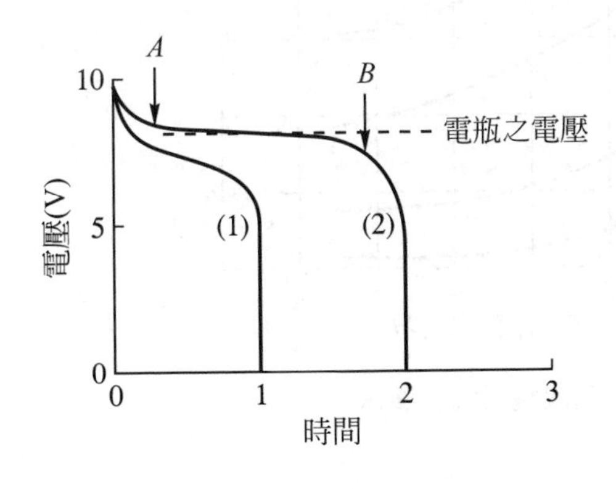

圖 6-1　(1)比(2)流過更大電流時

電瓶從充滿電狀態的電容量，放電後到停止，其放電程度之表示單位以 DOD(Deep of Discharge)來表示，例如某電瓶放電後其剩餘電容量有30%狀態時，則稱該電瓶的放電程度(DOD)爲70%。

2. 自放電

充滿電的電瓶放置一段時間後，因內部電阻而自然消耗的現象稱爲自放電(self discharge)。其原因如下。

(1) 負極板上的海綿狀鉛和電解液產生化學作用而變成硫酸鉛。

(2) 極板上附著其他金屬雜質，並與極板構成一局部電池而產生自放電。

(3) 因電瓶表面有電解液而造成漏電。

(4) 因海綿狀鉛脫落，積滿沉澱室就形成短路而自放電。

3. 自放電的程度和溫度及電水比重有關

(1) 溫度愈高其自放電量愈多，如圖 6-2 所示。

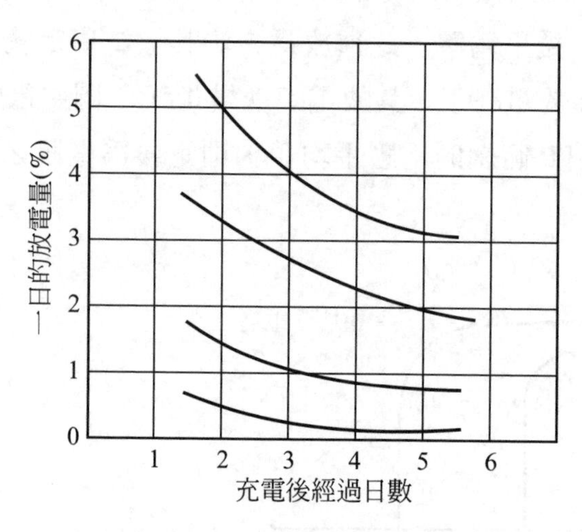

圖 6-2　自放電與溫度關係

⑵　電解液比重愈高，其自放電量亦愈多，如圖 6-3 所示。

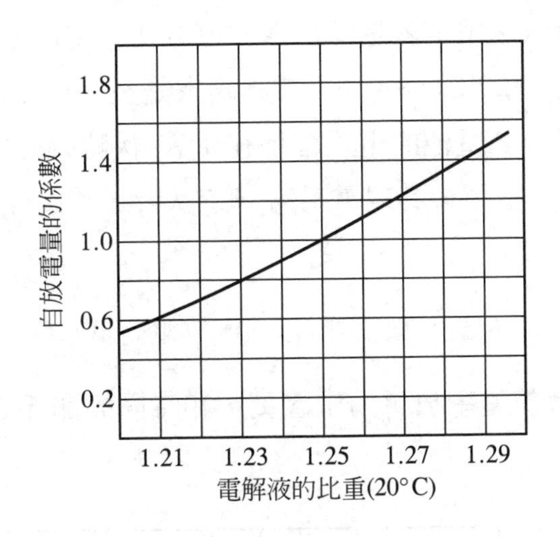

圖 6-3　自放電與電解液比重關係

電瓶依此節的基本特性為基礎定義，介紹其各種性能如下。

6-3-2　安培小時電容量

1.　前　言

比較電瓶的大小，除以電壓表示外，另以供應電量之多寡來決定。電瓶電壓的大小和其串聯的分電池(cell)數量有關，和供應之電量無關。同一電瓶因放電電流之大小不同，其所能維持的時間亦不同。因此要有一定的比較標準，一般採用國際電瓶審議會(BCI：battery council international)或美國汽車工程師協會(SAE：society of automotive engineers)的標準來核定電瓶的電容量。

電瓶的電容量，有 20 小時放電率電容量及 5 小時放電率電容量兩種，茲分別介紹如下。

2. 20小時放電率電容量

一般汽車用電容量都採用此種方式，使用公制國家是以穩定電流在溫度20℃(68°F下)(英制國家是在80°F)下放電20小時，終止時每一分電池的電壓維持在1.75伏特時的電容量。例如12伏特電瓶，放電後其端電壓為10.5伏特。其電容量的計算如(6-1)式所示。

$$安培小時(AH)=放電電流(A)\times放電時間(H) \quad (6\text{-}1)$$

以20小時放電率放電的電容量，和時間的關係如圖6-4所示。

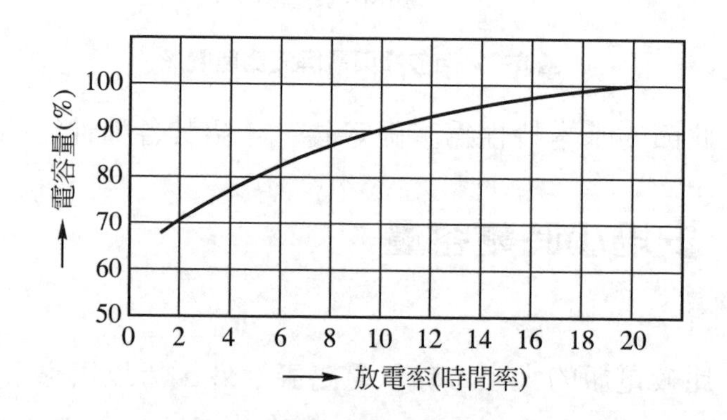

圖6-4 電容量和放電率的關係

3. 5小時放電率電容量

近來使用公制國家的電瓶電容量，亦採用5小時放電率。然而電動汽車用電瓶是採用5小時放電率電容量。

例如有一個12伏特150安培小時(AH)的電瓶，以30安培放電時表示可使用5小時。

以5小時放電率放電的電容量，和時間的關係如圖6-5所示。

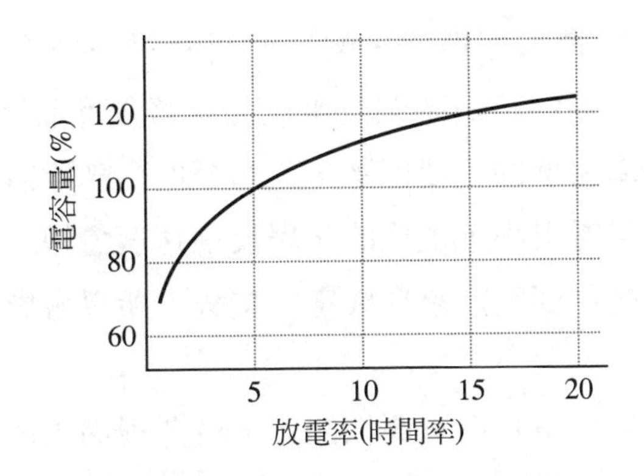

圖 6-5　5 小時放電率和電容量之關係

6-3-3　電瓶的能量密度

所謂能量密度(density of energy)，是指單位重量的電容量(capacity)而言，其單位使用Wh/kg。電容量相當於汽車的油箱容量，是指電壓和電流相乘之積(動力)，再乘放電初期至終了的時間之值而言。其計算公式如(6-2)式所示。

能量密度(Wh)＝電壓(V)×電流(A)×時間(h)　　(6-2)

此即可決定電動汽車，一次充電後的續航里程。

能量密度因周圍溫度、放電率(Discharge rate)及電瓶的新舊而有所不同。若以能量密度表示時，一般都將這些條件一併列入。

例如 12V150AH的電瓶，以 30A放電可使用 5 小時，其能量密度爲

12V×30A×5h=1800Wh

6-3-4　電瓶的輸出力(功率)密度

電瓶每單位重量可輸出的最大電力量稱爲輸出力密度或功率密度(Density of power)。其單位以 W/kg 表示。

功率密度會影響加速性能、爬坡性能及最高速度，並且受周圍溫度、放電程度、放電的持續時間及電瓶的新舊程度而變化。

決定電瓶功率密度的重要因數，是電瓶的內部電阻及電極表面的化學反應速度。內部電阻小，電極的化學反應速度愈快，則其功率密度會變大。並且電瓶的內部電阻會形成電力損失，所以會影響到一次充電後的續航里程。

由此可知，欲使電動汽車高性能化，就要提高電瓶的功率密度，也就是選擇內部電阻比較低的電瓶。

6-3-5 電瓶的壽命

電動汽車用電瓶的使用壽命，一般是從開始使用至不能使用而報廢爲止的反覆充電、放電的次數作爲其壽命。也就是電瓶的充電、放電的“循環壽命”，其單位和放電率相同使用C符號。電瓶隨著反覆充電、放電而減少電容量到最後就不能蓄電。如圖6-6所示，圖中表示一般汽車用電瓶及電動汽車用電瓶兩種。

一般的電瓶壽命，使用時的反覆充電、放電，以5小時放電率(時間率)的電容量，達到初期的80%時爲止，判定爲壽命終期。

電瓶壽命的長短，直接影響營運成本，可是其壽命也受到使用狀況、環境及溫度的影響。由此歸納其影響壽命的因素有1.電解液液面高度2.電解液太濃3.加水過量4.充電不足或極板硫化5.充電過度6.循環次數7.溫度8.振動等八項。其中經過測試的有二項圖示介紹如下。

在鉛電瓶，有一般汽車用電瓶和電動汽車用電瓶兩種。其不同在於依使用方法的不同之循環壽命。一般汽車用鉛電瓶的使用目的，是起動引擎，當引擎運轉中，有發電機時常發電供給電裝品，同時向電瓶充電，故其放電程度不深壽命比較長。使用於電動汽車的電瓶，因其放電程度比較深(大)，故其壽命比較短。

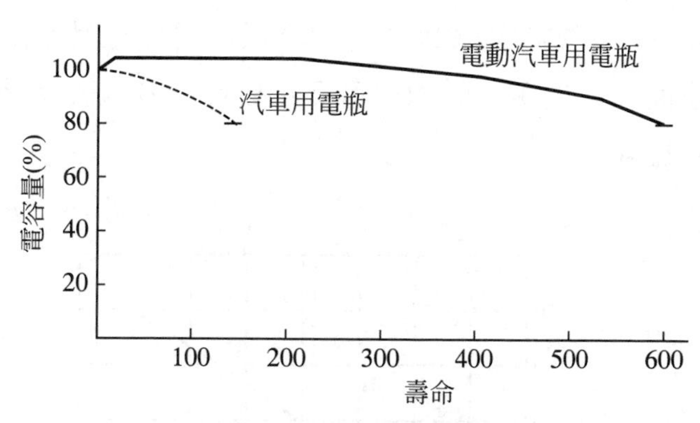

圖 6-6 電瓶壽命循環

註：測試條件 / 測試結果

測試條件	測試結果
測試循環壽命	試驗溫度：30～45℃ 放電：0.25C(A)×3h(放電程度 75%) 充電：放電電流的 120%
壽命測試中的電容量確認	5HR：1.7V/cell
壽命終期	降低至 5 HR 電容量的 80%時
電解液比重	1.280(20℃)

圖 6-7 是表示測試中的放電程度(DOD)和壽命的關係圖。

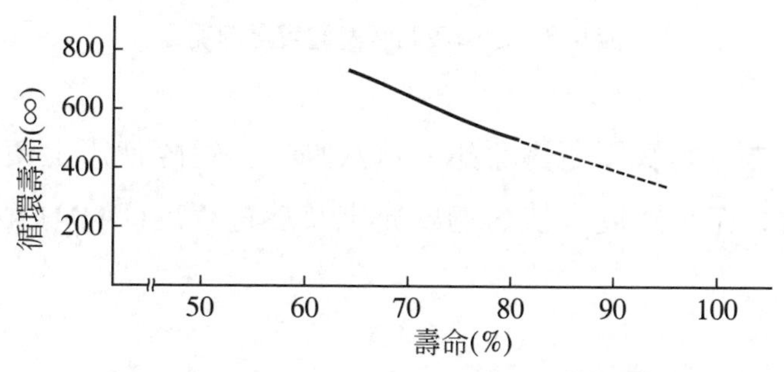

圖 6-7 測試中的放電程度和壽命之關係(%)

註：測試條件 / 測試結果

測試條件	測試結果
	測試溫度：30～45℃ 充電量：放電電流的 120%
壽命終期電容量降低至 5 小時電容量的 80%時	註(1)壽命測試是定電流充放電 註(2)放電程度的定數 對 5 小時放電率電容量的放電量之比(放電電流：0.25C) 註(3)電解液比重：1.280(20℃)

如圖 6-8 所示，電容量會因溫度的高低而變化，因此在氣溫高的季節，電動汽車的一次充電後的續航里程比較長，但是氣溫低的冬天，則其續航里程會縮短。

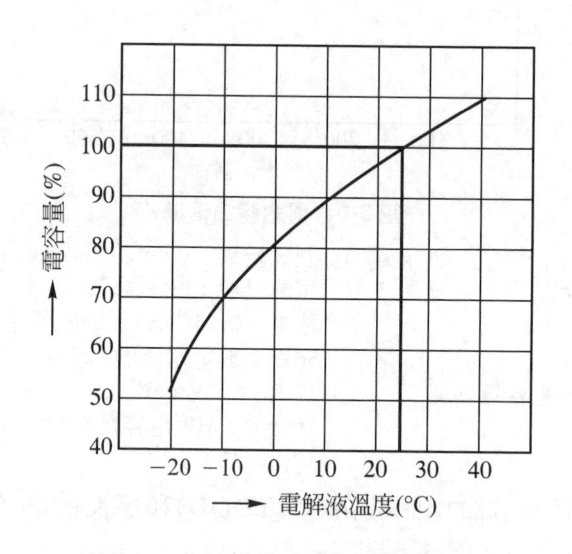

圖 6-8　電解液溫度對電容量的關係

總而言之，影響電瓶壽命如上述八點，其實際使用上使電瓶壽命縮短的原因尚有充電速度太快、過度充電及放電程度(DOD)大，即百分比過大等。

6-3-6　其他重要特性

可影響電瓶性能的其他特性，有密閉化(又稱爲免保養型)、環保問題、安全性、價格及資源量等。所謂密閉化，是眾所知，是將電瓶蓋密封使用者不能打開，不用加水也不用補充稀硫酸，因此不須要保養。今後必成電瓶性能上重要的條件。目前已經生產使用不過價格偏高。使用於電動汽車的電瓶， 期望以密閉化爲主佔多數意見。

安全性問題，是指電解液因充電或肇事而濺出時會傷害到皮膚等，又可能導致火災之發生。

環保問題，是指電瓶材料可能含有危害人體的物質之處理問題。以及充電時發熱或產生氣體，甚至若以高壓充電時有觸電的危險，都要列入考慮及對策。

電瓶價格之高低，取決於材料及製造費用。目前電動汽車用電瓶的造價都比較高，其原因爲材料都使用貴金屬比較多，所以其價格若欲降低，尚須多研究廉價而又能發揮大功能的材料，當然廉價材料，其資源量必無問題。

6-4 電動汽車用電瓶

6-4-1 研發中的電瓶

電動汽車用電瓶，目前仍以鉛(酸)電瓶爲主，其能量密度等性能雖然比其他電瓶爲低，但價廉或安全性、再循環比較容易等，平衡取得非常好。

可是那是短暫性的替代辦法，雖然目前可以使用，可是多項性能，尤其是一次充電後的續航里程短，不能滿足汽車該有的性能，並且售價又貴，不受使用者喜愛，導致不能普及。因此不得不另研發適合於電動汽車用，價格適當性能又佳的電瓶。

在先進國家所研發使用於電動汽車的電瓶有，鈉-硫磺電池、高溫型鋰-硫化鐵電池、鋁-空氣電池、鐵-空氣電池、雙電層(electric double layer)電容器、常溫型鋰電池、鉛電池、鎳-鎘電池、鎳-鋅電池、鎳-鐵電池、鎳-氫化合物電池及鋅-溴素電池等。茲將其研發狀況介紹如表6-2所示。

表 6-2　電動汽車用電瓶之開發狀況

	性能＼電瓶種類	鉛蓄電池	鎳-鎘電池	鎳-鋅電池	鎳-鐵電池	鎳-氫化合物電池	鋅-溴素電池
特徵	電解質	硫酸	鹼水溶液	鹼水溶液	鹼水溶液	鹼水溶液	溴化鋅水溶液
	理論型能量密度(Wh/Kg)	175	208	326	267	275～378	4.28
	開路電壓 V	2.10	1.29	1.74	1.37	1.31	1.82
	動作溫度℃	常溫	常溫	常溫	常溫	常溫	常溫
	優點	比較高輸出力密度 常溫動作 優異的負荷追隨性 可能密閉化 高信賴性 比較低成本	耐過充電、過放電 常溫動作 高信賴性 高能量密度 高輸出力密度 可能密閉化	高能量密度 優異的輸出力特性 優異的低溫性能 常溫動作 優異的負荷追隨性 可能密閉化	耐過充電、過放電 壽命長 常溫動作 高能量密度 高輸出力密度 電池材料屬低公害	高能量密度(尤其是每一單位體積的能量密度高) 壽命長 高輸出力密度 完全密閉性	高能量密度 優異的輸出力特性 常溫動作 電解液循環式 構成材料比較廉價 密閉式
	缺點	低能量密度 對過充電、過放電比較弱	鎳及鎘均寄價 高鎘環境污染物質	壽命短 鎳價高	低充放電效率 鎳價高 維護費力 密閉化困難	高溫時自行放電率高 原成本高	壽命短 維護費力(需要完全放電)
現狀之性能	能量密度(3～5HR) Wh/Kg Wh/L ※ 輸出密度(在DOD50%)	40～45(3HR) ～100(3HR)	～53 ～140	～74 ～130	45～60(3HR)	50～70 160～200	60～80 80～90
	功率密度 W/Kg	98～128	～160	100～130	94		80～100
	循環壽命 (DOD60～80%)循環	800～1000	＞500 (100%DOD)	220～240 (60%DOD)	800～1100	1000～5000	300～750
	註※ DOD：放電深度						
主要開發課題		減低製造成本 提高能量密度 提高壽命特性 提高輸出力密度 確立密閉化技術 確立熱管理技術	減低製造成本 提高能量密度 提高壽命特性 確立加大尺寸技術 確立熱管理技術	減低製造成本 提高能量密度 確立密閉技術	減低製造成本 提高能量密度 提高輸出力密度 充電方式之檢討 熱管理方式之檢討 保養簡易化	減低製造成本 確立加大尺寸技術 自行放電率之減低	減低製造成本 提高能量密度 提高壽命特性 提高輸出力特性 自行放電率之減低 安全性之確立

表 6-2　電動汽車用電瓶之開發狀況(續)

	性能＼電瓶種類	鈉-硫磺電池	高溫型鋰-硫化鐵電池	鋁-空氣電池	鐵-空氣電池	雙電層電容器	常溫型鋰電池
特徵	電解質 理論型能量密度 (Wh/Kg) 開路電壓 V 動作溫度℃	β-氧化鋁 (固體電解質) 785 2.08 350	氯化物系 溶酸鹽 450～638 1.76 450	鹼水溶液 1900 1.85 常溫	鹼水溶液 885 1.35 常溫	水溶液 有機系電解液 1～3 常溫	非水溶液 固體電解質 400～1100 2～4 常溫
	優點	高能量密度 優異的輸出特性 優異的負荷追隨性 完全密閉式 容易把握殘留容量	高能量密度 優異的輸出特性 優異的負荷追隨性 完全密閉式	高能量密度 常溫動作 電解液循環式	高能量密度 常溫動作	高輸出力密度 完全密閉式	高能量密度 常溫動作 完全密閉式
	缺點	高溫動作 (～350℃) 對過充電及過放電比較弱	高溫動作 (～450℃) 壽命短	低輸出力密度 全部系統的充放電效率低	低輸出力密度 壽命短	低能量密度	壽命短 低輸出力密度 對過充電、過放電比較弱
現狀之性能	能量密度 (3～5HR) Wh/Kg Wh/L ※ 輸出密度 (在 DOD50%)	70～100 70～80	80～110	110～360 110～350	70～130 80～100	2～4	～120 ～1300
	功率密度 W/Kg	80～100	80～130	5～10	10～50	＞200	
	循環壽命 (DOD60～80%)循環	600～1000	300		200～350	原理上半永久	300 (100%DOD)
	註※ DOD：放電深度						
主要開發課題		減低製造成本 提高壽命特性 自行放電量減少(待機能量) 熱管理技術之確立 安全性之確立	提高壽命特性 自行放電量減少(待機能量) 管理技術之確立 安全性之確立 開發高性能廉價的隔板	證實機械充放電式之實用性	開發高性能廉價的鐵極 開發空氣極用觸媒	外殼法 確立電溶器之構成法 電池間之電壓平衡均一化	減低製造成本 提高壽命特性 確立加大尺寸技術 確立輸出力密度、安全性

經研發使用於電動汽車的電瓶甚多，茲將筆者所蒐集的各種電瓶報導的各項性能、特性或特徵等介紹於下節。

■ 6-4-2　鉛(酸)電瓶

鉛電瓶在二次電池中是使用歷史最久者，到目前爲止尚有多數電動汽車還在使用。其能量密度、功率密度、壽命、充放電效率等雖不甚理想，但其特性都能平衡。可是使用於電動汽車其性能並不太適合。

鉛電瓶有開放型及密閉型兩種，都可使用於電動汽車。密閉型是在開放型之後研發出來的其電瓶蓋密閉，充電時不因化學反應而產生氫氣，所產生氣體量微，又可利用觸媒再液化或吸著，故不必像開放型要補充水或電水，使用上很方便。所以近來選用者眾多，但價格比開放型略高。可是其能量密度比開放型低10～20%，但功率密度則高30%左右。

電動汽車用電瓶，並非僅使用於起動及供應車上用電，而是替代引擎供應動力，所以使用狀況是，由充滿電狀態使用至接近完全放電狀態之反覆循環使用。是嚴酷的使用狀態所以其壽命縮短。

鉛電瓶使用於電動汽車，另有一問題，那是壽命的問題。因爲在電動汽車上所使用的壽命，和在實驗室所得者短少甚多。其差異經研究是在溫度條件之不同所致。其原因爲使用於電動汽車的電瓶有數十個，以串聯狀態充電或放電，尤其在充電時，因各電瓶內部電阻不同及有溫度差，雖然顯示充滿了電，但事實上每個電瓶的充電狀態都不同。由此導致放電終期產生殘存電力各不相同，經反覆充電、放電時，其差異逐漸擴大，使全部電瓶的壽命有顯著縮短。

因此經研究改善，其防止方法即在各電瓶裝置小充電器稱爲局部充電器，使全部電瓶的充電狀態一致，不致於影響其使用壽命。其改善充電方法如圖6-9(b)所示。

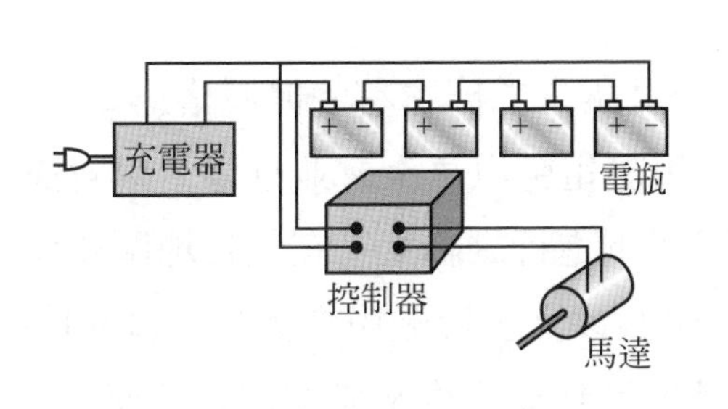

(a) 舊式充電法

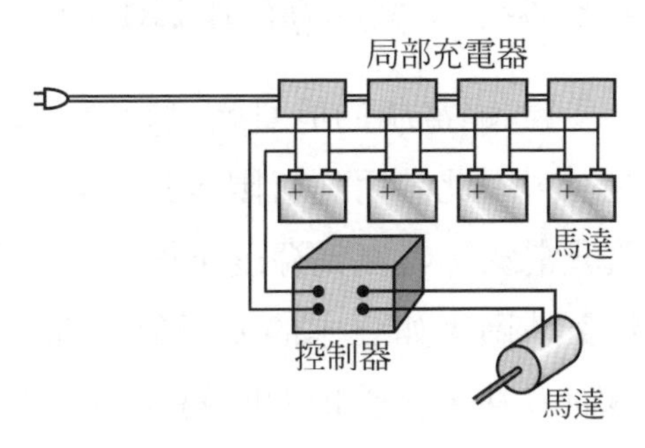

(b) 新式充電法

圖 6-9　舊式充電法(a)及新式充電法(b)

法國雷諾公司在"electro clio"電動汽車上選擇"總念舍因"電瓶公司開發的密封式免保養鉛電瓶。使用膠化的新電解液，不需要補充水，外殼有裂痕液體也不會漏出外面。車重 1238 公斤中電瓶佔了 420 公斤，最高時速爲 117km/h，車速到 50km/h時，所需時間爲 7.5 秒鐘，性能並不差。

另有"克羅來度"製造加水筒型鉛電瓶屬免保養型。兩者性能均不錯，茲將其性能列出如表 6-3 所示。

表 6-3　法國筒型及免保養型鉛電瓶之性能表

製造廠	克羅來度	總念舍因
型式	開放型 3 ET 205	免保養型 6V/160
能量密度 Wh/Kg	33	32
功率密度 W/Kg	93	137
循環壽命	1000	600

6-4-3 鎳-鎘(Ni-Cd)電瓶

鎳-鎘電瓶的能量密度很高，比鉛電瓶多二倍左右。但價格爲10倍左右，因此其用途有限，無法普及使用於電動汽車上。並且鎳、鎘對高溫非常弱，其充電溫度不得不在30℃以下進行之約束。在熱帶地區或亞熱帶地區，如日本的夏天氣溫都在 30℃以上，行駛中會因焦耳(Joule)熱而發熱，又受地面的幅射熱，不得不等到天涼後始能充電之不便。

實際上鎳-鎘電瓶要製成密封型比較困難。而研發製造成功的有日本電池公司及湯淺電池公司，其能量密度高，又可延長使用壽命如圖6-10及圖6-11所示。

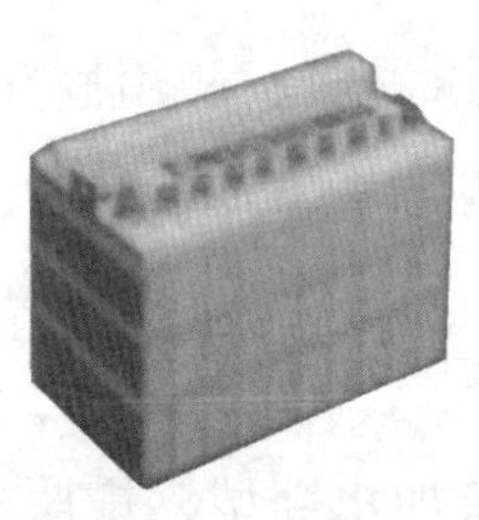

圖6-10　為電動汽車開發的日本電池公司之密閉型鎳鎘電瓶。成功於此原電瓶延長其壽命

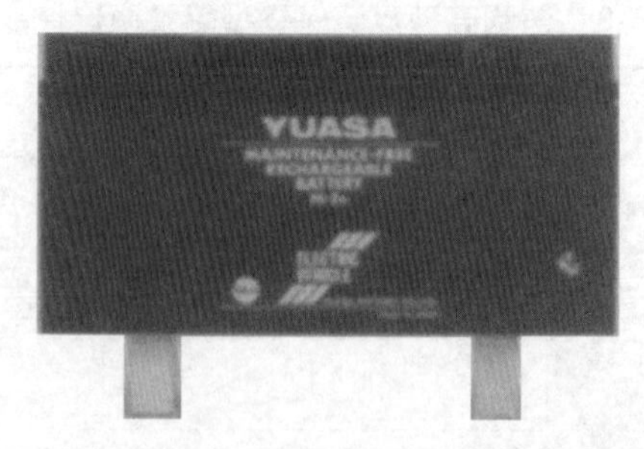

圖6-11　湯淺電池公司開發的密閉型鎳鎘電瓶。能量密度高，高效率放電特性優異，所以可獲得良好的加速性能

鎳-鎘電瓶的另一缺點是有記憶效果。完全充電或接近其狀態長時間保存，則其可能放電時間會縮短。如果放電程度(DOD)較少(淺)的狀

態下再完全充電，其可放電(使用)時間也會縮短。所以欲充電前必須使完全放電後再行充電，否則每次充滿電後的放電時間逐漸降低，很快就不能使用。

此外，鎳-鎘有公害問題，對環保不利。其資源又受限，因此對其評價不高。

鎳-鎘電瓶的功率密度約爲 200W/kg(鉛電瓶爲 100W/kg)，能量密度爲 57.5 Wh/kg，其循環壽命爲 500 次循環以上，由法國SAFT公司開發的此型電瓶，使用於 Micro car 的“里拉”，重量共 160 公斤，充電一次可在市區行駛 50～80 公里。使用於“express electric”車以 60km/h 定速行駛有 120 公里之記錄。

此種電瓶的構造是由航空太空學所推出，據說可保證行駛 20 萬公里。使用此種電瓶者有德國“波喜漫”公司參加電動汽車部門的方程式賽車 Formula E，在國際汽車長途大賽(Grand Prix)中獲得幾次冠軍。

此外在法國雷諾的“master”、“express electric”、“ZOOM”，標緻 205 的電動汽車，以及雪鐵龍的概念車“CITELA”亦採用。

6-4-4 鈉-硫磺(Na-S)電瓶

鈉-硫磺電瓶的能量密度，接近鉛電瓶的三倍，也不會自行放電，可完全密封等優點。現在只有德國和英國使用，美國迄今也尚未允許使用。因爲鈉和硫磺，在日本消防法指定爲危險品。裝載這些東西行駛，需要有危險品顯示，並受危險品使用資格的限制。此外另規定放置車輛的地方，有要離開建築物五公尺的限制。

在使用上尚有問題，要在 350℃的高溫中使用，所以要放入斷熱容器內，但若放置五日不使用就冷卻了，下次再使用時必須再以加熱器加溫才可使用。所以若非每日固定行駛的車輛不適用。圖 6-12 是德國使用於電動汽車的鈉-硫磺電瓶。

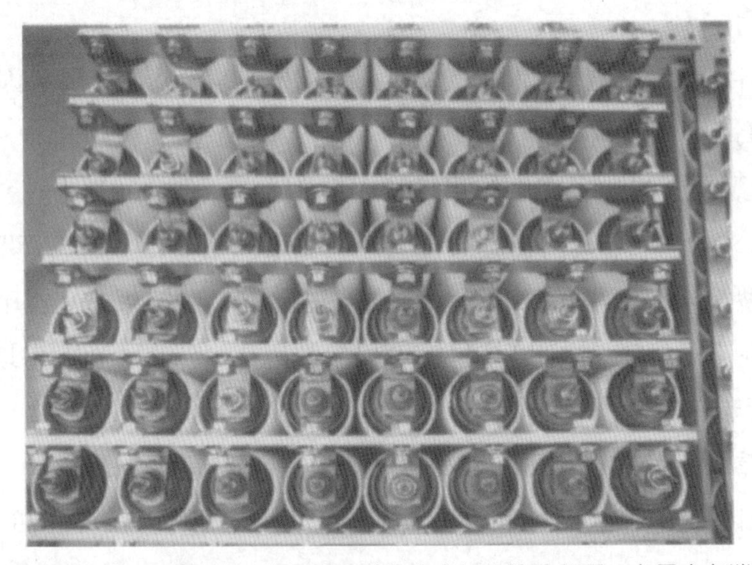

圖 6-12　鈉硫磺電瓶，德國的電動汽車大部份使用此種，在日本有消防法規限制，以 350°C之高溫使用，能量密度為鉛電瓶之三倍，以未來電瓶受矚目

此種電瓶由法國克羅來度公司研發的能量密度爲61Wh/kg，功率密度98 W/kg，壽命600循環，其使用水準可得鎳-鎘電瓶的三倍左右。

德國之外，法國拉羅雪爾市的電動汽車應用研究中心(CERAVE Center)也在 SEER 公司製造電動汽車“波爾多”裝載鈉-硫磺電瓶作實驗。電瓶總重量約爲190公斤，充電一次可行駛150公里以上之成果。其循環壽命爲600次循環。

6-4-5　鎳-氫電瓶

鎳-氫電瓶，是利用貯存於氫吸藏合金的氫氣的電瓶又稱爲氫化金屬電瓶。其性能比鉛電瓶高，能量密度爲60～70 Wh/kg約爲鉛電瓶的兩倍，功率密度爲200～300 W/kg約高鉛電瓶兩成左右。此電瓶係由美國的Ovonics公司所研發的，該公司的創業者爲Ovosinsk，是一位優異的發明家，此電瓶有幾項專利，另在太陽能電瓶的領域亦有研發新技術。

目前此種小型電池已在市面銷售，係供給行動電話使用。大型鎳-氫電瓶尚未在多方面使用。不過在日本已經使用於RAV4、EV PLUS(可行駛210公里)、e-com及PRIUS等電動汽車或混合型電動汽車。

豐田公司使用於RAV4的電動汽車(電瓶重量450公斤)如圖6-13所示，在市區的續航距離約爲215公里，其壽命若爲1000循環，則電瓶壽命就俱有約20萬公里的壽命。

圖6-13　豐田RAV4 EV用鎳氫電瓶

其他有日本電池會社及古河電池會社的鎳-氫電池如圖6-14所示。茲將鎳氫電瓶的工作原理以圖示如圖6-15所示。

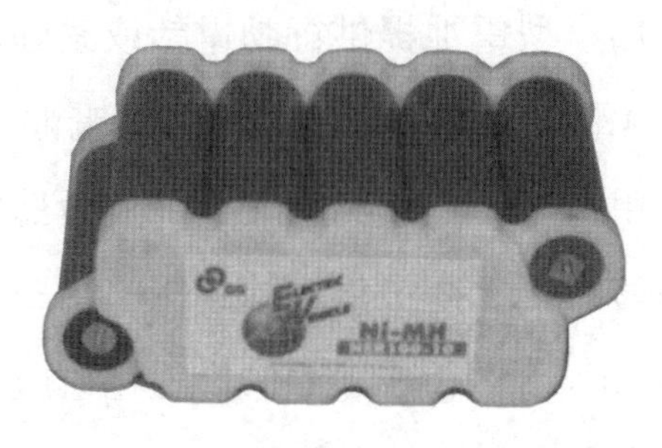

圖6-14　EV用電瓶：左日本電池；右古河電池

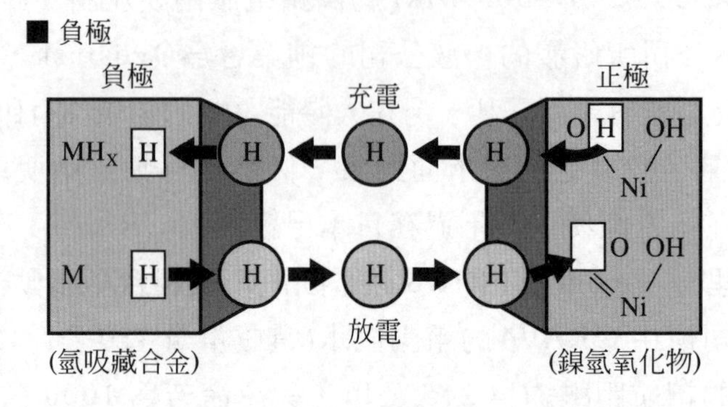

正極：$Ni(OH)_2 + OH \rightarrow NiOOH + H_2O + e$

負極：$1/6LaNi_5 + H_2O + e \rightarrow 1/6LaNi_5H_6 + OH$

總反應：$1/6LaNi_5 + Ni(OH)_2 \underset{放電}{\overset{充電}{\rightleftarrows}} 1/6LaNi_5H_6 + NiOOH$

資料來源：工研院工業材料研究所

圖 6-15　鎳氫電池工作原理

6-4-6　鋰離子電瓶

鋰電瓶為負極使用鋰(Li)，正極使用鋰鈷氧化物($LiCoO_2$)的電瓶，鋰是接氫、氦之後質量第三輕的元素。鋰供電瓶使用的特徵為每一個原子可放出二個電子，單一電池(cell)為4伏特，是鉛電瓶的二倍。在日本新力(Sony)公司以成功地將其製品作為小型電池提供行動電話或家庭電器使用，並將其命名為鋰離子(Li-ion)電池，但一般都簡稱為鋰電池。

該公司(Sony)另研發的電動汽車用電瓶，正極為鈷酸鋰，負極為使用多孔質碳的構造，放電時鋰由正極移轉至負極，集中於碳極。每一小電池(cell)直徑為67mm、長度為410mm，8個組成一體的模組化電瓶。其能量密度為120Wh/kg，功率密度為300W/kg，有此值就可供電動汽車使用。鋰離子電瓶的循環壽命，Sony製品爲1200循環，日產公司製品爲1000循環以上，圖6-16是表示其壽命曲線。茲將鋰離子電瓶的工作原理以圖示如圖6-17所示。

鋰離子電瓶的能量密度爲120Wh/kg，開放型鉛電瓶的三倍、免保養型鉛電瓶的四倍。功率密度約爲300W/kg，充電效率也有90%以上。可是鋰離子電瓶的能量密度雖然高，但其功率密度被嫌爲略低。

因此經再度研發，把電瓶極板製薄，並將表面積增大，以克服了其缺點，所以目前使用於電動汽車的二次電瓶中，俱有最高性能的電瓶，不過研發單位仍舊繼續在研發，其目標中能量密度預定爲180 Wh/kg。

鋰離子電瓶，今以裝用的有 R'nessa EV(電瓶重量360公斤可行駛230公里)、Prairie Joy EV、Hyper mini等電動汽車。

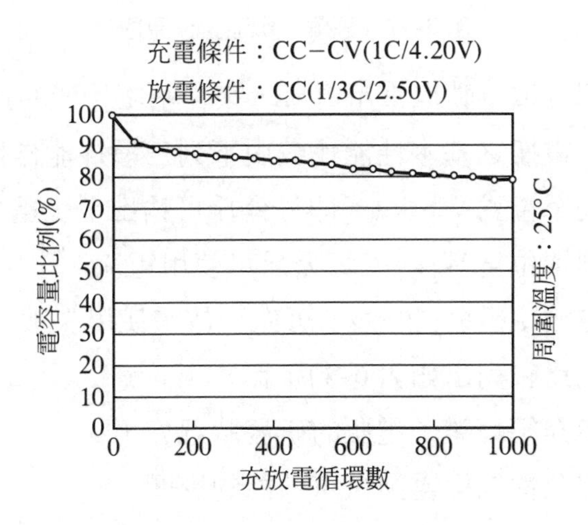

圖6-16　鋰離子電瓶之壽命曲線，1000循環以上也無急遽降低

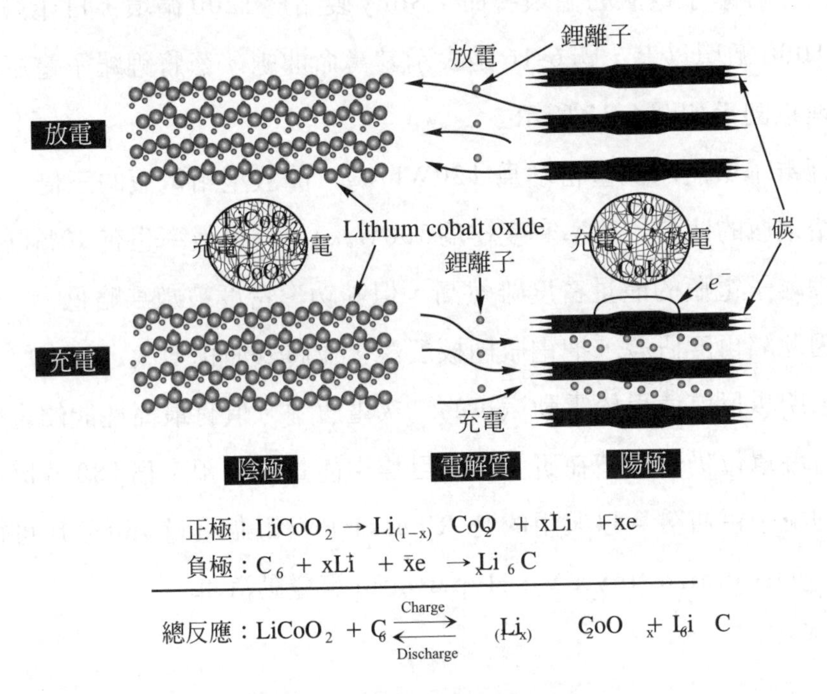

正極：$LiCoO_2 \rightarrow Li_{(1-x)}CoO_2 + xLi^+ + xe^-$

負極：$C_6 + xLi^+ + xe^- \rightarrow Li_xC_6$

總反應：$LiCoO_2 + C_6 \underset{Discharge}{\overset{Charge}{\rightleftarrows}} Li_{(1-x)}CoO_2 + Li_xC_6$

圖 6-17 鋰離子電池工作原理

以上所介紹五種電動汽車用電瓶，來作基本性能的比較，才容易分出其優劣情形。電瓶之基本性能比較由下列三種性能作比較：

1. 能量密度單位爲 Wh/kg：即每公斤可輸出多少電力。
2. 功率密度單位爲 W/kg：每公斤可使用電流。
3. 充、放電循環壽命(次數)：可充、放電使用次數。

茲將其性能比較列出如表 6-4 所示。

茲再進一步介紹鋰離子電瓶的研發狀況如下。

1. 鋰離子電瓶性能對電動汽車性能的影響
   (1) 能量密度大：可得製造輕電瓶，減輕車重。
   (2) 功率密度大：可給與電動汽車的加速性能提高。
   (3) 無記憶效果：可讓電瓶的充電不受記憶影響而影響使用壽命。

表 6-4　電動汽車用電瓶性能比較表

種類	能量密度 Wh/kg	功率密度 W/kg	充、放電循環壽命
鋰離子型	120	300	1000 以上
鎳-氫型	60～70	200～300	1000
鎳-鎘型	57.5	200	500 以上
鈉-硫磺型	61	98	600
鉛免保養型	32	137	500

(4) 可控制電壓：能獲得高精準度的估計電瓶的餘留能量。

(5) 有優良高溫性能：使得電動汽車可在高溫狀態下仍然能使用於爬坡道路。

2. 鋰離子電瓶的性能比較

鋰離子電瓶的研發從高能量(high energy)、雙功能(dual mode)至高功率(high power)方面發展，但各有其用途。依法國SAFT 電瓶製造公司的性能比較列出如表 6-5 所示。

表 6-5　鋰離子電瓶性能比較表

性能＼種類	高能量 ＞100 Wh/kg	雙功能	高功率 ＞1000 W/kg	
電容量(Ah)	44	30	12	6
能量密度(Wh/kg)	140	100	70	64
功率密度(W/kg)	300	950	1350	1500
P/E 比	2-3	8-10	18-25	
適用車種	純電動車	混合型及零污染車	混合型電動車	

3. 各國發展鋰離子電瓶的情況

至今所介紹的皆以日本爲主，茲將歐美各國發展鋰離子電瓶的情況如表 6-6 所示。(資料取自工研院工業材料研究所)

表 6-6　鋰離子電瓶發展情況

電瓶製造公司	電瓶種類	正極材料	合作車廠
SAFT(法國、美國)	H.E 44Ah，30Ah H.P 12 Ah，6Ah	Li-Ni	雷諾 VE2000 標緻 106
VARTA(法國、美國)	H.E 44Ah，30 Ah H.P 12Ah，6Ah	Li-Mn	N.A
新力(Sony)	H.E 100Ah H.P 22Ah	Li-Co	日產 Altra EV 日產 Prairie Joy EV
日本蓄電池(Gs)	H.E 100Ah	Li-Co-Mg-Ni	N.A
Panasonic(松下)	H.E 100Ah	Li-Mn	N.A
Shin-Kobe(日立)	H.E 72Ah	Li-Mn	日產 Hyper mini

註：H.E：高能量電瓶，H.P：高功率電瓶

4. 鋰離子電瓶的主要規格

表 6-7 中的日產 “Altra” 電動汽車所使用的鋰離子電瓶，使用 12 只組成單元(modules)，其每一組成單元的主要規格如表 6-7 所示。

表 6-7　Altra EV 使用鋰離子電瓶的主要規格

額定電容量	94Ah
電極型式	渦捲板
尺寸	290×150×440(mm)
小電池數	8 cells

表 6-7　Altra EV 使用鋰離子電瓶的主要規格(續)

重量	30kg
平均電壓	28.8 V
能量密度	90 Wh/kg
功率密度	300 W/kg
充電電壓	33.6 V(最大)
放電電壓	20 V(最小)

6-4-7　飛輪電瓶(fly wheel battery)

電動汽車用電瓶，除了上述化學反應的電瓶外，另有儲存機械性能源的飛輪電瓶。此種以馬達的回轉子做爲飛輪的方式，是將飛輪收藏於眞空容器中，並將電力改變爲運動能源後儲存起來，若需要取用電力時，再利用運動能源來發電。而將飛輪收藏在眞空容器中的目的，主要是爲了抑制因空氣阻力而造成的轉速降低，同時爲了輕量化，飛輪也採用 Carbon Composite 來製作。

6-4-8　錳-鋰電瓶及電容器電瓶

1. 錳-鋰電瓶(Manganese Lithium Battery)

   錳-鋰電瓶，重量輕又可以儲存大能量，原料也便宜，有希望被選擇使用於電動汽車。正極使用錳系材料(Li Mn O_2)，負極則使用碳和金屬併用的複合材料。如圖 6-18 所示。錳-鋰電瓶是在 1997 年開發的，從六個小電池組合成爲一個組成單元(module)，其每一個 module 爲 22.8 伏特。其電容量爲 50AH，重量爲 12.4

公斤(如圖 6-19 所示)。裝在車上使用的組合爲 5.5module 即 33 個小電池，總電壓爲 125 伏特。

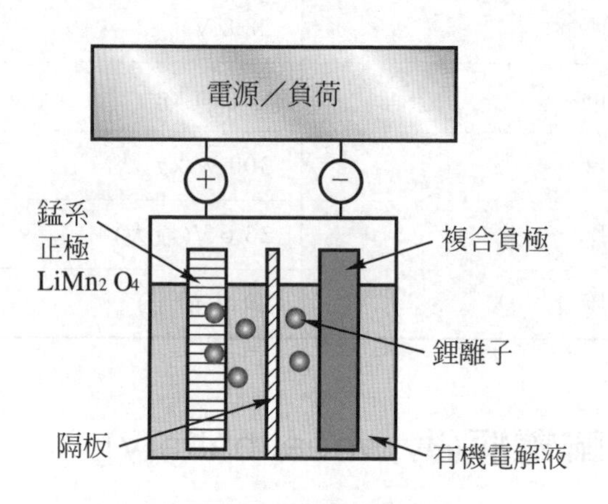

圖 6-18　錳鋰電瓶之發電原理

圖 6-19　錳鋰電瓶單元

因錳材料容易取得價又廉，若把鈷(Co)改用錳(Mn)則電瓶材料成本可節省二至三成，將來很有發展的可能性。

2. 電容器電瓶(Condenser Battery)

電容器電瓶，又稱爲雙電層(Electric double layer)電容器(如圖6-20)。在本田車及馬自達車的展示場也有推出，以活性碳爲基礎的電極和特殊電解液所構成。內部是由雙電層所形成的大電容器。因爲雙電層電容器，充放電時不像一般電瓶隨著起化學反應，所以比原來的鉛電瓶的功率密度大。換句話說，每單位時間能夠儲存、放電的能量極大。在速霸陸(SUBARU)的混合型電動汽車(HEV)，有設置制動能量回生裝置，所以當車輛踩煞車減速時就可以將其動能回生而儲存下來，在起步或加速時的必要條件下，就可瞬間供應大電流的電力給馬達以便驅動車輛。另一方面，在太陽能車以外困難供應的太陽能(solar energe)(參閱圖6-21)，也可以實現利用於混合型電動汽車的驅動力。

圖6-20 電容器電瓶

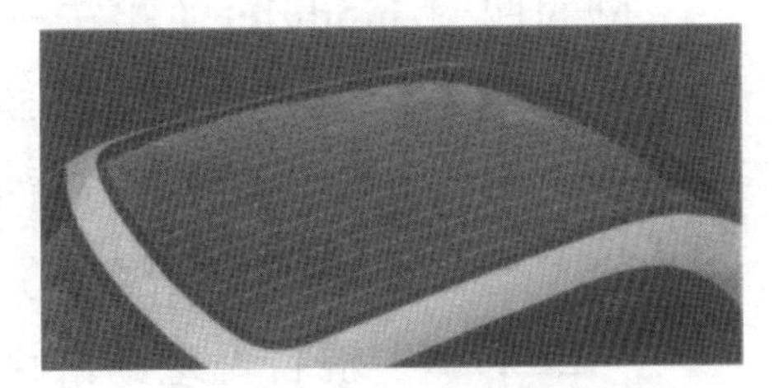
圖6-21 太陽能電池

上列二種電瓶是裝置於速霸陸公司的“ELTEN”混合型電動汽車，因錳-鋰電瓶及電容器電瓶比較少見，故將特別提出介紹。至於太陽能電池則裝置於車頂如圖 6-22 所示。一車使用三種動力源(電力)以提供驅動力是前所未有的特殊車輛。其混合系統的運作另在他章介紹。

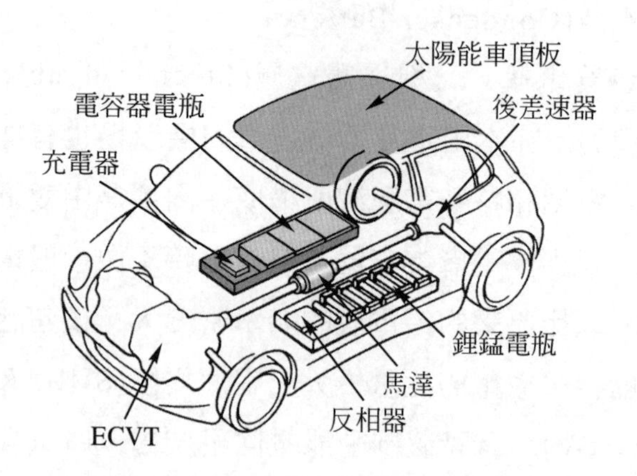

圖 6-22 ELTEN 混合動力系統之構成圖

3. 車頂太陽能電池板(參閱圖 6-21)

太陽能電池，是一般的單晶矽型，動作電壓爲每一小電池(cell)有 0.43～0.56 伏特。把 86 小電池串聯形成一組成單位(module)，所以每一module的動作電壓爲 37～48 伏特。並將串聯的四個 module 並聯在一起使用。最大輸出力每一小電池爲 0.9W，每一 module 爲 33.5W，全部重量爲 1.2 公斤。每一小電池的變換效率，依其記錄有 16%。

太陽能電池本來應該在太陽能汽車介紹，因使用速霸陸的“ELTEN”混合型電動汽車，如上述一車使用三種電瓶，所以於此順便介紹。

6-4-9 電瓶的製造成本及技術規格

1. 依據法國資料

電動汽車用電瓶如上述介紹多種，但皆以介紹其性能爲主，對於電瓶的製造成本，少有談及。茲將法國 SAFT 電瓶製造公司所分析的資料(民 87 年 11 月)，提供參考，如表 6-8 所示。

表 6-8　電動汽車用電池技術發展情況

性能＼種類			鉛酸	鎳-鎘	鎳-氫	鋰離子
單元電池	能量密度(Wh/kg)		28	50	64	140
	功率密度(W/kg)		75	120	140	350
	價格(F/K Wh)		900	3000	2200	1000(註 1)
	生產時間(原型/量產)		1950	1995	1996/1999	1997/2002
裝車電池(註 2)	能量(K Wh)		60	45	32	28
	電瓶重量(kg)		2400	900	550	245
	電瓶體積(L)		923	643	319	176
	價格	F(法郎)	60000	90000	70000	28000
		F/Km(註 3)	1.00	0.23	0.23	0.14

註 *1.* 鋰電池價格以年產 10 萬個來估算
註 *2.* 以 800 公斤重的電動車(不含電池)行駛 200 公里爲計算基準(0.135Wh/T ・ Km)
註 *3.* 電池使用壽命計準爲：鉛酸 300 次；鎳-鎘 2000 次；鎳-氫 1500 次；鋰離子 1000 次
註 *4.* 資料來源：法國 SAFT 公司

2. 依美金計價的技術規格

表 6-9 電動車可使用之電池技術規格

電瓶型式	能量密度 (Wh/kg)	功率密度 (W/kg)	能量效率 (%)	循環壽命	價格 (US$/kWh)
鉛/氧化鉛 Pb/PbO	35-50	150-400	780	100-500	60-120
鎳/鎘 Ni/Cd	40-60	80-150	75	800	250-350
鎳/鐵 Ni/Fe	50-60	80-150	65	1500-2000	200-400
鎳/金屬 Ni/MH	70-95	200-300	70	750-1200＋	200-350
鎳/鋅 Ni/Zn	55-75	170-260	70	300	100-300
鋅/溴 Zn/Br	70-85	90-100	65-75	500-2000	200-250
鈉/硫磺 Na/S	150-240	230	85	800＋	250-450
鋅/空氣 Zn/Air	120-220	30-80	60	600＋	90-120
鋰/硫鐵 Li/FeS	100-130	150-250	80	1000＋	110
鋰/離子 Li/ion	80-130	200-300	＞95	1000＋	200
鋰/聚合物Li/Polymer	110	250	＞75	800＋	＞500
對應於電動車特性	行駛里程	加速性能	能源效率	使用成本	購買成本

6-4-10 燃料電瓶(fuel cell)

1. 前 言

日本豐田汽車公司在1996年10月公開發表了裝載燃料電瓶電動汽車(FCEV：fuel cell electric vehicle)的實驗車進行公開試車。依高能率的吸藏合金(MH)與氫氣儲存系統組合的方式，可以說是世界最初公開報導的歷史性的企劃。發表使用氫氣於燃料電瓶爲動力源的汽車，實際公開行駛的車輛，迄今只有德國的朋馳車和這次接著發表的日本豐田車兩家公司而已。

迄今所介紹的是二次電瓶，是由電瓶內部所儲存的活性物質的反應來產生電動勢的，而燃料電瓶(FC)是屬於一次電瓶，不把活性物質儲存於內部，是從外部供給，並由化學反應來發電的電瓶。其化學反應，是與水的電解之逆向反應，是利用氫氣與氧氣化合生成水時，而產生電動勢的電瓶。其原理如圖 6-23 簡圖所示。這是氫氣爲燃料的燃料電瓶，其實燃料電瓶尚有多種容後再介紹。

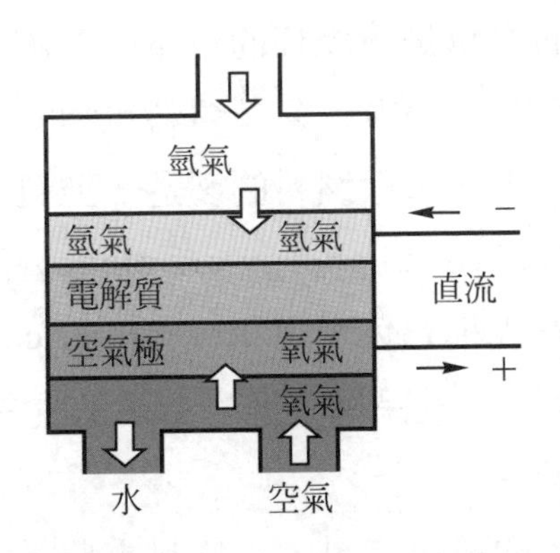

圖 6-23　燃料電瓶之發電原理

2.　燃料電瓶的研發緣由

廿世紀是環保意識抬頭的時代，是全世界已經取得的共識。爲了下一代維護乾淨的地球村，世界各國無不盡力而爲。所以爲了防止污染，維持乾淨的空氣，欲將空氣污染源之一的汽車排放廢氣中的危害人體的廢氣降低，甚至製成零污染的車輛(ZEV：zero emission vehicle)所以各國研發單位多年研究結果，以電動汽車最有望實現此願望。而電動汽車是以電瓶替代引擎爲動力源，所以先進國家的研發工程師，均費盡心思開發性能優異，小型化又價廉的電瓶。此爲廿世紀汽車有關產官學三方面的努力目標，也就是努力於此燃料電瓶的研發。

3. 環保車的研發

廿一世紀的今天，在世界上汽車的最重大課題，是基於壽命循環評估(LCA：life cycle assessment)的低公害化在各方面有深入的認識。所謂壽命循環評估(LCA)，是指從汽車原材料的選擇、運用、至報廢爲止的商品使用無限經過的過程等，從所有側面觀查給與環境何種負荷，並要把有害的負荷盡量去除，以保護環境之事。

思考將來的汽車是什麼樣的汽車呢？經過約廿年來的研究結果，由零污染車(ZEV)中，選擇燃料電瓶電動汽車(FC EV)最受期待的車輛。是從汽車與燃料的製造，並且要包含營運時的燃料費之總合能量效率(total energy efficiency)的提高，又對環境的污染少的車，吾人稱它爲環保車(ecology car：簡稱爲eco-car，ecology爲生態學，爲保持生態之車，於此譯爲環保車)。

4. 燃料電瓶的種類

經過數十年的研發結果，以燃料電瓶最適合使用於電動汽車之動力源。其不但免予因電瓶電容量不足而停駛等待動力源之充滿電力，又可不斷連續提供電動汽車用電力。燃料電瓶的研發期間仍然有很多種類經試造實驗試用結果，以實用或接近實用化的依筆者所蒐集資料中有下列五種比較成熟可使用於電動汽車。

燃料電瓶依電解質的種類可分爲下列五種型式。

(1) 磷酸型：燃料電瓶(PAFC：phosphoric acid fuel cell)：其作動溫度爲150～220℃，反應物質是氫氣，發電效率爲40～45%。

⑵ 液化(融化)碳酸鹽型 燃料電瓶(MCFC：molten carbonate fuel cell)：作動溫度爲 600～700℃相當高，反應物質爲氫氣和一氧化碳，發電效率爲45～60%。

⑶ 固體氫化物型 燃料電瓶：作動溫度高達900～1000℃，反應物質爲氫氣和一氧化碳，發電效率爲50～60%。

⑷ 固體高分子型 燃料電瓶(PEFC：polymer electrolyte fuel cell)：作動溫度爲60～100℃比較低，反應物質爲氫氣，發電效率爲60%。

⑸ 鹼型燃料電瓶：作動溫度爲100℃以下，反應物質爲氫氣。在太空船上已實用化。

茲將上列五種燃料電瓶之特性列出如表6-10所示。

茲爲了詳爲介紹燃料電瓶的原理另列於6-5節。

表6-10 燃料電瓶的種類與特性表

種類	電解質	作動溫度	功率密度	發電效率	備考
磷酸型	磷酸	150～220℃	0.1W/cm^2	40～45%	開發實績大
液化碳酸鹽	碳酸鋰 碳酸鉀	600～700	0.2	45～60	可望使用於大型發電廠
固體氧化物型	鋯	900～1000	0.3	50～60	同上
固體高分子型	氟系高分子	60～100	1～2	60	近年急速進步
鹼型	氫酸鉀	100以下	0.5	－	在太空船實用化

6-5 燃料電瓶的發電原理

6-5-1 前 言

燃料電瓶的發電原理如 6-4-10 節的圖 6-23 所示，是當水在電解時的逆向反應，使氧氣和氫氣化合生成水時就產生電動勢的原理。在此反應所使用的燃料是氫氣，從碳化氫系的燃料依改質器抽出供發電用燃料。即此電瓶不必充電，只要供給燃料就可無限量提供電力。故對電動汽車的將來，可成爲主角的非常有希望的電瓶。可是目前雖燃理論上可行有少數電動汽車使用，但因成本昂貴尚未實用化。

燃料電瓶目前有希望繼續發展的有上列五種型式，而以磷酸型燃料電瓶比較適用於電動汽車，故以此型爲例來介紹。

6-5-2 燃料電瓶的構造

1. 朋馳車的燃料電瓶構造

   此型電瓶的構造如圖 6-24 所示，電瓶是不能免除正負極的，正極是氧氣極，負極是氫氣極，正極(氧氣)和負極(氫氣)是利用電解質層爲隔板(Separator)，使兩者不能直接接觸，利用一方的氣體以離子(ion)形態通過。朋馳公司是採用質子互換膜型燃料電瓶(PEMFC：proton exchange membrane fuel cell)。

   作用時只讓質子(proton)通過，而留下電子(electron)。其結果以電解質爲界的氫氣側只有殘留負電荷。而氧氣側則變爲正電荷，由此構成一個小電池(cell)，從此產生電壓並流動電流。

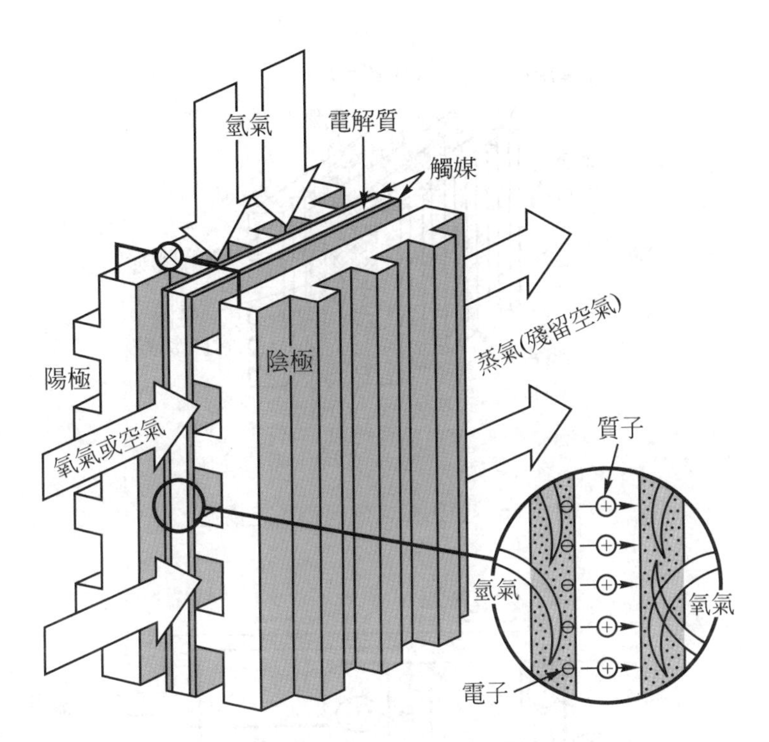

圖 6-24 朋馳車燃料電瓶構造

2. 豐田車的燃料電瓶構造

豐田車的燃料電瓶構造如圖 6-25 所示，構造也簡單，有正負兩極，以特殊的極薄膜狀的電解質膜爲介，即形成隔板(separator)，分隔了正負極來構成一小電池(cell)。負極是經渡過的白金(Pt)系觸媒材料構成的。

電瓶作用時如圖 6-26 所示，供給負極側的氫氣(H_2)，過觸媒被活性化，由此分解帶負電荷的電子(e^-)和帶正電荷的氫氣離子(質子 H)，其化學反應式爲

$$H_2 \rightarrow 2H^+ + 2e^-$$

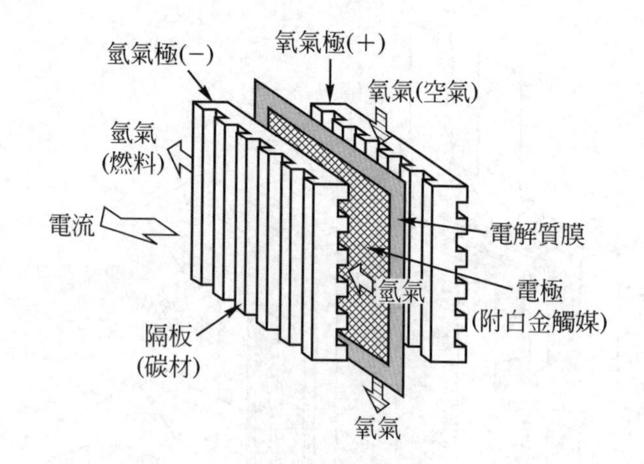

圖 6-25　豐田車之燃料電瓶之構造

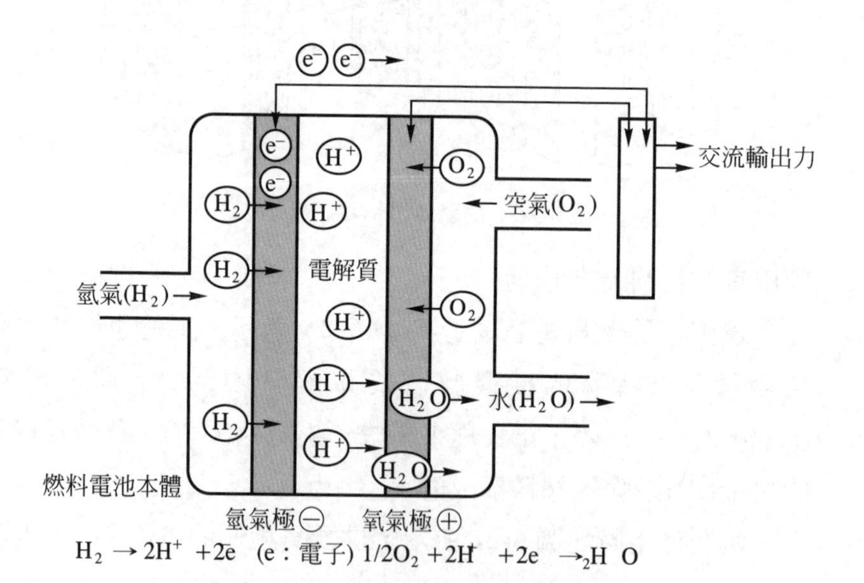

圖 6-26　燃料電瓶之化學反應情情形

此氫離子通過氟系高分子電解質膜後移往正極。在正極側則供給空氣，空氣中的氧(O_2)就與氫離子反應生成水(H_2O)。其反應式爲

$1/2\ O_2 + 2H^+ + 2e^- \rightarrow H_2O$

其反應時，同時產生能量，在兩極間直接發生電力。其電動勢每一小電池有 0.6 伏特左右，電壓雖然小，但其電極每單位面積的功率密度一般爲 1～2W/cm²，與其他方式比較可得 2～10 倍的高輸出力。

豐田公司所發表的燃料電瓶的額定功率爲 20kW。

其小電池的組合以 400 只串聯結線，其輸出電壓可得 240 伏特，將此組合爲一電池單元，把四個組成單元組合爲一體收納於一箱內形成一個燃料電瓶，其大小爲全長 1050×全寬 500×全高 230mm，重量爲 120 公斤請參閱圖 6-27。

圖 6-27　豐田車燃料電瓶單元之外觀

此一燃料電瓶的組合時，在內部各自獨立設置氫氣和空氣的通路。氫氣側的通路，是以均一向各電池供給氫氣爲目的。在空氣側僅利用空氣中的氧氣部分，不利用的剩餘空氣側設置排出外面的出口。在空氣供給系統，以空氣泵供給錶壓力 1kg/cm²的空氣。在氫氣側有供給同壓力的氫氣。爲了冷卻工作中的燃料電瓶內部，設置了循環冷卻水的水套。從化學反應生成的水(是從水蒸汽凝結爲水)的排出口也獨立設置如圖 6-28 所示。

圖 6-28　豐田車燃料電瓶單元之出入口配置

6-5-3　燃料電瓶的燃料

1. 燃料電瓶的燃料

燃料電瓶的燃料一般以氫氣為主，但其氫氣的製造而取用的方法，經研發比較適用於電動汽車的，有表 6-10 所示的五種方法。另外也有開發新合金以吸藏氫氣來供應的。此將此二種方式介紹如下。

(1) 開發新合金吸藏氫氣之方法

豐田公司開發的燃料電池電動汽車(FCEV)有另一個特徵，在 1997 年獨自開發了世界最高水準的具有吸藏性能的氫氣吸藏新合金使用於電動汽車。

眾所周知，有吸藏氫氣合金的存在。現有的合金僅能提供電動汽車續航里程100公里的氫氣量。但該公司認爲對汽車的實用性和便利性不足“最低也要有兩倍的性能”。可是坊間的金屬製造廠家認爲“不可能再增加性能”不願承製，於是豐田公司只好獨自進行研發。經苦心研發結果，成功於滿足性能要求，以鈦(titanium；化學符號Ti)爲主要成分的新合金之開發。使系統簡潔化而達到目標如圖 6-29 所示。其有高度的氫氣吸藏能力，其合金屬於稀土類。每一金屬原子具有吸藏一個氫原子的能力，豐田公司所開發的新合金，是擁有之方體心之結果，因此每一金屬原子可吸藏兩個氫原子，是原有的兩倍。

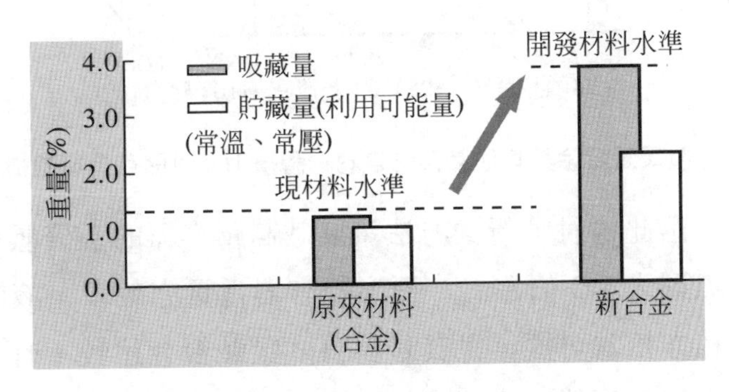

圖 6-29　豐田公司自行開發的新合金性能

將其合金加工爲直徑1.5mm左右的粒狀新金屬，以100公斤封入密閉容器，由三個單元合成一體裝載於車上。其大小爲全長 700×全寬 450×全高 170mm。把加壓 10kg/cm^{2}的氫氣送入，則該合金可吸藏約兩公斤的氫氣。由此供給減壓的氫氣給燃料電瓶本體使用。

⑵ 裝載氫氣之新式與舊式方法之比較

豐田公司新開發出來的氫氣吸藏合金，性能之高與舊裝載容器作比較就一目瞭然。其方法是將高壓容器的氫氣換算爲容積作比較，則在高壓(200kg/cm^2)的氫氣在大氣壓下的體積換算爲 200cc，液態氫氣爲 800cc，而豐田公司新開發的新吸藏合金可容納1000～1100cc(如圖 6-30 所示)。

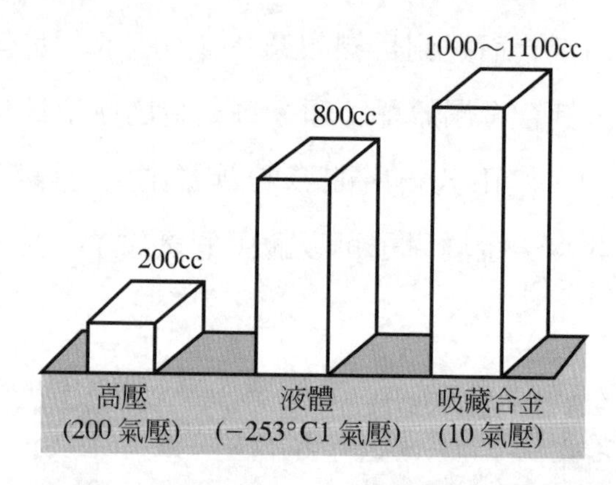

圖 6-30　氫吸藏合金與其他儲存法之同一體積 1cc 可儲存氫氣體積之比較

由此檢討，新式方法可裝載高壓容器的五倍氫氣，比液態氫氣則大 1.3 倍左右。而高壓容器重量亦較重，液態氫氣則其容積亦相當可觀，尤其是與舊式吸藏合金比較，有二倍的容納能力，是難能可貴的成績。

此外，氫氣吸藏合金在吸藏之際會發熱，而放出氫氣時則會冷卻。因此亦有人研究將其溫冷等熱之循環利用於冷氣機之運作。

2. 氫氣之供給方法

在第 32 回東京汽車展只有豐田公司和朋馳公司展出燃料電池電動汽車(FCEV)，FCEV的燃料是使用氫氣。其供給方法有兩種。其一為利用氫氣吸藏合金的容器儲存氫氣，其二為將甲醇視同汽油加入於燃料箱儲存，在燃料改質器將水混入甲醇內，靠觸媒的作用變換為氫氣和二氧化碳(CO_2)的氣體。

前者雖然比舊式的液態氫氣或高壓容器更安全確實，可儲存大量氫氣的優點，但有充填時間長成本又高之缺點。後者有燃料補給可在短時間內完成，補給加油站的保養也比較容易之優點。但也有改質時產生二氧化碳的缺點。依豐田公司的資料發表，僅有汽油車一半以下的排出量。然而豐田公司則決定向兩者繼續挑戰。

雖然兩者都有優劣點，汽車製造公司則依其愛好選擇各不相同之方法。如朋馳車則採用甲醇的改質方式，日產車亦同。馬自達車則採用氫氣吸藏合金容器方式。

3. 氫氣之製造

如前述，燃料電瓶電動汽車(FCEV)之氫氣供應方法有三種，即舊式的使用高壓容器外有一種為利用氫氣吸藏合金(MH)，另一種為使用天然氣的甲烷(methane)或甲醇(methanol)當燃料來製造氫氣。目前選擇使用於FCEV的燃料，都以選用甲醇居多。另外一種為利用水電解的方法製造氫氣以後以高壓容器儲存放置於車上提供給燃料電瓶的方法。茲將氫氣的製造方法介紹如下。

(1) 何謂甲醇

甲醇在古時後稱為木精(methyl alcohol)，是無色透明的，具有酒精刺激臭的液體。其分子式為CH_3OH，含有50%(重量)的氧氣，即含氧燃料，也是汽油的替代燃料。

甲醇若從汽車燃料的特性來看，有六種特徵，於此因使用於製造氫氣，不作汽油引擎之燃料，所以其特徵予以省略。

(2) 使用甲醇製造氫氣的方法

FCEV使用的燃料電瓶的燃料選甲醇，使用甲醇爲燃料者一般以磷酸型居多，此型式可利用原來的燃料箱可原封使用不必更換。可裝用甲醇爲燃料直接製造氫氣在短時間內供發電承當FCEV的原動力。比純電動汽車(PEV：pure electric vehicle)須要去充電站充電來得方便的多。

燃料電瓶須要的氫氣，如上述可由甲醇的改質而得。甲醇改質器，是由蒸發部、改質部及一氧化碳減低部的三部分所構成，如圖6-31所示。甲醇由燃料泵抽出送入改質器與水混合，之後通過過熱的蒸發器，從此過程中水和甲醇的混合液就變成蒸汽。

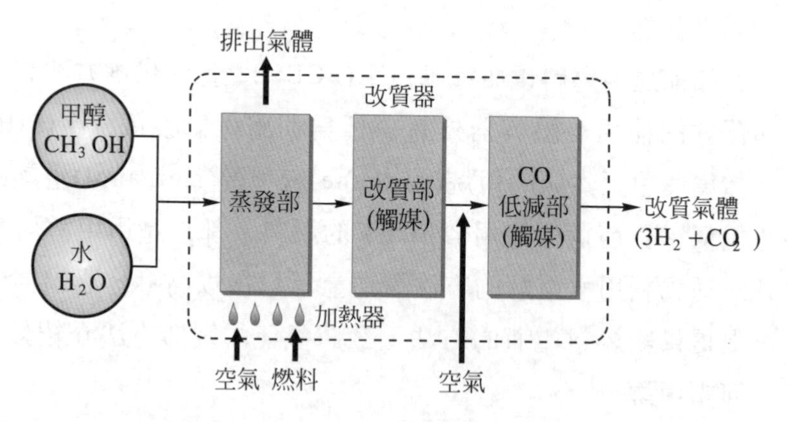

圖6-31 FC之甲醇改質器之構造概念圖

該蒸汽再經過改質器後經觸媒的作用，就變換(改質)爲氫(H_2)和二氧化碳(CO_2)的氣體。此時因爲會生成微量的一氧化碳(CO)，然後通過觸媒以減低CO，最後$3H_2$＋ CO_2的改質氣體，就可供給燃料電瓶的氫氣極。

以甲醇爲燃料的 FCEV，在改質器中的燃燒是不可避免的，此時雖然也會產生CO、HC及NO_x，但與汽油車比較，則其產生量極微量。另外有問題的CO_2，從甲醇抽出氫氣取用時的階段也會發生。可是比汽油車，其產生力量在一半以下。

(3) 利用水電解的方法

氫氣的製造，因原料的不同有各種製造方法，茲以水分解的方法介紹如下。

一般電力的使用有尖峰時期和非尖峰時期，非尖峰時期因有電力剩餘，爲有效利用發電效率，可將剩餘電力利用來做水的分解以製造氫氣。因水的電解比較簡單不另介紹，僅將其供應方法簡單介紹。首先由發電廠提供電力給電解槽，以電解水成氧氣及氫氣，再將氫氣由壓縮機壓入儲存槽存放。如車輛需要充填氫氣時，就往如汽油車的加油站，即加氣站(gas station)去充填氫氣如圖 6-32 所示。此種方法一般以大型車居多。

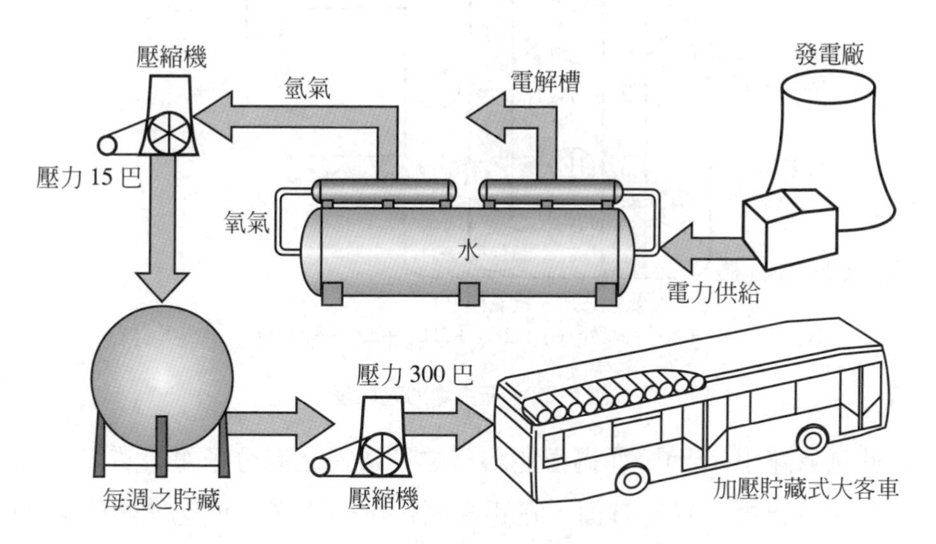

圖 6-32　以電解水製造氫的方法。利用發電廠的剩餘電力，在電解槽分解為水與氫氣，產生的氫氣則儲存於中間儲存槽以供電動車之用

6-5-4　燃料電瓶的發電原理

今以豐田公司的燃料電瓶為例來介紹。燃料電瓶的構造簡單，由正負兩極及特殊的極薄膜的電解質(電解質膜)為界，放置於相對位置，負極是使用鉑(Pt)系觸媒電鍍，並以隔板(separator)和正極隔開而構成一小電池(cell)。

供給負極側的氫氣(H_2)，依觸媒而被活性化，由此分解成帶負電荷的電子(e^-)和帶正電荷的氫離子(質子：H^+)，即依$H_2 \rightarrow 2H^+ + 2e^-$的反應式而起化學作用，如圖 6-33 所示。

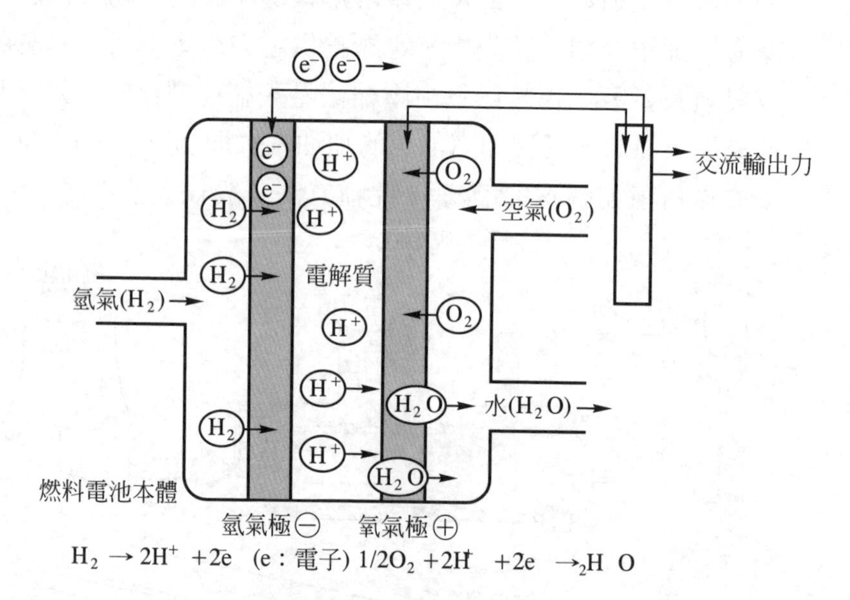

圖 6-33　產生電力之原理

此氫氣離子(ion)，通過僅能讓氫離子透過之高分子電解質膜(氟系)後，就移往正極。另一方面，在正極側可供給空氣，但空氣中的氧(O_2)和氫氣離子反應生成水(H_2O)，也就是電解水的逆向作用，其反應式如下。

$1/2\ O_2 + 2H^+ + 2e^- \rightarrow H_2O$

同時其反應能量在兩極間直接產生電力。但是電瓶內部的電極面，要有一定的保濕狀態，否則有不發電的特性，並且過度的水分也是不允許的。

其電動勢每一小電池爲0.6伏特左右，雖然電壓小，但電極的每單位面積的功率密度一般爲1～2W/cm^2，與其他方式比較可獲得2～10倍的高輸出力。此爲固體高分子型燃料電瓶(PEFC：polymer electrolyte fuel cell)，近來急速進入研發並實用化的最大原因。

但是另一方面，其反應生成的水蒸汽，在凝結器冷卻爲水，可再利用爲改質甲醇可循環使用。如此免燃燒而依氫和氧的化學反應可直接取出電能，是其效率高的特徵。

由此可知，使用甲醇爲燃料的FCEV，可得汽油車的二倍以上的效率。甲醇的發熱量僅有汽油的約二分之一，可是由此可不必增加油箱容量，可能獲得與汽油車同樣的續航里程。

6-6 電動汽車用電瓶未來的發展趨勢

6-6-1 各型電瓶的性能比較

電動汽車可使用的電瓶，含鉛酸電瓶有拾柒種左右，茲按工研院工業材料研究所的資料提供六種做比較，如表6-11所示。

表6-11　電動車可使用之各型電池性能表

	鉛酸	鎳鎘	鎳氫	鋰離子	鋅-空氣	燃料電池
優點	1. 可深度充電放電 2. 技術成熟 3. 價格低	1. 可快速充電 2. 價格便宜	1. 可快速充電 2. 高功率放電 3. 能量密度稍高	1. 可快速充電 2. 可高功率放電 3. 能量密度高 4. 壽命長	1. 能量密度高 2. 價格便宜	1. 使用壽命長 2. 使用環境簡單
缺點	1. 不可快速充電 2. 能量密度低 3. 壽命短	1. 能量密度低 2. 具記憶效應 3. 環保問題 (Cd)	1. 具些許記憶效應 2. 高溫環境下性能差	1. 價格高	1. 不可高功率放電	1. 價格高 2. 不可高功率放電 3. 儲氫系統安全性低
發展現況	已有成熟產品上市，並普遍使用於電動車上	已有成熟產品上市，歐洲電動車輛使用較多	國內電池廠已開發雛形品供電動機車試用	雛形品開發階段	雛形品開發階段	雛形品開發階段

註：1998年11月25日　專題演講資料

6-6-2　未來的發展趨勢

電動汽車用的電瓶，從原來的酸電瓶改進來使用後，逐漸研發各種電瓶。其中有鎳-鎘電瓶、鎳-鋅電瓶、鎳-鐵電瓶、鎳-氫化合物電瓶、鋅-溴電瓶、鈉-硫磺、高溫型鋰-硫化鐵電瓶、鋁-空氣電瓶、鐵-空氣電瓶、雙電層電容器、常溫型鋰電瓶、錳-鋰電瓶等拾多種電瓶。

到最近有鋰離子電瓶、鋅-空氣電瓶、錳-鋰電瓶及燃料電瓶等。但將來若發展到全部使用純電動汽車，則使用燃料電瓶是必然的。

不過電動汽車也有從汽油車改裝的改良型電動汽車，混合型電動汽車及純電動汽車等。爲適用於上列三種電動汽車，其電瓶也需按其性能來使用於各種電動汽車。茲將電瓶的發展趨勢及適用於何種電動汽車，列表介紹如表6-12所示。

表6-12　電動汽車用電瓶的發展趨勢

現在		中期		長期	
電瓶種類	適用車種	電瓶種類	適用車種	電瓶種類	適用車種
鉛酸型	HEV	鎳-氫型	HEV	鋰離子型	HEV PEV
鎳-鎘型	PEV	鋰離子型	HEV PEV	鋅-空氣型	PEV
鎳-氫型	HEV PEV	鋅-空氣型	PEV	燃料型	PEV
鋰離子型	HEV PEV	燃料型	PEV	—	—

註：HEV：混合型電動汽車，PEV 純電動汽車。

6-7　電瓶充電

6-7-1　前　言

1. 電瓶如別名蓄電池，相當於儲存電的電池。但事實上並非儲存電力，而是儲存化學能，經充電才能將化學能變換爲電能。所以電瓶使用後必須再補充失去的能量。電瓶放電後若經長時間不予充電，則極板的活性物質會因硫化而失去活性，最後就不能再充電而損壞。

2. 在一般汽車上的電瓶因備有發電機運轉時隨時可以充電，不需要拆下另行充電的。而電動汽車用電瓶是替代動力源，其耗電量相當大，行車後必須再補充電，否則電容量不足無法驅動車輛。

6-7-2 充電方法

電瓶充電時，因其連接方法、充電快慢及電流供應等問題，可分成下列三種方法。

1. 依電瓶連接法：又可分爲串聯充電、並聯充電及複聯充電三種。
2. 依快慢充電法：又可分爲低速充電及快速充電二種。
3. 依電流供應法：又可分爲定電流充電、定電壓充電及升壓充電三種。

如上述，電瓶使用後，尤其是電動汽車用電瓶，用後一定要作適當的充電(但燃料電瓶除外)，否則影響電瓶壽命甚鉅。電動汽車用電瓶一般使用低速充電爲佳，其他因應需要亦使用快速充電及定電壓充電。茲將其三種充電方法介紹如下。

1. 低速充電

   低速充電，是使用小電流而作長時間的充電，以充滿電容量的方法。一般電瓶都使用此方法，當然電動汽車亦不例外，也是電動汽車的基本充電方法。可利用非尖峰時間的夜間剩餘電力來充電，可使電力的負荷得到平衡。又可延長電瓶的使用壽命，是最經濟的方法。

2. 快速充電

   快速充電，是使用大電流在短時間充電的方法。只要 30 分鐘就可得充電 50%左右的電容量，但是不能充滿電容量。這樣臨時作快速充電，雖然可補電瓶電容量之不足，又可延長一天的行駛里程，可是會降低電瓶的使用壽命是其缺點。換一種想法，這樣可減少電瓶的裝載數量以減輕車重，也就是說可形成行車能量少的車輛。

可是快速充電必須使用大電流，在夏季電力需求多的尖峰時期，可能發生電力供電不足問題。

3. 充電時的供電連接法

電動汽車上的充電器或車體的電力連接部，和電力供應的連接器兩者的電極接觸方式，有接觸式的傳導(conductive)方式和非接觸式感應(inductive)方式兩種。感應方式是由供電側和受電側所構成的電磁式的接合來充給車輛充電的方式。所以人體不可能觸電的安全方式。可是有供電損失是其缺點。

美國是使用感應式，並大規模地設置下游設備。日本則以傳導式爲主流。傳導式又分別爲固定型及車載充電器兩種。

茲介紹三例非接觸式感應式連接充電的方法如下。

⑴ 美國通用公司(GM)的德可雷美(Delco-Remy)所提倡的感應方式充電器和充電方式，如圖 6-34 所示。充電器側的“巴拖(Paddle)”(插頭)插入車輛側的拖座(插座)，就充電需要條件，交換資訊 15 秒鐘就開始充電，其插頭無固定方向，反向插入亦無妨。電源是 200 伏特供電電流 30 安培，30 分鐘可充電 50%，一小時 80%，充滿電要兩小時半。比鉛電瓶的充電時間快三至四分之一。拔出插頭用手觸摸稍爲溫熱，不會燙傷手。

圖 6-34　感應方式之充電器(上)與充電方式(下)

⑵ 日本日產公司也使用感應式充電方法，如圖 6-35 所示。其構造皆與美國通用公司相同。其充電器和加油站的加油機很相似，其受電部(插座)在左大燈下。

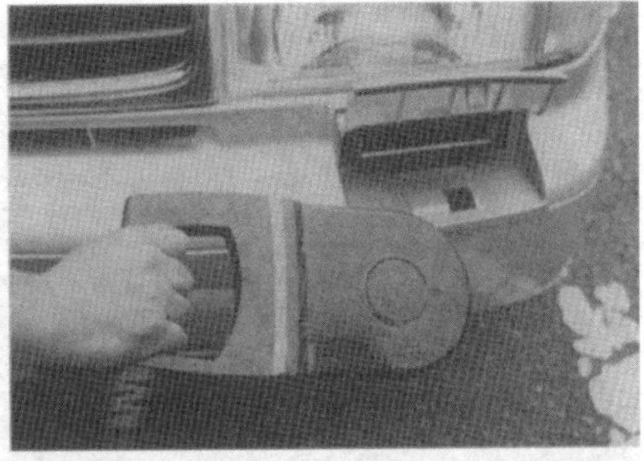

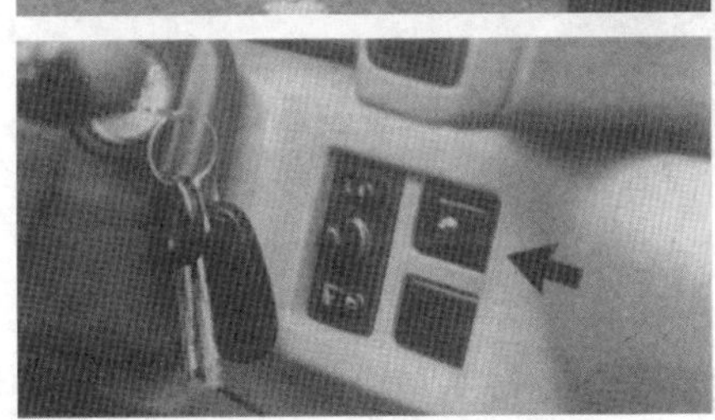

圖 6-35　日產公司的充電方式。上圖充電站與充電作業下圖充電把手位置

(3) 日本的日產公司 Hyper mini 純電動汽車也使用感應式充電方法如圖 6-36)所示。其充電器是可攜帶型，把充電器的塑膠製把手(handle)插入車輛側的承接部即可。把手內藏可產生高週波的線圈。此高週波讓車輛側的線圈承接，並整流爲直流向電瓶充電。此非接觸型感應式充電器，不論雨天或雪天都無漏電的可能，可安全使用的優點。

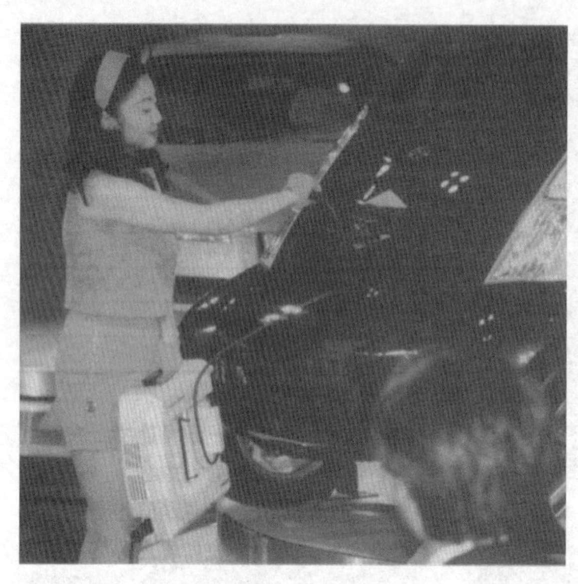
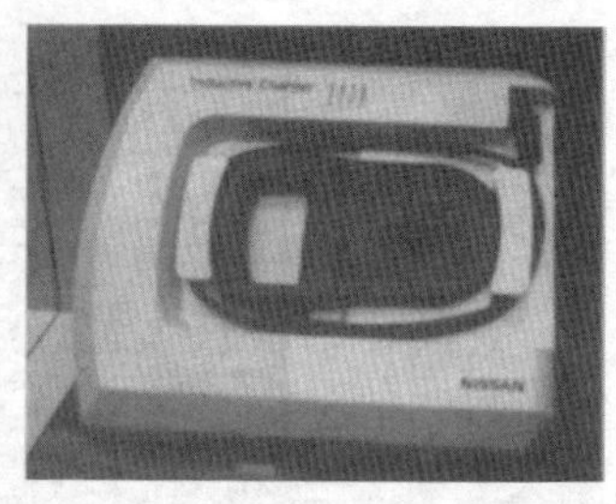

圖 6-36　Hyper mini EV 用攜帶充電機與作業情形

100 伏特電源，充滿電要耗費八小時，使用 200 伏特電源充電，則縮短爲兩小時左右。

6-7-3　電瓶的充電特性

充電中的電瓶特性，是因電瓶種類而異。茲以鉛電瓶爲例介紹如下。

放電後的電瓶經充電後，其特性如圖 6-37 所示狀況。初期是由電壓徐徐上升，待氫氣產生後，電壓就快速上升，而達到最高値附近，至此即進行了 80%的充電，在電極表面的充電反應終了，其後就進行電極內部的充電反應。可是大部分的充電電流在電極表面使用於水的電解，並且產生大量氫氣和氧氣的氣泡(gassing)現象，而損及電瓶的極板。因此在充電終期要減少充電電流，以緩慢充電的必要。圖 6-38 是表示定電壓充電時的電流特性。

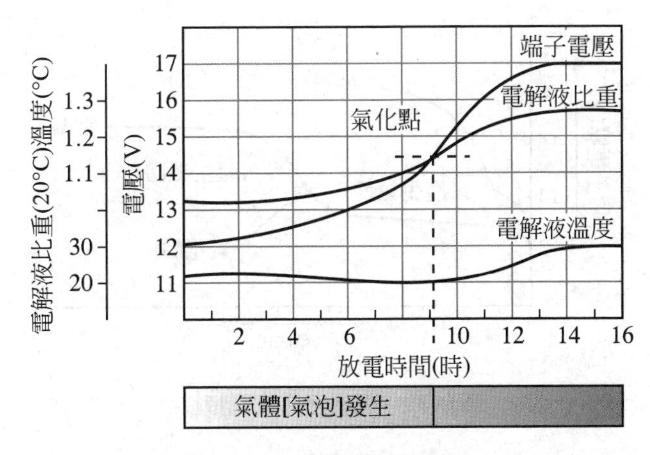

圖 6-37　電瓶之充電特性

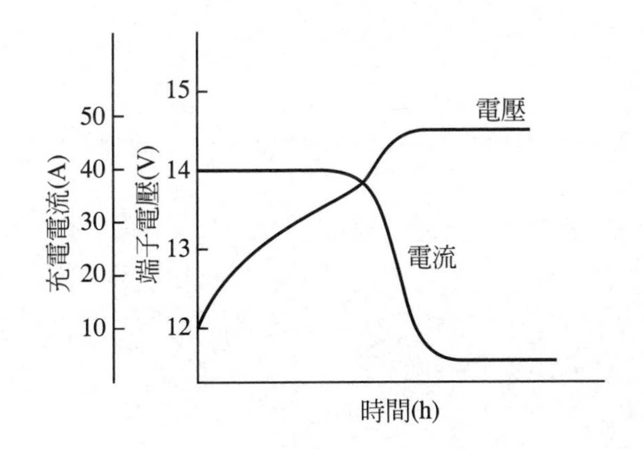

圖 6-38　定電壓充電時之電流特性

電瓶一經充電，電解液的比重就上升，在充電初期，是留於電瓶下部。但是進行充電至末期，因氣體的產生，電解液就一下子擴散使比重達到最高值。所以充電特性受電解液溫度的影響很大。在低溫時的充電，因隨著充電其電壓從早期就立即提生之故，使得不能十分充電的狀態，如圖 6-39 所示。

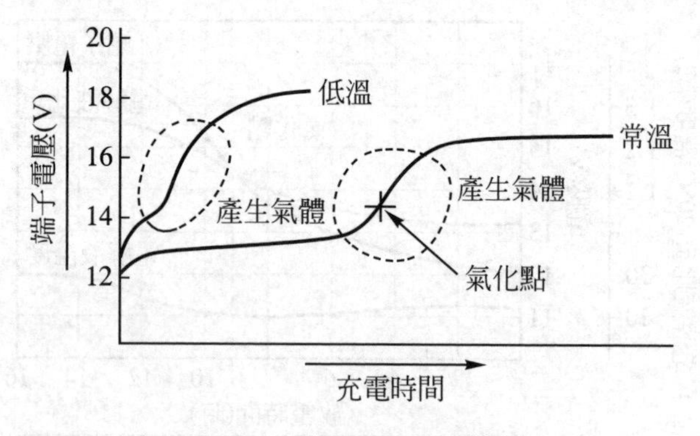

圖 6-39 低溫時之充電特性

Electric Vechicle

7 電動汽車之行車性能

7-1 前　言

汽車的行駛阻力，電動汽車和引擎汽車都一樣。當車輛以一定速度行車時，大部分的能量會被行駛阻力(滾動阻力、空氣阻力、斜坡阻力及加速阻力)消耗掉，所以設法如何盡量將其減少，對提高車輛性能是件很重要的課題。

引擎的高性能化，一般可能被認爲引擎的高性能化，但十多年來雖然引擎的燃燒效率有提高，可是主要原因是滾動摩擦阻力及空氣阻力降低技術的進步而獲得的成果。

汽車的最高速度、爬坡能力、加速性能、轉向性能等，皆由車體形狀、車輛質量、馬達、動力傳輸裝置等來決定的。電動汽車性能的提高，雖然也是電瓶及馬達的性能之提高，可是對於行駛阻力也不可忽視的。尤其是電動汽車，所能儲存的能量較少，對於行駛阻力的降低，更加重要。茲對行駛阻力的基本要因逐項介紹如下。

7-2 滾動阻力

7-2-1 滾動阻力的主因為輪胎

1. 對輪胎所要求的性能

行駛阻力中的滾動摩擦阻力，首推輪胎的滾動摩擦，與車重成正比，其關係如(7-1)式所示。

$$滾動阻力(F)=滾動摩擦係數(\mu)\times車總重量(W) \tag{7-1}$$

其比例係數以輪胎的滾動摩擦係數來定義。爲降低滾動摩擦阻力係數，必先降低輪胎的滾動摩擦。使其全部降低，則要逐一消除其他摩擦要因。

對輪胎所要求的性能，是滾動摩擦小，滑動摩擦大，以及乘坐舒適感和耐磨耗性皆良好。

2. 從構造改善輪胎的滾動摩擦

影響輪胎性能的有幾個技術要因，其影響最大的是構造上的問題。從前的輪胎構造爲斜層(bias)結構。是爲保持輪胎形狀而加入的線層(carcass cord)，由中心軸的傾斜方向編織而成。近來因有了高速公路，車輛必須高速行車，所以研發幅射輪胎(radial tire)取代，幅射輪胎的軟線(cord)皆由中心軸成幅射方向延伸。幅射輪胎比斜層(普通)輪胎堅固且變形比較少。輪胎的滾動摩擦，在轉動中的變形愈小，則其滾動摩擦也愈小。所以幅射輪胎的滾動摩擦比較小爲其主要特徵。此外變形小的也不容易滑行，所以特別耐橫向阻力，因此其安全性也比較高。

可是遇到凹凸不平路面，則乘坐舒適感比較差，因此在普及初期，僅有賽車(sporty car)使用，以後由於改良懸吊系統，一般車輛也推廣普及，尤其是高速公路的建設，普通斜層輪胎因不能耐久駛後的高溫，導致形成行駛高速公路必備的輪胎，以符合行車安全。

後來爲使幅射輪胎的變形更小，加入了鋼琴線以取代鋼帶，最近爲使其更輕又柔軟，研發出聚合纖維的輪胎，也已經實用化了。

3. 輪胎形狀也影響滾動摩擦

其他影響輪胎滾動摩擦的要因，是輪胎的形狀。從降低滾動摩擦的觀點來看，希望橡膠的變形比較小，而且輪胎的接地面積比較寬。因此希望輪胎的直徑大而胎面又寬，對安全性及乘坐舒適感也比較好，所以對事先設定變形形態，以決定輪胎形狀的新設計方法也已經實用化了。

4. 材質影響滾動摩擦

輪胎以橡膠爲原料，其對輪胎性能有極大之影響。輪胎用橡膠有天然橡膠及合成橡膠混合使用。利用其不同的配方可獲得軟橡膠、硬橡膠、滾動摩擦比較小的橡膠及滑行摩擦比較大的橡膠。對其性能而言，滾動摩擦小的橡膠，其滑行摩擦也有比較小的傾向，但是其安全性及省能源性則相反。

此外對材質的研發，在橡膠中加入氧化矽，可減少滾動摩擦的輪胎，也部分實用化了。

製造滾動摩擦阻力比較小的轎車用輪胎，滾動摩擦係數今已可製造千分之五至千分之六左右，由此可見各種技術均大有進步。

5. 空氣壓力亦影響滾動摩擦

輪胎的空氣壓力的影響也很大，胎壓提高則其變形會降低，滾動摩擦亦隨著降低。圖 7-1 是表示轎車用輪胎的氣壓和滾動摩擦的關係。一般轎車的輪胎的氣壓大部分爲 1.5 至 2.0 左右之氣壓，如果提高輪胎氣壓，則如圖所示，滾動摩擦係數就降低，而至 5 氣壓左右就不再變化。可是輪胎氣壓超高，則有安全性及乘坐舒適感不良的影響。

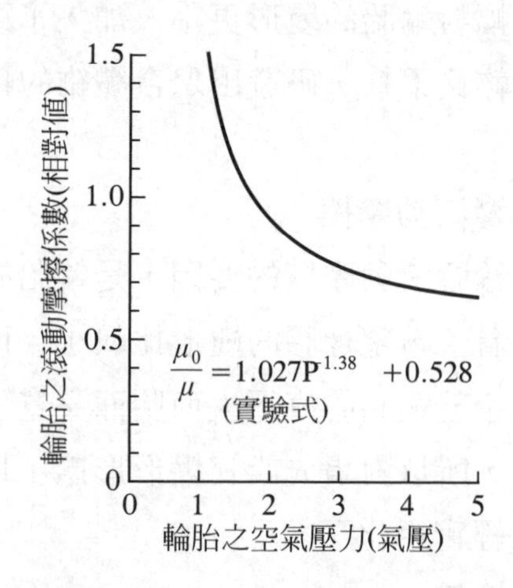

圖 7-1　轎車用輪胎之空氣壓力與滾動摩擦係數之關係

7-2-2　滾動阻力與前輪校正

汽車爲了能夠在前進時可在道路上直線行車，及轉彎時提高恢復直進時的復原力，在轉向輪即前輪賦與所謂的前束、外傾角，後傾角、內傾角及轉向時前展等五項車輪校正，若校正不準確時，會使前輪的輪胎拖曳(tire scuffe)、低速時顫動(shimmy)、高速時搖動(tramy)、轉向困難及發生側滑(side slip)等故障。

從車前看，外傾角是輪胎中心線與鉛垂直所夾角之角度，後傾角是由車側看大王銷或轉向軸中心線和鉛垂線所夾之角度，前束是從車上方看，兩前輪的中心距離，前面比後面爲短。

車輪以直線方向旋轉行進時，滾動摩擦甚小，有前束或外傾角存在時，會產生少許滑行，使行駛阻力增大。例如前束爲一度時，滾動摩擦依實驗結果增加二成。

從降低滾動摩擦之觀點，此滾動阻力也會成爲問題。其具體對策，則在不影響轉向操作的前提下，盡量縮小前束及外傾角。

7-2-3　滾動阻力和碟式煞車

汽車用煞車有鼓式煞車及碟式煞車兩種。兩者在行車中，基本上煞車來令片和煞車鼓及煞車掌(pad)和圓盤(disc)是完全分離的。可是在碟式煞車爲了提高煞車效率，讓其有少許接觸。此乃因煞車的拖曳而使滾動摩擦增加的要因。然而此項滾動摩擦最容易被忽視。

一般轎車的碟式煞車，此拖曳力的大小爲一公斤左右。假如使用的輪胎滾動摩擦係數採用千分之五，則按煞車的拖曳力增加12%左右的滾動摩擦。爲防止碟式煞車的滾動摩擦，也製造煞車掌和圓盤不容易接觸的產品。

7-2-4　軸承的滾動摩擦阻力

汽車用軸承大部分爲利用鋼珠迴轉的鋼珠軸承及利用小圓筒迴轉的滾珠軸承兩種。對滾動摩擦而言，兩者皆無太大差異。軸承會發生阻力的原因，是因爲滾動摩擦所引起及潤滑劑的粘性所造成的。前者和荷重成比例，後者則隨著車速而增加。1,700公斤的車子行車時速爲40公里時，從車輛使用的軸承所引起的阻力約爲0.7公斤。如果滾動摩擦係數爲千分之五的輪胎，約爲8%左右。

7-2-5 護油圈也有滾動摩擦阻力

軸承爲防止灰塵侵入或水侵入軸承內，設有護油圈(俗稱油封)保護。在橡膠面和金屬面所形成的迴轉面上，塗上黃油除使潤滑度好外，也可防止異物侵入。一般的護油圈，對輪胎的滾動摩擦力約有10%的影響。如果提高護油圈的加工精密度，及選擇特殊規格的材質，則可降低 4%左右。

綜合上述，可知影響滾動摩擦的重要因數很多。車輛總重爲 1,700 公斤，輪胎滾動摩擦係數設定爲千分之五時，其他要因所引起而增加的滾動阻力，如表 7-1 所示。若未予注意則增加五成左右，若有對策時可降低爲一成左右。

表 7-1 影響輪胎滾動摩擦之要因及影響程度

車重	輪胎滾動摩擦係數	影響要因	無對策時	有對策時
1,700 公斤	千分之五左右	煞車	12%	—
		前束	20%	—
		軸承	8%	8%
		護油圈	8%	4%
計			48%	12%

7-3 車輛重量

7-3-1 小型車的重量分析

影響車輛的滾動摩擦之另一要因爲車輛重量。並且其重量對加速性能及加速時的能量消耗，影響亦甚大。

車輛的主要機構，是由引擎系、底盤系、驅動系、車體系、控制系及輔助機械等所構成的。爲討論車重，將車輛構成機構的各項元件的重量，以1800cc的汽油轎車爲代表，列出如表7-2所示。

表7-2　1800cc級汽油轎車之機件重量分析

系別	機件重量(公斤)	所佔比例(%)
車體系	520	42
驅動系	410	33
引擎、變速箱	(300)	
底盤	190	15
控制系	50	4
輔助機械	40	3
其他	40	3
計	1250	100

如果以此車爲基礎，製造變換型(convert model)電動汽車時，在驅動系中扣除引擎重量，另加上馬達、控制器及電瓶。一般而言，馬達和控制器的合計重量比引擎輕一些，若加上電瓶重量則大致相同重量。

如果以變換型電動汽車和汽油車比較時，可大幅度輕量化的元件少，可投入的新技術也不太多。改良型(grand up model)車，則尚有檢討之處。

7-3-2　車體強度與材質及形狀有關

車體的主要構成爲車架(frame)、車罩(cowl)又稱爲車身(body)、門、窗、座位、內飾板(trim board)及外廂板等。其中車架及車罩爲支持車體的重要部分，並且重量也很大，要輕量化，必須一併檢討其構造及材料。

爲了欲求出車架及車罩的正確強度，可使用像“有限元素法”的計算方法，利用大型電腦詳細計算。構造單純者可用結構力學的基礎知識計算強度。

圖 7-2 是使用鐵板厚度薄的柱狀的廂型車架爲例。以此爲汽車用車架的基本構造時，不得不滿足其重要條件，是不破壞荷重，彎曲也要在容許範圍內。在圖中也表示：彎曲限制時的容許荷重，以及材料破壞限制時的容許荷重等公式。

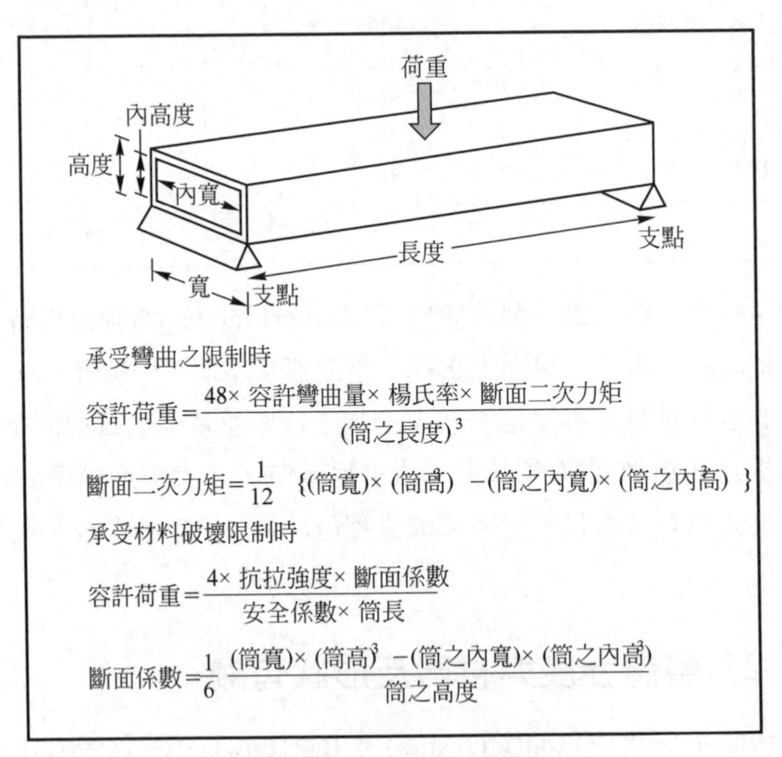

圖 7-2　薄板之柱狀筒之容許荷重

表示於這些公式的材料形狀，其特性在於厚度、長、寬、高等尺寸。依此公式，高度及寬度的尺寸中，若把高度尺寸加高，則可增加強度、減少彎曲。因此車架從正面看的斷面構造，若盡量增大其斷面積，尤其增加高度尺寸，就可達成輕量化。但會因此而使全車體增大，而導致車內變成狹窄的問題。

如車架及車身成一體構造的整體式車身(monocoque body)或稱“單一結構(unit costruction)”，則可得與擴大車架的斷面積一樣的效果，即可將整個車體輕量化。

7-3-3　材料強度間接影響行車性能

1. 材料強度和彈性係數

　　材料的特性，可從強度和彈性率來表示之。強度方面係對抗拉強度(tensile strength)而言。抗拉強度，是指材料的單位面積，承受拉力至某種程度而損壞時的力量而言。其單位以 kg/mm^2表示其值。

　　材料的彎曲程度一般以楊氏係數(Yoang's modulus)表示之。楊氏係數一般又稱爲“彈性係數(modulus of elasticity or elastic modulus)”，係指材料在單位斷面積或單位長度，受力時其伸長之值，以 kg/mm^2爲單位表示。

2. 材料的比抗拉強度與比楊氏係數

　　汽車用材料比較重視其重量及強度，重量和強度的關係，一般以「比抗拉強度」和「比楊氏係數」爲評估項目。抗拉強度和楊氏係數以「比重」除得之值，稱爲「比抗拉強度」及「比楊氏係數」。

　　若以輕量化爲主時，汽車車架所使用的材料，皆要求「比抗拉強度」和「比楊氏係數」兩者皆大者爲佳。表 7-3 是表示汽車車架及車身所使用的材料特性。

表 7-3　各種車體用材料之性能比較

材料＼性能比較	抗拉強度 (kg/mm^2)	楊氏係數 (kg/mm^2)	比重	※比強度	※比彈性係數
冷軋鋼板	28	19600	7.86	1	1
高張力鋼板	47	19600	7.86	1.68	1
高張力鋁板	37	7300	2.78	3.73	1.05
CFRP	59	5000	1.55	10.7	1.29
聚胺基纖維	20.0	2080	1.32	4.26	0.63

※表中的比強度、比彈性係數以冷軋鋼板爲 1。

冷軋鋼板爲目前車架及車身的主要材料。一般除了考慮價格及材料強度及可加工性外，楊氏係數亦爲重要考慮因素。比冷軋鋼板之強度更高的鋼板材料，有高張力鋼板及高張力鋁板等，這些材料隨著抗拉強度的增加，其可加工性皆有變壞之趨勢。

鋁因爲其比重較輕，比抗拉強度則較大，故使用於汽車材料之比率就逐漸增加。如大客車之車身廂板及小型車之汽缸體、車胎鋼圈等，有效利用其比強度之優點。

碳纖維的比強度及比楊氏係數都比較大，可望使用於汽車車體及車身(今已有少數大客車使用於車身廂板)之材料。但因價格太高未能普及，初期爲鋼鐵材料的百倍左右，近來雖然比較便宜，但仍然甚高，未被普遍採用。一般使用之碳纖維強化塑膠，以英文縮寫CFRP表示其性能於表 7-3。

表中的聚胺基纖維如玻璃一樣不形成結晶體的無定形構造，就可得高強度的材料。其雖然不比碳纖維的價格高，但仍屬於高價材料，其用途須經檢討後使用。

車體及車身材料雖然有多種，但須考慮其材料性能、價格及可加工性等，所以目前仍以鋼板爲主要材料。

車輛的輕量化也是影響行車性能之一因數。輕量化雖然其直覺以車架及車身等主要對象，可是如小型車的汽缸體改由鋁合金來製造也是一例，其他零件尚有多種可研發使用的。

7-4 空氣阻力(Air Resistance)

空氣阻力，是阻止車輛駛向前方之力，也即車輛前進的反方向之力。空氣阻力可以分爲三大類，即摩擦阻力和壓力阻力及誘導阻力。摩擦阻力已於 7-2 節及 7-3 節介紹過，至於壓力阻力及誘導阻力雖然也有關行車性能，但在電動汽車而言，以摩擦阻力比較重要，其餘兩者，因篇幅關係，不作介紹請參考「汽車空氣動力學」有詳細介紹。

7-4-1 空氣阻力與速度的二次方成比例

空氣阻力，不僅是對耗油性能，對最高速度或加速性能也有關係。空氣阻力的大小是和車速的二次方及車輛的形狀成比例而增大。空氣阻力可由 7-2 式求得；即空氣密度、車速的二次方、車輛由正面所見的斷面積向前方投影之面積及空氣阻力係數相乘而得的，其公式如下。

$$D = 1/2\rho \cdot V^2 \cdot S \cdot C_d \tag{7-2}$$

上式中：D：空氣阻力，ρ：空氣密度，V：車速(m/s)，S：前面投影面積，C_d：空氣阻力係數。

空氣阻力係數(air resistance coefficient)，又可稱爲“風阻係數”，是空氣動力學上之名詞，在飛機上亦廣泛使用。空氣阻力係數和空氣阻力是不相同。空氣阻力是和車速的二次方成比例而增大，而空氣阻力係數和速度無關而爲一定數(對車而言)。何謂空氣阻力係數？簡單地說；空氣阻力係數是指在風洞實驗時，指示在邊界層(汽車空氣動力學名詞請參閱該書)不易剝離的程度，可從空氣之阻力錶(drag meter)的指針讀出其數值。在空氣動力學可依公式計算而得，從(7-1)式演算即可得，其意義是以流體持有之能量(動壓力＝$1/2\rho V^2$kg/m^2)除以加於物體的平均壓力「空氣阻力(kg)/面積(m^2)」而所得之值，如(7-3)式，C_d是無單位也無次元的數值。

$$C_d = \frac{D/S}{1/2\rho V^2} \tag{7-3}$$

7-4-2 降低空氣阻力的方法

空氣阻力小可節省能量外，對於提昇高車速亦有極大之效果。欲降低空氣阻力的方法，可將前面投影面積減少外，又可將空氣阻力係數降低之兩種方法。但前者會使車廂內空間縮小，並降低車輛機能，故頗受限制，因此目前皆致力於研究如何降低空氣阻力係數。

在 1980 年初期，轎車的空氣阻力係數研發至 0.45 至 0.5 之間。但在第二次石油危機後，爲了節省能源，自然被要求研發省能源的降低空氣阻力係數之車輛。

車輛的空氣阻力係數雖然可由流體力學的計算來求得，但一般皆以經驗製作空氣阻力較小形狀的模型車，進行風洞(wind tunnel)實驗測試空氣阻力係數，之後再加以修正的方法來製造空氣阻力較小的車身。所謂風洞，係在建築物內設有超大型風扇或鼓風機，放置欲測試的汽車在各種溫度下，以任意風速及各種角度吹向該實驗車，以測試該車之空氣阻力的裝置(詳情請參閱汽車空氣動力學)(飛機亦同)。其實驗車尺寸，輛車除了模型車外，也有同尺寸以實車測試的，一般大型車皆以實車的1/5製造模型車來測試。

7-4-3 空氣阻力係數與形狀及空氣動力零件有關

欲降低空氣阻力係數，有了汽車以來一直不斷在研發的項目，經研發結果將車身製成流線形，並裝置空氣動力零件(aero-parts)，車外凸出物盡量減少等來降低空氣阻力係數。欲製成流線形的車身，車身各處要製成圓弧形，縮小引擎蓋前端斷面積，使空氣順利向後端流動等皆為研發的對象。所謂"空氣動力零件"，是使車輛減少擾流而能順利流向後方並降低空氣阻力，當車輛高速行駛時，也不會浮起，而裝置的配件。(詳情請參閱汽車空氣動力學)。

如此不斷研發此類新技術，使市售車的空氣阻力係數(C_d)降低至0.32～0.28 左右。據研發報告，實驗車中的福特 Probel V 車已達到0.138。電動汽車因無冷卻引擎的水箱護罩及消音器等突出物，基本上可降低空氣阻力。電動汽車由於採用這些特徵，以及引擎汽車所累積的空氣阻力之減低技術，使空氣阻力係數減低至0.2左右。

7-5 全部行駛阻力

7-5-1 行駛阻力隨速度而增加

全部行駛阻力是滾動阻力、空氣阻力、爬坡阻力及加速阻力等四種阻力(drag)之和。因電動汽車於此忽視爬坡阻力及加速阻力，故全部行駛阻力是滾動阻力與空氣阻力之和。其公式如(7-4)式所示。

$$D_t = D_f + D_a \tag{7-4}$$

上式中，D_t表示全部行駛阻力，D_f表示滾動阻力，D_a表示空氣阻力，單位以公斤表示。空氣阻力是與速度的二次方成比例而增大，因此從上式，行駛阻力也是隨速度之增加而增大，其關係如圖 7-3 所示。圖中速度爲零時，承受之阻力大部份爲滾動阻力的份量，隨著速度增加而增加的份量，則是空氣阻力的存在份量。

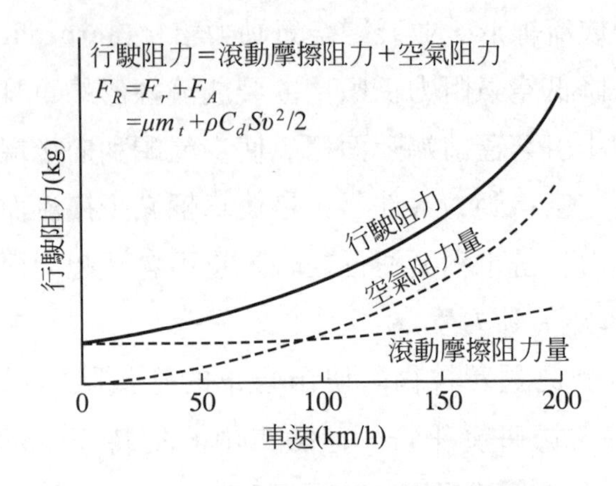

圖 7-3　滾動摩擦及空氣阻力之定義化

在極低速行駛，馬達效率會降低之說不一定符合，在某速度以上行駛的電動汽車，其每一單位距離消耗的能源與圖 7-3 所示的大致成比例。由此可知電動汽車盡可能以低速行駛比較省能源。尤其是超過時速 100 公里時消耗能量顯著增加。

從(7-1)式可知，要降低滾動摩擦阻力，則減少滾動摩擦係數及總重量最有效。從(7-2)式可知，若欲降低空氣阻力，則減少空氣阻力係數及前面投影面積最有效。

總而言之，欲使汽車的行駛阻力減小時，在設計汽車時，必須對其重量(W)和前面投影面積(S)之減小下功夫。若引擎馬力一定時，因汽車重量愈輕其阻力愈小，愈能高速行駛，也更有爬坡能力。同時在同一速度行駛狀況下，車重愈輕，其燃料消耗量愈少。

8 馬達及控制器

8-1 前　言

汽油車的性能好壞幾乎是以引擎性能爲主，電動汽車將引擎換置動力用馬達，所以驅動車輛的動力源爲馬達，所以電動汽車是以馬達爲主角，該車性能之優劣則視動力馬達性能之優劣而定。

汽油車的前進後退的車速，皆由加速踏板來控制化油器的作用，然而在電動汽車上，其功能則由動力馬達上的控制器替代之，所以馬達控制器的構造如化油器一樣複雜並且重要。

8-2 馬達的基本構造

8-2-1 馬達的原理及構造

1. 馬達的原理

假如在磁場(magnet field)中放置一導體，並導入電流時，該導線會受力並產生運動，若將導體繞在一電樞(armature)上，則電樞會產生轉動，如圖 8-1 所示，此爲馬達的基本原理。其所以會轉動，是依據弗萊明的左手定則(fleming's left hand rule)而轉動的，弗萊明的左手定則如圖 8-2 所示。即在磁場中產生的磁力線方向和電流方向雙方的垂直方向，會產生電磁力，而此電磁力因 NS 兩極的作用而轉變爲迴轉力，如圖 8-3 所示。

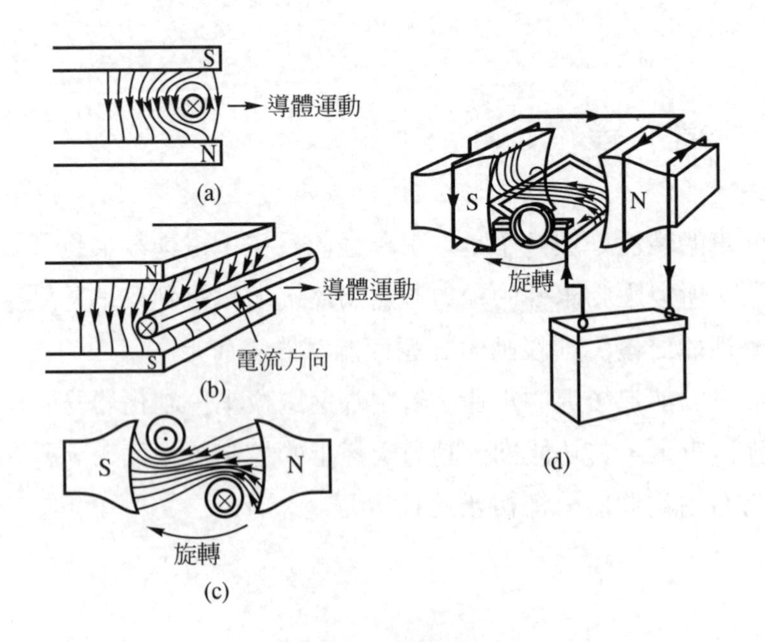

圖 8-1 馬達原理

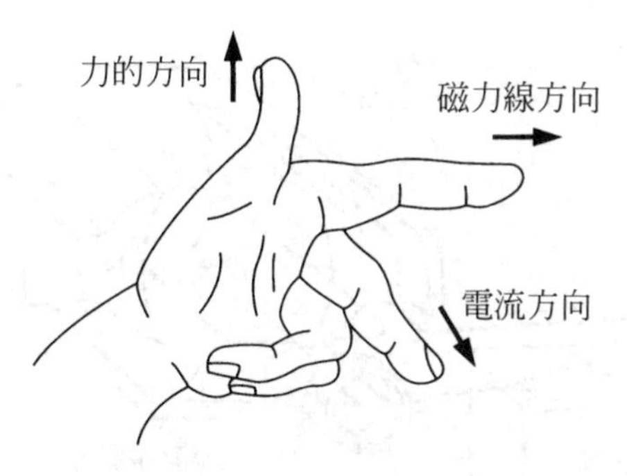

圖 8-2　弗萊明之左手定則

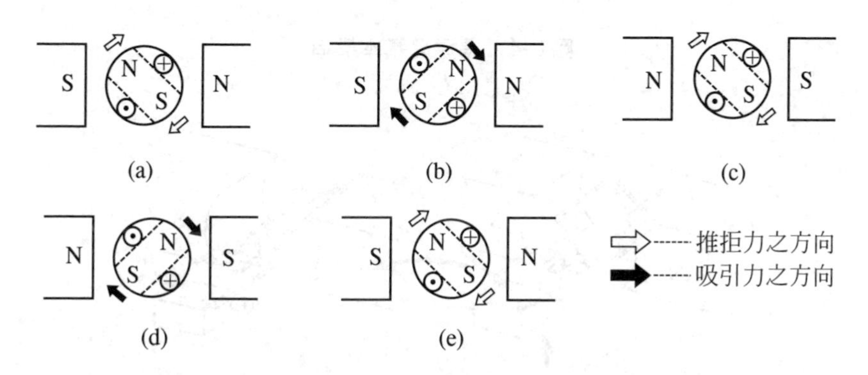

圖 8-3　電樞線圈在磁場中所受推力及引力作用情形

2. 馬達的基本構造

馬達的基本構造簡單，由磁場線圈(magnet coil)、電樞(導線環：conducting loop)、整流子(commutator)及碳刷(carbon brush)等所構成的，如圖 8-4 所示。

若將電流從電刷經由整流子流入電樞後，電樞即產生轉動，並使每半轉由整流子改變電樞的電流一次，即可使電樞所受的磁場堆力連續而持續轉動，其所以能夠持續迴轉，是原在N極的導線移動至S極時，電流方向必須相反，其電流方向的轉變是如上述，由整流子所改變，才能讓作用力方向一致。電流在導線中改變方向的情形如圖 8-5 所示。

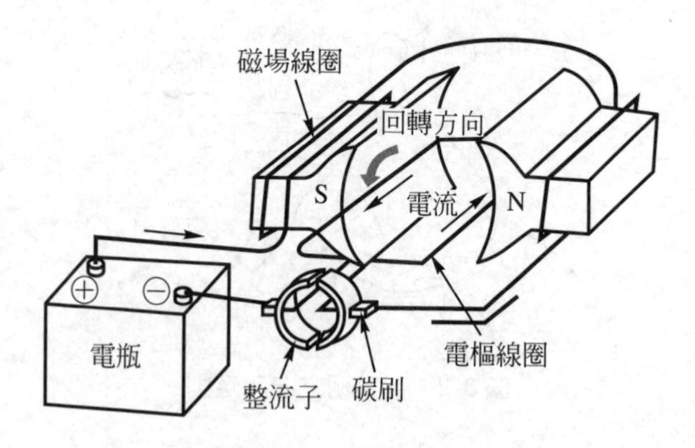

圖 8-4　馬達之基本構造

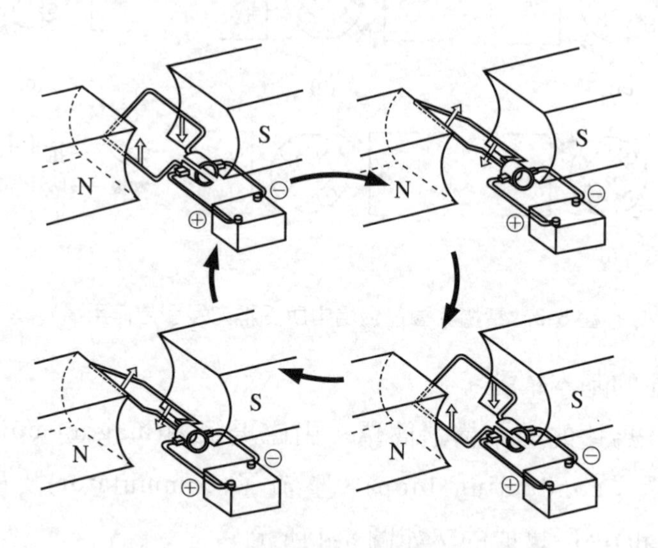

圖 8-5　電流在導線中方向變換之情形

若馬達旋轉時，場磁體及電樞有任一方迴轉，而另一方固定時，則迴轉側稱爲轉子(rotor)，固定側稱爲靜子(stator)。

8-2-2 馬達的種類及特徵

1. 馬達的種類

馬達的種類依電流別可分爲直流馬達與交流馬達兩種。依場磁鐵(field magnet)的分類可分爲繞線式、永久磁鐵式、感應式及同步式等四種，請參閱表 8-1。

表 8-1 馬達的種類

馬達種類	電流種類	依場磁鐵分類	
直流式	直流馬達	繞線式	串聯式(串激式) 並聯式(分激式) 複聯式(複激式)
		永久磁鐵式	—
交流式	交流馬達	感應式	—
		同步式	DC 無刷式

2. 馬達的特徵

使用於汽油車的起動馬達的直流式串聯式馬達，具有低速扭力，以起動引擎。可是遇到負荷變小時，轉速有無限上升的缺點。然而直流並聯式馬達，雖然低速扭力比串聯式馬達較差，但是轉速容易控制。因使用直流式的電動汽車，多使用並聯式馬達。可是直流馬達有碳刷和整流子之故，需要定期保養。

交流馬達，則無碳刷和整流子，因此免保養。交流式則有感應式和永久磁鐵同步式(DC 無刷式)。若和直流式相比，交流式雖然控制裝置變複雜，可是可製成大輸出馬力。DC 無刷馬達比感應式馬達，若欲製成同等輸出馬力，則可小型化爲其特徵。但是配置於轉子(rotor)的磁極位置，必須設置檢測裝置，因此其構造就變成複雜了。

DC 無刷馬達效率非常高，但是成本高。據說在電動汽車最適用此型馬達，可是也不能忽視它來普及電動汽車，另一方面也有需要解決的課題。

馬達因種類的不同，其優劣點及特徵也不同。茲將其特徵列出如表 8-2 所示。

表 8-2 馬達的特徵

馬達的種類	效率	質量	成本	特徵
直流繞線式	約 80%	大	中	碳刷會磨耗需要保養。在電刷部分會發出噪音。直繞式在低轉速時扭力大，但負荷減輕時的轉速控制困難。並聯式在低轉速時的扭力比串聯式稍微差，高轉速時的控制簡單。
感應馬達式	約 85%	小	低	因無碳刷和整流子，不須保養，容易高輸出力化。
DC 無刷式	約 90～95	中	高	因轉子使用永久磁鐵，不須碳刷。有需要精密檢出磁極位置，控制裝置的電子電路比較複雜。

8-2-3 直流馬達與交流馬達

1. 直流馬達

如圖 8-6 中，轉子旋轉 180 度時，磁場的磁力線方向和電流方向相反，因此無法在同一方向繼續迴轉，必須依據迴轉經過整流器(commutator或換向器)改變電流方向，爲改變方向使用機械式電刷(brush)者稱爲直流馬達。

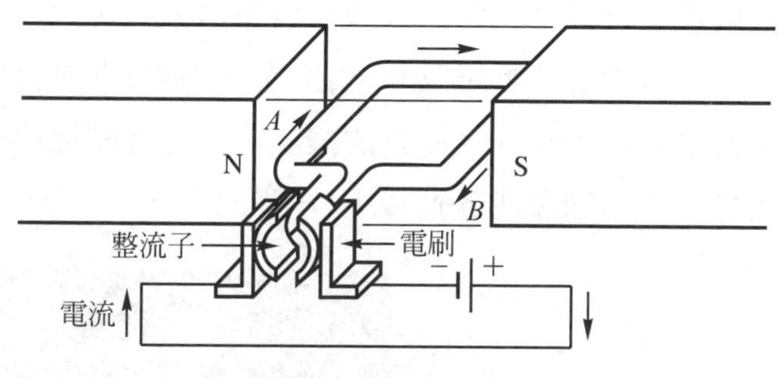

圖 8-6　直流馬達原理

開發電動汽車初期，多使用直流馬達，其原因爲控制器都使用簡單的變換器。但直流馬達因附有整流子和碳刷必須不斷保養或更換，而且體積較大有機械損失增加等缺點。

直流馬達成本低，控制系統也簡單，起動扭力大、起步加速性能優異，是其優點。電動汽車初期，使用直流馬達爲主流。直流馬達有串聯式和並聯式兩種。串聯式馬達如圖 8-7 所示，磁場線圈和電樞的線圈結線成爲串聯連接。因爲磁場線圈和電樞流動相同電流，馬達效率會降低很多。又在上坡路時需要大扭力，因而降低車速也是其缺點。

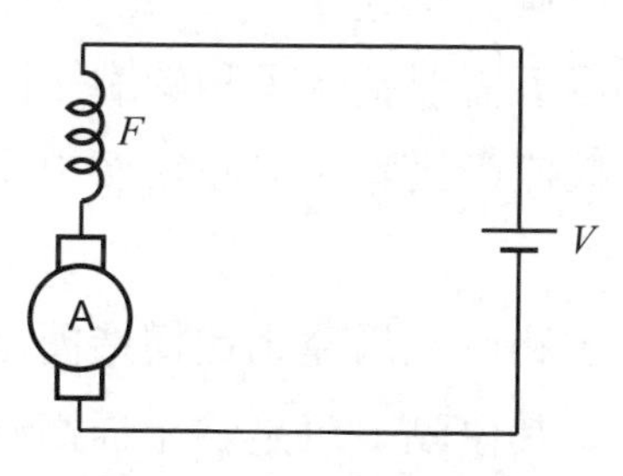

圖 8-7　串聯馬達的結線

爲改善此缺點而推出並聯馬達，如圖 8-8 所示。其磁場線圈和電樞線圈的結線以並聯方式連接。因場磁鐵而產生的磁場強度，和繞線數與電流成比例。因此爲了欲獲得同強度的磁場，欲增加繞線數，可以降低電流以減少場磁損失來替代。由此可得比串聯馬達的效率好。此外又可讓磁場(磁力線)方向相反，就可獲得馬達的逆轉或刹車回生能量的控制。由此優點使用於電動汽車的直流馬達，以並聯馬達居多。

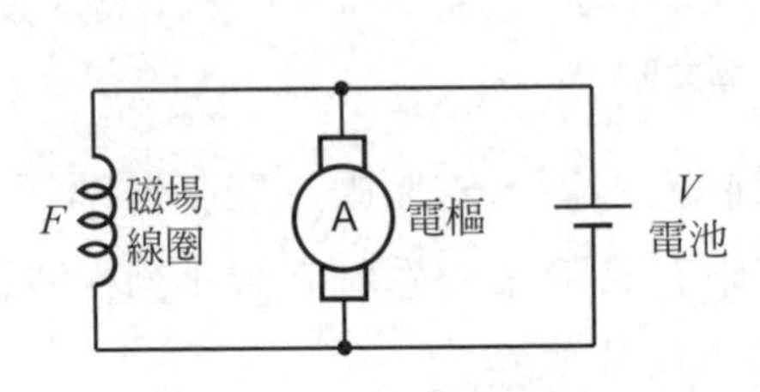

圖 8-8　並聯馬達的結線

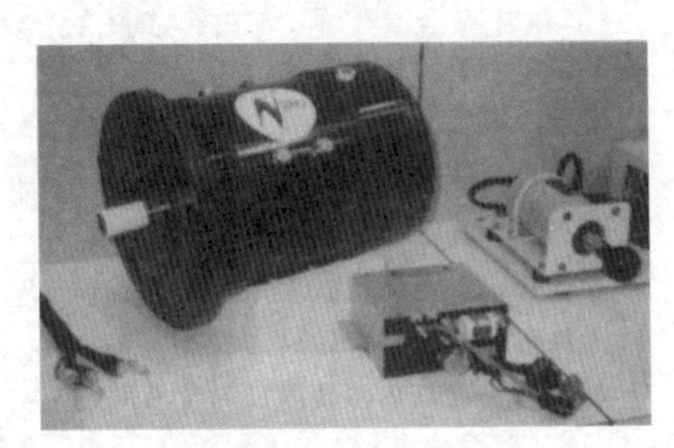

圖 8-9　變換型 EV 用直流馬達，前者為控制器

如圖 8-9 所示，是初期開發的改造車或變換型(convert model)電動汽車用直流馬達，前者是控制器。

2. 交流馬達

供給馬達的電流爲交流者，其因應正反向的流動時期(timing)而迴轉的馬達稱爲交流馬達。在前述的交流馬達當中，與線圈相同機能者稱爲“感應式馬達”。

交流馬達因爲不需要整流子和碳刷，因此故障比較少，又有構造簡單及效率較佳等優點。但必須使用反相器構造比較複雜。

3. 感應式馬達

感應式馬達，和直流馬達相比構造簡單，可以大容量化，又無電刷免保養，是其優點。可是爲了提高感應馬達的效率必須採用反相器作向量(vector)控制方式，參閱圖 8-10，因此控制裝置變複雜，成本亦有提高之缺點。近來因半導體技術及電子電路技術進步神速，使反相器高性能化，並且成本亦降低，因此改用交流馬達居多。

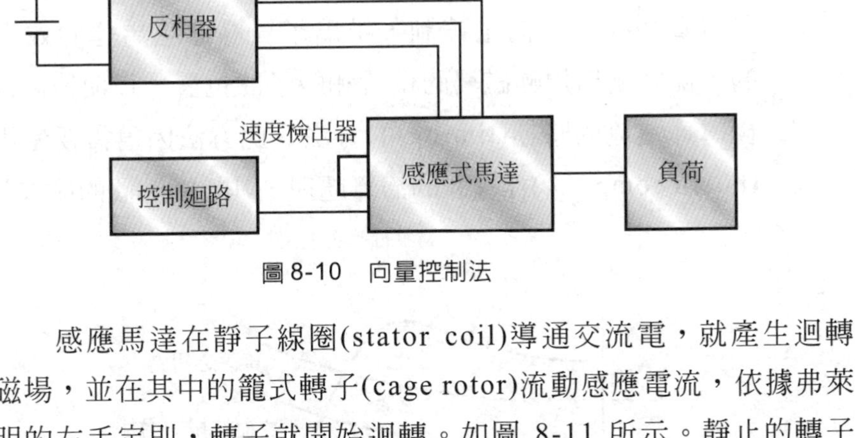

圖 8-10　向量控制法

感應馬達在靜子線圈(stator coil)導通交流電，就產生迴轉磁場，並在其中的籠式轉子(cage rotor)流動感應電流，依據弗萊明的左手定則，轉子就開始迴轉。如圖 8-11 所示。靜止的轉子當磁力線向時針方向開始移動，則導體的轉子就在磁力線中產生如同反時針方向移動的現象，即在轉子發生感應電動勢。其即在轉子有如圖示之力作用。

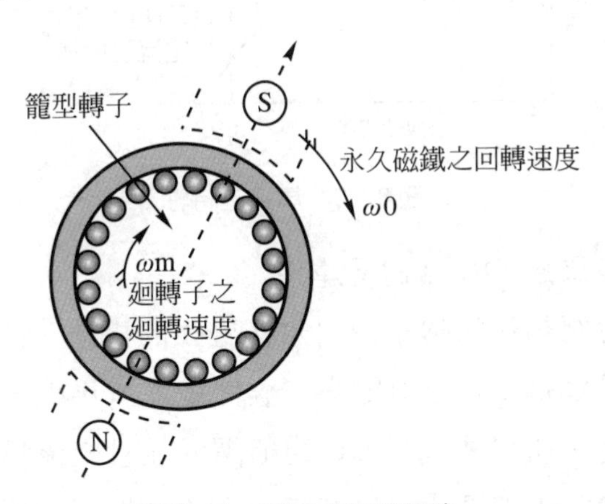

圖 8-11　感應式電動馬達

感應式馬達的特性，是扭力與迴轉磁場的強度的二次方成比例，並僅與滑動速度有關係，如圖 8-12 所示。所謂滑動速度，是指迴轉磁場和籠式轉子之間的轉速之差而言。因爲保持一定的滑動速度來運轉，就會產生與速度無關的一定扭力，因此可得順暢的加減速度。此方法如圖 8-10 所示，利用向量控制的方法就可以實用化了。向量控制，是爲了提高感應馬達的效率而開發的。此爲檢出迴轉磁場的位置和轉子的位置，以便控制向靜子各極導通電流的時期(timing)的方法。此方法因爲需要使用微電腦(micro computor)作複雜的演算處理，其控制裝置的成本就高了。

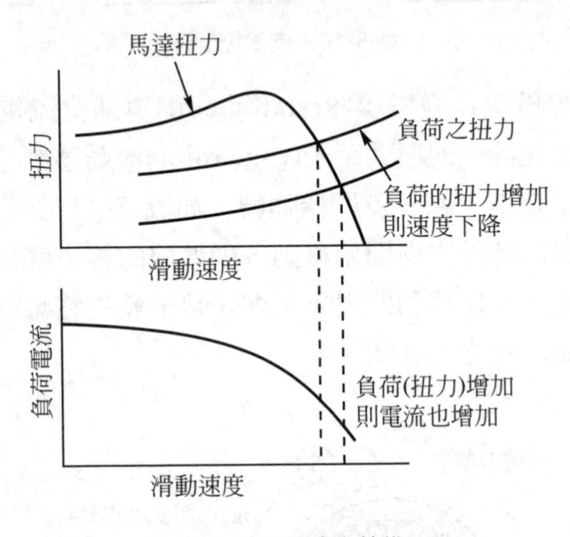

圖 8-12　馬達之特性

4. 交流同步馬達(DC 無刷馬達)

在感應馬達的轉子使用永久磁鐵的構造，此種馬達稱爲同步馬達。又稱爲 DC 無刷馬達。雖然是交流馬達，可是持有直流馬達的性能，所以才有以 DC 的稱謂。並且交流馬達是無電刷，所以稱爲 DC 無刷馬達，以表示具有 DC 性能的優異交流馬達。如圖 8-13 所示，磁場中永久磁鐵的轉子迴轉，就產生推拒或吸引力(轉子和靜子的 N 極及 S 極)的作用而開始迴轉。欲使迴轉磁場和轉子同步迴轉時，靜子和轉子之間就有一定的推拒力或吸引力作用。但是負荷扭力會增大，磁場和轉子之間產生滑動就不能再迴轉了。於是設置磁極位置感測器(sensor)時常檢出轉子位置，把迴轉磁場的轉速和轉子的轉速同步，有些廠商是使用反相器又稱爲變流器(inverter)以變化周波數來控制，參閱圖 8-10 所示。

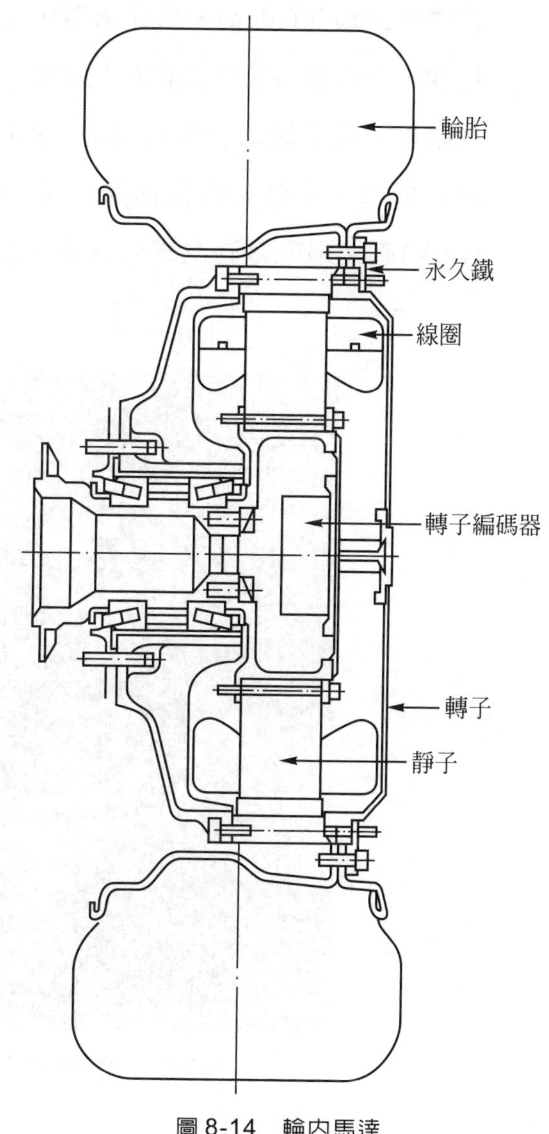

圖 8-14　輪內馬達

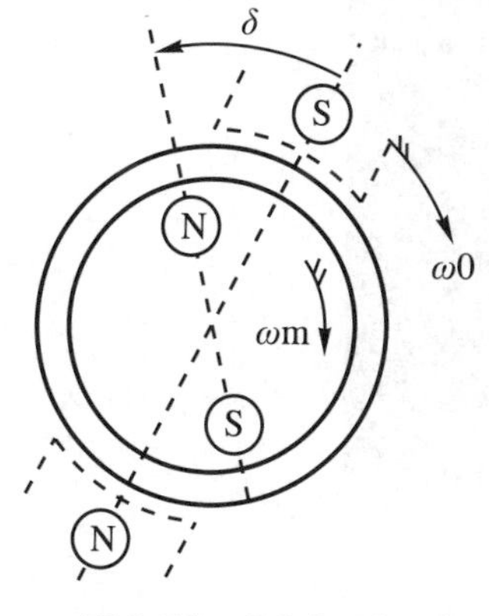

圖 8-13　DC 無刷馬達

5. 輪內馬達(wheelin motor)

輪內馬達是指將DC無刷馬達直接裝置於車輪內而言的。其構造如圖 8-14 所示，是能夠把車輪本身製造成一個馬達，是非常優異的構想(idea)，馬達構造中重要兩大元件爲轉子和靜子，把靜子固定於車輪中央部位的車軸，在其外週部分的車輪張貼永久磁鐵。即車輪本體持有永久磁鐵的轉子，圖 8-15 是實物的車輪內構造並含輪胎的剖面圖。此輪內馬達可使用於純電動汽車(PEV)直接驅動電動汽車的四輪，就可省掉裝置引擎的引擎室。

圖 8-15 輪內馬達剖面圖

8-3 電動汽車用各種馬達

電動汽車用馬達有直流串聯馬達、直流並聯馬達、感應式馬達及 DC 無刷馬達，茲分別介紹如下。

8-3-1 直流串聯馬達

直流串聯馬達是使用線圈式直流馬達。其電路如圖 8-16 所示，場磁鐵(Field magnet)及電樞的線圈，均與電瓶形成串聯連接，此種馬達構造簡單，適合於電車等之馬達使用。汽油車的起動馬達幾乎都使用此種馬達。

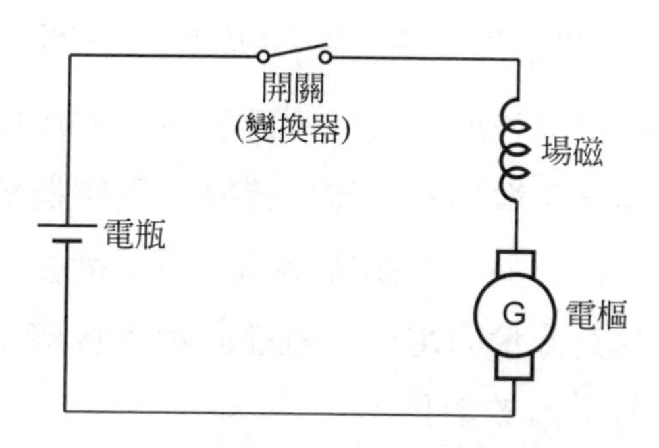

圖 8-16　直流串聯馬達之基本構成

串聯馬達因為場磁鐵及電樞皆流通同一電流，因此效率就比他種馬達低，並且他種馬達的電流流動方向如有改變，則其迴轉方向也隨著逆轉，而在串聯馬達，則不僅是流通電樞的電流改變，連場磁鐵所產生磁場的N-S方向亦同時改變方向。因此使馬達的轉向保持為一定方向。故在電動汽車使用時，車輛後退雖然使用變速箱，但也不得不裝設改變電樞電流方向的開關(如圖示)。

8-3-2 直流並聯馬達

並聯馬達的控制比較容易，其電路如圖 8-17(a)所示，場磁鐵和電樞的線圈，均與電瓶形成並聯的線圈式直流馬達。並聯馬達如圖 8-17(b)所示，流通場磁鐵的電流也可由其他電源來供應。

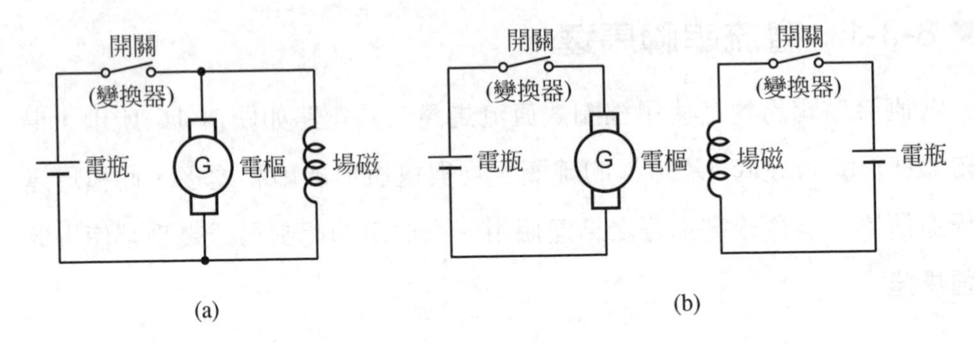

圖 8-17 直流並聯式馬達之基本構造(a)及施加弱場磁時之構成(b)

場磁鐵所產生的磁場強度，是與匝數及電流成比例。直流馬達的匝數增多時，其阻抗亦隨著增加，電流的流動僅與電樞相同，所以增加場磁鐵所引起的損失爲其缺點。在並聯馬達，爲了欲獲得相同強度的磁場而增加匝數，以減少其分量的電流，就能降低因場磁鐵所引起的損失，可比串聯馬達增加若干高效率化。

8-3-3 感應式馬達

因控制方法的發展使效率增加而推出感應馬達，新式電動汽車試以交流馬達取代直流馬達，就因感應馬達構造簡單不必更換整流子及電刷而選擇了此型馬達。

在感應馬達中電樞所產生的磁場迴轉時，依據電磁感應原理在轉子流入感應電流，在此電流及磁場中，馬達獲得弗萊明左手定則而作用的迴轉力。其迴轉的磁場稱爲“迴轉磁場”。感應馬達的構造簡圖如圖

8-18 所示的三相交流馬達，其所製造的線圈端子設定為A、B、C三極，此三極可分別達成各三分之一的時間延遲之交流電流。若在此磁場中，裝入線圈型或籠式轉子時，則迴轉磁場的旋轉將帶動轉子迴轉。

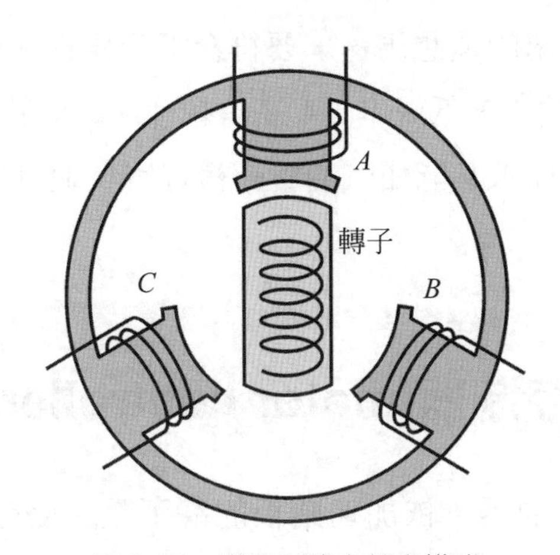

圖 8-18　感應馬達之基本構成

為改善感應馬達的效率，所開發的向量控制，係檢測迴轉磁場的位置及轉子的位置。以便在最適當時期(timing)導通電流之控制方式。進行此種控制時，需要相當複雜的計算，因此必須借助微電腦的精算。目前微電腦可以廉價購得，所以向量控制的實施易如反掌。

8-3-4　DC 無刷馬達

在感應馬達使用永久磁鐵製造的轉子，就是同步馬達，因其迴轉磁場與轉子之間不會產生偏差，因此無比此種馬達效率更加者。但與向量控制相同，時常檢出轉子的位置，並調整電流導入電樞的時期，由此可得到極高之效率，從此研發了 DC 無刷馬達。

扭力對 DC 無刷馬達的關係，大致和並聯馬達相同。電動汽車用馬達當中，能夠讓 DC 無刷馬達可達到實用感者，是下節要介紹的高性能磁鐵的研發推出了實用化的優異產品。

若以同一輸出力比較感應式馬達及永久磁鐵式同步馬達作一比較，則後者可小型化，效率又高，使用於電動汽車是最理想的。又因使用稀土類磁鐵成本比較高。

電動汽車所要求的理想馬達，要符合下列條件。1.小型又輕量化。2.高效率及高輸出力。3.低成本。4.高信賴性。5.容易控制。6.不需保養等，如滿足了上列要求必能如汽油車一樣行車，並且續航里程亦可充分延長。

8-4 馬達控制器(motor controller)

汽油引擎的化油器，依加速踏板的踩下量，變化吸入引擎的混合氣，以調整輸出力或速度。在電動汽車上之控制器，相當於化油器。在電動汽車則使用加速踏板感測器(accel pedal sensor)檢出加速踏板的踩下量，即可控制流入馬達的電流，以控制輸出力或速度。

總而言之；馬達控制器，是變換電瓶的電壓並輸入馬達，以控制速度和扭力的裝置。

8-4-1 概　述

馬達所承受的電壓和迴轉數及電流兩者有關，然而馬達的扭力，是與電流成正比。因此在平地行車時如欲提高車速，只要提高電壓以提高馬達轉速就行了。可是欲加速或爬上坡路時等需要高負荷時，就必須提高馬達用電流以增大扭力，由此可控制電動汽車動力。

如上述，增減供給馬達的電壓及電流，以變化馬達的轉速及扭力，似如踩下油門踏板，可改變引擎轉速及扭力相同也。

馬達控制器，其基本構造因馬達的種類(直流或交流)而異。控制器的機能，一般是賦與使馬達逆轉、回生制動及檢出異常現象等爲主。茲將控制器按直流與交流分別簡介如下。

1. 直流馬達控制器

⑴ 變換器(converter)

直流馬達控制器，是要將電瓶的直流電壓變換爲任意的直流電壓，所以一般稱爲“變換器”。直流馬達的控制器，比交流馬達的控制器構造簡單。要將可變電阻器插入形成串聯電路，以變化直流電壓，雖然是簡單的方法，可是在可變電阻器的電力損失大，未實用化。

⑵ 斬波器(chopper)

斬波器，是控制流動於電路的電流，可以開(on)、閉(off)，並將其獲得的脈衝(pluse)狀電流，能夠平順而控制爲任意的電壓之方法。因變換器的電力損失大，不實用，現在直流馬達皆使用此種斬波器，以調整電壓。

2. 交流馬達控制器

交流馬達控制器，是將電瓶的直流電壓變換爲任意的電壓，並因應馬達的轉速變換爲有週波數的交流電的裝置。一般稱爲反相器或變頻器及變流器(inverter)。爲了詳細介紹斬波器及反相器，另加章節介紹。

8-4-2 斬波器

現在調整輸入馬達的電壓，一般都使用斬波器。斬波器是使用電晶體(transistor)等半導體(diode)，僅在基極(base)和射極(emitter)之間導通微小電流，就可使集極(collector)和射極間流動大電流。使電晶體開

(on)、閉(off)，均在瞬間進行，如此作用之方法，稱為電晶體的"開關作用"(switching)。因其開關作用宛如有切離電流之作用，因此命名為"斬波器"。

斬波器的構成例如圖 8-19(a)所示，此圖為使用電晶體之例，在電瓶和馬達之間插入電晶體。在電晶體的基極(*B*)加入脈衝狀信號時，集極(*C*)和射極間流動的電流如圖 8-19(b)所示，成為脈衝狀。

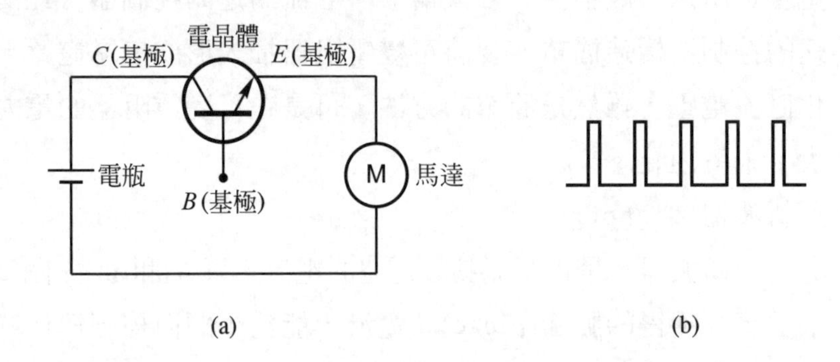

圖 8-19　基本構成(a)及由斬波器所發生之電流波形(b)

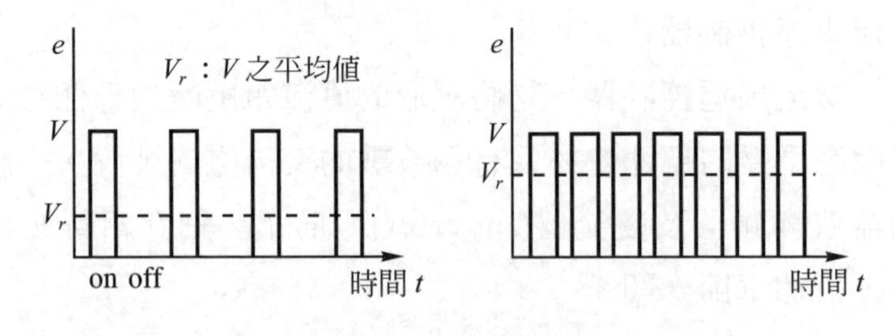

圖 8-20　頻率調變

如上述，電壓的調整是由電晶體的開關作用，即變化on時間和off時間之比的方法，如圖 8-20 所示，以 on 狀態的時間一定，而變化其單位時間所發生的 on 次數，此方法稱為"頻率調變"(FM：frequency modulation)參閱圖 8-20 所示。另外一種方法是單位時間的 on 次數一定，而變化on狀態時的時間長度，此種方法稱爲“脈衝寬調變”(PWM：pulse width modulation)。

8-4-3 反相器

斬波器是利用電晶體之開關作用來控制電壓，可是仍有相當的能量損失，其控制原理如圖 8-21 所示。爲求減少其損失，必須盡量縮短開關時間及減少 on 狀態時的電阻。因此研發了所謂的“反相器”出來替代之。反相器仍然含有斬波器，還要具有變換器的功能，並且要有因應馬達的轉速，而產生有頻率的交流之功能。因此把 FM 與 PWM 之調變器(modulator)合併構成。於是此調變器，如依加速踏板的踩下而作用，則可自由改變馬達所承受之電壓。似如汽油車之加減速用油門的功用。

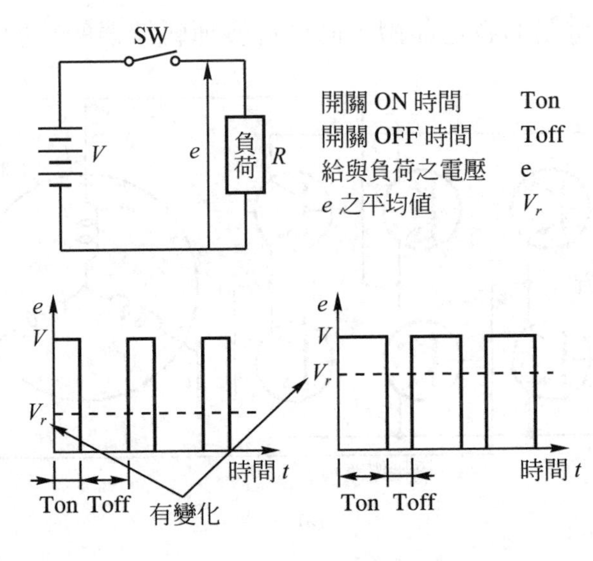

圖 8-21　斬波器控制原理

由此反相器的斬波器所發生的電流波形如圖 8-22(a)所示，併用FM及PWM調變器，加以整流化後即可產生如圖 8-22(b)所示之交流波形。

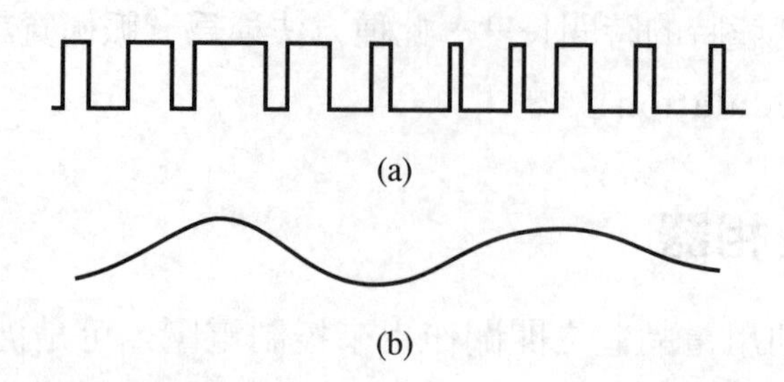

圖 8-22　由反相器之斬波器而發生之電流波形(a)及其整流之波形(b)

如利用此交流電流帶動三相交流馬達迴轉，則要使用圖 8-23(a)所示的橋接電路(bridge circuit)之構造。圖中由二個電晶體構成的橋接電路各連接一個電樞線圈的*A*、*B*、*C*所示的端子。將此三個端子如圖 8-23(b)所示，各錯開三分之一的時間供給交流電。如依電樞的*A*、*B*、*C*端子的順序導通交流電時，馬達產生正轉，依*A*、*B*、*C*的順序導通時則成爲逆轉，此橋接電路的各電晶體，同樣會發揮斬波器的功能。

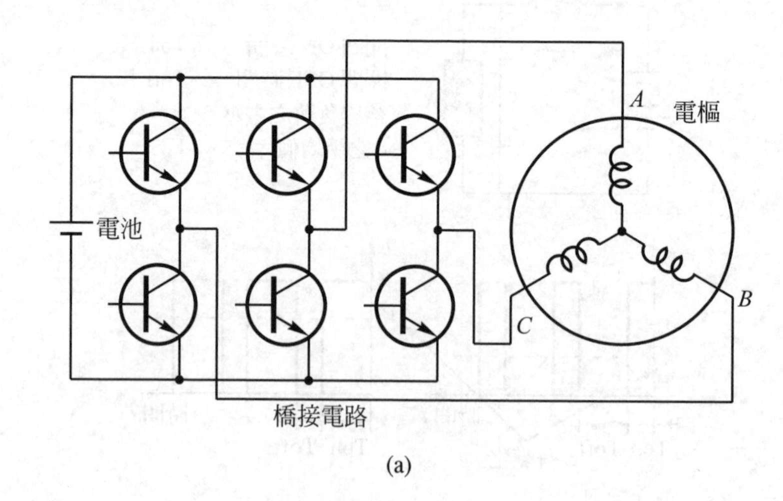

圖 8-23　使交流馬達驅動之橋接電路(a)及在各相發生之電流波形(b)

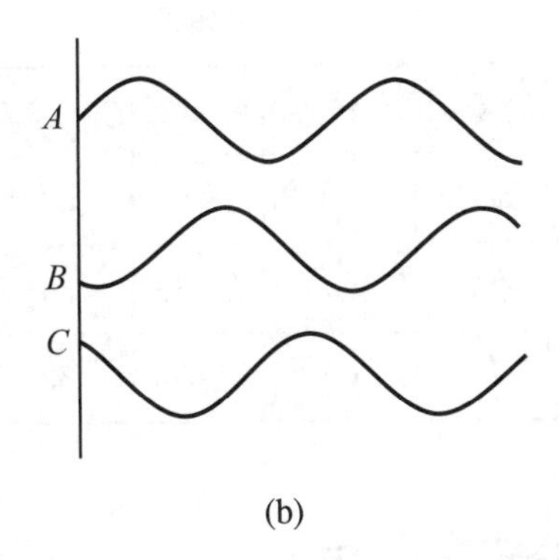

(b)

圖 8-23　使交流馬達驅動之橋接電路(a)及在各相發生之電流波形(b)(續)

然而反相器，也包括橋接電路外，尚有斬波器作用的調變器，因此反相器的構造比變換器複雜，並且成本也提高很多。

8-5　馬達用磁鐵

8-5-1　稀土類磁鐵的開發

使用鐵來製造磁鐵，已經有相當長的歷史和經驗，鐵及其氧化物的肥粒鐵(ferrite)，迄今皆認爲永久磁鐵的代表性材料。因肥粒鐵價格便宜，小型馬達至今仍有使用其爲永久磁鐵馬達，但是若輸出力超出 1kW 的大型馬達，則因爲磁鐵重量過重，幾乎都改用線圈式。

自從開發稀土類磁鐵之後，磁鐵世界爲之一變，所開發的稀土類元素，有許多種是吾人前所未見過的元素。如表 8-3 所示，其元素名對照表的原子號碼 57 至 71 號所屬元素皆是。在 1967 年研發出鈷(cobalt，化學符號 Co)，及這些元素當中的 62 號釤(samarium，化學符號 Sm)作合金，可製造非常強的磁鐵。

表 8-3　稀土類磁鐵

原子號碼	元素名	原子號碼	元素名	原子號碼	元素名	原子號碼	元素名	原子號碼	元素名
57	鑭 La	58	鈰 Ce	59	鐠 Pr	60	釹 Nd	61	鉅 Pm
62	釤 Sm	63	銪 Eu	64	釓 Gd	65	鋱 Tb	66	鏑 Dy
67	鈥 Ho	68	鉺 Er	69	銩 Tm	70	鐿 Yb	71	鎦 Lu

8-5-2　減磁曲線之用途

磁鐵強度的比較，使用減磁曲線來作比較。圖 8-24 係表示肥粒鐵磁鐵和釤-鈷合金磁鐵的減磁曲線圖，曲線圖中縱軸之值表示殘留磁氣密度，橫軸之值表示保磁力。二者之值愈大時，則表示馬達在使用中可產生愈大之磁場。因此評估磁鐵時，可視殘留磁氣密度乘保磁力所得之最大能量積$(BH)_{max}$。由圖可看出釤鈷磁鐵合金的$(BH)_{max}$比肥粒鐵磁鐵大兩倍以上。若使用此值的磁鐵於馬達上，則該馬達可得顯著的高性能化。

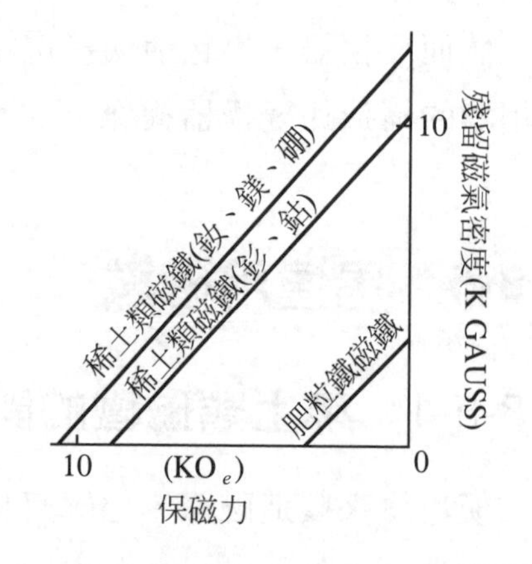

圖 8-24　各種稀土類磁鐵之減磁曲線

8-5-3　稀土類磁鐵之性能比較

使用稀土類磁鐵的馬達，因當時剛問世不久價格昂貴，僅使用於旋轉非常小如石英時鐘指針的馬達。可是近來價格降低，因此如電動汽車大馬達也已經引進使用。

在1983年研發出稀土類元素的釹鐵．硼(B：boron)合金，如圖8-22所示，其$(BH)_{max}$值比釤鈷磁鐵還高。釹鐵硼合金一般稱爲“釹鐵磁鐵”。另在於1988年研發出鐠(Pr：praseodymium)及鐵的合金也能製造同性能的磁鐵。表8-4是三種稀土類磁鐵的性能比較表，$(BH)_{max}$值雖然釹鐵合金及鐠鐵合金比較大，但居里點(curie point)，則釤鈷合金比較大，居里點係指磁鐵結晶構造破壞的溫度，溫度若高於此點，則永久磁鐵的作用會消失。表中的“最高使用可能溫度”爲結晶構造開始變化的溫度和居里溫度有密切關係。釹鐵磁鐵的最高實際使用溫度比較低，但因開發技術的進步情形日新月異，現在又達到攝氏120度以上。

稀土類磁鐵，除了性能外也要注意到另一種重要因素，亦即資源量。如稀土類各詞中的“稀”字，即表示資源量極少之意。不過目前在美國及中國發現的礦脈，已經在蘇俄及非洲也有發現。所以現在即使全部車輛皆使用此稀土類磁鐵，亦可確認有充分的資源量不必顧慮。

表8-4　各種稀土類磁鐵的性能比較

性能＼磁鐵名	釤-鈷合金	釹鐵硼合金	鐠鐵合金
殘留磁氣密度(KG)	10～11	11～12	11～12
保持力(KOe)	7～10	10～12	8～9
最大能量積(MGOe)	24～30	27～36	27～29
居里點(℃)	917	312	296
最高可能使用溫度(℃)	～500	～120	～120

8-6 馬達之性能

8-6-1 扭力和迴轉數之關係

電動汽車用馬達的性能，對轉數而言以扭力、效率及輸出力等最重要。但因馬達是裝載於車上行駛，所以馬達的重量也是性能評估的對象。

馬達的特性雖然因種類之不同而異，但是因轉數而引起的磁場強度不變。尤其是近來電動汽車用馬達，以使用 DC 無刷馬達爲主流，可免銅、鐵及機械等損失，又因無電刷設施就不致於有電壓下降之顧慮。所以將主流的 DC 無刷馬達爲對象檢討其性能。

表示電動汽車用馬達的特性，首先使用迴轉力-扭力曲線。圖 8-25 是以DC無刷馬達爲例表示的迴轉數-扭力曲線圖。以馬達承受的電壓爲V，馬達場磁鐵所產生磁場的強度乘以場磁鐵的有效面積之總磁力線假設爲ϕ電樞的匝數(number of turns)爲Z，電阻爲R時，則馬達的轉數之最大值n_{max}爲$2\pi v/\phi Z$，扭力的最大值T_{max}爲$\phi ZV/R$。

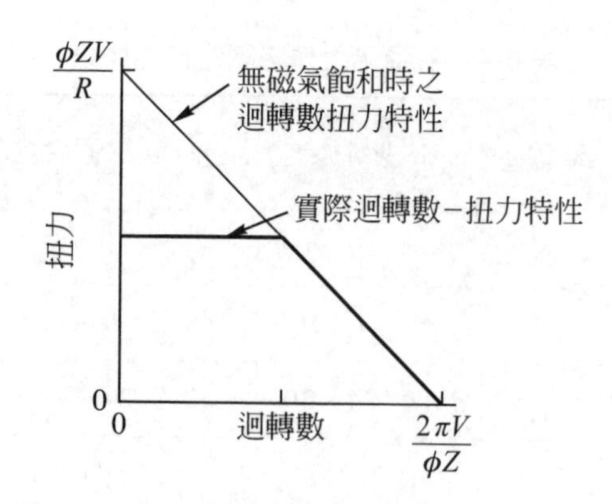

圖 8-25　無刷 DC 馬達之迴轉及扭力之關係

$$n_{max} = 2\pi v / \phi Z \tag{8-1}$$

$$T_{max} = \phi ZV / R \tag{8-2}$$

在圖 8-25 中，傾斜的細黑線，是表示在迴轉數值上的最大轉數n_{max}點，與扭力軸上的最大扭力T_{max}點，將此兩點連結之線，表示此馬達的迴轉數-扭力特性。由此圖可知扭力隨著轉數的高低而升降的。V 是相當的電瓶的電壓，若電壓增加爲二倍時，則基於(8-1)及(8-2)之公式，最大扭力及最高迴轉數亦均增加爲二倍。

若ϕ屬強磁鐵，則在大馬達時ϕ亦愈大，如是同大小的馬達，若匝數改變時，最大扭力及最高轉數亦會變化。一般所使用的馬達，其電阻R是代表線圈的阻抗，然而有件事情必須注意的是電動汽車用馬達，尙包含電瓶的內部電阻。

8-6-2 扭力和電流之關係

扭力(T)在電流(I)比較小時成比例，其比例係數是總磁力線(ϕ)和電樞匝數(Z)相乘之積，稱爲扭力常數。如電流變大時，則扭力的伸長會逐漸減少而飽和。其關係如圖 8-26 所示。其飽和的原因，依據馬達專家的解釋是電樞產生反作用所致。線圈係繞在鐵芯上，依據弗萊明定則就有磁力線導通其中，但是因爲流通於每一鐵芯的單位面積之磁力線量因有界限，所以才會引起所謂的“飽和現象”，而在鐵芯素材每一單位面積所流通的最大磁力線量，稱爲“飽和磁力密度”。

由圖 8-26 可知，如ϕ及 Z 愈大時，則導通小電流就可獲得大扭力。由此開始飽和而獲得的扭力，稱爲“最大扭力”。此最大扭力的獲得，是取決於鐵芯的飽和磁力線及斷面積。其飽和磁力線密度，因爲目前在一般馬達所使用的材料比矽鋼板更強的材料，在工業上是很難找到的。

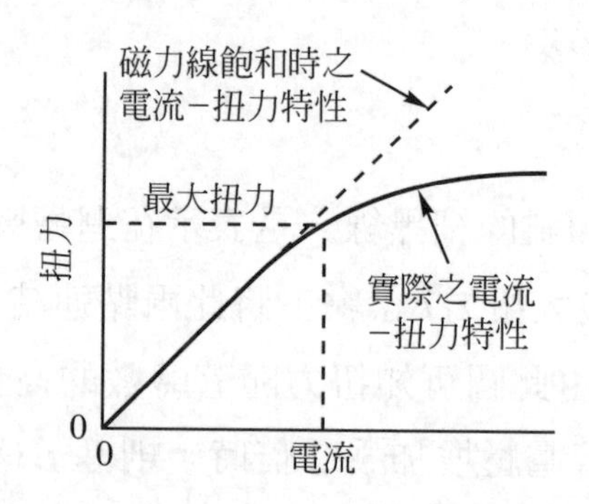

圖 8-26　無刷 DC 馬達之電流及扭力之關係

在馬達所賦與的最大扭力，即如圖 8-25 所示的最大扭力，亦受圖 8-26 所示的最大扭力限制。所以馬達的實際迴轉數-扭力特性即如圖 8-25 的黑粗線所示。

8-6-3　馬達之銅、鐵損失

馬達的主要損失為銅損失(copper loss)、鐵損失(iron loss)及機械損失(mechanical loss)，可是 DC 無刷馬達，因無整流子及電刷所以無機械損失，故僅以銅、鐵損失加以介紹。

因電流流通線圈及鐵芯，由其阻抗而發生銅損失及鐵損失，鐵損失包含磁滯損失(hysteresis loss)及渦電流損失(eddy-current loss)。

$$\text{銅損失} = 2\pi L_A RT/(\phi Z)^2 n \qquad (8\text{-}3)$$

$$\text{鐵損失} = (L_{N_n})^{0.6}/2\pi T \qquad (8\text{-}4)$$

$$\text{馬達之損失} = \text{銅損失} + \text{鐵損失(磁滯損失} + \text{渦電流損失)} + \text{機械損失} \qquad (8\text{-}5)$$

$$\text{DC 無刷馬達之損失} = \text{銅損失} + \text{鐵損失} \qquad (8\text{-}6)$$

從(8-6)式中可瞭解當馬達轉速比較低時，而扭力比較大時，就是屬於車輛在加速狀態，此時以銅損失為主。然而在高速又定速行駛時，則鐵損失的影響比較大。雖然如此，但是電動汽車用馬達的效率計算，僅取用銅的損失。

又圖中的效率公式中，L_N代表無負荷損失係數，相當於鐵損失的比例係數。L_A代表銅損失的漂浮附加損失係數，係由馬達形狀從經驗導出的比例係數。

電動汽車用馬達，定速行車時的效率雖然重要，可是加速時的效率更加重要，所以當銅損失比較小時就要特別留意。其解決之法可使用強磁鐵的大型馬達，將總磁力線ϕ加強，或將線圈銅線加粗，讓電阻降低都是有效的方法。

圖 8-27 係表示馬達之效率圖。效率圖仍然以縱軸代表扭力，橫軸代表迴轉數，其公式如(8-7)式所示。

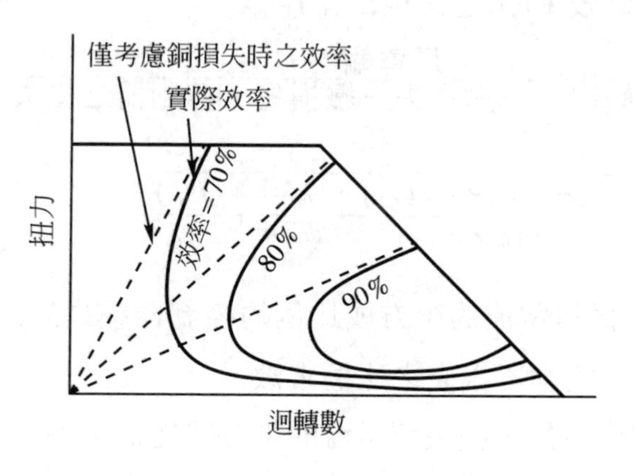

圖 8-27　無刷 DC 馬達之效率圖

$$馬達效率=\frac{馬達輸出力}{馬達輸出力+銅損失+鐵損失}$$

$$\eta=\frac{1}{1+\frac{2\pi L_A RT}{(\phi Z)^2 n}+\frac{(L_{N_n})^{0.6}}{2\pi T}} \tag{8-7}$$

(8-7)式中ϕ代表總磁力線，Z代表匝數(number of turns)，R代表電阻，L_A代表漂浮附加損失係數，L_N代表無負荷損失係數，n代表迴轉數，T代表扭力。如果屬 DC 無刷馬達的損失，僅爲銅損失(鐵損失即不列入計算)，則其馬達效率即如圖 8-27 中之虛線所示。如果把鐵損失的影響亦列入計算，則如實線之變化即爲馬達效率曲線。

8-6-4 馬達總效率之評估

考慮提高電動汽車的馬達效率，必須將馬達控制器合併考慮。控制器所發生的損失，包含與流入電流之平方成比例，與電流成比例兩項。馬達總效率之公式，若含上列兩項損失，則如(8-8)式所示。

$$馬達總效率(馬達+控制器)=\frac{馬達輸出力}{馬達輸出力+銅損失+鐵損失+控制器之損失}$$

$$\eta=\frac{1}{1+\frac{2\pi T(L_A R+L_{C1})}{(\phi Z)^2 n}+\frac{L_{C2}}{\phi Z n}+\frac{(L_{N_n})^{0.6}}{2\pi T}} \tag{8-8}$$

上式中L_{C1}係與電流的平方成比例的控制器損失的比例常數，L_{C2}係與電流成比例的控制器損失之比例常數。

由(8-8)式中可知，損失與電流的平方成比例之銅損失一項，在加速時也同樣變大。因此在設計控制器時，必須考慮將此項值變小，其技術在下節再行敘述。

8-7 電動汽車所要求的馬達性能

汽車的理想動力源，是不論何時何地，隨時都能夠輸出最大輸出力爲原則。可是引擎不達到某程度的高轉速，就無法獲得最大輸出力。因此由於利用變速箱的減速，不論何時在任何轉速，都能夠獲得接近最大輸出力的動力。

然而在直流馬達方面，雖然無變速箱設備，也具有隨時都可輸出最大輸出力的特性。即在低轉速時扭力大，隨著轉速增加扭力就逐漸降低的特性。此特性可說是汽車最理想的動力源。

在交流馬達方面，雖然無低速時的大扭力特性，但是可製成比直流馬達小型又可輸出大輸出力之故，亦可獲得充分的低速扭力。此外，至最大輸出力之轉速爲止持有定扭力特性，所以從中速至高速，可獲得比直流馬達更大的扭力。並且可得比直流馬達的最高轉速還高的轉速，也是其優點。電動汽車用馬達，以交流馬達形成爲主流，亦即由這些優點所形成的吧！

8-8 控制器用元件(controller element)

近來電子技術的發展日新月異，因此屬電子零件的控制器的研發不成問題，茲將介紹如下。

8-8-1 新元件之研發

欲決定控制器性能之最大要素，取決於斬波器的開關作用所採用的半導體元件的性能(其性能的介紹在下節敘述)。原來此元件皆採用電晶體(transistor)或閘流體(thyristor)，而目前此種元件，仍然使用於電動汽車用控制器的元件。

不過已研發出性能更優異的控制器，有金屬氧化物半導體(MOS：metal oxide semiconductor)、場效電晶體(FET：field-effect transistor)、絕緣雙極型電晶體(IGBT：insulated gate bipolar transistor)及矽電晶體(ST：silicon transistor)等。

8-8-2 控制器元件之性能

控制器用元件所要求的主要性能，可列舉耐電壓、耐電流、開關作用(switching)速度及導通(on)時阻抗等四項。其耐電壓及耐電流兩項可決定流入馬達的最大電壓及最大電流。此外耐電流一項可和多項元件並聯，所以有可能增大。

從開關作用速度及導通時阻抗，就可決定元件之損失。所謂開關作用速度，是指元件從off到on或從on到off之時間而言。開關作用時的損失，是電瓶的電壓及電流與開關作用速度的六分之一成比例。所以要減少開關作用時的損失，即必須選擇使用開關作用速度比較快的元件。

導通阻抗是開關元件(switching element)在on狀態時，元件導入電流的入口及出口之間，所產生的微小阻抗。因此該阻抗使元件的入口及出口間產生電壓差。導通(on)阻抗於此導通電流成比例而所產生的電壓差成分，稱爲"歐姆的(ohmic)損失"，其與電流無關而產生的一定電壓差成分，稱爲"電壓降損失"。

導通阻抗所引起的損失大小程度，可由電流電壓差而得，所以歐姆的損失與電流之平方成比例，電壓降損失則與電流成比例。所以在(8-8)式中，從控制器所引起的損失中，與電流的平方成比例之項(即L_{C1})，和歐姆的(ohmic)損失有關。又電流成比例之項(L_{C2})與開關作用損失及電壓降損失兩者有關。

8-8-3　元件性能之比較

元件性能之比較，就前節所列舉的四項來做比較，如表 8-5 所示，是控制器用半導體元件的性能比較。因電子技術的進步，這些元件的性能也年年接著提高，並且製造公司也皆有多種產品銷售。所以很難做定量性的比較。此表僅做定性之比較，從表中可見，若以提高控制器效率爲目標時，IGBT 及電晶體與後者相比，則功率金屬氧化物半導體(MOS)、場效電晶體(FET)更好。但因功率 MOS·FET 的最大電流值比較小，電動汽車用控制器，則需要相當數目之元件做並聯，導致裝置極爲複雜。

表 8-5　控制器用半導體元件之性能比較表

元件名稱	電晶體	IGBT	MOS · FET
耐電壓	中	中	中
耐電流	中	中	小
開關作用速度	長	中	短
on 阻抗	大	中	小

8-9　回生制動裝置

8-9-1　回生制動為電動汽車之最大特徵

欲使電動汽車的能量消耗降低，以達成此制動任務的裝置稱爲“回生制動(煞車)”。

回生制動係屬副煞車裝置，主煞車系統是原來使用的煞車系統，當然亦有 ABS 煞車系統。在電動汽車是原有煞車系統及回生制動系統合併，由控制器妥善爲控制使用。如引擎煞車或制動初期使用回生煞車，需要大制動力時，則由控制器控制轉換原來煞車系統作用。

回生制動相當於引擎煞車。引擎車在行車中放開加速踏板，即如踩下煞車一樣立即減速，此不僅是引擎輸出力變小行車用能量降低，當然另有磨擦損失、泵損失(pumping loss)等，變成行車阻力。因此即達成了引擎煞車的任務。

當車輛反覆加速、減速行駛時，其加速所消耗的能量，接近全部能量的二分之一。汽油車則此能量，在制動時消耗掉而變成熱並散發於空氣中。此種馬達可將運動能量變換爲電能，但是引擎就無法完成此任務。

電動汽車用馬達的構造與發電機相同，電流流入馬達時馬達即旋轉。反之，則在受力時發電。回生煞車裝置則利用此原理。電動汽車當踩下煞車踏板，因制動而車輛減速時，即可把馬達當發電機，利用制動力發電並向電瓶充電，以回生能量之構造。回生制動裝置用電瓶，必須充電後可反覆使用，亦即一般所稱的二次電瓶。

8-9-2 回生煞車裝置之電路

利用直流馬達實現回生煞車，必須在電瓶迴路中，裝設可反向導通電流的電路。圖 8-28 係表示回生煞車電路設置的原理。由防止電流之二極體(diode)及電晶體(transistor)之開關元件所構成。當馬達驅動時，電樞所承受的電壓雖然低於圖中的a點，但是回生作用時使開關元件做on-off作用，a點就形成較低狀態，電流即由電樞向a點流入，並經由二極體向電瓶充電。

實際上變換器爲了回生作用而裝設之電路，宜使驅動用電路零件可共用化。圖 8-29 是表示使用並聯馬達實施回生煞車用電路之構成。圖中S_1代表斬波器所使用的開關元件。S_2爲驅動與回生作用之切換開關。

驅動時S_2爲 on，回生作用時爲 off 之同時，電流即經開關S_3使流往磁場線圈之方向並轉變成反向。

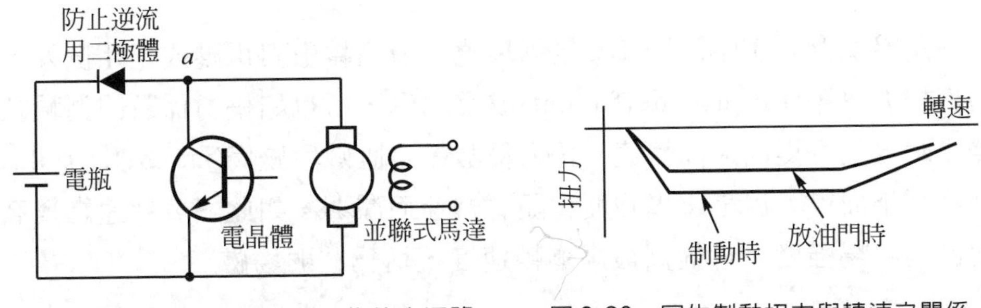

圖 8-28　直流並聯馬達之回生煞車迴路

圖 8-29　回生制動扭力與轉速之關係

驅動時S_1的on時間愈長，則馬達所承受之電壓亦愈大，但回生作用時 off 時間愈長，則可增加回生電力量。

若採用交流馬達，則不必裝設特殊的新電路。在正轉時以相當於逆轉的時期，向斬波器輸入信號即可產生回生作用。

圖 8-30 是表示裝設回生制動電動汽車，放開油門踏板及踩下煞車時，回生扭力及轉速之關係。

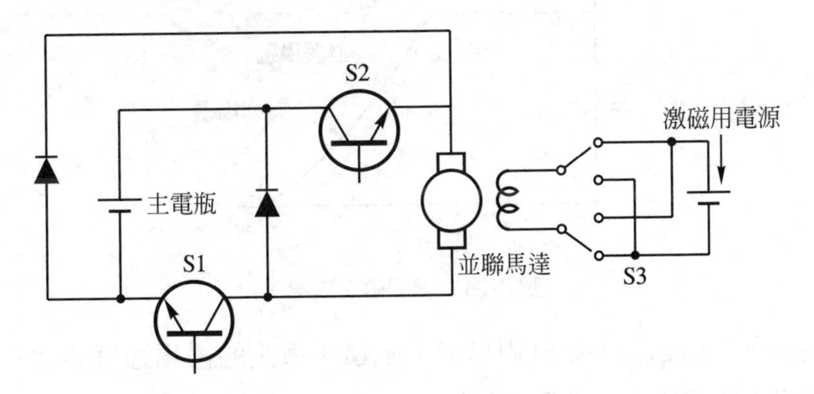

圖 8-30　直流、並聯馬達的激磁及回生煞車兼用電路

8-10 弱場磁(field magnet)

8-10-1 提高最高速度用之弱場磁

請參閱圖 8-30 所示，DC無刷馬達的最高轉數與電壓成正比例外，另與扭力係數(torque coefficient)成反比例，所以如扭力係數因迴轉數變小時，則可提高最高轉速。扭力係數，是匝數與磁場(magnetic field)強度相乘而得。但是磁場強度會隨著轉速而減弱，如此隨著轉速之提高而減弱磁場強度，以提高最高迴轉速度，稱爲“弱場磁”。

8-10-2 弱場磁特性

弱場磁的效果，如圖 8-31 所示。因爲馬達種類之不同，使弱場磁特性亦略異。在直流串聯馬達，因磁場強度與電流成比例，不必施行任何操作就能接近弱場磁。直流並聯馬達則迴轉數與扭力成反比例的形態而變化，感應馬達亦能接近此特性。

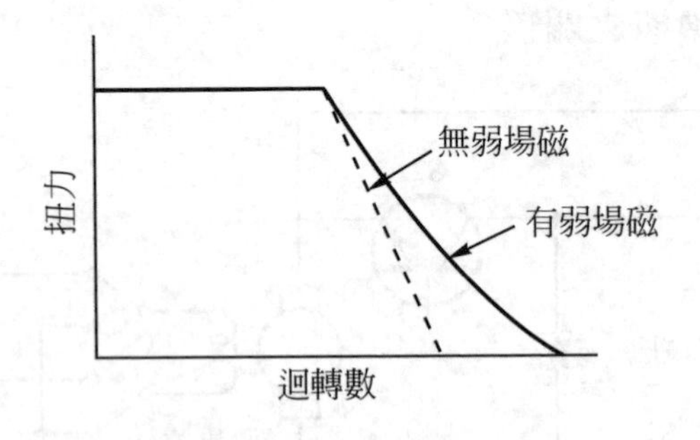

圖 8-31　弱場磁之效果

使用永久磁鐵的 DC 無刷馬達，磁鐵所產生的磁場強度雖然不能改變，但若改變電流流入電樞之時期(timing)，則因場磁最強的迴轉位置，與電流峰值之位置稍微錯開，即可產生近似弱場磁之效果。但此時期若錯開過大，則迴轉會調變，因此本方法可擴大的迴轉範圍受到限制。

Electric Vechicle

9 電動汽車之輔助機件

車輛行車用驅動裝置及更改行車方向的轉向裝置外，還有爲了行車安全且能讓乘客舒適，如居家享受安逸的乘車設施，總稱爲“輔助機件”。電動汽車用輔助機件，有些與汽油相同者，當然亦有電動汽車惟有的裝備。茲將特殊部分介紹如下。

9-1 電力容量計(錶)

9-1-1 前 言

電動汽車的容量計相當於引擎汽車之燃料錶，此爲表示車用電瓶，所儲存的電力容量尚存有多少容量之裝置。

目前的電動汽車用電瓶是提供馬達的動力源，即似如燃料，其行駛里程的長短必須依電瓶的電容量而定。而現有電動汽車之電瓶，一次充滿電後的行駛里程甚短，僅能作短程的行車，不能長距離行駛。尤其在市區行駛必須耗費大量電力，若在市區電瓶容量耗盡，則不但妨礙交通，尙須借助他車拖回或更換電瓶，爲減少此種意外事件，必須備有精度高的電力容量計。

量測電力容量的方法有三種，玆分別介紹如下：

9-1-2 電解液比重量測法

此方法是原來檢查鉛電瓶的充電狀態時所使用的方法。但因此方法所有電瓶必須一個一個分別量測，並且比對充電狀態之變化並不敏感，很難作高精度之量測。因此電動汽車裝載電瓶不適用此方法。

9-1-3 利用電瓶電壓求出之方法

一般電瓶從充滿電狀態放電時，其電壓初期會急遽下降，以後就逐漸微微降低，至放電終期再急遽下降，此爲電瓶之放電特性如 6-3-1 節之圖 6-1 所示。因此可利用此特性，從電壓値來求取電瓶的剩餘容量。在鉛電瓶的場合隨著放電其電壓下降量增大之故，若周圍條件無變化，從其電壓變化即可求得精度甚高的剩餘電容量。但此時必須注意的，是電動汽車在行車中，因受電流消耗之影響，有時電壓會因而下降。因此有時不能從電瓶電壓反映其剩餘電容量。所以欲利用此方法量測電瓶電容量時，必須在停車狀態進行。

此外，鉛電瓶在周圍溫度甚低，電瓶又太老舊時電容量也會降低。故其量測精度也因而降低。

在鎳鎘電瓶方面，因電壓下降而影響電容量的情形不大，所以利用電壓量測電容量的精度亦低。

此方法雖然有上述缺點，但在技術上容易進行，所以大部分電動汽車仍然使用此方法。

9-1-4 高精度化的容量計

第三種量測方法是最進步的方法。是將電瓶的電壓及其電流，經常量測的積算方法。因為此方法可求得正確的放電電力量(電容量)，與僅量測電壓的方法相比，精度比較高。但仍然有周圍溫度變化，因電瓶日久劣化而使電容量變化的問題。其解決方法，即可將溫度之條件及劣化的條件加入，此種方法稱為“放電電容量補正方法”。

此種設計可提升極高的精度，為了要求實現計算電流及電壓之瞬時值，並具有量測周圍溫度的功能，乘算之功能及記憶電瓶履歷之功能。

如欲獲得如此理想的裝置，則必須設置量測用各種感測器，以及實行演算之電腦含記憶體。因而使容量計周邊設備擴大，成本提高，因此實際進行開發者不多，若電動汽車能普及而進行大量生產，專用之電腦設備，可利用大型積體電路(LSI)，則成本的問題就容易解決了。

9-2 空氣調節器

9-2-1 概　述

在台灣約廿年前冷房設備，是屬於奢侈品並非必須品。然而近來因為經濟發達、人民生活水準大幅提高，冷房設備變成必須品了。尤其是計程車，無冷房設備的車子無人搭乘，這是社會趨勢使然。

我們人類最適當的室溫是24°到26℃，相對濕度爲45～50%，台灣處於亞熱帶地區，所以夏天不使用冷氣機的家庭已經很少了，不過冬天的天氣使用暖氣機者爲數不多。

冷氣機是由壓縮機(compressor)，冷凝器又稱凝結器(condenser)、蒸發器(evaporator)、貯液筒(liquid tank of receiver)及膨脹閥(expansion Valve)等所構成，並由冷媒(refrigerant)的氣化，凝結之運轉而達成冷房效果。冷氣機之構造及原理，受於篇幅不作介紹。

空氣調節器(air conditioner)，包含冷氣機(如上述構件)，暖氣機外，當要有除濕功能，換氣通風等設備，以利讓人可呼吸新鮮空氣。其中暖氣機，可在壓縮機出口接蒸發器。壓縮機入口接冷凝器之配管，則蒸發器與冷凝器之作用相反，車內可比外面更暖，即成暖氣機。此又可謂熱泵(heat pump)。一把熱泵與冷氣機之機能合併者稱爲“空氣調節器”。在電動汽車上的馬達發熱量甚小，無法供給熱源來構成供暖氣機使用。但是電動汽車仍然需要空氣調節器。

9-2-2 空氣調節器之性能係數

表示空氣調節氣之性能，以性能係數(COP：coefficient of performance)爲單位表示之。是空氣調節器排除之熱量與使空氣調節氣作用所需使用能量之比。理想狀況之COP值計算方法如下：

$$COP=\frac{\text{冷凝器溫度}}{\text{冷凝器溫度}-\text{蒸發器溫度}} \qquad (9\text{-}1)$$

例如冷凝溫度爲50℃(絕對溫度323°K)，蒸發器溫度爲10℃(絕對溫度爲283°K)時，其COP值約爲8(323°/(323° − 283° = 8°)。1kW能量可變成8kW之冷氣或溫氣。在此使用的溫度爲絕對溫度，50℃等於323°K。

使空氣調節氣作用之能量，主要爲提供壓縮機迴轉用能量。壓縮機的效率是無法達到 100%，冷媒在空氣調節器中流動時，亦會受到各種阻力，因此實際上 COP 不能獲得如此高值。一般汽車用空氣調節器的 COP 值約爲 2，家庭用空調約爲 3。其差異在於冷媒種類之不同。

汽車用空氣調節器如下節所述，被要求可由高溫急速冷卻(cool down)下來的性能，因此使用高溫作用下的氟氯烷，另一方面爲環保所求，今以R134a取代R12爲冷媒之用，但其冷媒性能比家庭用空氣調節器所使用之 R22 更差。

9-2-3 引擎車專用空氣調節器效率低

引擎帶動冷氣壓縮機的動力，係引擎經由皮帶來供給動力的。電動汽車雖然也可考慮使用馬達來驅動壓縮機，但是當停車時，馬達也停止旋轉，空氣調節器不能繼續使用。並且空氣調節器的工作能力，是由馬達的迴轉力(動能)來決定的，所以不適用於空調，必須準備空氣調節器專用之馬達。

車輛冷氣機有兩項能力被要求。其一爲盛夏在炎熱的太陽下停放車時，車內溫度可能上升至 70℃以上，在如此高溫欲入其內開車，必須有急速冷卻(cool down)以接近外部溫度之能力。其二爲在正常行車時，車廂內溫度，應保持比室外溫度更舒適、適合人體的溫度，此稱爲“運轉性能(cruising performance)”。

冷卻性能(cooling performance)要比運轉性能有更大之能力，因此引擎汽車裝有滿足冷卻性能之冷氣機。並且引擎汽車是將引擎的迴轉力直接傳達至壓縮機之方式，所以調節冷氣機的能力較差，時常須以全力旋轉冷氣機，溫度之調節也利用風扇之風量進行。因此其冷媒性能也無法提高，故引擎汽車裝置冷氣機時，該車之燃料消耗率會降低二至三成。

9-2-4 停車時不斷換氣即可免冷氣機作動

能量(Energy)容量小的電動汽車，與引擎汽車一樣考慮裝冷氣機時，在行車時同樣會消耗大量能量。因電動汽車用冷氣機，不能期待要求冷卻性能，所以要設計停車時，可讓車廂內溫度不高於室外溫度。其最簡便之方法，係利用太陽能電池之換氣裝置，以其電力旋轉風扇不斷進行車內換氣，就可免用冷氣機冷卻車廂。

如裝設 50 公分的正方形太陽能電池，如其效率爲 10%，則在盛夏炎熱的太陽下可發電 20W，利用此電力即足夠換氣。爲求有效換氣，必須注意風之流動，即換氣之出口盡可能接近天井，而進入車廂內空氣之入口，則設定於底部接近地面。使進入車廂內之空氣，全部通過車廂內並引導至出口，始能完全換氣。

9-2-5 運轉時所需之冷房動力

檢討冷氣機的運轉性能時，其範圍較廣，要考慮各種熱之進出。其應考慮之熱，有由車體進入之熱、經由車窗射入車內之陽光、乘車人體所發出之熱、因人之呼吸換氣而所形成之熱等。

以目前的小型轎車爲例來討論，除駕駛人外可搭載四人，假設車外溫度爲 35℃，車廂內溫度爲 25℃時，冷氣機必須冷卻之熱量，如圖 9-1 所示合計需要 1500W 左右。如不需要冷卻時，其 COP 值可望爲 3，則冷氣機必需之電力約爲 500W。假設車窗面積爲 0.7 平方公尺，陽光以 45 度射入車廂內，車外濕度及車廂內濕度分別爲 80%及 60%，車體的熱損失率爲 4Kcal/h℃。所謂“熱損失率”，是指車內外溫度差 1℃時，每小時從車體排出之熱量。

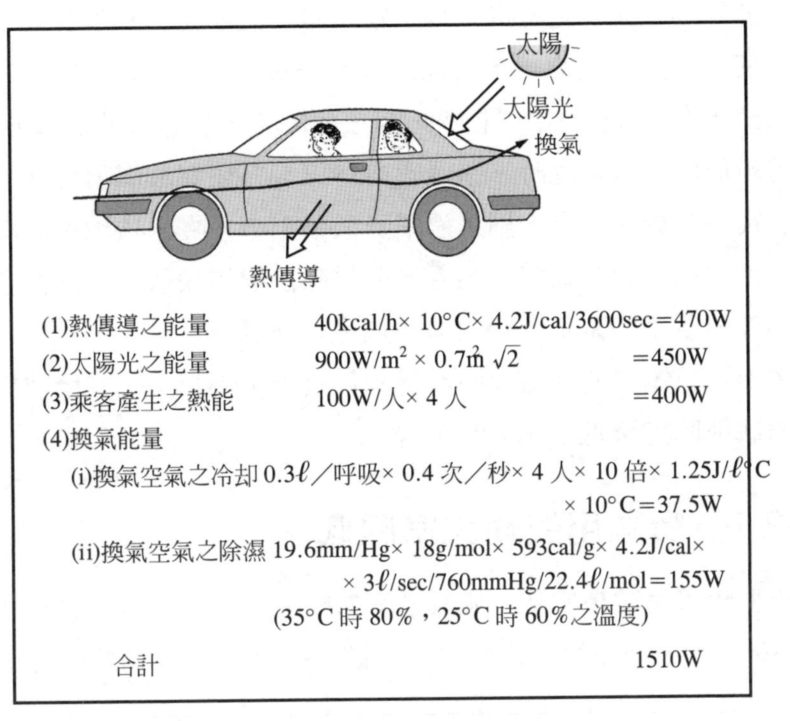

圖 9-1　小型轎車冷房必要之能量

9-2-6　冷氣機降低消耗能量之方法

如圖 9-1 所示，熱傳導能量，約爲冷氣機所需能量之 30%左右，約與太陽光之能量相同。然而乘客所產生之熱爲 400W，與上述兩項能量接近，所以消耗冷氣機的能量亦相當可觀。

爲盡量降低熱傳導能量，首先必須將全車體斷熱。其方法可在車窗以外部分貼上厚度 2 公分左右之斷熱材料，並且將車窗作成雙層的玻璃窗。此兩對策可使熱損失率降低至三分之一以下。但迄今之車輛幾乎均未將車體斷熱。最近朋馳(Benz)之最高級車，已在市場出售其側面窗爲雙層者，除雙層玻璃窗外，另設有約 3mm 之空氣層作隔熱之用。

車體斷熱，尤其是雙層玻璃車窗，除可省能量外有隔音效果亦不會結霜，使車廂內溫度均勻，增加舒適感等優點。

欲降低陽光的熱能，即減少陽光之影響，以提高車窗反射率最有效。若玻璃與光線垂直時，透過率約為90%，雙層玻璃窗可降低10%，如貼上反射膜於玻璃上，則透過率降低為50%左右，玻璃透明度不受大影響，看起來不會有較暗之感覺。所以除前擋風玻璃外，其他各面玻璃之透明度雖然稍微降低，但可減少陽光之影響。

依上述對策可使冷氣機的消耗能量減少30%以上，其所消耗電力最理想的狀態時可降低至350W左右。

9-2-7　暖房用能量比冷房低

小型轎車用暖房能量，假設僅有駕駛人一人乘座時，並且與車外溫差為30℃時，在未實施斷熱之車如圖9-2所示，應供給暖房用熱量為

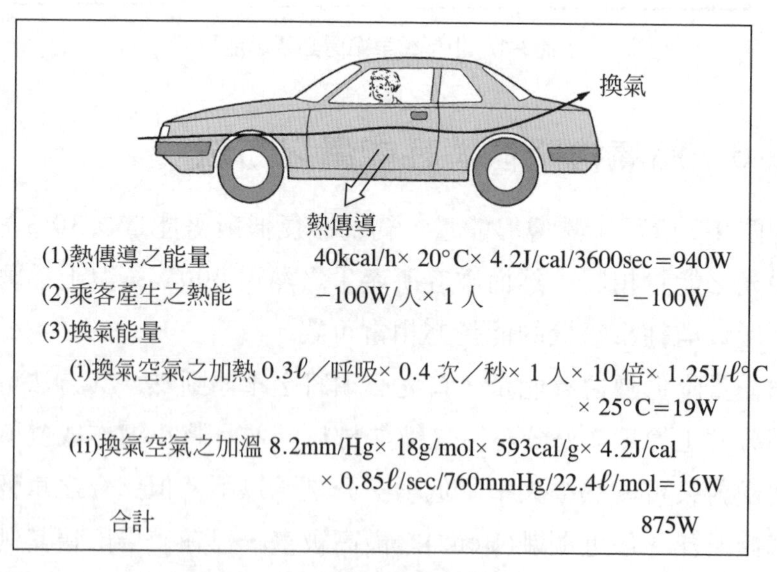

圖 9-2　小型轎車用暖房所需之能量

900W 左右。假設熱泵之 COP 爲 3 時，其消耗電力約爲 300W，實施斷熱設施時，其消耗電力約降低至 120W，所以暖房所需能量較少就可進行暖房作用。

從上述檢討結果，以充分將車體斷熱爲前提，電動汽車空氣調節器所使用之能量，不會對行駛能量有大影響的。

9-3 動力制動(煞車)(power brake)

一般電動汽車要減速時，如時速在 10km/h 以上時，可由回生制動系統減速，低於此車速時，宜僅由機械式煞車，即原煞車系統，但需要緊急煞車時，也考慮到回生制動系統，萬一不能作用時的安全性，必須由原有煞車系統承擔此任務。

當車輛需要緊急煞車時，駕駛人必須付出數拾公斤的踏力。爲減輕駕駛人的負擔，並且能夠確實又安全地煞車，一般車輛均有裝設倍力煞車裝置(booster brake)。倍力煞車裝置，一般皆利用空氣壓力之方法，基本上皆應用巴斯葛原理(pascal's principle)。小型車是利用眞空油壓煞車，大型車則使用眞空油壓煞車外，亦有利用氣煞車(air brake)的。

引擎汽車在進氣口附近會產生負 0.7 左右之負壓(vacuum)，所以倍力泵(hydro-master)或動力缸(power cylinder)入口軟管，直接連接進氣歧管就可獲得大動力，提供車輛制動之用。

電動汽車因無引擎可產生負壓，不能直接利用眞空提供制動之用，所以必須準備一個專用眞空泵，由馬達來驅動。驅動眞空泵用馬達，其所動力僅需要 30W，爲數不大可不必考慮專用馬達來驅動。

9-4 動力轉向機(Power Steering)

9-4-1 概 述

從前的轉向機是沒有加裝動力倍力裝置(power assistor)的，因爲從前經濟沒這麼發達，一方面爲了能源及須要技術上的克服，另一方面則動力轉向機，是屬於奢侈品的。近來經濟發達，世人的生活水準提高，又開發了高速公路，因在高速公路上時速皆在一百公里左右，無動力轉向機輔助轉向，遇到緊急時可能無法轉動方向盤避禍，因此動力轉向機已形成必要的標準配備。

引擎汽車用動力轉向機，其動力取自引擎動力，經由皮帶帶動油壓泵(oil pump)而產生動力。但因油壓效率不佳又重，亦曾經試用過電動馬達，在輕型汽車則有裝設之例。

9-4-2 電動汽車亦須有動力轉向機之配備

電動汽車因爲無引擎可取得動力，所以必須利用馬達作爲動力源。輕型汽車用動力轉向機，係使用150W左右之小型馬達，經齒輪予以減速，利用其迴轉力傳達至轉向機柱之構造。若以人力將方向盤轉向右方，則馬達亦向右迴轉藉以助人力。

電動汽車用轉向機，亦可利用此方法予以動力化。若新開發的電動汽車，則可考慮另用其他方法，如在轉向力傳達至左右前輪之聯桿、裝設線性馬達(linear motor)，或考慮於前輪之大王銷直接裝置馬達等方法，皆值得考慮。

電動轉向機所需之扭力，是在車輛停止狀態時而轉動方向盤之狀態爲最大。假設2000cc左右之轎車，使用齒輪比爲8的轉速比之轉向機，在方向盤的位置，需要3kg-m 左右之扭力。因此若轉動至45度時，所需要的能量爲每次180焦耳(joule)。因動力轉向機帶動馬達必須以低速迴轉，因此導致效率降低。若效率爲50%時，轉動一次轉向機所需要的電力能量爲360焦耳。此值不過是電動汽車以時速40公里前進數公尺所需能量。但是不得不左右轉動方向盤的情形，一天的行車中其機會亦不甚多，又，左右轉動方向盤以外，在轉向機所需求的動力甚少，若與全車所需要能量相比，則行車轉向用動力能量爲數甚微。

10

電動汽車之基層建設

10-1 概 述

爲了期望電動汽車能夠早日普及必須整備其輔助之基層設備(建設)(Infrastructure)。現在的引擎汽車社會，主要的基層設備爲道路、停車場、加油站、修理工廠等。在全世界已有共識的環境保護，無不努力設法拯救唯一的地球，爲了我們下一代子孫，每一個人都應該盡心盡力去維護，做好環保工作。所以才有推出電動汽車之今天，當然電動汽車之報廢，亦應該考慮整車之再循環問題，亦爲重要課題。

期望電動汽車普及之基層設備，除了上述道路及停車場，可直接使用外，充電站、電瓶之充電等管理系統及配件，甚至車身材料再循環等，各項目皆須列入規則，茲介紹如下。

10-2 充電機

10-2-1 充電機之種類

電動汽車之充電機，係利用商用電源之電力，改變成直流，導入電瓶供充電之裝置。充電機若依構造分類，則有固定型及車載型兩種。

充電機之基本構成如圖 10-1 所示。如圖所示，充電機是將商用電源的電流整流後，即可順利經由可變電阻器，以適當電壓供給電瓶。圖中之(a)圖爲整流之二極體(diode)前附有變壓器者，(b)圖爲不附變壓器者。附變壓器之原因是欲變化成所期望的電壓值，以實施與商用電源之絕緣可以確保安全性。電氣零件中，變壓器需有甚大容積及重量，目前尙難量產成本又高。

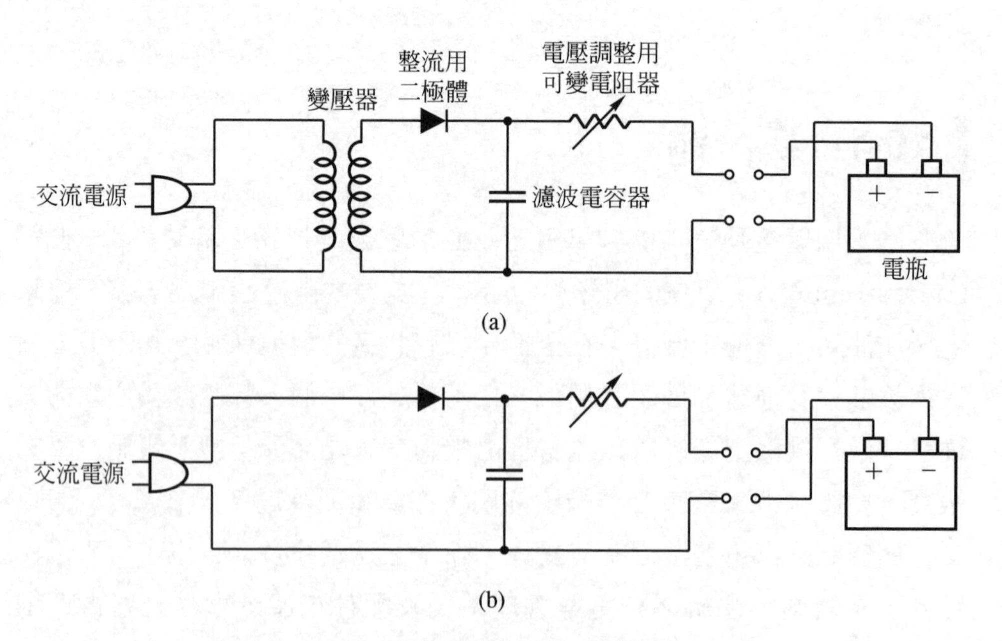

圖 10-1 充電機之基本構成(a)有變壓器(b)無變壓器

如(b)圖之無變壓器者，雖然成本較低，但近來因重視事故，爲防止引起觸電之危險，無變壓器者已少用，幾乎均使用附變壓器之充電機。電動汽車如能普及，觸電對策完好時，可望以無變壓方式替代。

充電機若依使用處所分類，則有裝在電源處之固定型及裝在車上的車載型兩種。固定型由於無重量之限制，可以快速充電，並且大部分使用變壓器。車載型則因重量受限制，很難使用變壓器而成爲無變壓器型，如欲導通大電流，則其裝置會變大亦難於實現，所以也不能作快速充電。

10-2-2 充電要領

圖 10-1 是表示最簡單的充電機構造。在實際充電中，隨著充電時間之經過，電流值大多數會變化。鉛電瓶在一般充電時，充電開始時有0.2C左右之電流導通，接近充電終期時，應切換爲原來五分之一左右的電流進行過度充電。因此可使可變電阻器連動、定時器、電流計及電壓計等皆作動。圖中的可變電阻器的損失甚大，實際上使用半導體的整流器電路比較適當。

10-3 充電系統

10-3-1 宜選擇非尖峰時段的夜間充電

引擎汽車的加油站爲重要之基層結構，電動汽車之充電應該如何構想？

因爲電動汽車與引擎汽車性能之不同，其考慮之方法亦完全不同。迄今爲止之電動汽車，一次充電後之行駛里程，若僅有數拾公里，則不論何時到處皆要進行充電，並需要設置與加油站一樣的大量充電站，而且要能快速充電之方式提供電力。

若充電一次後在市區行車可達200公里，並且屬於自用車時，充電時期可選擇在夜間進行。一般自用車一年之行駛里程約為7000公里，每天平均為20公里。在一般用途，每天之行駛里程不達到200公里，所以每週進行數次夜間充電就足夠。自用車充電可利用家庭電100伏特之電源。如裝載容量30kW電瓶之電動汽車，使用100伏特20安培之電力，約15小時即可完成充電。若每週行駛140公里時，依計算則每週二次在夜間充電約五小時即可。實際上如以200伏特之動力用電源充電時，即可得到更大容量之電力，因此快速充電或一日行駛里程比平均里程更長時很適合。

車主如作一般用途時，夜間回家後在車庫或停車場利用所設置的插頭即可充電。此種插頭插入之動作非常簡單，但可能也有嫌麻煩的人，因此有需要車子停在指定位置立即可自動充電的設備。其方法有接觸式及非接觸式兩種。非接觸式係利用電磁感應原理，將插頭吸住於插座即可傳達能量。接觸式則可從地面跳出插頭與車體側接點結合之方法。

我們使用自用車時每日平均行駛里程少，如偶而要長距離行駛時，則須備有其他充電法。其方法有幾種介紹如下。

10-3-2　利用快速充電之方法

目前之鉛電瓶若進行快速充電時其壽命會縮短，但如一年僅數次則影響不大，也不會發生大問題。現用鉛電瓶經一小時之充電可恢復之充電量約為六成。第七章所介紹之高性能電瓶，則八分鐘可充一半容量、30分鐘可達99%。

充電設備之充電機如屬於固定型，則一輛車必須準備一具，如爲車載型則僅在停車場或車庫設插座即可。若屬商業性服務設備，則在插座前設置電力計算器，以利收取充電用電費。或設投幣式充電設備亦可，如在停車場裝設此種設備，可同時收取停車費及充電費之系統。在高速公路之停車場如設置此種系統，可在休息、進食時充電，比在加油站排隊加油更方便。

10-3-3 裝載備用電瓶

若要長距離行駛時，必須考慮裝載備用電瓶之方法。可裝載於車上，亦可用拖車拖載。長距離行駛時載貨亦較多，後行李箱可裝電瓶的空間也可能無法利用，因此利用拖載方式具有實用性。

一天行駛 200 公里以上之長距離，在日本國內大部份利用高速公路，因此在高速公路入口處準備租借式備用電瓶，而在出口處再歸還之系統，對使用者非常方便。

在高速公路行駛時，行駛能量之將近一半會被空氣阻力消耗掉。因此如圖 10-2 所示之拖車，與本車形成爲一體之形狀，即能將空氣阻力降到最小限度，則可不必考慮拖車會被消耗之能量。如以IZA車爲例，此車若以時速100公里之高速行駛時可行駛270公里，在拖車可裝載與此車同重量之電瓶，則一次充電約可行駛500公里，即約從東京至大阪間之距離。

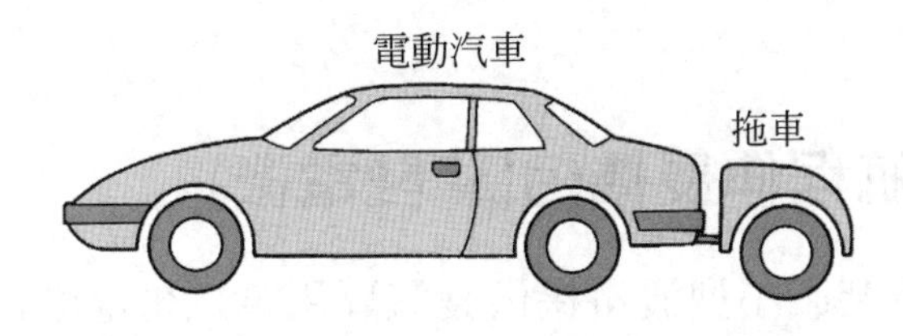

圖 10-2　與電動汽車形狀一體化之備用電瓶用拖車

在日本幾乎看不到以拖車拖載的情形，但在國外則常見使用於露營車爲主。拖車拖載對其他車輛之影響甚小，亦無特殊問題。且依日本道路交通法規之規定，拖車可自由拖載750公斤，因此法律方面亦不必特別擔心。

10-3-4 電瓶更換方式

此方式即在充電站卸下放電完之電瓶並更換充電好之電瓶之方法。電動汽車電瓶須爲容易拼裝之構造，且備有換用道具，即可在最短時間內供應電力。

迄今爲止有數種電瓶更換式之例。在大計劃後使用所開發之大型巴士技術在京都已有六部電動巴士。此電動巴士使用之電瓶更換方法，係將重量3噸之電瓶含電瓶箱一起更換，在巴士前輪及後輪間之底板下空間設置電瓶箱及電極，利用堆高機由底板下將放電完之電瓶含箱取下。更換電瓶時巴士停在規定的正確位置，空堆高機就自動上昇，取下放電完之電瓶。堆高機具有水平方向移動之功能，可立即將充電好之電瓶運到底板下自動裝入。

以京都爲例，此種卸裝所需要時間僅須50秒鐘。

電瓶更換方式，尚有由車體側面取出之方法，及裝在前後方向中央部所設空間之方法。

更換之方法，如京都電動巴士爲全自動者，亦有全部爲手動者。電瓶更換方式除可在短時間內供應電力給電動汽車外，尚有充電時間不受限制之優點。

10-3-5 航程伸長機(引擎發電機)

在電動汽車裝載小型發電機供發電專用，以供應輔助電力之方式稱爲“引擎發電機”方式。圖10-3所示爲其模式圖，此引擎僅供發電用，故又稱爲"航程伸長機(range extender)"。此方式爲混合式(hybrid type)電動汽車之一種。能量之供應由引擎到電瓶，與馬達成串聯進行，又稱爲"串聯混合方式(series hybrid type)"。

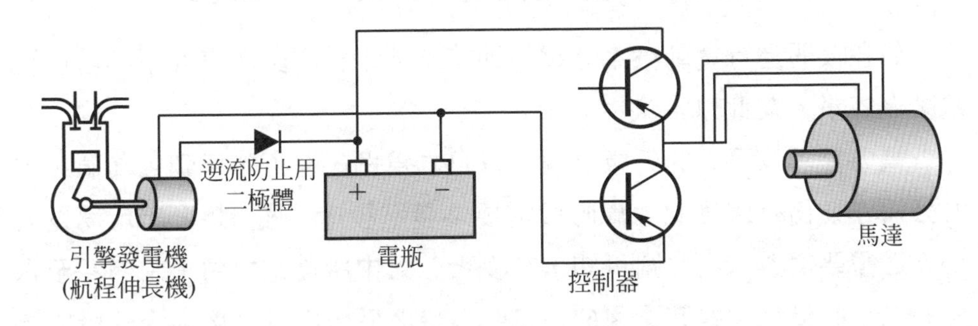

圖 10-3　引擎發電機之概念圖

航程伸長機之優點，爲小型引擎以一定輸出力迴轉即可得到高效率之電力，且因裝載引擎僅增加少許重量，即可使一次充電後之行車里程大幅延長。

以IZA車之例，在時速100公里定速行駛時，能量消耗率爲10kW。如裝載 5kW 之發電機，則一半之消耗力可由引擎發電機供應，因此一次充電後之行駛里程可延長二倍。使用10kW發電機時，經計算只要補給引擎用燃料可行駛到任何地方。由此好像全部行駛能量可由航程延長機供給，但從綜合能量效率來看，仍以使用發電廠供給的電力較爲有利。因此能以電瓶儲存電力來行駛之地方，宜使用電瓶電力而航程延長機，則僅供輔助性使用。

需要長距離行駛時雖有數種電力供應方法，並且各有其特徵。要依車種及用途使用。如轎車有多種用途宜使用航程伸長機，一般業務用且每天行程有決定某程度的目的者，以電瓶更換方式比較有利。如有適合電瓶特性者，則快速充電方式也有利用價值。電瓶更換方式之設備可能有因難，因此裝載備用電瓶方式也有其優點。

10-4 充電管理系統

10-4-1 以夜間剩餘電力即有充分發電能力

如在夜間進行電動汽車充電，即使全部車為電動汽車亦不必增加發電廠之容量。在此以定量性表示。

電力需求以夏天的天氣來說，以日本為例，在下午達到尖峰值，電力公司亦要備有因應此尖峰時段需要之發電設備。圖 10-4 所示為夏天一天之需要電力。由此圖可知，在夏天一天中所需電力由上午四點至六點的二小時僅為尖峰時之 46%。24 小時之平均用電量為尖峰時段所需之 75%。因此離需要最多用電量之期間尚有 25%之剩餘發電容量。其發電容量相當於 10 億仟瓦小時(kWh)。

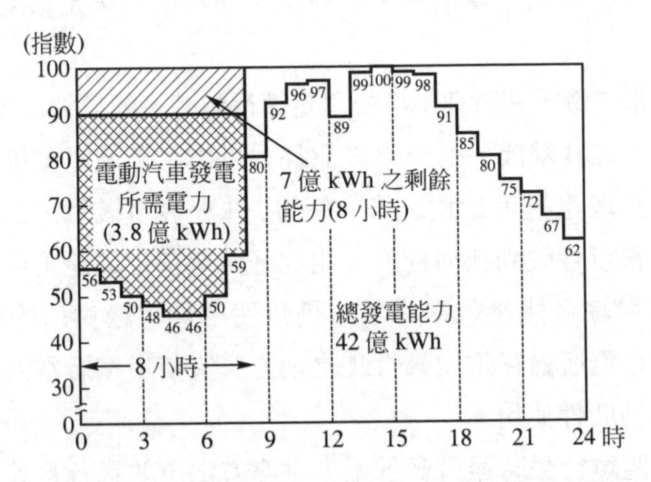

圖 10-4 夏天最大電力記錄中之電力負荷曲線與該日全部電動汽車進行充電時與剩餘發電之關係

假設全部車輛均使用電動，為計算所需增加之電力，假設電動汽車之一次能量消耗率與 IZA 車相同，則為汽油車之 1/2.7。柴油車之能量效率比汽油車高 3 成，因此電動汽車之能量消耗率爲其 1/2。且汽油及柴油精製及輸送之合併效率爲 10%，火力發電廠之發電效率爲 37%。

表 10-1　電動汽車 100%普及時所需之發電量

	汽油	柴油	備註
燃料消耗量	480 億公升	310 億公升	一年
燃料消耗量	530 億公升	340 億公升	精製效率 0.9
單位熱量	9.8kWh/L	10.7kWh/L	
原油爲基礎之消耗熱量	5200 億 kWh	3600 億 kWh	
因電動汽車化所引起原油爲基礎之消耗熱量減少率	0.38	0.5	
因電動汽車化所引起原油爲基礎之消耗熱量	2000 億 kWh	1800 億 kWh	
因電動汽車化所引起原油爲基礎之總消耗熱量	3800 億 kWh		
電力換算能量(*1)	1400 億 kWh		發電效率 37%
每日平均消耗能量(*2)	3.8 億 kWh		
日本之總發電量(*3)	6900 億 kWh		
比率(*1/*3)	20%		
日本之發電能力(*4)	42 億 kWh		1 日
比率(*2/*4)	9%		
剩餘之發電能力(*5)	11 億 kWh		由 0 時至 8 時
比率(*2/*5)	35%		

依此假設，日本於1992年之汽油消耗量爲480億公升，柴油爲310億公升，爲求電動汽車普及所時需發電量，即如表 10-1 所示，一年之發電量爲1400億仟瓦小時(kWh)，一天爲3.8億仟瓦小時(kWh)，1992年總發電量爲6900億仟瓦小時(kWh)，因電動汽車之普及而需增加之發電量爲20%。日本每日之總發電力爲42億仟瓦小時(kWh)，由於電動汽車之普及，需利用全部發電能力之 9%。以一日平均需求量爲例，在其需要量最多時段增加25%(110億仟瓦小時 kWh)即可因應。因電動汽車所需增加用電量爲使用一日平均剩餘發電能力之35%即可，所以可不必增加發電設備。

如圖10-4所示，在最大需求量之夏天由0時至8時的8小時，總發電能力有14%(5.9億仟瓦小時 kWh)之剩餘能力，僅利用此時間即足夠提供全部電動汽車之充電電力。

10-4-2 電力分配之平衡化極為重要

若全部車輛皆在夜間 12 點一起開始充電，則有超過發電廠能力之問題。尤其如進行快速充電，則容量之飽和最嚴重。爲使不超過發電廠之發電能力的峰值，必調整充電量，將使用者每人之充電時段分開，要求其在此時間內充電就無問題。但期待眾多的使用者遵守用電時段亦無道理，因此需要可自動進行管理之系統，此即稱爲“充電管理系統”。

充電管理系統之基本設施，係將電動汽車專用之充電插座，經由電力公司之指令，對這些插座的電流可自由導入或關閉。電力公司則經常監視使用充電電力之需求量，若超過發電容量時，則將分別流入充電設備之電流停止或減少。等充電電力之需求量減少時，始開始向停止之設施送電。此種控制可依各地域或個別進行。

電動汽車普及初期，雖不須此種系統，但在大量普及時，則須要此種基層設施。

10-5 材料之再循環系統

10-5-1 電瓶再循環系統

電瓶用材料如鉛、鎘等對人體有害、又會汙染環境，所以更需要回收，回收後可再生的再生，不能再生的要作適當處理，否則不但汙染環境，於法亦不容許。

電瓶所使用之材料有些對人體有害。鉛電瓶之鉛使用後，若丟棄於人類生活環境中則會影響健康。電動汽車使用這種可能對人體有害之電瓶時，使用後必須確實回收以利再循環(recycle)。

電瓶也有使用如鎳之高價材料者，使用完之電瓶該材料仍有利用價值，所以電瓶之再循環使用有其經濟性。

因此電動汽車之電瓶再生系統爲重要之基層設備。

一般而言電瓶壽命與電動汽車壽命不同。因此車輛之再循環路由(路線)(recycle route)與電瓶之再循環路由要分別處理。

再生技術最重要之項目，係再生材料集中運送至再生工廠之系統及再生工廠，將這些製品重新製作之技術。電動汽車用電瓶每個體積甚大，要再循環亦比較容易，但要以高效率進行。電瓶更換可在車輛銷售店或修理工廠進行，要有卡車運送使用完之電瓶及新電瓶之經銷商據點，由經銷商以卡車將製品運出及電瓶送回工廠，工廠要具有將舊電瓶再生並製成新品即可再循環之設備。依此方法可以最少費用將能源回收。

10-5-2　車身再循環系統

車身再循環系統之確立與電瓶相同甚爲重要。現在之車輛由經銷商等辦理報廢手續後運往解體工廠，於此將有價值之零件取下，再送到有破碎機之工廠。在此將車輛碎成數公分大小之片，並將鐵、非金屬、塑膠類、粉末類予以分別，可再利用者分別送到各工廠，不能使用則運到掩埋場。

電動汽車之循環亦可使用同樣方法，由於構造簡單，若從初期就依此規劃設計，則更容易再促進資源化。以保護環境爲前提之電動汽車，不能沒有此種考慮。

10-5-3　理想之再循環系統

近來產業廢棄物之問題，已到了不可忽視的地步，廢車處理也變成社會上的大問題。是眾所周知的全世界之工業發達國家所面臨的問題。對於此種處理，在日本已列入全車檢討其循環的法制化。

爲了循環型製品能夠早日實現，製造整車及零件之各公司，以再循環技術能更上一層樓爲目標，進行研發有效的全車解體技術，與容易解體車輛之構造。在研發團隊中，豐田公司在“廣報”資料中記載；發現以汽車材料之生物分解性塑膠(vioplastic)之應用研究，是研究將植物的番薯當原料(material)。此種原料能製造車輛嗎？

此一研究若能實現，則如圖 10-5 所示，其原料爲植物的番薯，經製成乳酸等之後將其合成可製造成“生物可分解性塑膠(vioplastic)”，即可當材料以製造車身或車廂內裝等塑膠等零件使用。待該車壽終，車體解體後可還原土中，並分解爲水與二氧化碳，其次經陽光的照射促使光合成轉變成“脫石油(非石油)”。由此又可降低二氧化碳(CO_2)之排出量。如此一構想之研發有朝一日成功，則不但汽車之成本可降低很多，環境汙染的問題，亦可迎刃而解，一舉兩得對後代子孫之貢獻非同小可。

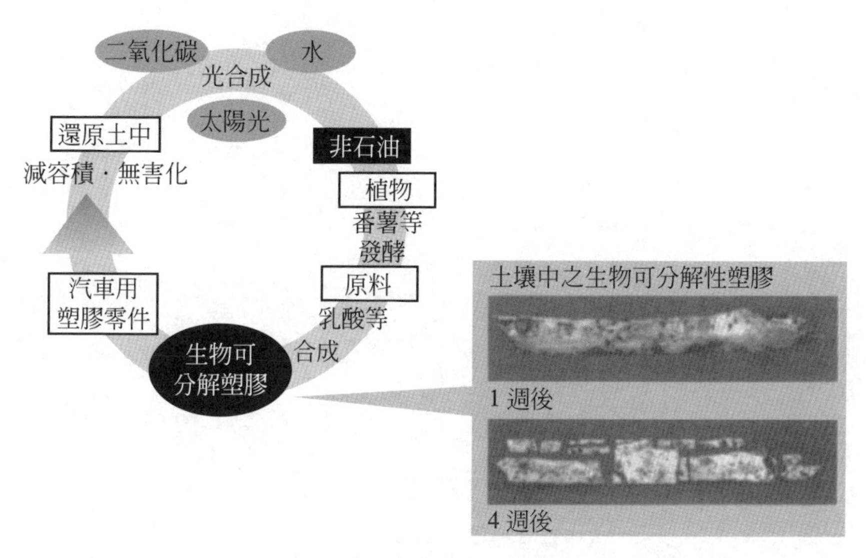

圖 10-5　生物可分解性塑膠之應用研究，是符合環保汽車用材料。挑戰以蕃薯的植物製造汽車零件

10-6　修護系統

從修護觀點而言，電動汽車之底盤部分有一半左右之配件，與引擎汽車具有相同之功能，其條護技術亦大同小異，以驅動系爲主以外，則有一半之新知識。因此新技術人之培養甚爲困難。

所幸電動汽車系統之構造比較簡單。最初即在可能發生問題之研發裝置簡易端子，以結合電腦自動診斷而不必太依賴人類經驗之修護系統，爲促進電動汽車之普及，此乃爲保修工廠重要之基層設備。

11 電動汽車之發展狀況

11-1 概 述

因汽車所造成的空氣污染，已形成極大的公害問題，自從 1960 年後半，就浮現於生活富裕的工業發達之國家。於世界各國之先進汽車製造廠，皆努力於低公害車及電動汽車之研發及推展。茲將其推動情形分三點介紹如下。

11-1-1 美國之概況

美國自從 1970 年發生第一次石油危機後爲了能源能夠自給，尋找替代燃料車，另一方面又爲了降低空氣污染，才有低公害車問世，甚至提倡零污染車(zero emission vehicle)，所以始有電動汽車(EV)之誕生。並於1976年制定「1976年電動汽車、混合型汽車之研究、普及計劃」。

並從 1977 年起六年間編立壹億陸仟萬美元預算，提供研發、普及之計劃。在1981年舉辦國際電動汽車檢討會。於1989年末由通用公司(GM)推出了"IMPACT" ZEV轎車。

11-1-2 日本之概況

日本自1971年至76年止六年間，投入了57億日圓制定大計劃從事電動汽車之開發工作。並從 1975 年代制定了嚴格的排氣規制。於是汽車製造廠就不斷研發替代燃料車、低污染車、甚至零污染車及電動汽車等。1978年舉辦了第一屆電動汽車研討會。在1990年6月新日本製鐵公司發表了3NAV 電動汽車，在1991年五月東京舉辦第一次低公害汽車展，由日產汽車公司及東京電力公司展出3FEV及IZA電動汽車。並在 1992 年五月廿三、廿四兩日又舉辦了汽車展，從此後的汽車展低公害車亦必參展。

從 1990 年起對地方的公共團體在購買電動汽車時，設立補助一半之制度。

此外在 1976 年成立電動汽車協會，之後有汽車技術學會、電動汽車研究會、電動汽車俱樂部、電動汽車手造教室及電動汽車嘉年華會等團體，以推展電動汽車之研發與普及。

11-1-3 歐洲之概況

在歐洲方面，英國在倫敦之送牛乳馬車，由電動汽車替代。今已有二萬輛參加營運。瑞士的觀光勝地"Zermatt"，市內所行駛的車輛除了特殊情況外，僅限電動汽車行駛。在德國的“Ruegan”島，有 40 輛電動汽車作行車試驗。

在歐洲最受注目的是法國，在法國西部指定“Rochelle”街爲電動汽車示範區。在街上到處有充電站，已經投入 50 輛車進行試驗外，繼續在巴黎、里約、馬賽等地進行集中式普及試驗計劃。另外在巴黎有“Tulip”計劃，以出租方式進行推動小型電動汽車之計劃。

茲按美國、日本及歐洲之順序介紹電動汽車如下。

11-2 美國之電動汽車發展狀況

11-2-1 通用汽車公司推出了 ZEV 車

一、通用公司之 IMPACT 車

1. IMPACT 車之問世

美國早規劃從 1998 年開始在加利福尼亞(California)州實行無公害車(zero emission vehicl)規制，因此該國內大型汽車製造廠，無不盡力從事其研發工作。

又依加州之法令，從 2003 年起所有出售車輛數中，規定必須含有 10%之零污染車(ZEV)，即電動汽車出售之義務。故於 1989 年末通用汽車公司(GMC)向加州政府環保局提出了“IMPACT” ZEV 的申請。

通用汽車公司是在 1990 年發表了第一號 IMPACT 車，事實上IMPACT第一號車是由其子公司的“耶羅引培魯門”公司負責製造的。以後由本公司製造了第二號車，不久也完成了第三號車合計試製了十二輛。IMPACT 3 有動力窗(power window)、動力

門鎖、駕駛座及助手座的氣囊、巡航控制(cruise control)、附CD唱盤的AM/FM立體收音機及電動轉向機等，現代轎車需要的裝備皆有配置的電動汽車。

通用汽車公司並在1993年6月把電動汽車獨立設置了電動汽車部(electric vehicle division)。之後IMPACT 3經略加改良後，製造了IMPACT 4，而在1994年12月舉行了第十二次國際電動汽車研討會(EVS 12)時，提供五輛做全國電動汽車展覽會。其中二輛是供試車之用，試車範圍是定在EVS 12會場周圍的公路共二公里行駛一週。

2. IMPACT車之構造及規格

(1) 構造之概述

IMPACT一號車的車身，在鋁材底盤裝置FRP罩(cowling)，此爲試製車的一般構成。二號車以後則以鋁罩替代。IMPACT車一號至四號車皆限乘二人，其原因係因電瓶的放置位置設置於車體中央的底板下。此車屬於前置引擎後輪驅動(FR)車，在車廂內中央有如隧道狀鼓起的地方裝置傳動軸，可是該車因裝置電瓶的空間所佔容積更大。在此裝置電瓶的系統，稱爲“背骨型式(back bone type)”。採用此方式的電瓶容易拆裝外，收藏電瓶用的隧道狀筒，可與車輛加強部分材料兼用，萬一遇到碰撞時，電瓶不會危害到乘坐於車廂內的人員爲其優點。但另一方面，也有車廂內空間頗受限制之問題。

(2) IMPACT車之規格

IMPACT車的規格係採用賽車方式，表11-1是表示IMPACT車的規格概要，在表上有一號車與四號車的規格分別列出供參考。

表 11-1　IMPACT 車規格概要

項目	IMPACT 1 號車	IMPACT 4 號車
尺寸		
全長(m)	4.14	4.31
全寬(m)	1.73	1.76
全高(m)	1.2	1.28
前面投影面積(m^2)	1.66(推定值)	1.80
重量關係		
空車重量(kg)	998	1320
限乘人員(名)	2	2
總重量(kg)	1157	1479
馬達、反相器		
馬達型式．個數	感應式．2	感應式．1
額定輸出力．電壓．時間(kW．V．sec)	—	—
最大輸出力．電壓．時間(kW．V．sec)	43．—．—	102．—．—
最大扭力(kgm)	6.5	—
最大迴轉數(rpm)	12，000	—
馬達重量(kg)	—	—
控制方式		—
控制用元件	MOS．FET	IGBT
電瓶		
種類	鉛	鉛
容量．電壓(Ah．V)	42.5．320	53.8．312
個數(個)	32	—
電瓶重量	392	—
輪胎之滾動摩擦係數	0.005	0.005
空氣阻力係數	0.19	0.19

3. IMPACT 車之性能

(1) 性能之概述

電瓶是使用該公司的子公司“德可雷美(Delco Remy)”公司開發的鉛電瓶。此電瓶爲了加速性，特別提高至230W/kg的動力密度爲其特徵，此電瓶因提高了動力密度的份量而限制了能量密度，其能量密度爲34Wh/kg。此外因內部電阻小其充電時間二小時就足夠，對鉛電瓶而言，是屬於短時間充電。

驅動系統在IMPACT一號車，是把兩個馬達裝置在前輪而不用差速器的方式。馬達是使用感應馬達，馬達的最大扭力爲6.5kgm，最高轉速爲12,000 rpm，最高輸出力每一個馬達爲43kW。

此馬達的輸出力，以10.5比1的行星齒輪減速，並利用接頭(joint)將動力傳輸至左右輪。行星齒輪的效率爲94～98%，依兩個馬達驅動的車輛可獲得4500～4700牛頓(N)。

四號車是改用一個馬達，控制器使用反相器(inverter)，其開關元件在一號車使用功率金屬氧化物半導體(MOS)、場效電晶體(FET)，其最大電流 160 安培，最大電壓爲 400 伏特，重量僅有 27 公斤改良爲非常小型化。四號車則使用絕緣閘雙極電晶體(IGBT：insulated gate bipolar transistor)。

爲了提高電動汽車性能，其重要因數爲空氣阻力，與輪胎的滾動阻力，兩者亦均施予最大努力。空氣阻力係數 Cd 達到0.19，從車體外觀大概也可看出其空氣阻力係數之大小。如圖11-1所示，從前方看其外形可知接近流線形、尾部亦同。從上面正視後部的形狀，則愈後面愈狹窄，所謂寧縮即可減低空氣阻力係數的重點。電動汽車的空氣阻力係數可達此值，是IMPACT車首創的輪胎使用固特異(good year)，實現了4.8/1000

的滾動摩擦係數。爲了能獲得此值特別設計的是把空氣壓力提高至0.45氣壓，及花紋槽溝的圖案設計。輪胎氣壓或花紋圖型對輪胎的滾動聲音有影響，而此種輪胎比一般輪胎噪音還低。

圖 11-1　IMPACT 的外觀

(2)　一號車與四號車之性能比較

IMPACT車之性能，以加速良好爲最大特徵。其性能概要如表11-2所示，表中分別一號車與四號車做比較。

先做加速性能之比較，時速 0～60 哩(96 公里)的加速時間，一號車爲8.0秒，0～400公尺的加速時間爲16.7秒。四號車之重量較重降低爲8.5秒，但是以此加速性能，與現有的汽油車相比也比較快，可與賽車並駕齊驅。

其最高速度經測試可達160km/h，但因有限速器爲之速度限制，依通用公司目前的海報資料僅記載爲120km/h。

一號車一次充電後可行駛里程、時速定速爲55哩(88公里)行駛時可行駛 120 哩(192 公里)，在市區內可行駛 124 哩(198 公里)。電瓶的容量爲 13.5kWh，若以能量消耗率計算，則在時速55哩定速行駛時消耗70Wh/kg，在市區行駛則68Wh/kg。

四號車電瓶的放電以 80%爲條件，則其行駛里程可達 145 公里，在市區內可行駛113公里。

表 11-2　IMPACT 車之性能概要

項目	1 號車	4 號車
一次充電行駛里程(km)		
88km/h 定速	192	145
市區行駛	198	113
最高速度(km/h)	120(160)	120
加速性能(sec)		
0—400m	16.7	
0—96km/h	8.0	8.5
爬坡性能(%)		
電力消耗率(Wh/km)		
88km/h 定速	70	93
市區行駛	68	119
一次能量消耗率(km/公升)(原油爲基礎)		
市區行駛	37	21

從通用公司的海報資料推斷一號車的行車性能曲線如圖 11-2 所示。在此圖中亦表示1800cc 級轎車的驅動力。由圖可知，時速從 0～120 km/h 的所有領域中，加速性能比汽油車好，此車的加速優異的情形很明顯可看出。

4. IMPACT 車之性能綜評

對IMPACT車的性能綜合評價，首先對其加速性能是無話可說的。尤其是電動汽車的特徵、中途領域的加速性能之良好程度可在此車實現，在駛入高速公路或超車之際，應該可發揮令人滿足的性能。對於最高速度的120 km/h 有獲得滿足的評價外，在高速公路上之行車，希望稍有餘裕的意見，依通用公司的資料，拆下限速器就可行駛至160公里的最高速度，此即可解釋電瓶的輸出力尚有此餘裕。時速120公里時的RPM爲12,000rpm，超過此轉速迴轉一般而言，對安全性會產生問題。如果欲提高極速，當然減低行星齒輪的齒輪比在技術上比較穩定又正確的方法。由此，起步時的加速性能雖然會比汽油車降低三成左右，但其加速能力並不會有較差之顧慮。

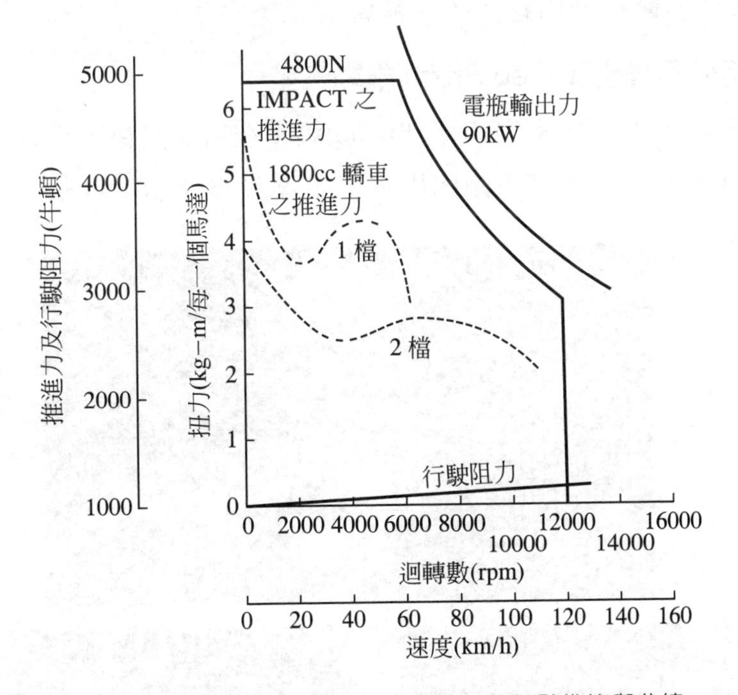

圖 11-2 IMPACT與1800cc級汽油車的行駛性能與曲線

一次充電後的行駛里程，在市區行駛並無問題。在美國汽車雖然使用長距離通勤之用，其實也都沒問題。但是如欲出遠門則依此性能尚感不足。

IMPACT一號車的能量消耗率在市區爲68 Wh/kg是件優異的性能。鉛電瓶的充電效率假定爲 70%，發電與輸電效率各爲39%與 95%，則原油一公升的燃料可行駛 37 公里。在市區行駛的模式從資料看不清楚，假如以 10 模式(Mode)行駛時與現有的汽油車做比較。假如，從加速的良好程度IMPACT車可解釋爲似如賽車，豐田 SOARER 車、日產 SKYLINE 等10模式的燃料費約爲 7km/l，則IMPACT車實際上只有其五分之一以下的一次能源來行車。若以車輛尺寸或重量來比較，即可與 1500cc 級的轎車作比較，則約有三倍之差異。

二、通用公司推出了 Geo Prizm 電動汽車

該公司於1995年推出 Geo Prizm 轎車在市面出售，是以日本豐田Corolla 車爲基礎，改裝在國內出售。如圖 11-3 所示，電瓶完全收藏於

圖 11-3　通用 Geo Prizm ZEV

車床底下極簡潔。車廂內皆無突出之處，乘坐人員定為五人，後行李箱則與一般轎車的容積空間一樣大。

電瓶使用密閉型鉛電瓶。其最高速度可達130km/h，一次充電後行駛里程，以80km/h定速行駛時，則可行駛130公里。

三、通用公司於1996年EVS 13展示實用化的EVI及SIO小貨車

第十三屆國際電動汽車檢討會(EVS 13：electric vehicle symposium 13)是1996年10月13～16日在日本大板舉行。此檢討會的第1屆(EVS 1)是在1969年於美國鳳凰城舉行的。EVS 10在1990年於香港舉行有三百人參加，1992年在義大利舉行EVS 12，有1200名參加，第13屆EVS 13，則有1650名參與。參與會者不僅是增加，發表的論文之量與質，或展示會的內容亦愈來愈充實，在此次的EVS 13，證明電動汽車已超越實用化之階段，並且可感覺到已進入檢討具體的實用化與普及之階段。

其具體的表現，是以實用化和普及為目標的汽車製造廠，各公司以市售車為前提的車推出展示。通用公司這次展出EV 1如圖11-4所示及雪佛蘭(CHEVROLET)系統的SIO小貨車(Pick up)一輛。

圖11-4　通用公司之EV1

國際電動汽車檢討會(EVS)原來每兩年舉行一次，從1997年起每年舉行一次。

11-2-2 美國本田公司出售 CUV-4 電動汽車

美國本田公司於1995年出售CUV-4電動汽車，與通用公司的Geo Prizm同樣，皆把電瓶收容於床底下。電瓶採用鎳氫電瓶，在市區內行車，一次充電後的行駛里程爲200km/h以上(如圖11-5所示)。

圖 11-5 美國本田 CUV-4 EV

所謂CUV是指行駛市區的無污染車輛(Clean Urban Vehicle：無污染市區用車)而言。

11-2-3 福特公司之電動汽車

一、福特公司展示了小貨車

該公司於EVS 13展示了小貨車(Pick up)一輛，命名爲"藍者"。電瓶以8伏特爲基本單位(module)有39個，充電器爲車載型，方向盤爲動力轉向機如圖11-6及圖11-7所示。

圖 11-6　福特公司“藍者”EV

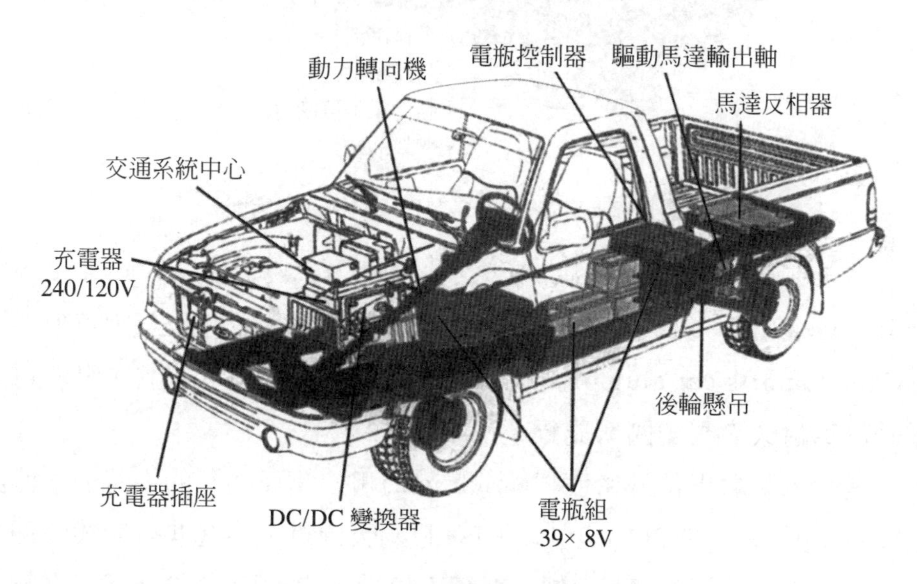

圖 11-7　福特藍者 EV 之機件配置

二、福特公司之 P2000 及 FOCUS 燃料電瓶電動汽車

在第 32 屆東京汽車展，美國福特公司推出 P2000 燃料電瓶電動汽車參展。該車的燃料電瓶是使用加拿大(CANADA)的“BALLARD”牌由 Power System Co.出品。其電瓶是直接使用純氫氣(使用高壓容器裝

載)。該電瓶是採用質子互換膜(PEM：proton exchang membrane)方式。所以屬於FCEV可以說是零污染車(ZEV)。其機件配置如圖 11-8 所示。

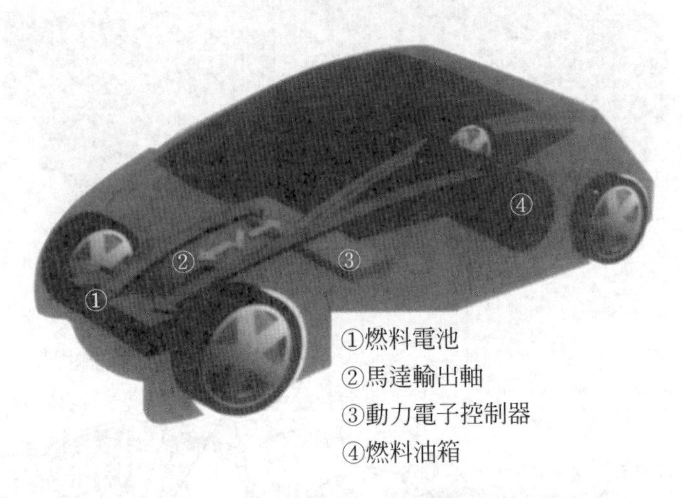

圖 11-8　福特 P2000 之 FCEV 機件配置圖

該車在福特公司 THINK 科技之先進動力系研究隊(advance power train research team)舉行的 24 小時耐久行車試驗，在全美跑車俱樂部(SCCA：sports car club of america)之官員見證之下，創立了燃料電瓶電動汽車耐久之全美國新記錄。

其行車試驗場位於密西根(michigan)州“第亞門”的福特公司測試場(test course)。於 2001 年 10 月 7-8 日兩天進行。從起步行車後廿四小時內，除了補充燃料(氫氣)外，繼續不停地行車如圖 11-9 所示。在測試場的行車速度平維持在 93km/h 行車。總行駛里程爲 2250 公里。是FCEV在一日中之行車里程創立了最長的新記錄。

圖 11-9 福特 P2000 FCEV 燃料補給外不停地行駛

此次創立新記錄以前的世界記錄及全美記錄，在 24 小時耐久行車試驗中的記錄是 1387 公里。平均時速為 58km/h，實際行駛平均時速為 87km/h。

該車重量為 1497 公斤，燃料電瓶(FC)可輸出 90 馬力。0 至 90 公里(60 英里)，14 秒鐘內可達成。

此型車有兩輛，P2000 型外另有一輛命名為“FOCUS”，是燃料電瓶電動汽車(FCEV)宣傳用車(demonstration vehicle)。新型 FOCUS 的燃料電瓶是加拿大原公司之編號 902FC。此燃料電瓶系統，可產生 85kW (117HP)的動力，並且信賴性亦提高了。(參閱圖 11-10)。

圖 11-10 福特 FOCUS FCEV

11-2-4 克萊斯勒展出迷你旅行車

該公司(CHRYSLER)亦於 EVS 13 展出名為“波者”的迷你旅行車，是屬於市區電動交通(EPIC)車如圖 11-11 所示。所謂EPIC是electric powered · interurban · commuter。

圖 11-11 克萊斯勒“波者”EPIC 車

11-3 日本之電動汽車發展情況

11-3-1 概 述

日本的汽車界，自從 1970 年的第一次石油危機(oil shock)之後，對汽車的替代燃料及替代燃料車之研究發展，不斷檢討求進步改進，可以說竭盡所能日求進步。從每年的東京汽車展(Tokyo motor show)亦可看出每年都有所謂的低公害車推出參展。

其替代燃料車使用的燃料有甲醇、天然瓦斯(CNG 及 LNG)、液化石油氣(LPG)及氫氣等。除替代燃料車外另研發低公害車，並且已向零污染車(ZEV)邁進。零污染車也就是電動汽車。所以替代燃料車外之低公害車有，電動汽車、混合型電動汽車及太陽能車。前兩者已接進實用化，太陽能車因太陽電池成本太高，不合經濟原則尚難實用化。在研發電動汽車初期，皆以原汽油車拆下引擎以馬達等設施替代的稱爲變換型式(convert model)，之後逐漸邁向改良型式(grand up model)之設計導入新技術，以圖謀高性能化之電動汽車。茲將電動汽車的發展情形提出介紹，致於混合型電動汽車及太陽能車，則另行列章節介紹。

11-3-2 IZA 車

一、IZA 車之問世

1. IZA 車之構造

(1) IZA 車之研發

在電動汽車的驅動方式中，輪內(inwheel)式馬達諒必可能是最好的方式。爲了要確認此方式在原理上可行，試製無差速箱方式的變換型車。接著新日本製鐵公司研發命名爲“NAV”，而試製輪內式馬達的電動汽車，由此確認了毫無問題之可行性。有此結果把所得成果一部份移轉，並將其技術發揚廣大推出了“IZA”車。所以，IZA車就以大約相同的概念(concept)而研發的。但是最後做細部的性能或功能檢討，所以在性能上可看出大幅提高，於此詳予介紹IZA車如下。

IZA車的研發觀念，是重視實用性或在社會上容易被接受爲原則外，比現有汽油車的性能，不遜色爲原則。在確定開發目標議論中，甚至IZA車發表後的評價，電動汽車的性能是否可不必那麼高的意見也頗有人在。雖然如此，其所以追求高性能化是考慮成爲商品時，顧及使用者或購買者的心情，若與現有的車子做比較，而其性能比較差的話，不論對環保如何有利，也不容易被消費者接受的意見佔爲主流。

⑵ IZA 車之研發團隊

研發的體制，由東京電力公司做全盤的管理控制，由茅陽一老師(當時東京大學工學部教授)，現任慶應大學教授爲主，結合的研究會擔任技術指導，車身之製造由東京"爾安第"負責，馬達及反相器則由"明電舍"製造，電瓶的開發由日本電瓶等單位分工合作。此外尚有輪胎的開發由橋石(Bridge Stone)負責，空調設備則由"傑克"電瓶公司負責。圖 11-12 表示 IZA 車的外觀照片。

圖 11-12 IZA 車的外觀

⑶ IZA 車之規格

三種規格尺寸是指全長 4.87 公尺，全寬 1.77 公尺，全高 1.26 公尺，車子尺寸以 1800cc 的轎車爲目標，爲了強調其存在感製成大一些，僅比較其尺寸，則可與超 2000cc 的三種規格級的車相匹敵。

空車重量爲 1573 公斤，而 1800cc的轎車約爲 1200 公斤，2500cc 左右的轎車約爲 1600 公斤。限乘人員設定四人，但是座位因爲流用 1800cc 級國產車的轎車座椅，五人份的寬度足夠了(參閱表 11-3)。

表 11-3　IZA 車之規格概要

項目		規格
尺寸	全長(m) 全寬(m) 全高(m) 前面投影面積(m^2)	4.87 1.77 1.26 1.76
重量關係	空車重量(kg) 限乘人員(名) 總重量(kg)	1,573 4 1,793
馬達、反相器	馬達型式 額定輸出力·電壓·時間(kW·V·sec) 最大輸出力·電壓·時間(kW·V·sec) 最大扭力(kg·m) 最高迴轉數(rpm) 馬達重量(kg) 控制方式 控制用元件	DC 無刷馬達 6.8·288·連續 25·288·20 42.5 1,650 33 正弦波 PWM IGBT
電瓶	種類 容量·電壓(Ah·V) 個數(個) 電瓶重量	Ni-Cd 100·12.5 24 531

(4) IZA 車用馬達之電流－扭力曲線

驅動系統採用四輪輪內馬達方式，馬達用釤－鈷(samarium cobalt)磁鐵直流無刷馬達，製成三相十二極馬達。

此型馬達的電流－扭力曲線如圖 11-13 所示，由此圖可知，扭力對電流以直線上的變化領域，電流對扭力之值，即扭力常數為 0.2kg/A。對電流的扭力雖然會逐漸飽和，但是此型

馬達開始飽和的42.5kgm之值定義爲最大扭力，這時的電流爲240安培。按一般2000cc 汽油引擎的最大扭力爲20kgm 左右相比較下，就可得知此型馬達的扭力之大小。

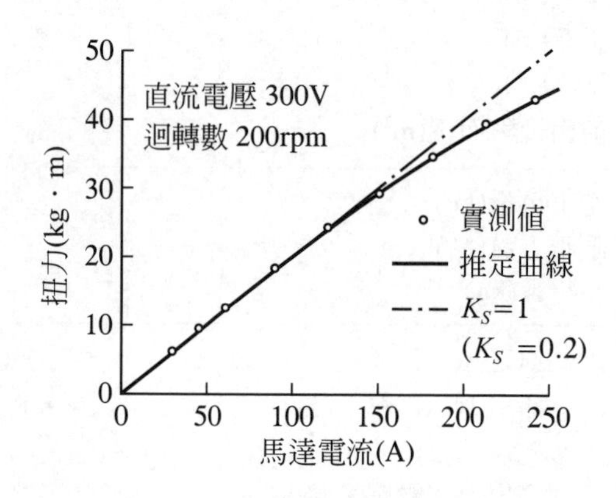

圖 11-13 IZA 車的馬達電流扭力曲線

(5) IZA 車用馬達之轉速－扭力曲線

此型馬達的轉速－扭力曲線如圖 11-14 所示。由此圖得知，在低速時的扭力不因轉速而變化且爲一定，從某速度以上就隨著轉速大約成直線而降低。此降低的傾向，是對應阻抗、總磁力線、線圈匝數等，但是在電動汽車的場合，其阻抗是馬達本身的阻抗再加電瓶內部電阻的總和。更正確地說，如IZA車使用四個馬達的車子，內部阻抗值需要四倍。在圖中，以實線部分表示此車所使用的電瓶，充滿電時考慮其內部電阻的轉速扭力曲線，虛線部分表示放電中期時之轉速扭力曲線，破折線部分則表示內部完全無電阻時之轉速扭力曲線，從這些曲線的不同，諒必可瞭解電瓶內部電阻對扭力的重要性。充滿電的電瓶在連接狀態的每一個馬達最大輸出力爲25kW(仟瓦)。

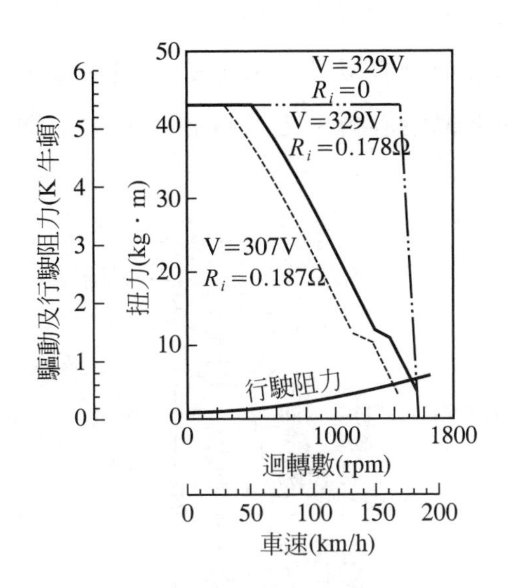

圖 11-14　IZA 車的馬達轉速扭力曲線

在此圖中，迴轉數在1300rpm附近，扭力值不連在一直線上變化。此爲了提高最大迴轉數，進行所謂的"類似弱場磁(field magnet)"之控制。在使用磁鐵的馬達是不能變更磁場強度的，所以不能控制弱場磁。一般直流無刷馬達的控制，在電樞最能感覺強場磁來到的時期，使電樞線圈流動交流的峰值能夠到來。所謂進行弱場磁的控制，是把峰值電流的時期稍微錯開，結果可獲得電樞感應的磁場強度實質上與減弱之相同效果。由此控制馬達效率雖然稍微降低，可是在高速迴轉且低扭力領域的效率高，而實際上接近最高速度行駛的機會少，所以實質上的問題亦少。

(6)　馬達及反相器裝設位置與效率

此種馬達重量每一個爲33公斤，把此馬達裝入車輪內時，其斷面圖如圖11-15所示。在圖中的右側相當於車體外側，在車輪內部的外側設置馬達總成，內側則裝碟式煞車。圖中也有表示，車輪鋼圈直接裝置磁鐵的外殼。從軸承至輪胎的斜線部份均會隨著輪胎旋轉。更換輪胎時僅拆下鋼圈與輪胎部份即可換胎。

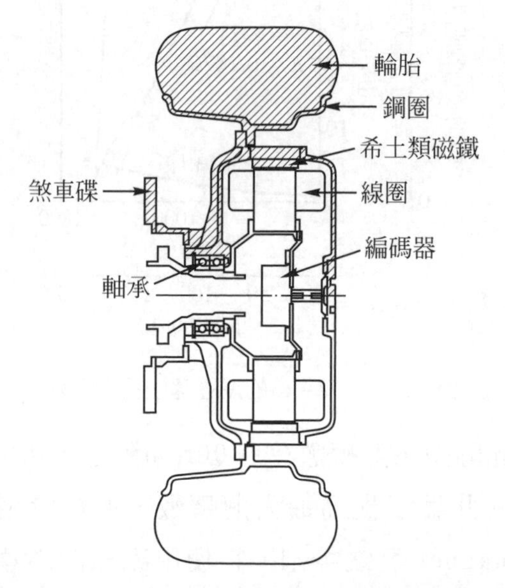

圖 11-15　組合於車輪內的 IZA 車用馬達斷面圖

圖 11-16 是表示前引擎蓋打開狀態的相片。在圖之約中央處爲了驅動左右前輪裝有反相器。圖中左側反相器是裝置蓋的狀態，右側爲拆下蓋讓人可看到內部迴路的狀態。

反相器(Inverter)用開關元件使用絕緣閘雙極電晶體(IGBT)。其開關週波數(頻率)爲 10kHz，最大電流 240 安培，最大電壓爲 320 伏特。因爲開關週波數高，在原來的反相器，時常成問題的電磁噪音幾乎不發生了。圖 11-17 是表示馬達與反相器組合狀態的效率，如圖所示最大效率可獲得 92%，每一個反相器的重量爲 23 公斤。

圖 11-16　IZA 車前引擎蓋開啓後內部狀況

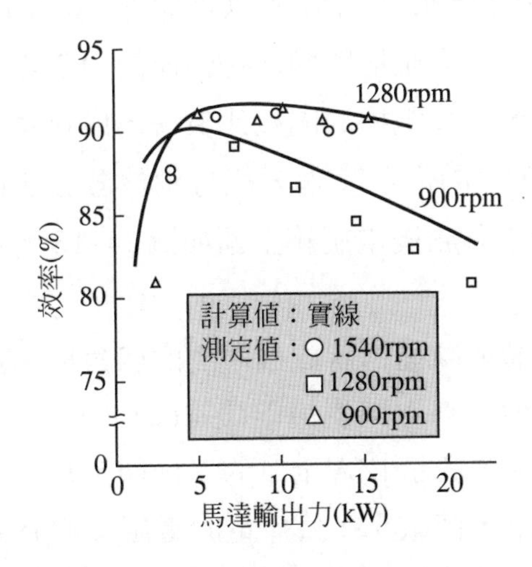

圖 11-17　IZA 車用馬達輸出力之效率

(7) 空氣阻力與輪胎

空氣阻力是使用五分之一的IZA車模型重複做風洞實驗，極力於努力抑制空氣阻力。再將其完成的車體送往日本汽車研究所的實車風洞測試結果，空氣阻力係數獲得了 0.19 之值。IMPACT 車與前輪驅動 EV(FEV)車雖然不是互換資料，其空氣阻力系數均爲 0.19，在乘人用電動汽車可說已實現實用的水準。

輪胎的滾動摩擦係數在時速 40 公里時爲千分之六。輪胎氣壓爲 3.1kg/cm^2，爲了減少滾動摩擦，選擇適當橡膠質與胎面花紋。此輪胎行駛至時速 180 公里範圍有安全保證。此外，給與影響滾動摩擦的輪胎以外的要因的影響，爲了極力減少也進行選擇零件，使能夠將輪胎含滾動摩擦係數抑制爲千分之七。

(8) 電瓶與控制器及補助機件

電瓶採用鎳鎘電瓶，其能量密度爲 54Wh/kg，每一個 22.1 公斤的電瓶裝載廿四個所以其重量爲 531 公斤，總容量爲 28.8kWh。此電瓶把影響加速性能的內部電阻極力減少之故，分離正電極與負電極的隔板比較薄。所以每一個電瓶的內部電阻僅 8mΩ。電瓶爲 12 個一組分別放置於前後蓋下。驅動後輪的反相器設置於後電瓶箱上面如圖 11-18 所示。

(9) 車身

車體製成斷面形狀成爲薄弱的四角形，是以鋁的大斷面構造形成底盤，車罩則使用碳纖維(CFRP)。

圖 11-18 表示 IZA 全車的三面圖及尺寸。

IZA 車，裝載 531 公斤重的電瓶又能充分確保室內空間，並有行李箱的空間。此爲採用輪內式馬達的一大優點。

在此車從油門踏板把信號送往各反相器，或從各反相器監視信號等，把增減回生控制強度的機能整理在一起，此稱爲“系統控制器(system controller)”，此控制器在圖 11-18 是表示後輪用反相器位置的設置情形。

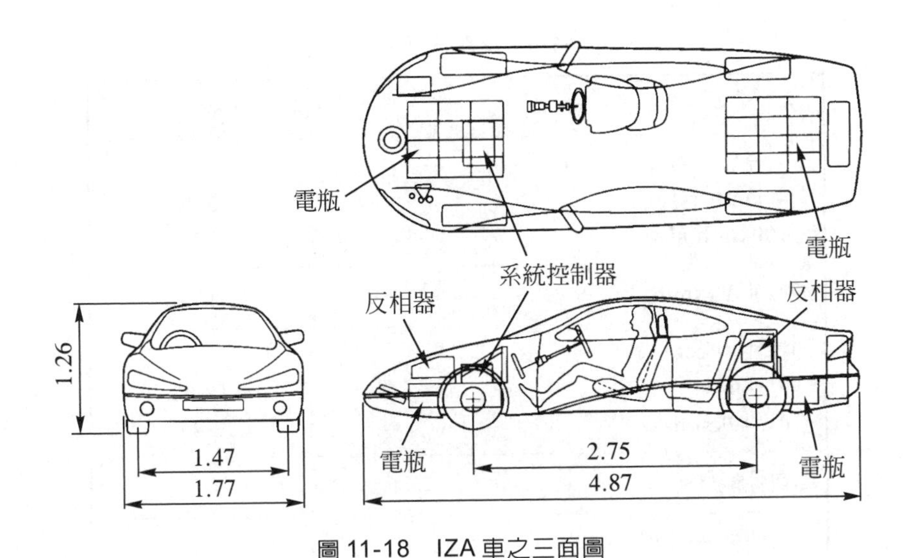

圖 11-18　IZA 車之三面圖

IZA 車的輔助機件有熱泵(heat pump)式空調，動力轉向機、動力煞車、動力車窗等。此外，也含有磁帶組(tape deck)的音響裝置。

2. IZA 車之性能

(1) 最高時速可達 176 公里

表 11-4 是表示IZA車的性能概要。其最高時速可達 176km/h，在同一路程(Course)1600cc 轎車僅能開到 140km/h，排氣量 3200cc的BMW320i也不過 180km/h而已。從這些例中IZA車的最高速度在日本國內利用為前提，則足足有餘。但是駕駛該車的人實際上不開那麼快，可是有此剩餘性能，對安(放)心感很重要。

表 11-4　IZA 車之性能概要

項目	規格
一次充電行駛里程(km) 40km/h 定速 100km/h 定速	 548 270
最高速度(km/h)	176
加速性能(sec) 0－400m 0－40km/h	 18.05 3.47
爬坡性能(%)	32
電力消耗率(Wh/km) 40km/h 定速	 56
一次能量消耗率(km/公升)(原油爲基礎) 40km/h 定速	 62

加速性能 0～400 公尺的加速時間爲 18.05 秒，圖 11-19 是表示IZA車與1800cc轎車的驅動力曲線比較。此圖的加速度，是驅動力各以其慣性重量除得的，在汽油車的場合是假設車身重量爲 1200 公斤計算的。

正確的加速度雖然需要從驅動力減去行駛阻力之值以慣性重量去除，但是在同一圖中同時表示扭力與驅動力非常方便之故，於此僅以近似値表示其加速度。

從此圖可看出時速達到 60 km/h 時的加速度 3.2m/sec^2，在市區等紅燈後加速的車子經調查幾次的例，其加速度以 1.5 m/sec^{2}左右來加速的居多。由此可得知 IZA 車在一般的行車上，俱有約二倍的加速力量。從圖 11-19 中看汽油車的加速度比較，時速至25km/h止汽油車的加速度大，25km/h以上的加速度則IZA車比較優異。實用上需要大加速度時，是從一般道路進入高速公路之際並欲超車時，從中速以上加速力量大的IZA車，還是有靠得住的加速能力(性能)。

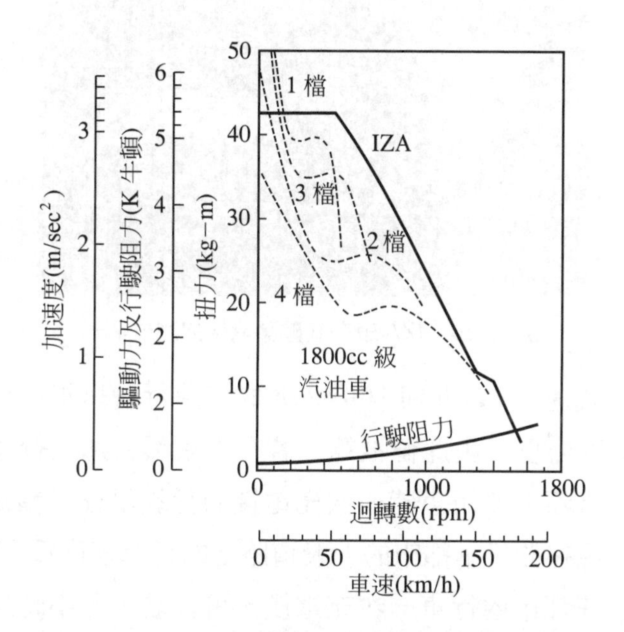

圖 11-19　IZA 車與 1800cc 級轎車的行駛性能曲線

對於IZA車的加速感詢問了試車駕駛人，據說起步並不快所以剛起步時「認爲不過如此吧了，可是後來速度錶指針不斷上升，可是不像汽油車起步時就有立即提升速度的加速感，但在中速以上車速就急速躍升，習慣於汽油車的駕駛人會想減一下速度、但感覺並不壞。但令人吃驚的是比實際的速度感其速度還快」。從圖 11-19 所示的特性不同來看，也能夠瞭解。

(2) 一次充電後的行駛里程

一次充電後可行駛里程的測試，爲了期望獲得正確數値，所以在底盤發電機(chassis dynamo)上進行。此測試需要四輪驅動用發電機，所以借用了“明電舍”的太田工場的裝備。圖11-20即表示其測試情形。

圖 11-20　IZA 車在底盤發電機的測試情形

時速 40km/h 與 100km/h 的定速行駛里程，分為 548 公里與 270 公里。由此值推算，若在東京都交通比較遲滯的都市地區，實際上要用車時一次充電後的行駛里程可預定約為 200 公里。現在於日本都市的一般道路上的行車速度為 12km/h左右。所以在都市內行車一次充電後，可行駛十七小時以上，均可達成用車目的。

有問題的是在高速公路上行車，以東名高速公路為例，從東京收費站的 270 公里前方，即到愛知縣的豐川收費站附近，如果欲行駛至大阪有 524 公里之長，則 IZA 車僅能行駛至中途。電動汽車是否也應利用於如此長距離的行車雖然有議論，但是如果需要利用電動汽車，則需要裝備充電用的基礎設備。

3. 能量消耗計算之根據

(1) 能量消耗計算與汽油之比較

迄今所介紹的電動汽車對另一個大特徵的能量消耗，含其計算等根據介紹如下。

IZA車以時速40km/h定速行駛時的能量消耗爲56Wh/kg。於此所用的鎳鎘(Ni、Cd)電瓶的充電效率爲87%，在考慮日本火力發電廠的平均效率爲37%，與輸電效率爲94%時，則將原油供給發電廠做能源時，一次能量消耗率爲185Wh/kg。而原油一公升的能量爲10.800kWh，故原油消耗率爲58kW/L。

在日本，燃料是以60km/h 定地行駛經測試再公佈，如果IZA車也以此條件來換算則降低21%燃料消耗率僅能達46 km/L。圖11-21是表示做如此假設來計算的IZA車的能量消耗量。

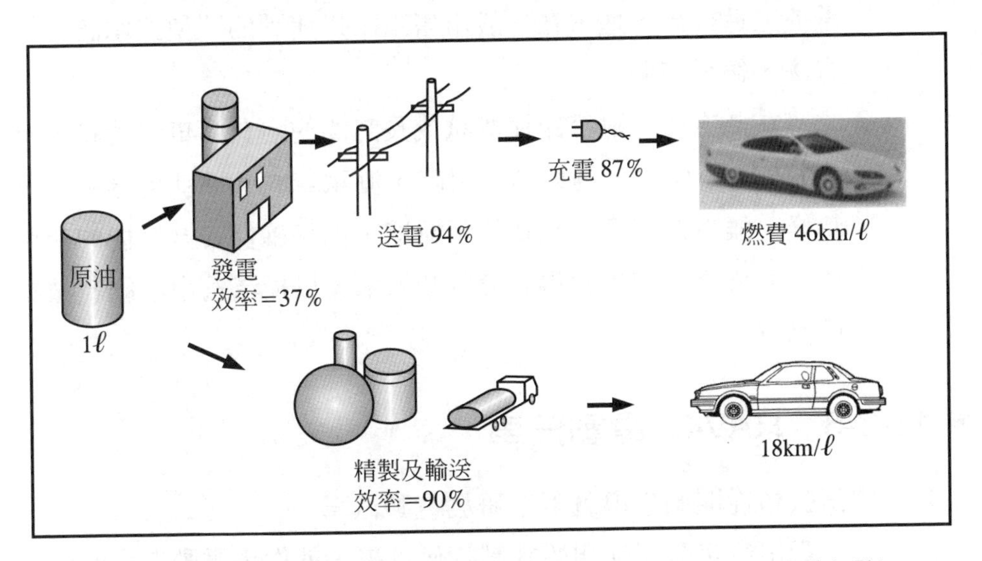

圖 11-21　IZA與1800cc汽車轎車之燃料消耗率比較(60km/h 定速行駛)

在汽油車的場合，1800cc級轎車的燃料費平均值爲20.0km/L。在日本煉油廠的能量效率高，達到92%。此外，汽油輸送效率從煉油廠到加油站止平均100公里距離的運輸，則其效率爲98%左右，所以精製、輸送效率乘上汽油燃料費，以汽油車的原油換算爲能量消耗率爲18km/L，此計算亦表示於圖11-21中。

由這些比較的 IZA 車，以60公里定地行駛時以原油爲一次能源的能量消耗率，與1800cc 級的汽油車相比，其優異程度達到2.6倍左右可做爲結論。

因爲與汽油車比較的電動汽車的能量消耗量計算有各種條件，其答案因計算法而異，但是無論使用何種計算方法與汽油車比較，於此所介紹的四輛電動汽車，省能源之性能均比較高。

(2) IZA 車之測試領牌

IZA 車基本上的測試，是在測試場(test course)及底盤發電機上進行後，通常在一般市售車，以所謂的“型式承認”的方法，領得牌照。

在此方法，附帶碰撞測試或長時間的耐久行車的義務，但是如IZA車僅對一輛車領牌照時，測試車的基準就可適用。這時候，雖然沒有型式承認的困難度，但是確保安全性能的項目會留意檢查，如此獲得牌照的IZA車，以橫濱爲中心維續做評價測試。

11-3-3 RAV4L 電動汽車

1. 豐田公司從開始宣導就著手研發電動汽車

豐田汽車公司從開始計劃時代以來，就從事電動汽車的研發工作。

在大事宣傳時代研發了EV2H的小型車，其性能爲一次充電後以時速40km/h定速可行駛455公里，最高速度可達83km/h。其最高速度暫且不談，一次充電後的行駛里程，在當時是壓倒性的高水準，並且此記錄到IZA車推出前未破過記錄。此車一次充電後可行駛那麼長的距離，其最大原因，是利用鋅一空氣電瓶，此電瓶的技術上的問題大，因此以後的研發就中斷了。

大計劃運動結束後，該公司以東富士研究所爲中心進行研發工作。其內容對車身的開發依舊、另增加了電瓶的開發及馬達控制系統的研發等。

其範圍很寬闊，對車輛的研發來說，從 EV10 至 EV50 止五種車輛是在此十年內研發的，EV30 型是二人坐的超小型輕型電動車，其最大特徵爲裝載當時認爲有希望的鋅—溴素電瓶。其電瓶也是比以後推出的電瓶之問題大，所以其評價就降低不再繼續發展，但是由該公司自主開發的事實值得重視。

2. 在眞正的研發階段推出了EV50

豐田汽車公司在加州規制的法律公佈後之 1992 年，從基礎研究轉換爲實用車之研發，並同時將研發根據地，集中於總公司而眞正開始從事研發工作。其從業研發人員現在據說有 200 人以上。

在此種體制下首先推出了EV50型電動車，此車限乘四人的小型車級，其特殊的措施之一是推出了新驅動系統。馬達是使用感應式馬達，其輸出與傳輸軸結成一體型，其左右輸出採取一方直接，另一方面則經過馬達中心軸(空心)的中央，再把動力傳輸至左右各車輪的方式。此與福特汽車公司開發的 Escortt 相同方式，即屬於變速箱方式，即把驅動系全部製成比較小型化爲其特徵。

此車的另一特殊的措施，是電瓶的裝載法，採取略高的床底板，利用床底板下裝置電瓶的方式。其倶體方法是使用皿狀的電瓶裝置箱放入電瓶後使用螺絲裝置於床底下。依此方法，車廂內的空間與現有汽車一樣可以利用。此方法對電瓶的檢查或更換雖然不容易，但使用免保養鉛電瓶，可將其更換頻度降低爲最少。

此外，空調方面使用熱泵(heat pump)方式，並且利用太陽能電池的通風方式相同的想法，把使用於空調能量的消耗量抑制爲最低。

其他方面，採用回生煞車是當然之事，使用低滾動摩擦阻力的輪胎，裝載充電器，電容量計等電動汽車必要的裝備均充實了。

EV50 型車的性能，最高時速爲 115km/h，一次充電後的行駛里程在市區可行駛 110 公里。

3. 以人緣車種爲基礎的 RAV4L 電動汽車

(1) 基本構成

EV50 型車是以實驗車的性質研發的，該公司再把 EV50 改良推出了 RAV4L 電動汽車(EV)，此車的外形及主要基本構成如圖 11-22 所示。

圖 11-22　RAV4L EV 之構造。❶動力控制單元❷動力系列單元❸驅動用電瓶

表 11-5　RAV4L-EV 之主要諸元表

項目			規格
尺寸	全長(mm)		3565
	全寬(mm)		1695
	全高(mm)		1620
	軸距(mm)		2200
	輪距　前(mm)		1465
	後(mm)		1455
重量	空車重量(kg)		1460
	限乘人員(名)		4
	總重量　(kg)		1680
動力單元	馬達	種類	永久磁鐵同步型
		最大輸出力(kW/rpm)	45/2600～8600
		最大扭力(m/rpm)	165/0～2600
		傳輸軸(減速比)	9.45
	電瓶	種類	密閉式鎳氫
		電容量(Ah · HR)	95(5)
		個數(個)	24
		公稱電壓	288(12V×24)
		電瓶重量(kg)	450
	充電機	種類	車載式
		輸入電源 V/A	單相 200/30
		標準充電時間	約為 8 小時
性能	最高速度 km/h		125
	一次充電後行駛里程 km(10 · 15 模式)		215
	輪胎		195/80R 16 97S(低滾動)
行車裝置	懸吊　前		麥花臣式獨立懸吊
	後		雙叉骨式
	制動　前		通風型蝶式(附回生制動)
	後		引導跟從式

RAV4L 電動車，是以小型的休閒車(RV：recreational vehicle)，有人緣頗受歡迎爲基礎製造的RAV4L，其主要諸元如表 11-5 所示，尺寸與基礎車輛大約相同，限乘四人。重量爲1460公斤、此車爲二輪驅動車，比四輪驅動的基礎車重280公斤。其基本系統構成如圖 11-23 所示。

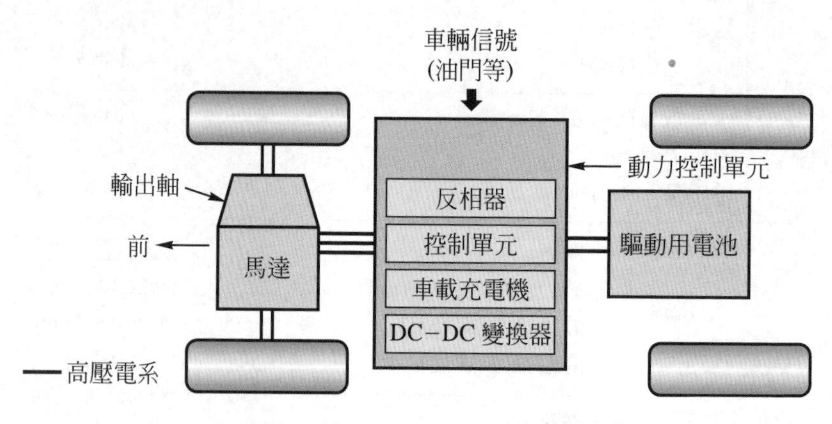

圖 11-23　RAV 4L 之系統構成圖

⑵　動力驅動系列(power train)

動力驅動系列是由電腦以全電子控制方式，駕駛人的油門及煞車踏板之操作，由電腦判斷並因應行駛狀態，作最適當的行車控制。動力驅動系列的外觀與構造如圖 11-24 所示。

驅動馬達使用永久磁鐵式同步型馬達，馬達橫置於前面原引擎室內，最高輸出力爲45kW/2600～8600rpm，最大扭力爲165Nm/0～2600rpm，馬達採用氣冷與水冷併用的冷卻系統，水泵從各種儀器獲得電氣信號後就作動。

傳輸軸(trans-axle)，是把馬達的輸入軸與驅動軸的輸出軸配置於同一軸，使用組合階型小齒輪(stepped pinion gear)的三小齒輪型的一速減速機構。該車的行車性能曲線如圖 11-23 所示，其最高速度達到125km/h對實用性無問題。該車在1995 年中製造了廿輛，其一半在日本國內試用，其餘輸往美國進行監視調查。

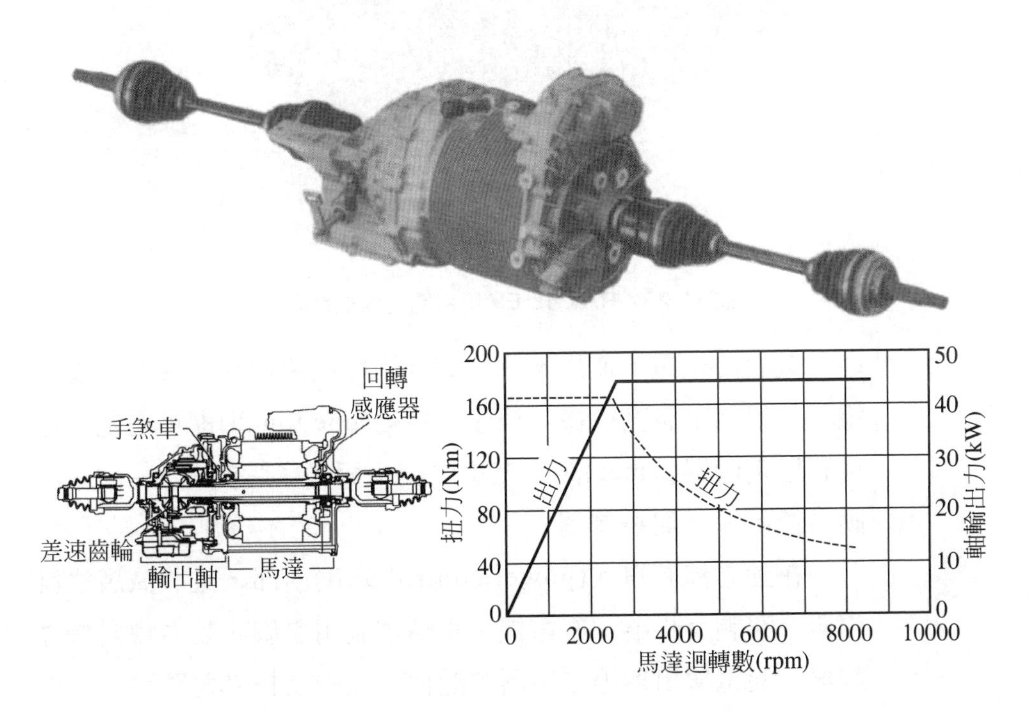

圖 11-24　動力系列之構造與馬達輸出力特性

⑶　電　瓶

電瓶是免保養(密閉型)鎳氫電瓶如圖 11-25 所示，重量約爲 450 公斤每個電容量約爲 95Ah，電壓爲 12 伏特廿四個串聯，所以其驅動電壓爲 288 伏特(12V×24)。電瓶與EV50 型車一樣方法，放置於床底板下，重心降低提高了該車的穩定性能。

圖 11-25　RAV 4L EV 用密閉型鎳氫電瓶

電瓶的充電，使用家庭用 200 伏特電源約八小時可完成充電。若使用車載充電機，插頭一接觸(one touch)即可充電，亦可利用定時器(timer)設定充電之開始與終了時間。

(4) 動力控制單元與控制器

在動力控制單元(power control unit)內部，是收藏馬達反相器、空調反相器、充電機、車輛控制用電腦、動力轉向機控制器、漏電檢出器等之高壓電配件、配線及控制電路等。其中之高壓電線路，以全浮式與室內分離，以提高安全性。與起動開關連動的繼電器(relay)，進行電源線路的開關。對這些配件的冷卻，亦與馬達用同一冷卻系統。

控制器(controller)是檢測迴轉磁場與轉子的位置，以控制最適當的輸出力用之向量控制(vector control)與位置控制(position control)，甚至在高速時進行場磁鐵控制(field magnet control)，以利在各行車狀態下，能夠以最適當狀態來驅動馬達。

(5) 其他電動裝備(設施)

① 回生制動

在制動時及與引擎煞車可匹敵的行車領域，回生煞車系統就作動，把車輛的動能(kinetic energy)改爲電能(electric energy)回收。在此條件下馬達可完成發電機的功能。於此場合，油壓煞車與回生煞車被協調控制，不過當然以回生煞車爲優先使用，如圖 11-26 所示。

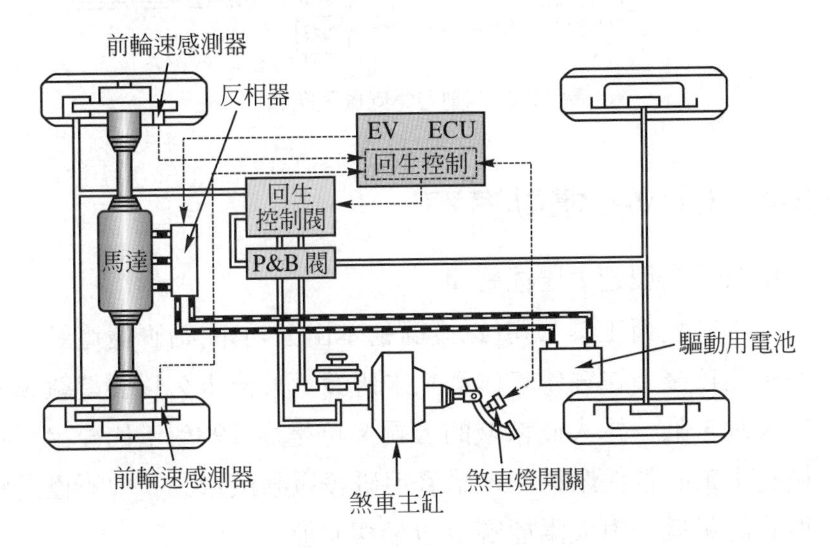

圖 11-26 回生制動系統

② 空 調

空調依反相器(inverter)控制，採用減低電力消耗的熱泵(heat pump)式冷氣機。在電瓶充電時事先讓加熱器或冷氣機作用，亦採用預熱(preheating)或預冷(precooling)系統。

③ 動力轉向機

動力轉向機使用油壓式。爲了增壓(power assist)之油壓，使用直流馬達驅動輪葉式泵(vane type pump)來增壓。

於此場合，因應駕駛狀態來控制直流馬達，以利產生最適當的油壓。其系統之構成如圖 11-27 所示。

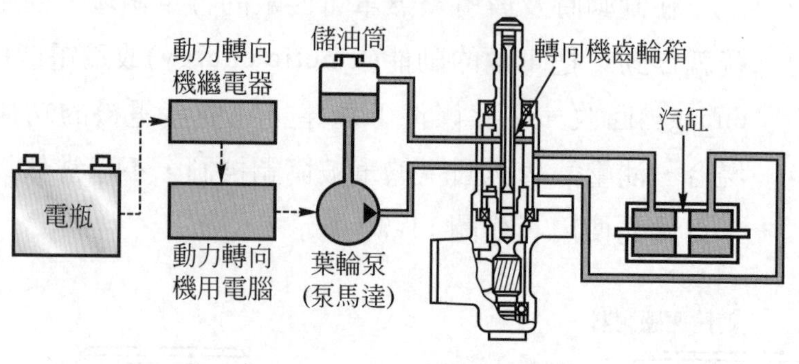

圖 11-27　動力轉向機系統圖

11-3-4　CUV-4 電動汽車

1. 本田公司先製造太陽能賽車

本田技術工業公司(以後簡稱本田公司)開始研發電動汽車的歷史比較淺。在宣傳時代當然未研發，其後不久以製造轎車的廠家來說，唯一投入此領域的公司。可是從 1980 年代後半，爲了檢討未來的替代燃料車，始著手研發電動汽車。其中不僅是轎車型式的研發，對太陽能賽車也參與研發。

可是一旦加入該技術的研發，其發展成績相當可觀。在太陽能汽車之領域，推出了命名爲“幻想(dream)”號的太陽能賽車，曾經參加了在澳洲舉行的第二屆及第三屆太陽能汽車挑戰賽(WSC：world solar car challenge)，榮獲第二名及第一名。

從此獲得其技術並活用，從 1990 年後眞正參與電動汽車的研發。其中首先發表了由該公司 Shuttle 改良的 Shuttle EV(電動汽車)，此車在美國、科羅拉多(Colorado)州 1994 年夏天舉行的山路車賽(hill climbing race)的電動汽車部份獲得冠軍。

從本田公司發表的最新電動汽車命名為“CUV4”所謂“CUV”是指clean urban vehicle(無污染市區用車)而言。開發此車的概念大概在豐田公司的 RAV4L-EV 相同，設定為在市區行駛用交通車，其車級以1500cc左右的尺寸為目標。圖 11-28 表示CUV4-EV的兩廂型(two box type)四人坐外觀。

圖 11-28　CUV4 之外觀

2. 馬達由該公司自行研發

CUV4-EV 的規格概要如表 11-6 所示。該車尺寸為全長 4.2 公尺、全寬 1.695 公尺、全高 1.61 公尺，其全長及全寬和同級的汽油車大略相同，但全高比較高些。此因在床底板下放置電瓶所影響。此車最受矚目的馬達，該公司在幻想太陽能賽車第一號車使用以來，均採用無刷直流馬達。其初期是使用“精工社”與“EPSON”共同開發的，以後均自行製造。在世界上的電動汽車製造廠中，自行製造馬達的可能僅此一家。

表 11-6　CUV4 之規格概要

項目		規格
尺寸	全長(m) 全寬(m) 全高(m) 前面投影面積(m²)	4.2 1.695 1.61 —
重量關係	空車重量(kg) 限乘人員(名) 總重量(kg)	1680 4 1900
馬達、反相器	馬達型式 額定輸出力・電壓・時間(kW・V・sec) 最大輸出力・電壓・時間(kW・V・sec) 最大扭力(Nm) 最大迴轉數(rpm) 馬達重量(kg) 控制方式 控制用元件	DC 無刷馬達 —・—・— 49・288・— 130 6000 — — IGBT
電瓶	種類 容量・電壓(Ah・V) 個數(個) 電瓶重量(kg)	密閉式鉛 60・12 24 480
輪胎的滾動摩擦係數		0.0055

考慮電動汽車與汽車製造廠之間的關係時，好像有極重要的關係。而且在此馬達的技術方面，應該注目的是獲得96%的最大效率。

原來無刷直流馬達比其他馬達效率高爲其特徵，但此尺寸之馬達獲得這麼高的效率尚未見過。此馬達的最大扭力爲130Nm，最大輸出力49kW、最高轉速爲6000rpm。

驅動系統，在此馬達連接自動變速箱向前輪傳輸迴轉力，是屬FF車，形式上是傳統方式。使用專爲電動汽車開發的變速箱，而不使用扭力變換器以謀取高效率化。

動力控制單元(PCU：Power Control Unit)內含有控制器、接合板、充電機、12V DC-DC 轉換器，馬達控制單元(ECU)及管理ECU等。

電瓶採用密閉型鉛酸電瓶。輪胎則使用低滾動摩擦製品，輪胎氣壓爲3kg/cm^{2}狀態下可獲得千分之五的滾動摩擦係數。

3. 性能設定於市區行駛用標準

CUV4 電動汽車的性能概要如表 11-7 所示。最高時速爲130km/h，此值爲實用上已充分足夠的水準。

表 11-7　CUV4 之性能概要

項目	性能
一次充電行駛里程(km) 10・15模式 100km/h定速FUDS模式	 120 106
最高速度(km/h)	130
電力消耗率(Wh/km) 10・15模式 FUDS模式	 137 154

CUV4車是實際上能夠在市區利用爲目標，所以在一般道路上對一次充電後，行駛里程與能量消耗等進行了詳細的測試。表 11-7 上所示的 10·15 模式是原來使用的，10 模式再加予改良，把高速行駛也考慮進去的行車模式，所謂“FUDS模式”，是指模擬在美國市區的行車狀況，其一次充電後的各行駛里程爲 120 公里及 106 公里。

此外，在美國洛杉磯近郊進行實際測試充電一次後的行駛里程，結果配合市區交通流量行駛時增加 8%，如果急速加速或減速時增加了21%的電力消耗率，所以此車若以粗暴方法駕駛時，一次充電後亦可行駛 80 公里之解釋。在目標的市區道路上實際行駛時，諒必可充分發揮其能力。

4. 充電效率的提高成爲課題

此車的充電效率也有詳細的調查結果，充電機效率與電瓶的充放電效率相乘的總合效率爲64%。此值並非所期望之値。在本書中，一直把電瓶的充電有關效率假設爲70%，是欲把電動汽車的效率提高爲前提。可是其效率的不良程度，從最近實際測試電動汽車之結果，在各地方受到指責，但此事實並非與電動汽車的本質相關之點，而大部份一直對充電效率都忽視所致，所以，今後諒必有充分改良的餘地。尤其是充電效率，從電動汽車用反相器的效率可達90%以上這一點，若與反相器相對照，同樣的以電子電路構成的充電機欲提高效率，諒必不甚困難。

今後對研發電動汽車應努力之點，從充電效率的提高爲重要因數，由CUV-4之測試結果即可得知。

以上所介紹的RAV-4及CUV-4電動汽車，可推出市面銷售的水準的車子，在世界上可視爲已達到最高水準。

11-3-5 慶應大學的高級廂型電動汽車“KAZ”

“KAZ”的由來，是來自慶應先進零污染車(Keio Advanced Zero Emission Vehicle)的英文字母第一個字而得來的。“KAZ”之總合觀感，因可促成能量效率優異之可能性而受注目，以某種意味電動汽車的性能可追求其極限，且利用之自由度又大的電動汽車之開發爲目的，而研究用之試造車，如圖 11-29 所示。其主要諸元如表 11-8 所示。

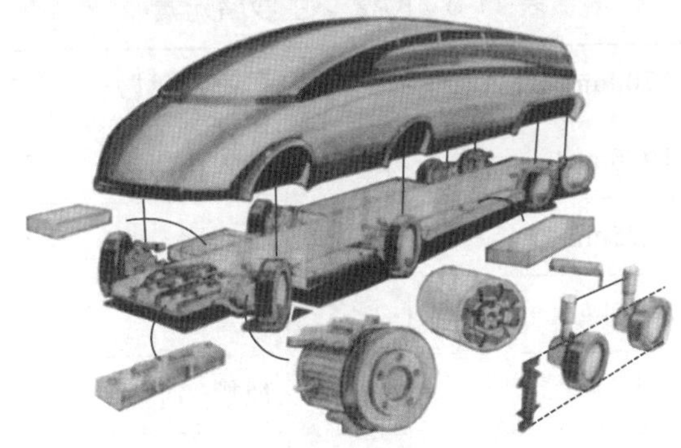

圖 11-29　慶應大學社 EV-KAZ

該車是日本政府系統之研究機關(科學技術振興事業團)的計劃之一環，由慶應大學之電氣汽車研究室與日本國內 13 家公司之協力合作，在 2001 年完成試造，並在同年瑞士日內瓦(Gene'Va)舉行了第 71 屆汽車展中參展。其後在義大利國內舉行的高速行車測試，獲得最高時速為 311 公里之記錄。

KAZ的設計，可以說完全無經驗，如從一張白紙開始設計的，車身設計則委託義大利之 I.DE.A 公司辦理的，組合工作亦由該公司承辦。KAZ 的車身尺寸為，全長 6.7×全寬 1.95×全高 1.67 公尺，車輛重量為 2.98 公噸，以轎車而言是巨大車。車架構造為一廂型斷面之雙重平台(Double Platform)型。

鋰離子電瓶即放在床底板下，床面是平面、架裝配件的自由度大，此試造車以高級廂型客車(Limousine)式之座位排列。

馬達是輪內型(Wheelin type)，其傳動是以八輪驅動(8WD)方式，懸吊是雙叉骨(Double wishbone)、前後連接的每二輪、各前後左右連接的液壓氣壓(Hydro-Pneumatic)併用式，具有柔軟的乘坐舒適感和優異的行車安全性能。

表 11-8　KAZ之主要諸元素

尺寸	長度	6700mm	馬達	最高迴轉數	12000rpm
	寬度	1950mm		最大輸出力	55kW
	高度	1675mm		減速比	4.588
重量	車輛重量	2980kg		數量	8 個
	限坐人數	8 人	反相器	種類	PWM
電瓶	種類	鋰離子		輸入電壓	0～140V
	電壓	3.75V		輸入電流	0～250A
	電容量	88Ah	輪胎	尺寸	185/55-R16
	重量	3.5kg	懸吊	種類	雙叉骨
	數量	84×2		方式	液壓氣壓併用
馬達	種類	輪內型 6 相同步式	性能	最高速度	300km/h
	磁鐵	釹(Nd)鐵		0～400m 加速	14.5 秒
	最大扭力	100Nm		一次充電行駛里程	300km(100km定速時)

11-3-6 馬自達

1. 馬自達(MAZDA)公司之雙電源 Demio 電動車

(1) 概　述

Demio 電動車是採用雙電源系統之電動車如圖 11-30 所示。其主要諸元如表 11-9 所示。

圖 11-30　馬自達 Demio 雙電源 EV

表 11-9　Demio 電動車主要諸元

項目		規格
全長×全寬×全高	mm	3800×1670×1535
車輛重量	kg	1350
最高速度(在 1 公里區間內)	km/h	100
充電一次行駛里程(10．15 模式)	km	100

雙電源系統是，使用約 80 支超級電容器(ultra capacitor)與鎳氫(NiH)電瓶組合而合併使用的。超級電容器，是在加速時把電力供給馬達之同時，亦可向電瓶充電。由此結果鎳氫電瓶在車子加速時不必放出大電流，因而可延長壽命。超級電容

器之充電則由電瓶進行，甚至在制動時的回生系統亦可回收制動能量。超級電容器是裝置於床板下，鎳氫電瓶則裝置於後座之下及床底板下合計裝載十六個電瓶。原引擎室之馬達室之配置如圖 11-31 所示。

圖 11-31　Demio 之馬達室

⑵　燃料電瓶系統(fuel cell system)

馬自達公司的燃料電瓶系統，燃料用之氫是儲存於氫氣吸藏合金箱(tank)其燃料電瓶系統之配置如圖 11-32 所示。電瓶的積層體(stack)外觀如圖 11-33 所示。

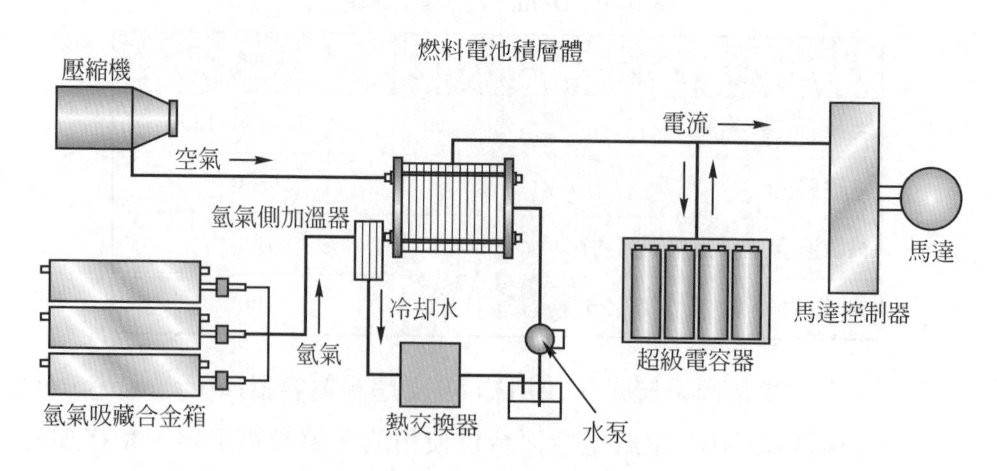

圖 11-32　FC 動力單元之構成圖

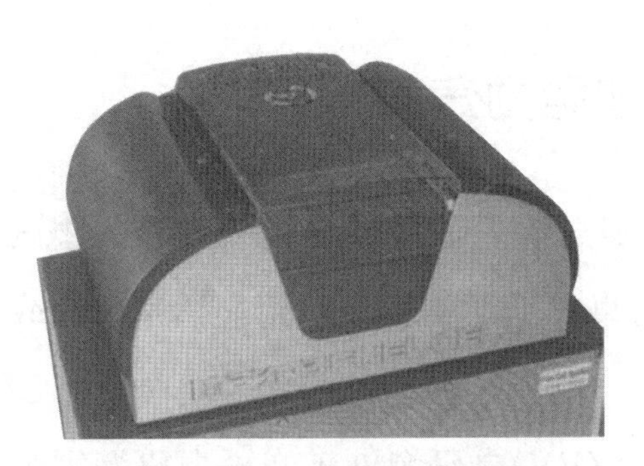

圖 11-33　燃料電瓶積層體

在燃料電瓶(FC)方面，於車子加速時亦同樣地，當燃料電瓶的能量輸出後，亦可獲得補充。燃料電瓶的高分子電解質膜(PEM：polymer electrolyte membrane)，比原來比例製薄 40%結果，則當燃料電瓶生成之水向膜內擴散，使能維持適當的水分量。

高分子電解質膜的水分之出入可解析如下，把運轉溫度抑制比原來低，則供給的空氣之飽和水蒸氣量會減少，膜內所需要的水分可判斷能夠留下來。從這些研究結果，把高分子電解質膜的薄膜化，與控制降低運轉溫度，則佔了燃料電瓶積層體(stack)的體積之約 5%的空氣用加溫器就不必用，由此可促進組合電瓶積層體整體之小型化。其電瓶性能，最大輸出力為 3.8kW，輸出密度為 0.31kW/L，作動壓力 0.15Mpa(氫和空氣相同)，電極面積 200cm^2，電池(cell)積層數為 60。

(3) 其　他

該車亦採用智慧型道路交通系統(ITS)或多媒體(multimedia)等，先進技術之進化情形也不落人後。

11-3-7 迷你電動汽車

自從 1970 年第一次石油危機之後，世界各國汽車先進國家，無不著手研究替代燃料車、低污染車、甚至經濟車(economy car，日本簡稱爲 Eco-car)。

所以零污染車(ZEV)之研發外，亦極力研發電動車之經濟車。因此爲了迎接廿一世紀日本在 1997 年的國際汽車展以“ACTION FOR TOMORROW”爲主題，展出了二人坐之迷你電動車(mini EV)，藉以節省能源又符合環保，最適合上班族之採用。茲將其代表性之車，介紹數輛於後。

一、豐田公司(TOYOTA)之電動車 e-com

1. 概　述

e-com 無論如何是屬於個人使用(personal use)的純電動車(PEV：pure EV)之交通車(commuter)，如圖 11-34 所示。換言之；即電動車的缺點(weak point)，限定於個人用交通車以覆蓋之低公害車。無論如何，是以第二台車(second car)或第三台車(third car)設計之電動車。該車又可活用智慧型道路交通系統(ITS：intelligent transport system)技術之“電動車交通系統”(EV commuter system)。從 1999 年春天製造約 50 輛在愛知縣豐田市的豐田公司爲中心提供給員工公務使用。此外，另計劃提供業者做租車(rent-a-car)之用。

圖 11-34　豐田之二人座小型 EV，e-com

2. 尺寸與主要諸元

e-com 的主要諸元如表 11-10 所示。該車之三尺寸爲全長 2790mm、全寬 1475mm、全高 1605mm，一次充電後行車里程約爲 100 公里(10．15 模式)，最高速度爲 100km/h，有後門之三門式小型電動車，貨物之裝卸亦很方便，家庭主婦購物或上班族用個人交通車非常適宜。

表 11-10　e-com 之主要諸元

項目		規格	項目	規格
全長		2790mm	限乘人數	2 人
全寬		1475mm	驅動用馬達	交流同步型
全高		1605mm	驅動用電瓶	密閉型鎳氫電瓶
軸距		1800mm	驅動方式	FF
輪距	前	1305mm	最高速度	100km/h
	後	1305mm	一次充電行駛里程	100 公里

3. 電動車系統

e-com 是純電動車(PEV)圖 11-35 是表示動力驅動系列。驅動方式是前輪驅動(FF)。控制系或高壓系之流合圖謀合理化，故使用已在市售之 RAV4L 共用配件。

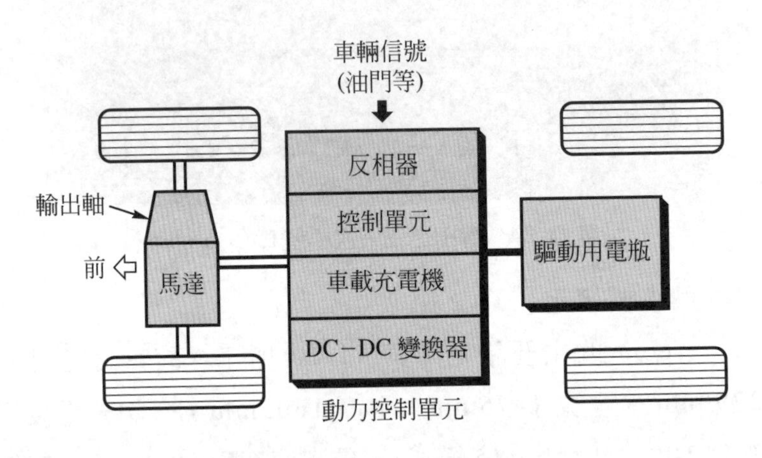

圖 11-35　e-com 之動力驅動系列

動力源的電瓶亦使用鎳氫電瓶，因密閉型免保養非常方便。電瓶有廿四個串聯可得 288 伏特之輸出。並且廿四個一體化收納於電瓶架內，裝置於床底板下可降低重心，可確保車廂寬敞。

電瓶之充電可使用車載充電機，使用家庭用 100 伏特有 15 安培以上之電源即可充電。又可變換爲快速充電。

4. 馬　達

馬達使用新開發的小型交流同步型馬達，組入三軸式的齒輪系列，並組合了傳輸軸如圖 11-36 所示，在內部封入了冷卻用自動變速機油(ATF)。此馬達在車輛減速時，屬回生制動系統之配件，可變換爲發電機發電而向二次電瓶充電。馬達的主要諸元如表 11-11 所示。

圖 11-36　e-com 用馬達

表 11-11　e-com 馬達之主要諸元

項目	規格	項目	規格
馬達種類	無刷 DC 馬達	最大扭力(Nm)	83
最大輸出力(kW)	20(4500rpm/15 秒)	冷卻方式	油冷
額定輸出力(kW)	13.2(4500rpm/1 小時)	外形尺寸	265(L)×365(W)×300(H)
輸出力軸(rpm) 最高迴轉數	9000	質量 kg	36

5. 左右車門皆可上下車

該車採用P、R、N、D四位置可變換之變速桿(select lever)，裝置於轉向機柱，所以駕駛座和助手座間無障礙，從左右車門皆可上下車。半長椅型(semi bench type)的助手座，往前倒則靠背(seat back)可代替桌面使用，非常方便。

6. 駕駛座周圍及安全設施

駕駛座正面有數位速度錶，儀表板中央配置汽車導航(car navigation)用螢幕(monitor)。音響則利用市售立體型雙耳式耳機(Head phone stereo)，只要把插頭插入置物箱(glove box)內，車內喇叭(speaker)就會響的設備。

安全性當然亦考慮在內，採用當碰撞時加予車輛前部的衝擊力，就往床下側移動之構造，對車室全部的衝擊就可減輕。

二、日產(NISSAN)公司之 Hiper-mini 電動車

1. 概　述

Hiper-mini 是二人座超小型純電動車(PEV)。此車是基於下列調查資料而製造的。

(1) 目前乘用車(轎車)有九成，其每日行駛里程爲70公里以下。

(2) 平常利用的輕型汽車中，乘坐一人至二人之場合佔九成。

(3) 擁有多輛汽車的人增加。

總而言之，也是爲了上班族及家庭主婦購物之用。

2. 尺寸與主要諸元

Hiper-mini是比e-com更迷你型，所以稱它爲“超小型純電動車”。其主要諸元如表11-12所示。

一次充電後可行駛 130 公里(10．15 模式)，最高速度可達100km/h。有此優異的性能，當交通車諒必不會令人不滿意吧！

3. 電動車系統

Hiper-mini的電動車系統如圖11-37所示。其驅動方式爲RR方式。電瓶爲 HITEC 產品之鋰離子電瓶。電瓶之充電採用非接觸型之感應式。充電方法是把可攜帶(portable)充電機的塑膠製

手把(handle)插入車輛側之接續部即可如圖 11-38 所示。在手把內藏產生高週波的線圖。此高週波由車輛側的線圈收取，並整流爲直流向電瓶充電。感應式充電機，遇到雨雪天氣也不怕有漏電之慮，可安全使用爲其優點。

表 11-12　Hiper-mini 之主要諸元

項目	規格	項目	規格
全長×全寬×全高(mm)	2500×1475×1550	電瓶	鋰離子
軸距(mm)	1790	充電機	感應式充電系統
輪距前/後(mm)	1255/1260	驅動方式	2WD(RR)
限乘人數(名)	2	懸吊　前/後	獨立支柱式/獨立並聯支柱式
馬達最大輸出力(kW)	釹磁鐵同步型(20kW)	煞車　前/後	通氣碟式/碟式
控制器	IBGT	輪胎	185/55R14

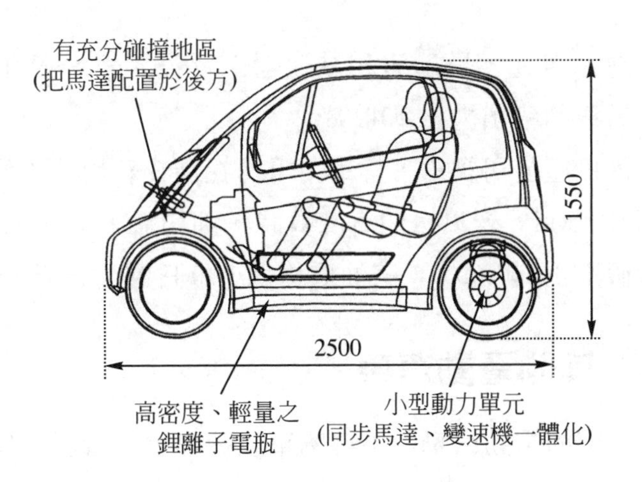

圖 11-37　Hiper-mini 系統圖

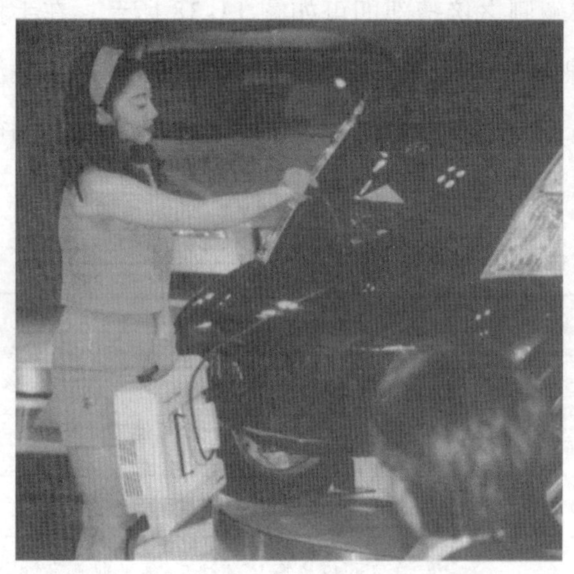

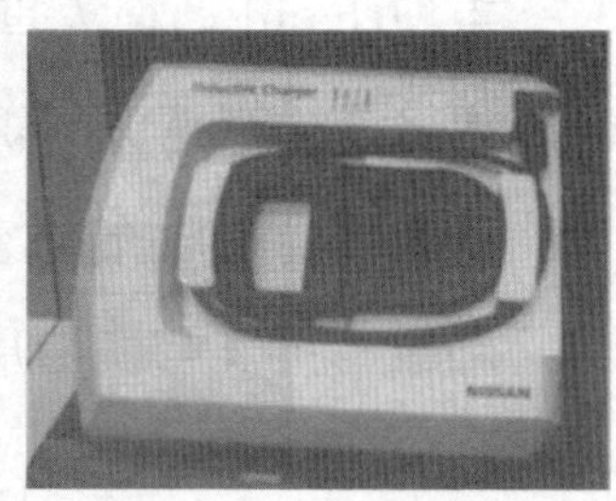

圖 11-38　攜帶充電機之作業情形

充電時間使用 100 伏特電源，約需八小時。若使用 200 伏特電源，則充電時間可縮短爲二小時。

4. 馬達等

動力單元，是馬達和減速器，及控制器一體化以促進小型化。馬達的輸出力爲 20kW。

依日產公司試算，行車用電費在深夜利用非尖峰時期時約爲 1.8 日圓/km。若以汽油車計算時，則約需 100 日圓/km 左右(燃料費假定爲 10km/L，汽油價格爲 100 日圓/L 試算)。

11-3-8　其他電動汽車

以上所介紹的電動汽車，不論轎車或迷你車，皆屬於使用二次電瓶的純電動汽車(PEV)，因爲日本之能源也皆以進口爲主，所以特別努力於節省能源及提高汽車性能之研發工作。日本亦屬汽車先進國家，有幾家世界有名之汽車製造廠，故參加研發電動汽車之廠家亦多，所以該國生產或試造車種類多，不勝枚舉，以上僅介紹代表性之電動汽車，其他尚有多種因篇幅關係不便一一介紹，僅以表 11-13 列出提供讀者參考。

表 11-13　未介紹之日本純電動汽車

項目	車名	製造廠
1	“露斯歐爾”	環境廳
2	R'messa	日產自動車工業(株)
3	Avenier	同上
4	Cedric	同上
5	PRAIRE Joy	同上
6	LIBERO	三菱自動車工業(株)
7	“朋果”	馬自達(株)
8	海節特 Pick up	大發工業(株)
9	電友 1 號	日本 EV CLUB
10	ZEK-01	同上
11	LANCER	同上
12	E · Z · GO	三英社製作所
13	“孟巴爾”	本田技研工業(株)
14	ES 600III	山手工業(株)

註：*1.* 未含燃料電瓶電動汽車(FCEV)
2. 未含混合型(Hyblid)電動汽車
3. 此為筆者所蒐集資料遺漏難免

11-3-9　燃料電瓶電動汽車(FCEV：fuel cell EV)

世界上最早在市售車，讓使用者(user)擁有燃料電瓶電動轎車的是日本，在2002年12月2日由本田汽車公司製造，命名爲“ZC1(FCX)”，也是本田公司第一次上市的燃料電瓶電動車(FCEV)。但此後的 FCEV 發展情形如何，不得而知，故最後以“X”代理日後發展，因此該車即命名爲“FCX”。

1. FCX使用雙電源

   本田汽車公司的燃料電瓶電動汽車的開發史尙淺，從 1999 年試造了V_1及V_2，2000年試造了V_3，2002年試造了FCX第四代V_4，請參閱圖11-39。觀看其車身很接近喜美(Civic)，爲了確保大人四人坐、確保該車之性能及續航里程(一次充電後行駛里程)，苦心研發了各種機件之小型化。

	HONDA FCX			
	V1	V2	V3	V4
		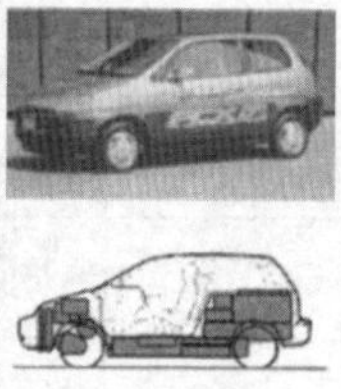	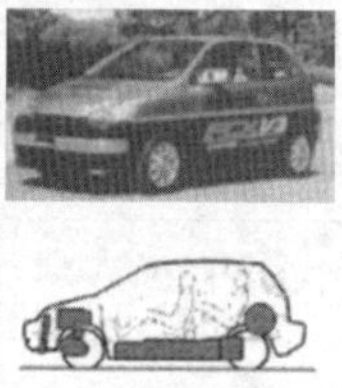	
燃料	純氫氣	甲醇	純氫氣	純氫氣
貯藏方式	氫氣吸藏合金	改質器	高壓氫氣筒(250氣壓)	高壓氫氣筒(350氣壓)
馬達最高輸出力	49kW[67PS]	49kW[67PS]	60kW[82PS]	60kW[82PS]
燃料電池積層體	Ballard	Honda製	Honda製／Ballard	Ballard
限乘車人數	2名	2名	4名	4名+行李箱

圖11-39　本田FCEV之開發歷程

V_1車使用的燃料電瓶(FC)用燃料是純氫氣，V_2車改用甲醇及改質器來製造純氫氣使用，V_3車又再使用純氫氣迄今。燃料電瓶則使用加拿大BALLARD製品，V_2車及V_3車使用本田公司自製燃料電瓶，V_4車又使用BALLARD製品。

經研究減速制動回生能量結果，使用本田公司自行研發的超級電容器(ultra condenser)參閱圖 11-40。此方式的混合型系統(hybrid system)的能量分擔，本田公司規劃如圖11-41所示。本田公司所稱混合型系統是使用超級電容器，而本書前所稱混合型(Hybrid type)是指引擎和二次電瓶混合之雙動力(dual power)而言，故本田公司之此方式筆者擬稱爲“雙電源”以免混淆不清。

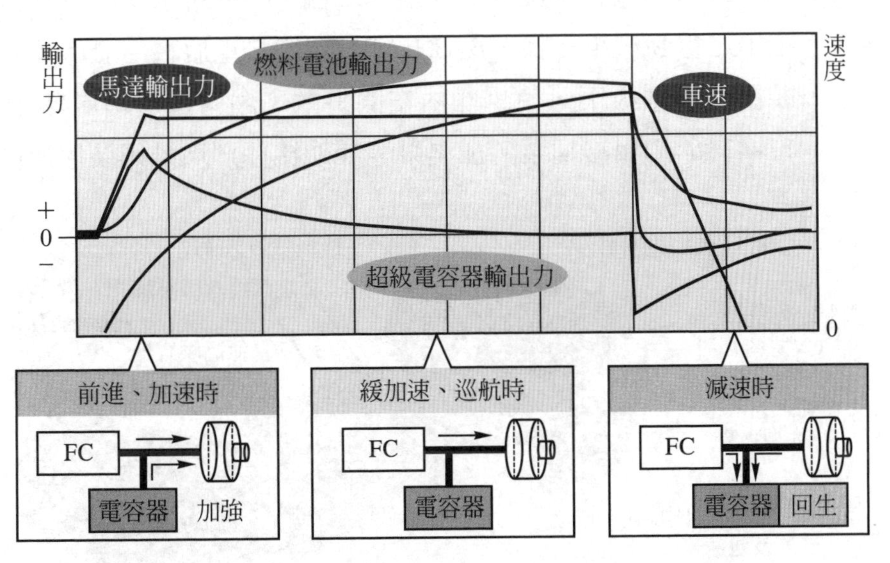

圖 11-40　本田 FCX 之能量分擔

加速時：FC的過度反應延遲，由電容器加強，實現反應靈敏的行車

巡航時：由 FC 供給馬達為主，可高速行車

減速時：減速時的回生能量儲存於電容器，以實現無衝擊感的減速，並可提高燃料費率

2. 研發出超級電容器以補助加速之用

然而電動馬達，電流若能全力供給，則迴轉初期即可獲得100%之扭力，問題在那麼大的電流，從何處取得供應？

燃料電瓶的輸出力之上升是緩慢的，因此馬達供給車輛之加速亦相同。欲補其上升特性，要有良好電力可運用。因此電瓶的出入電力密度要大，由此研究結果開發了超級電容器。其構想與日產公司相同，如此始能獲得輸出力上升良好之電源，故本田公司使用此加速感上有良好表現之超級電容器。

3. 確立了小型化及安全性能

(1) 燃料電瓶積層體之簡介

FCX的機件、配件之配置，如圖11-40所示。FCX與近來推出之電動汽車一樣，BALLARD製燃料電瓶積層體(stack)是裝置於床底板下，使車廂內空間寬敞，燃料電瓶積層體(如圖11-42所示)與冷卻泵，加濕泵等補助機件，均排好裝置於內部

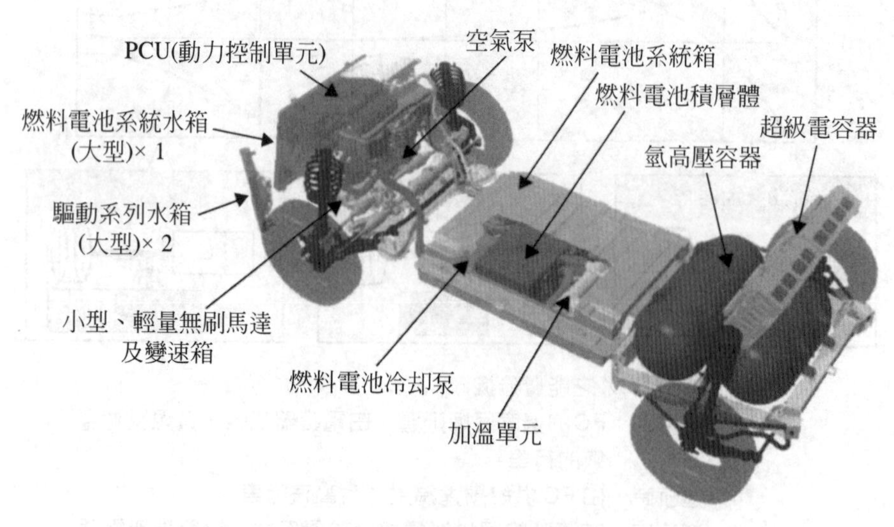

圖11-41 驅動系列配置圖

圖 11-42　積層體

圖 11-43　兩個一組之氫高壓容器

。燃料電瓶積層體前方內部下層有供給空氣(O_2)之空氣泵、內藏空氣濾清器之空氣室(air chamber)、DC無刷馬達(密閉水冷式)、傳輸軸、控制能量管理之動力控制單元(PCU：power control unit)、及複數之冷卻用水箱(燃料積層體用和馬達用)等擠放在一起。

(2)　氫氣箱(Hydrogen tank)

氫氣箱(tank)如圖 11-43 所示。兩個合計可充填 156.6 公升，壓力 35MPa、約為 $42m^3$(3.75kg)之純氫氣。充填一次，按美國加州 LA-4 模式，可行駛 355 公里。

氫氣箱放置於堅強的車架空間內，對碰撞安全性特別重視而設計的，如圖 11-44 所示。氫氣箱內層是鋁套(aluminium liner)，中層是碳纖維(carbon fiber)，外層是玻璃纖維(glass fiber)等三層構造，如圖 11-45 所示。是從美國廠商調用的。

圖 11-44　裝於車架空間之氫氣箱

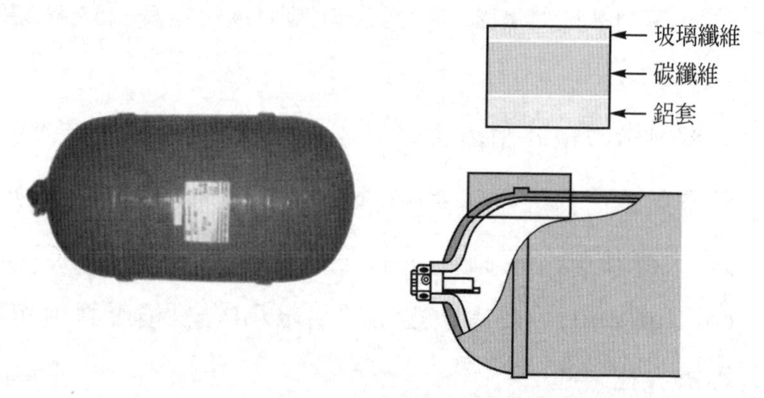

圖 11-45　氫氣高壓容器之外觀與構造

(3) 超級電容器之裝置位置

超級電容器是由本田公司自行製造，直徑約 40×長 200mm 之圓筒狀單元，有 80 個疊成模組(module)化之系統，裝置於後座後方而豎立於行李箱前。如圖 11-46 所示。

(4) FCX 性能簡介

如上述把各構成機件(component)苦心小型又輕量化，組成如圖 11-46 所示之 FCX 車。全長 4165×全寬 1760×全高 1645mm，如此小型化之空間仍可乘坐四人，車重有 1650 公斤，馬達最高輸出力爲60kW(82ps)、最大扭力272Nm(27.7kgm)。經多次之嚴酷碰撞試驗，可得知此車的安全性可確認的。

燃料電瓶的最大特徵，是能量效率之高。在此 FCX 依超級電容器之混合效果，亦即使用此種雙電源之優異效果，從氫氣箱到車輪(tank to wheel)獲得45%之能量效率，與現有汽油車比較，有兩倍之高，與汽油之混合型電動車、即Hybrid EV (HEV)比較，則有1.5倍之成效。

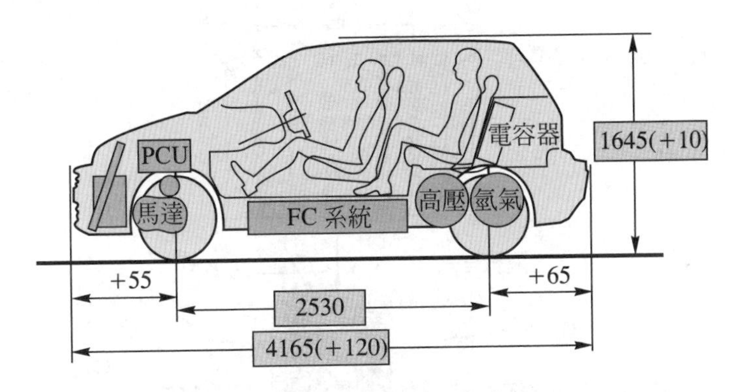

圖 11-46　小型化的 FCX 之車廂尺寸(“+”是 FCX 增長數)

4.　燃料電瓶

⑴　前　言

燃料電瓶(FC)已經在第六章電動汽車用電瓶介紹過，在電動汽車(EV)來說，燃料電瓶是明日之星，不論純電動汽車(PEV)或混合型電動汽車(HEV)均相同，必須有優異的燃料電瓶，上列兩種車輛，始能使空氣無污染(zero pollution)或降低污染。由此可見燃料電瓶之重要性。

燃料電瓶之發電原理雖然在第六章已介紹過，爲讓讀者能更明瞭燃料電瓶，於此以複習之意再簡介如下。

⑵ 燃料電瓶之發電原理

FCX所採用的燃料電瓶積層體(stack)，是氫氣和氧氣依電化反應，把化學能轉變爲電能，其直接互換的媒介，FCX採用質子互換模型燃料電瓶(PEMFC：proton exchange membrane fuel cell)、與朋馳車相同，其發電原理如圖 11-47 所示。

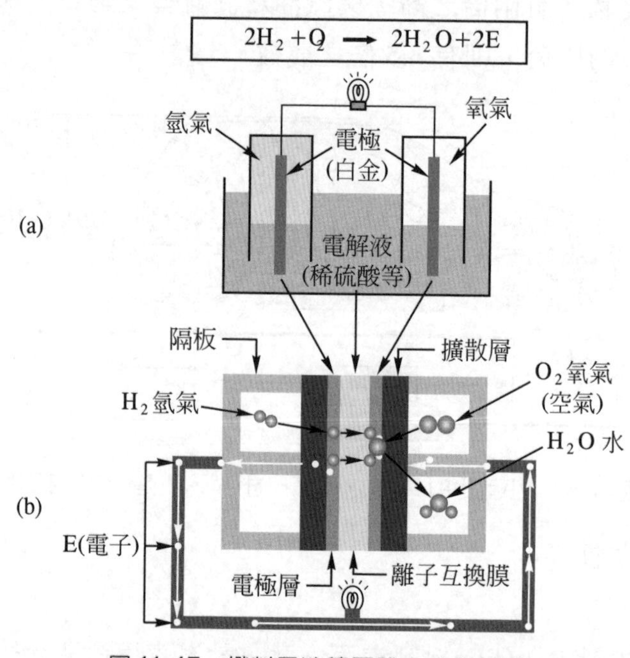

圖 11-47　燃料電池積層體之發電原理

其反電原理一言以蔽之，即電解水生成氧氣和氫氣之逆反應。只要不斷供給氫氣(H_2)和氧氣(O_2)就能繼續進行發電。又產生電之同時會因反應而生成水，二氧化碳(CO_2)或有害物質之一氧化碳(CO)等完全沒有、不會排出的。其發電程序如下。

① 在負極(氫極)側送進氫氣(H_2)，則氫氣因負極(渡白金)之觸媒作用而變成氫離子，並放出電子(e)就發生直流電流。

② 放出電子的氫離子，通過互換膜(membrane)，另在正極(氧極)側送進空氣(內含之氧氣)，就變成氧氣離子，並放出而經由外部迴路的電子結合。

③ 依前述之作用，直流電流就通電而發電。並且在正極產生副產品生成水。

④ 離子(ion)互換膜因爲必須經常保持潮濕之狀態，所以氧氣或氫氣有必要加濕再供給，於是在燃料電瓶積層體生成的水蒸汽，予以回收利用其水分提供加濕所需用之水。

(3) 燃料電瓶積層體之構造

離子互換膜是非常薄之固體高分子膜，是由互換質子(正離子)的聚合物(polymer)膜(PME：proton exchange membrane)所製成的，此膜有氫極和氧極兩極夾於中間，再由隔板(seperator)從兩側夾住狀態，就形成了一個電池(cell)，如圖 11-47(a)所示。把此電池製成積層體(stack)如圖 11-48 所示，其每一電池會發電，其製成積層體所匯聚的電力，即可達成廠家所要求的電壓或電流。

圖 11-48　FC 積層體之構造

(4) 超級電容器

所謂“超級電容器”，是廠家的命名，其電化學名是雙電層電容器(electric double layer condenser)。FCX 車是以燃料電瓶積層體之電力爲主電源，超級電容器，是因應行車狀態，欲得更大動力行車之補助用電源。是由本田公司自行研發的，如圖 11-49 所示。由此可得高輸出力又能產生高反應，以實現儲存電力性能，亦可確保高信賴性能。

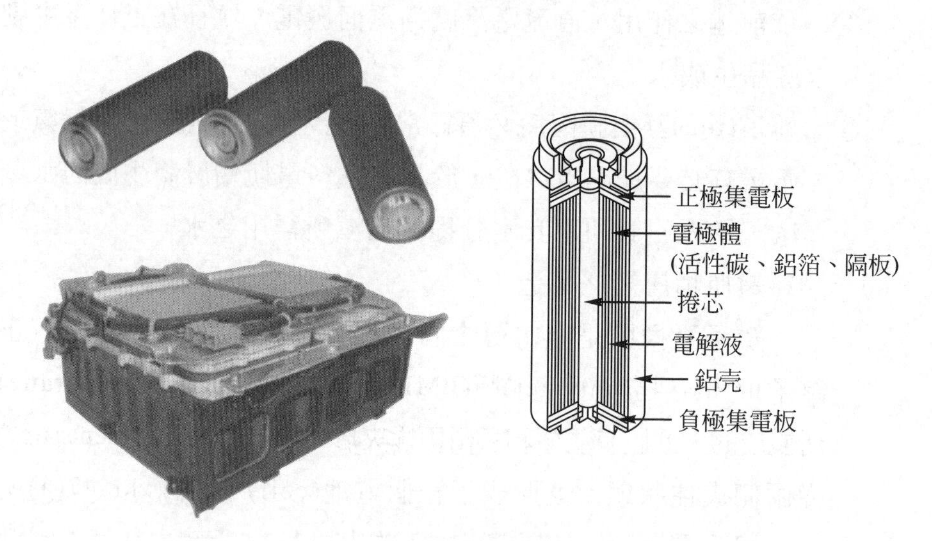

圖 11-49　超級電容器車上系統模組。左電池單體，右構造

當起步加速等需要更大的動力時，要將驅動力強有力地支援，制動減速時將其減速能量回收，以準備下次的動力支援，超級電容器之電阻，比電瓶內部之電阻還低，並且對應燃料電瓶之電壓變動，以進行充放電。由此即不須如電瓶方式之電壓調整用轉換器，以圖獲得實現更高輸出力性能及系統之高效率化。

11-3-10　混合型電動汽車(HEV：hybrid electric vehicle)

混合型電動汽車的時代來臨了！

混合型電動汽車，是指傳統的汽油車或柴油車，另裝二次電瓶或一次電瓶之燃料電瓶又另組合馬達配套之雙動力源而言。近來因二次電瓶的功效比較差，已向燃料電瓶發展，其成效亦令人欣慰。而今不但研發轎車，對商業用車(commercial vehicle)亦達到實用化的階段。

例如在2002年10月30日起五天的第36屆東京汽車展(THE 36TH TOKYO MOTOR SHOW)，所展出的商用車，不輪是廂型車、卡車甚至於大客車，皆已達到實用階段。茲將各公司各種車型，列出代表性車，不論此次展出車或早已實用的混合型電動汽車介紹如下。

一、豐田公司之 PRIUS 混合型電動汽車

1. 豐田混合型系統(THS：Toyota hybrid system)

   此系統(THS)是日本在1997年元月發表推動的「環保計劃」之一環，其計劃之一的新動力驅動系列系統(new power train system)之實用化，也就是此THS系統之混合型電動汽車(hybrid EV)。此車是當時計劃爲了提高電動汽車之續航里程(也就是充電一次後之行駛里程)之法規爲目的而研發之試驗車(test car)，也是初次發表比其他公司都早推出之實用車系統。

   新動力驅動系列系統包含能源管理系統(EMS：energy management system)所謂“新動力驅動系列系統”是賦與大幅提高引擎及驅動系效率外，再增加能量回生與停車時之引擎熄火等功能。

   然而豐田 PRIUS(HEV)，是考慮「省能源、環保、行車安全」等多項目的，並迎向廿一世紀而研發的新驅動系統之四門轎車。如圖11-50所示。在1997年12月10日開始市售的世界最早量產的混合型電動汽車。其主要諸元如表11-14所示。

圖 11-50　世界最早量產的 HEV-PRIUS

表 11-14　PRIUS 之主要諸元

項目	規格	項目	規格
全長	4150mm	輪距：前	1510mm
全寬	1695mm	輪距：後	1470mm
全高	1490mm	動力系列	TOYOTAEMS*
限乘人數	5 名	排氣量	1498cc
軸距	2550mm	驅動方式	FF 車

註：*含 1.5 公升豐田 D-4 引擎

⑴　何謂混合型系統(HS：hybrid system)

於此所介紹的混合型系統，是豐田公司針對此次推出的PRIUS轎車而所介紹的系統。所謂“混合型系統”，是指汽油引擎與電動馬達組合之動力源而言。英文的Ecology是“生態學、生態環境”的意思，可是近來爲了因溫室效應，臭氧(O_3)

之破洞問題，生態環境不容破壞，因此興起環境保護之綠色運動。所以為了環保及省能源，汽車不但不准排放超出規定量的二氧化碳等對人類有害氣體，又因人類生活水準之提高，亦不容有噪音超出規定影響至生活品質甚至提高行車安全在多方面之要求下，如有環保車(ecology car)及經濟車(economy car)之研發推出實用之此混合型車，正是為此目的而積極推行實用化的，日本把這兩種車皆稱為“ECO Car”是屬於經濟又環保之車輛。

此混合型電動汽車，就是為了環保、防止溫室效應減低CO_2之排放而研發推進之技術。結果此系統所能提高的燃料費效率，比汽油車提高約兩倍。

其基本構造可分為串聯(series)方式和並聯(parallel)方式兩種。茲將串聯方式及並聯方式介紹如下。

串聯方式是引擎僅使用於驅動發電機之用，而車輛的驅動力則全由馬達而獲得的，如圖 11-51 所示。

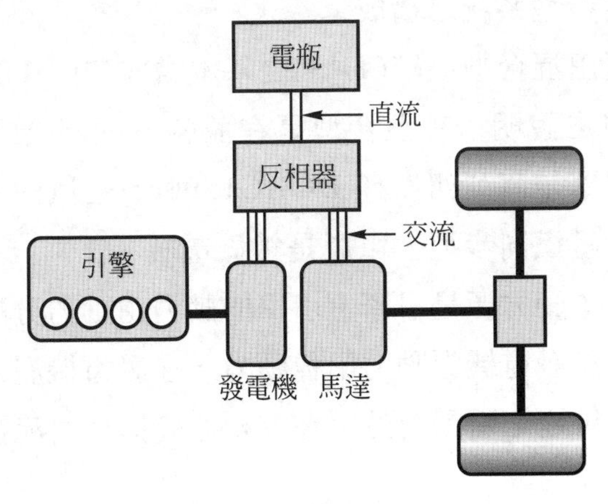

圖 11-51　串聯驅動方式

所以引擎只要小輸出力即可，並且可在最佳效率之運轉域(大約在一定迴轉數)使用為其優點。

並聯方式是，車輛從引擎和馬達兩方面獲得驅動力之設計，如圖 11-52 所示。

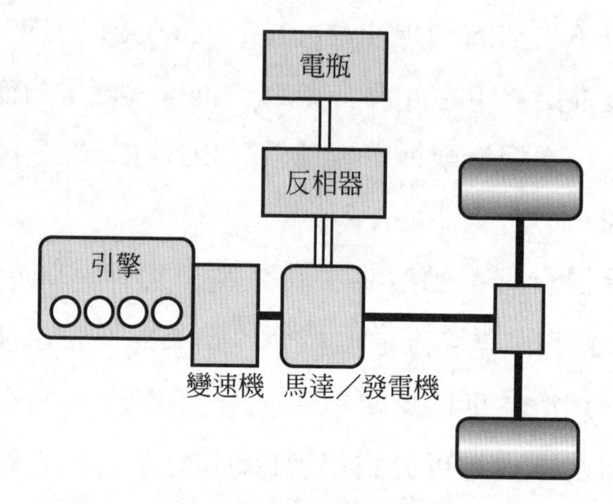

圖 11-52　並聯驅動方式

因應行車狀況兩種驅動力可分別使用，則各方面的缺點由此可以彌補。當然引擎向電瓶充電中，車輛仍然可以行駛。

(2) 豐田混合型系統之構成

豐田混合型系統(THS)之基本構成如圖 11-53 所示。按豐田公司之說明：其混合型是在並聯方式組合了串聯方式的系統。引擎是直列四汽缸 DOHC1500cc 之汽油引擎，馬達是交流永久磁鐵同步型，電瓶是鎳氫電瓶。

基本動力源是引擎，引擎的動力由動力分配器分配為車輪驅動力和發電機驅動力兩種動力。在發電機發電的電力，除直接利用馬達之驅動力外，在反相器變換為直流後，儲存於高電壓電瓶。

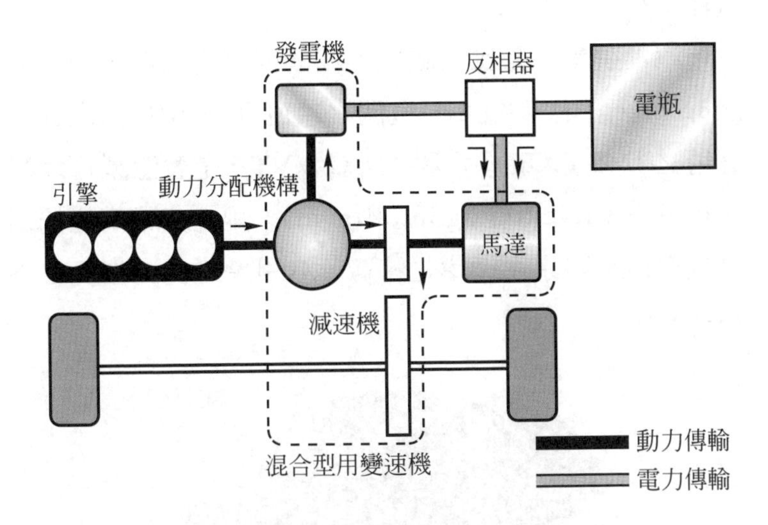

圖 11-53　豐田混合型系統之構成在並聯方式組合入串聯方式，以引出各最大優點來構成

又這些構成機件如圖 11-54 所示，可見其內部構造與現有之變速箱幾乎同樣的容積和形狀而把它一體化而已。可裝載於轎車之可能性極高。

圖 11-54　變速機之內部構造。內含發電機、動力分配機構、減速機、馬達等

⑶ 汽油引擎

汽油引擎，是應用膨脹比高的阿京生循環(atkinson cycle)之 1500cc、附 VVT-i 四汽門水冷直列 DOHC 四汽缸之混合型專用之 INZ-FXE 型引擎。所謂 VVT-i 是智慧型可變汽門正時(variable valve timing intelligent)。雖然無很高的輸出力，但是效率佳是阿京生循環之特徵。含引擎之動力單元之外觀如圖 11-55 所示。

圖 11-55　含引擎之動力單元外觀

其正確數值的排氣量爲 1496cc，內徑 75×84.7mm 之長行程。壓縮比爲 13.5，最高輸出力爲 58ps/4000rpm，最大扭力爲 10.4kgm/4000rpm，最高轉速爲 4000rpm。一般的 1500cc 引擎，最高輸出力有 100ps，最大扭力有 14kgm 左右均容易獲得，而最高轉速爲 6000rpm。

但此引擎是，以效率比動力與扭力更優先而設計的引擎。所以燃料使用普通(regular)汽油。雖然如此，因爲阿京生循環之關係，並不顧慮發生爆震(knocking)，參閱圖 11-56。

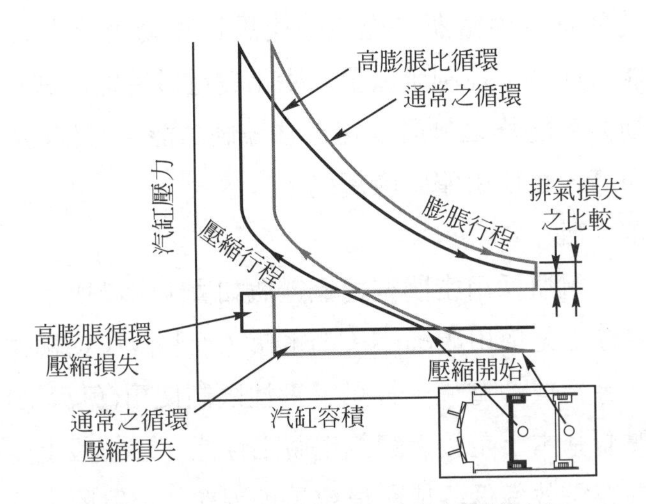

圖 11-56　高膨比循環之阿京生循環概念圖

此循環(cycle)，是把進氣門之關閉正時比奧圖循環(Otto cycle)引擎延遲關閉，使開始壓縮時期在實質上慢些，在實際上不會提高壓縮比，以獲得較高之膨脹比。由此可得到更高的能量效率，並減低泵損失(pumping loss)。

此引擎之所以不堅持高輸出力，是因爲馬達獲得(增強)倍力(assist)。效率最高的轉速限定於4000rpm，就可減低引擎零件的強度。由此輕量化多種零件，因篇幅關係，於此不予討論。

(4)　馬達、電瓶及反相器

①　馬達發電機(MG：motor generator)

汽油引擎的強有力助手之馬達，是使用永久磁鐵之交流同步馬達，其型式爲 1CM。最高輸出力爲 30.0kW/940～2000rpm，最大扭力爲31.1kgm/0～940rpm，此馬達與引擎動力輸出軸連結有二系統之繞線，亦可負荷大電力，是加速時之補助動力源。此馬達在車輛減速時或制動時，就轉換成發電機之功能，即變成制動回生能量系統之構成機件。也就是具有可供電瓶之充電、與馬達驅動用電力之發電機之功能。此外，控制發電量以變化發電機轉速，就可賦與後述之動力分配器之無段變速機之控制功能。其搖轉(cranking)能力高，可使引擎瞬時起動。

② 電 瓶

電瓶採用密閉型鎳氫電瓶如圖 11-57 所示。鎳氫電瓶，實際上是使用鎳鎘(NiCd)電瓶，而將鎘(Cd)極換置為氫吸藏合金構成的電極。鎘是有毒性限制使用(免污染環境)，但該電瓶基本上是接近鎳鎘電瓶之性能。在一般上是有，在高溫的充電效率低落或記憶效果等課題，但實際上的最大問題是成本太高。

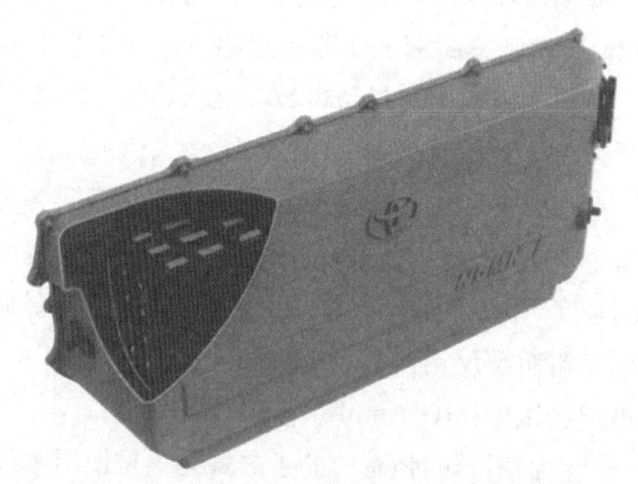

圖 11-57 電瓶是鎳氫型，為EV用開發的在高功率密度、輕量、長壽命等特徵。屬密閉型符合 THS 用高性能電瓶

電瓶的技術革新，與車輛技術一樣有輝煌之成果，此HEV之PRIUS，與同公司之RAV4L電動汽車，使用相同電壓(1.2V×250 個＝300 伏特)，重量約為 75 公斤，有六分之

一左右之輕量化。按容積輸出力計算，則達到三倍以上之性能。電瓶之全體尺寸爲長 1030×寬 280×高 430mm，不必設置從外部充電，諒必讀者已瞭解。

③ 電容器(capacitor)

爲了馬達-發電機(MG)的蓄電裝置，採用電容器，又稱爲電容器．電瓶(condenser．battery)。正式名稱爲"雙電層電容器"，電極材料使用活性碳。確保大表面積，以增大蓄電容量。即容量有原來的鋁電解電容器的十倍以上。在充放電時不隨著化學變化，所以性能劣化非常少，因此循環壽命長是其優點。因爲可在短時間內蓄存、放出大電能，對車輛的能量回收系統最適用。

從上述電瓶及電容器之介紹，就可知此車不僅是雙電源車，又是混合型車。

④ 反相器

反相器賦與將電瓶的直流電變換爲驅動馬達之交流電外，尙有將發電機發電之交流電，變換爲向電瓶充電的直流電之變換器(convertor)功能。其外觀如圖 11-58 所示。反相器用電路採用智慧型動力模組(intelligent power module)，以提高信賴性。

2. 系統之作動

主要驅動力是引擎，馬達是使用於動力的補助用。例如在起步時，是積極活用低速扭力大的馬達特性。而在全力加速時，則利用電瓶的電力以增加馬達的驅動力。所以獲得同等的加速性能，則混合型車比一般的車，引擎輸出力可以低些亦無妨。

圖 11-58　PRIUS 用反相器

⑴　起步時與輕負荷時

在起步時與極低速行駛時，甚至行駛緩和下坡道時，引擎效率會惡化，所以需要讓引擎空轉，或切斷燃料，利用馬達行車如圖 11-59 所示。

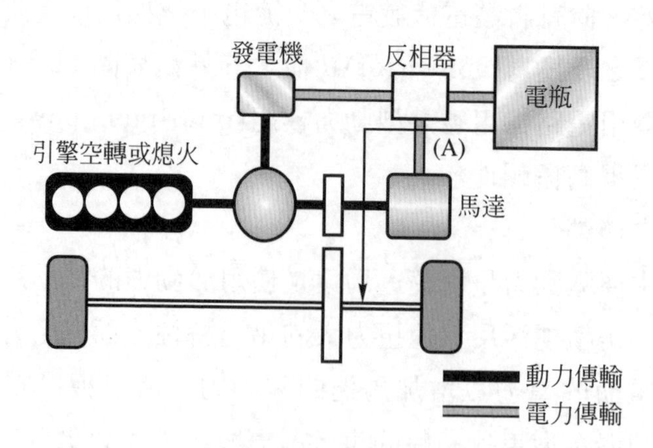

圖 11-59　起步或緩行時，以馬達動力行駛(A)

⑵ 在一般行車時

在一般行車時，引擎動力會被動力分配器分開成兩個路徑。兩路徑中之一就直接驅動車輪。而另一路徑，驅動發電機發電、以此電力驅動馬達，以增強車輪的驅動力。兩者之關係，即兩個路徑之關係，以電腦控制使能夠效率達到最高，參閱圖 11-60。

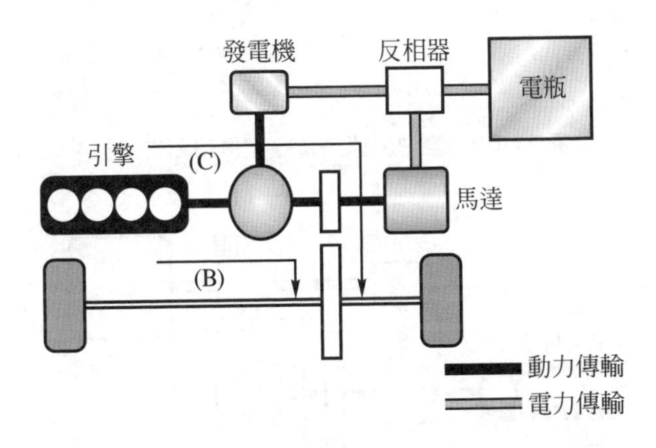

圖 11-60　一般行車時引擎動力分配兩經路*B*與*C*

⑶ 全力加速時

在全力加速時，於一般行車狀態下，可由電瓶供給動力。所以驅動力就依其份量增強如圖 11-61 所示。

⑷ 制動回生能量系統

當引擎煞車或腳煞車之制動時，車輪會反過來驅動馬達，就把馬達轉換爲發電機作動。即將車輛的動能變換爲電能，而回收儲存於電瓶如圖 11-62。同時對制動裝置的負荷會減低。此制動回生能量系統，若在市區的行車模式(Pattern)而頻繁加速或減速時，能量的回收效果特別佳。

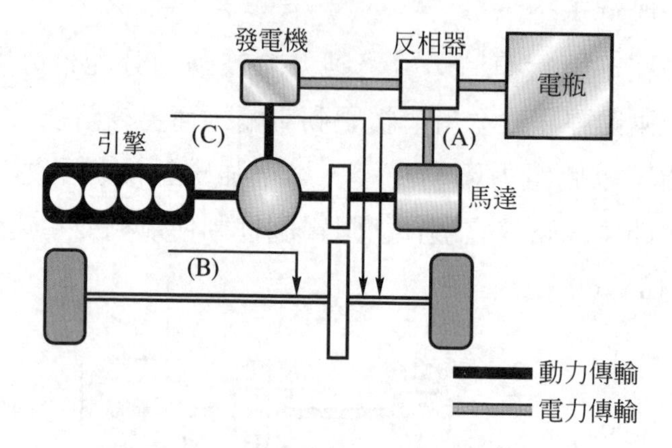

圖 11-61　全力加速時電瓶也供給電力(A)

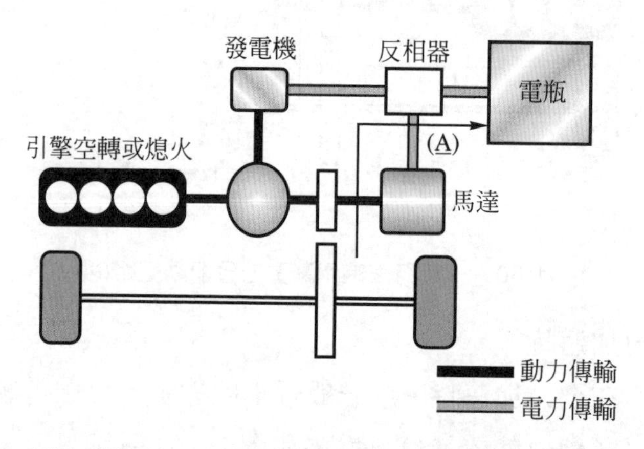

圖 11-62　減速或制動時，內車輪帶動馬達，發電機回生能量存於電瓶(A)

⑸　電瓶之充電

電瓶會被控制在維持一定的充電狀態。所以電瓶的充電量不足時，則由引擎驅動發電機，充電至一定充電狀態爲止，如圖 11-63 所示。

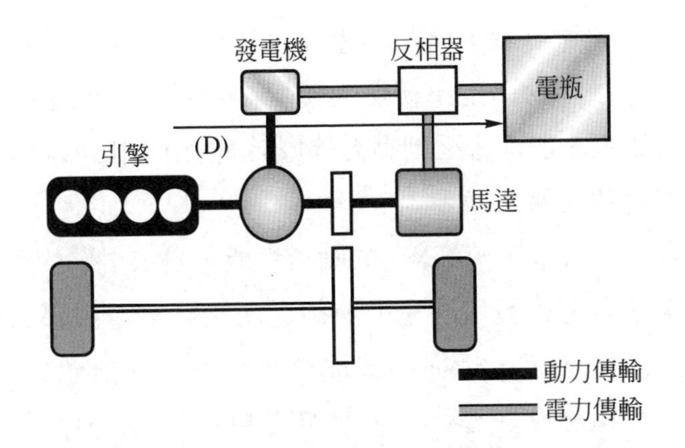

圖 11-63　電瓶電力不足時發電機就自動充電

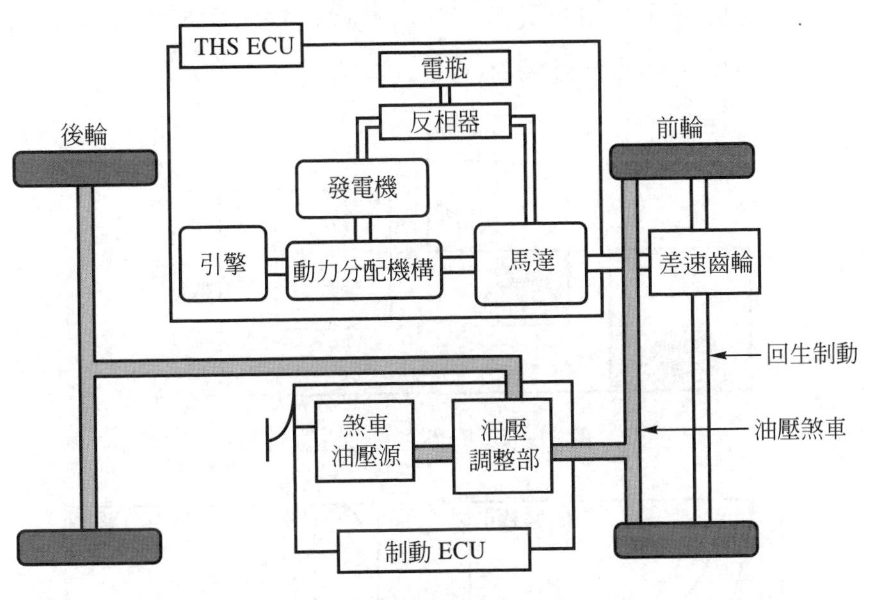

圖 11-64　馬達與油壓之制動力分擔

⑹　停止時

車輛停止時，引擎也就自動停止而熄火。

如上述我們可知，起步時與輕負荷時，是以串聯方式作動，此外是以並聯方式作動。

當腳煞車時，就將油壓煞車與制動回生能量系統協調控制以後，以制動回生系統優先使用。是爲了讓能量回生效果更加提高故也。依兩者之制動力分擔之概念，列出如圖 11-64 所示。

3. 引擎與馬達之驅動控制

豐田混合型系統(THS)的動力性能，是依引擎的直接驅動力、同時驅動發電機發電的電力與從電瓶供給電力而驅動馬達之驅動力的合計來表示，是從構造即容易瞭解。其概念如圖 11-65 所示。其互相分擔之驅動力，則如圖 11-66 所示，從圖中可看出得意之馬達驅動力，當車速愈低時其領域內佔據最多。

又與現在的引擎裝載車之特性作比較，亦可瞭解 THS 裝載車，獲得了無段變速特性。

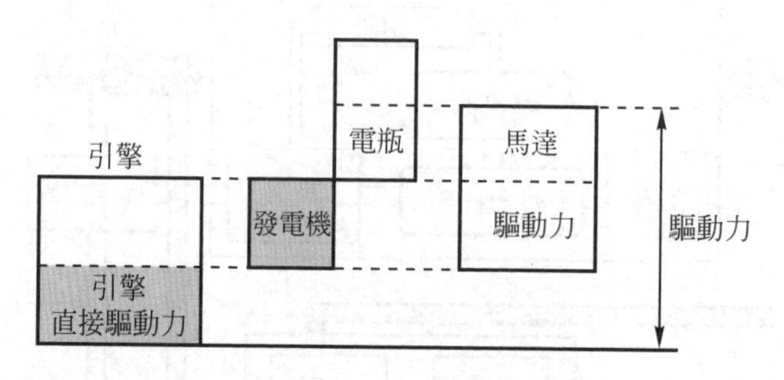

圖 11-65　THS 的動力性能

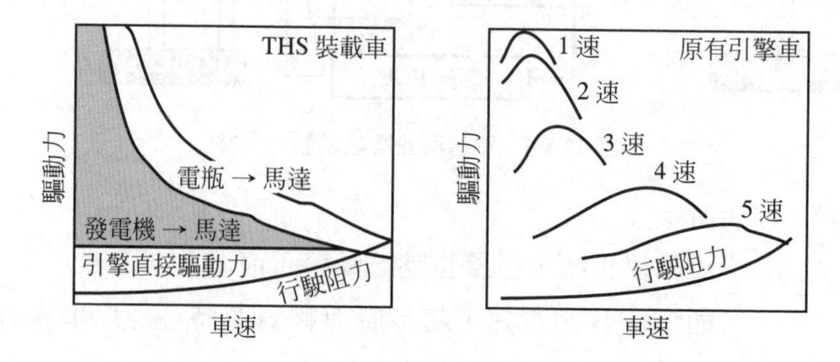

圖 11-66　原有引擎與 THS 之引擎性能比較

4. 省油技術之提高

PRIUS混合型電動汽車，其能夠省油之技術，主要在於採用阿京生循環(Atkinson cycle)。也可以說阿京生循環亦實用化了。又引擎輸出力之較低也能以馬達之輸出力蓋(cover)過去。查看行車領域與燃料費之關係；則引擎之燃料費效率，節氣門開度小的低扭力域不佳，高扭力域比較好。所以控制增強動力的馬達之分擔量，以因應行車狀況使能夠盡量使用引擎之高扭力域。並且引擎之運轉域，可自動控制於最佳燃料費率之引擎轉速。由此提高之效率之例如圖 11-67 所示。此例是表示在行駛某市區模式之引擎實際效率(燃料能量的變換效率外，使用於發電的份量亦計入)，與傳統的汽車作比較的。因使用阿京生循環的高效率引擎，並且僅限於燃料費佳之領域運轉之故，與傳統車比較，實現了大幅度改善之成果。

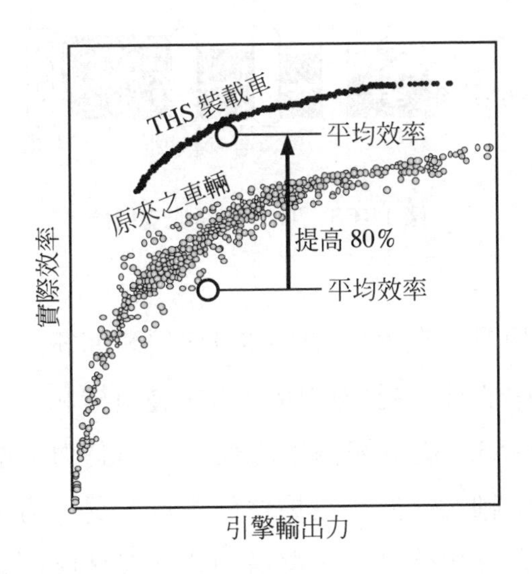

圖 11-67　裝載 THS 引擎之效率與運轉域之改善。因高效率引擎在燃費率佳之運轉域駕駛，比 Corolla 1.5L AT 車改善 80%

此外在停車時或在低速的減速時，可自動讓引擎熄火。由此可減少能量損失外，又可防止廢氣之發生。

在制動時或減速時，制動回生能量系統之能量回收，又可提高 20%之效率。在混合型系統的能量收支概念(image)，如圖 11-68 所示。引擎效率的改善部份 80%，與依能量回生系統的改善部分 20%，合計為 100%。即與傳統的汽油車比較，省燃料費性能，實現了約兩倍之成果。

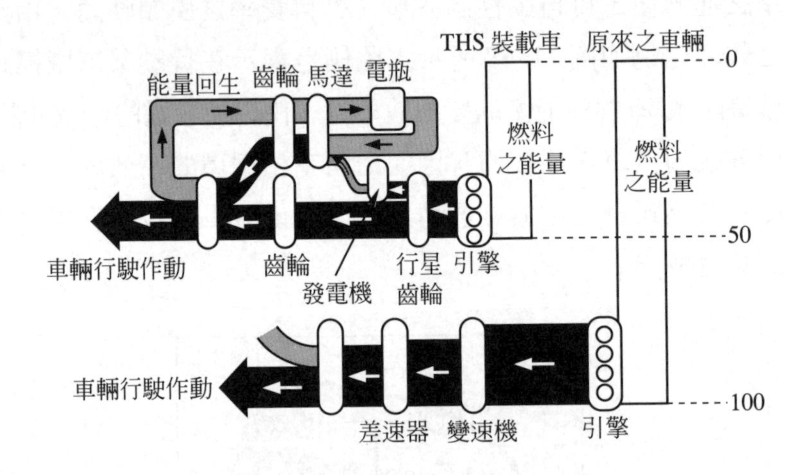

圖 11-68　THS 能量收支概念

5. 變速箱

混合型電動汽車(HEV)PRIUS用變速箱，是由動力分配器及減速機為中心外，另與前所介紹的發電機和馬達之組合所構成，參閱圖 11-53。從引擎輸出的動力，由動力分配器分開成二路，其動力輸出軸之一方，接馬達與車輪，另一方則連接發電機。即將引擎動力分為機械式、與電動式之二個路徑來傳輸動力。變速箱之實際構造如圖 11-69。

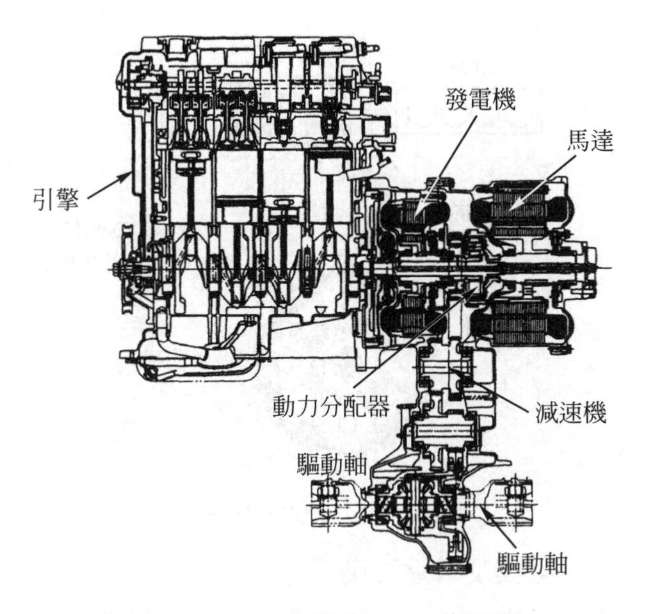

圖 11-69　THS 用變速箱與引擎斷面圖

此變速之功能，是將引擎轉速與發電機及馬達之轉速，變化爲無階段並增速或減速，即達成相當於電子控制之無段變速箱之功用。

⑴ 動力分配器(Power Distribution)

動力分配器是使用行星齒輪，如圖 11-70 所示。引擎動力傳輸至與動力輸出軸連結的行星齒輪(Planetary gear)，經由小齒輪分配至環形齒輪(Ring gear)與太陽齒輪(Sun gear)。環形齒輪軸與馬達軸連結，經過減速機再把驅動力傳達至車輪(Wheel)。另一方面，太陽齒輪軸，則連結於發電機軸。

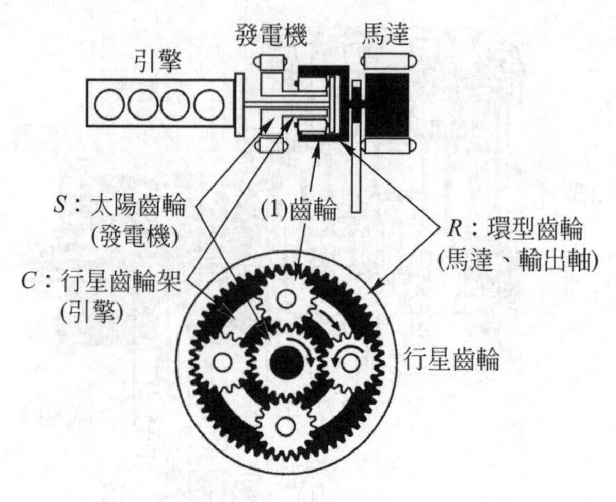

圖 11-70　動力分配器

(2) 引擎、發電機及馬達之動作

為了欲瞭解各行車狀態之引擎、發電機及馬達之動作，畫出其共線圖如圖 11-71 所示。此圖係使用行星齒輪軸的轉速，以圖示之方法。在縱軸上表示的迴轉數，在共線上，各齒輪的迴轉數，建立於一定以直線連接之關係。

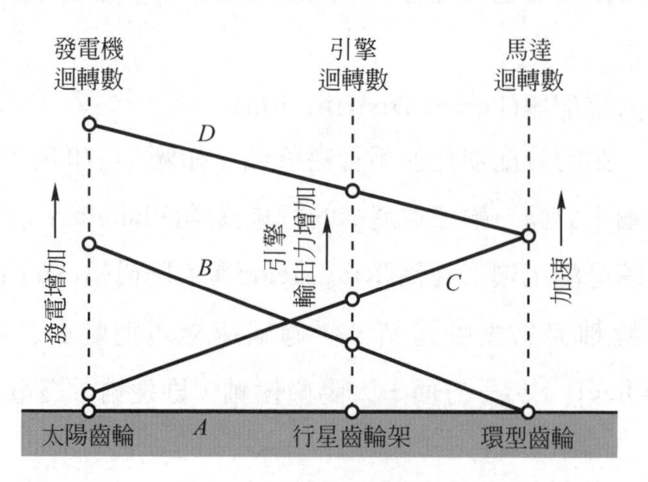

圖 11-71　行車狀態之引擎、發電機及馬達之共線圖

① 停車時

引擎、發電機及馬達，均在停止狀態。

② 引擎起動、起步時

發動引擎的任務，由發電機執行。引擎發動後發電機就開始發電，其發電的電力供給馬達，以利加速之用。

③ 一般(正常)行車時

在一般之行車時，使用引擎輸出力爲主來行車，所以不必要發電。

④ 加速時

在正常行車欲加速時，讓引擎轉速提高之同時，使發電機開始發電，以利增加馬達驅動力來協助加速。

如上述，發電機(等於太陽齒輪)的轉速可由反相器控制，就可變化(等於控制)引擎(等於行星架)的轉速。同時引擎輸出的一部分，透過發電機(讓發電機發電產生電力)傳輸給馬達，變換爲車輛的驅動力，即可賦與無段變速箱之功能。即等於一具電子控制無段變速箱。

(3) 引擎停止系統

當車輛停止時或在低速減速時，引擎就自動熄火停止運作。亦即減少能量之浪費。

起步時，則開始利用對扭力特性有利的馬達來行車，此後立即起動引擎。若在極低速行車時，是在引擎的低效率之運轉域，引擎就自動切斷燃料熄火，僅靠馬達來驅動行車。

6. 混合型電動汽車之性能

最後要介紹的是該車之性能。以10·15模式(mode)的行車，燃料消耗率約爲 30km/L。此值約爲同公司的嘉露娜(Corolla)

1500cc AT 車的兩倍優異之成績。所以二氧化碳(CO_2)之排出量即成爲二分之一。此外，一氧化碳(CO)、碳氫化合物(HC)及氮氧化物(NO_X)之排出量，據該公司發表降低至約十分之一水準，對環保的貢獻非常大。

另一方面比較在意的是動力性能，今日環保的重要性，是眾所周知的，所以汽車構造、性能不能違反環保條例。於是多少會受到限制。可是也不能就此認定汽車性能無法滿足人類。茲將 Corolla 1.5L AT 車之加速性能，與同等級 THS 的 PRIUS 做比較，如圖 11-72 所示，即可得知具有同等以上之性能。

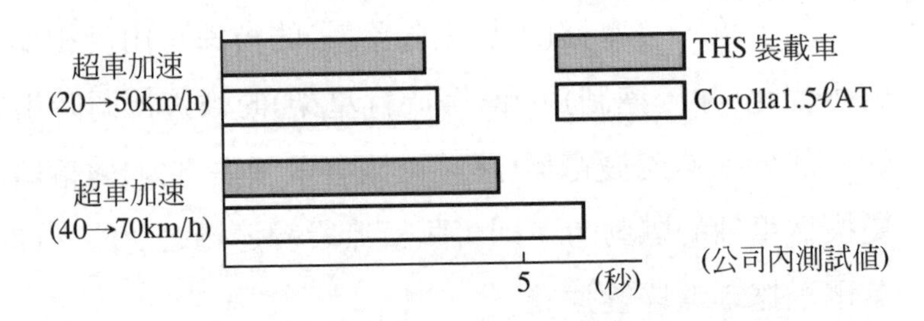

圖 11-72　THS 車與 Corolla 1.5L AT 車之性能比較

裝載 THS 車之 PRIUS，實際上性能並不差，依無段變速功能，當急加速時，不會有自動變速(AT)車、即自排車之強迫降速(kick down)的行車感覺(feeling)，是此車令人滿意的魅力。

7. 其他省能源措施

現代的省能源車的必備條件，並非重要的引擎本身之省油，而是整台車之省油問題，被提出討論，所以整車之各部配件及車身形狀，能夠省油爲原則。茲將新設計省能源部分簡介如下。

(1) 省能源空調與省能源車身

① 省能源空調

空調系統採用高效率化及省能源化之內外氣二層式自動空調，如圖 11-73 所示。從圖中可知，空調單元內，分為上層與下層之二重構造，以減少換氣量及換氣負荷之構造。

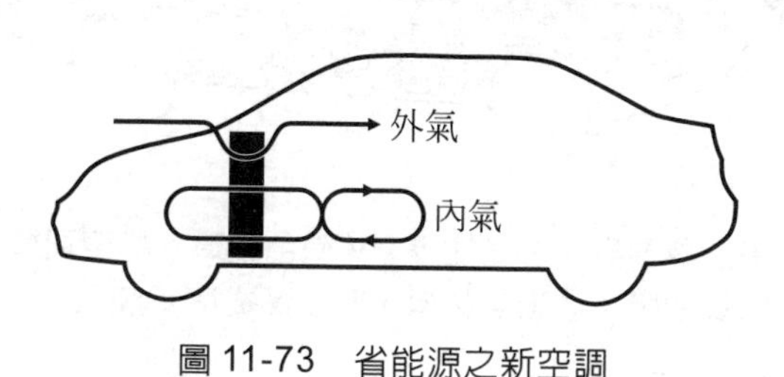

圖 11-73　省能源之新空調

② 省能源車身

車身採用強化斷熱構造，以抑制外氣之影響室內溫度之變化。所有車窗玻璃採用防紫外線綠色玻璃【Ultraviolet (UV)Cut green glass】，即可減低太陽能透過率 13%。後窗玻璃上部則裝置陶瓷遮陽板(Ceramic sun shade)，以遮斷後座之陽光直射。

車頂廂板及車床底板，均裝置斷熱材料如圖 11-74 所示。有此措施即可減低 20%之熱量侵入。

(2) 車身之輕量化亦可省能源

採用新構造的世界最高水準安全性評價(GOA：global outstanding assessment)之車身。車身之輕量化是多方面的，並大幅度增加使用高張力鋼板。其車身外形的各種配件，皆以流線形又美觀輕量化為原則外，又對碰撞安全性之考慮實現了 GOA 之水準。

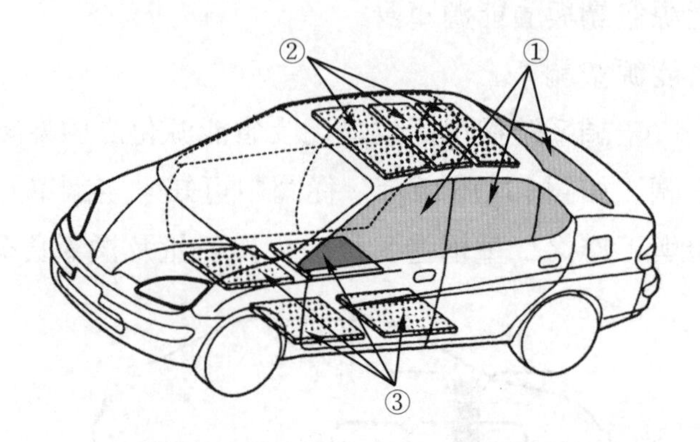

圖 11-74　省能源車身。①省能源 UV 綠色玻璃；②車頂厚 20 公分之尿烷樹脂；③斷熱材料，防止熱從床下沈入

⑶　減低空氣阻力

空氣阻力對省油的影響很大，所以為了減低空氣阻力 Cd 值，使用電腦解析努力於改善車身之設計，注重氣流之流動，在車底板之平坦化等對空氣阻力之降低，實現了 Cd = 0.30 之高成績。

⑷　省能源輪胎與省能源動力轉向機

省能源輪胎是新設計的 165/65R15．81S 輪胎，其滾動阻力小，15 吋鋁合金鋼圈是超輕型設計。

省能源動力轉向機，是將油壓式改為電動式，燃料費與原油壓式相比電動式可節省 3%，當引擎停止時有增強能量可使用。低速時很輕，高速就有反應，屬車速感應型電動轉向機。

二、日產柴油電容器混合型卡車

1.　前　言

日產(NISSAN)柴油工業(株)(以下簡稱日產公司)，在總重 8 公噸的中型柴油卡車康特(Condor)系列，新開發超級功率電容器(super power capacitor)裝載使用。在 2002 年 6 月 24 日於日本全國開始發售之世界最早的電容器混合型柴油卡車(capacitor hybrid truck)。參閱圖 11-75。

圖 11-75　日產 Condor 混合型電動汽車

馬達驅動方式，是並聯方式組合機械式自動變速箱。

電容器使用於卡車而實用化，是世界第一創舉。

2. 大幅提高燃料費率與減低廢氣之實現

日產公司此次推出市售之電容器混合型卡車，有下列六點特徵。

(1) 平均燃料費率在同公司的同級一般柴油車，以M15模式行車，相比之下獲得 1.5 倍以上的佳績。

(2) 對現行基準(新短期規制)，氮氧化物(NO_x)減少了 25%，微粒狀物質(PM：particulate material)，則在排氣系統裝置氧化觸媒之效果獲得減少了 50%，參閱圖 11-76。

(3) 研發在短時間內可將大量能量充電、放電的“超級功率電容器”，裝用此電容器，與原來的電容器比較，可得兩倍的能量密度。並可由自己的公司生產。

(4) 超級功率電容器，使用壽命長，以同級之卡車裝用，其平均耐用年數可達數拾年，不用更換新品。因原料不含鉛，廢棄處理可安全進行。

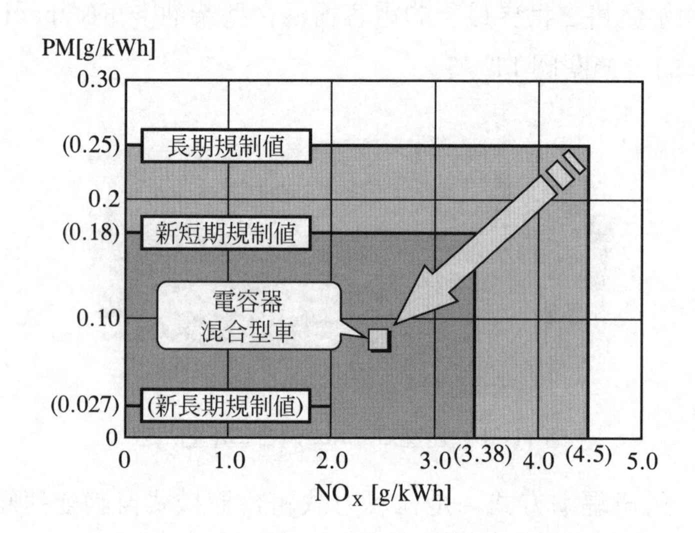

圖 11-76　電容器混合型卡車排出氣體值

⑸　燃料之供給基層設施(infrastructure)，已完整的柴油引擎裝用，在全國各地均可立即補充。

⑹　驅動系統採用並聯混合型方式，可使用於同公司的大型卡車“大薩姆(Bigsam)”，並與多數市場有實績的機械式自動變速箱組合使用。又有高度的駕駛技術程式化而裝載於該車，駕駛技術差的人排除外，皆能獲得省燃料效果。

該車在七都縣市低公害車指定制度下，被認定爲「優良低公害車」。

3.　超級功率電容器與電容器混合型卡車之結構

⑴　電容器(Capacitor)

①　構　造

電池(cell)的基本構造，是在一組鋁集電板之間，放置隔板外並有兩個活性碳電極(active carbon electrode)相對而立，活性碳電極是浸入於電解液(質)(electrolyte)，電解液是使用丙烯-碳鹽酸系(propylene-corbonate)，如圖 11-77 所示。就把此密閉的構造包裝(pack)起來當一電池，如圖 11-78 所示。

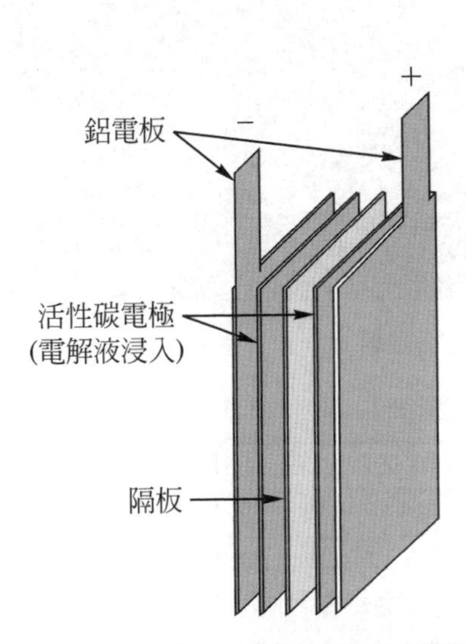

圖 11-77　超級功率電容器的電池構造

圖 11-78　超級功率電容器外觀

將此小型電池之並聯六十四個串聯組成一模組(module)，又把二模組串聯結合(合計 384 小電池)，使外形成長 1105×寬 505×高 470mm 之單元化，並裝載於車上使用。如圖 11-79 所示。

② 性　能

每一電池的最大電壓爲 2.7 伏特，最大電容量爲 1500 法拉(F：farad)，內部阻力爲 2.3ΩF。能量密度超過 6wh/kg，比市售電容器提高了 60%參閱圖 11-80。組合的一個單元(unit)之最大電壓爲 346 伏特，最大電容量爲 582Wh，額定輸入/輸出力爲 80Wh。電力輸入/輸出密度與二次電瓶比較，充、放電效率，均有良好特性爲特徵，如圖11-81所示。在單元組合了充電控制用基盤(32位元)。

圖 11-79　電容器的模組單元

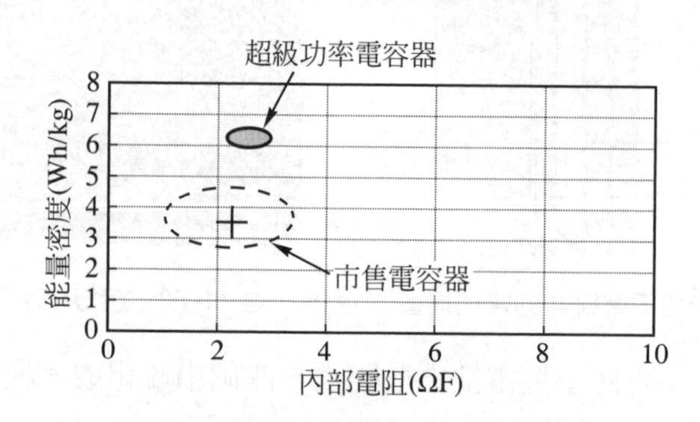

圖 11-80　電容器之高能量密度 6.3Wh/kg

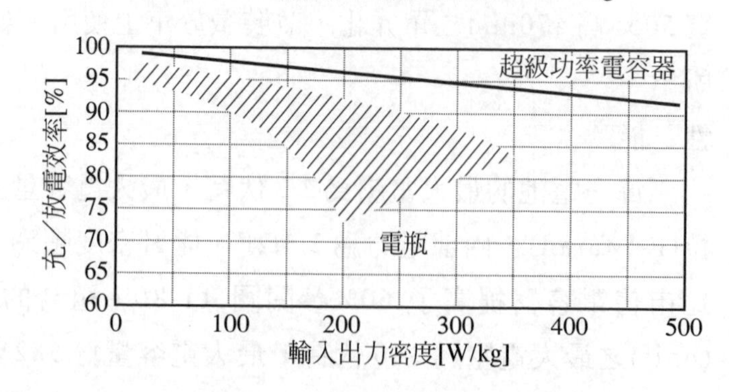

圖 11-81　電容器之高充放電效率(模組性能 500W/kg 時：92 %)

電容器在物理上，是會把電力集電、充電於集電板與電極，但在其作用期間不像二次電瓶，隨著產生化學變化。由此產生了長壽命且免保養之特徵。

③ 生產過程

但是被嚴格要求，材料之高純度與材料表面不容許有濕氣、污染及異物等介入。因此組合時要在 1.8×1×17m 之箱內，絕對遮斷外氣之入侵。並靠機器人(Robot)進行組合，參閱圖 11-82。加工完成材料要充電、並完成模組工作之間，其全部組合過程，約需要五十小時(生產能力；100 輛/年)。

圖 11-82　電容器之生產線

電容器的構造單純，不使用有害人體物質，所以廢棄物之處理亦無困難。

(2) 並聯混合型系統

此混合型電動汽車(HEV)，在變速箱前部輸入軸，增設一次齒輪箱，混合型電動汽車的輸入、輸出力從此處進行如圖 11-83 所示。一次齒輪箱與馬達發電機(MG：motor generator)，透過傳動軸和二次齒輪箱連結，此間的齒輪比，是一次：二次=1：2。變速箱則裝置電子控制機械式自動變速箱，其他部分，則基本上與原來的傳統車相同。其作動情形簡介如下。

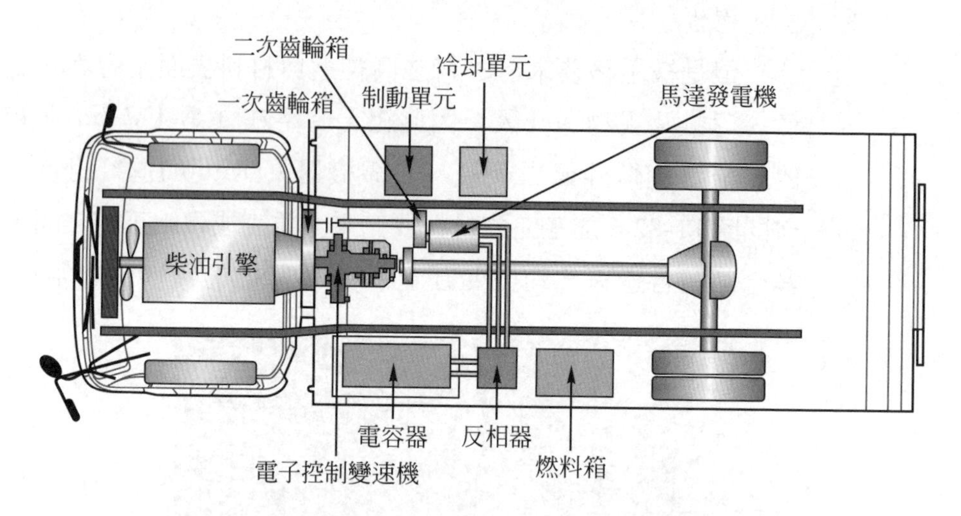

圖 11-83　超級電容器的卡車並聯式混合型車之構成圖

① 開始作動向電容器充電

變速桿在中立狀態起動引擎，則慢車動力傳輸至馬達發電機(MF)，發電機就作用，並向電容器開始蓄電如圖 11-84 所示。

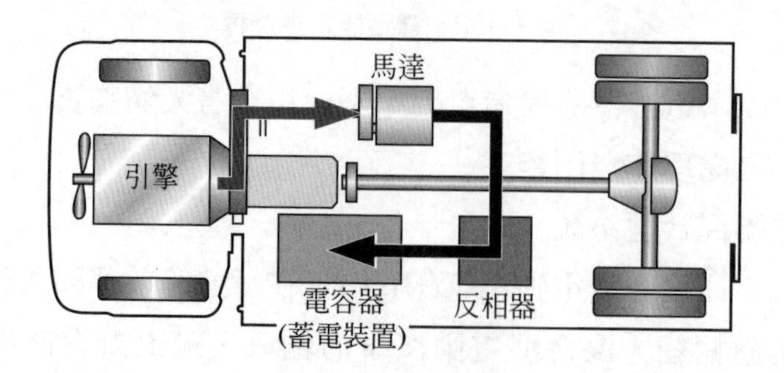

圖 11-84　引擎起動時之混合系統之作動狀態

② 起動後加速

在起步時，離合器就自動切斷外並將儲存於電容器的電力供給馬達發電機，這次則由馬達作用，將車輛加速至設定的車速(約 30km/h)，如圖 11-85 所示。

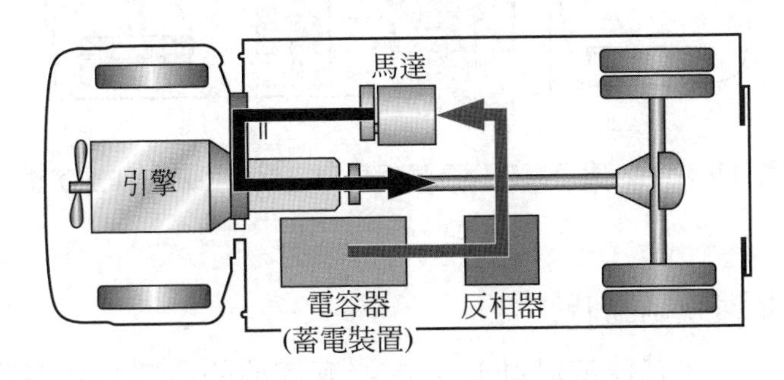

圖 11-85　起步時的混合系統之作動狀態

③ 一般加速

於此離合器就自動連接，若需要再加速時，就把引擎動力和 MG(馬達發電機)動力合併，同時因應油門踏板的踏力來連續加速，如圖 11-86 所示。

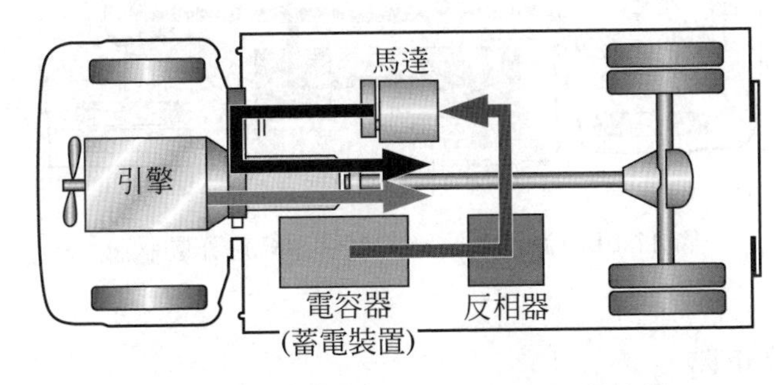

圖 11-86　加速時的混合系統之作動狀態

④ 市區或高速公路之行車

若欲在市區道路等地作一般行車時，或在高速公路行駛時，離合器就自動切斷停止傳輸動力，與傳統汽車一樣僅靠引擎動力行駛，如圖 11-87 所示。

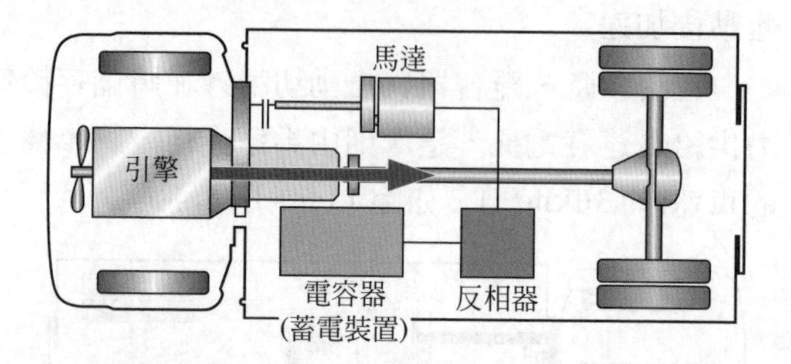

圖 11-87　一般行車時與高速行車時之混合系統之作動狀態

⑤　減速或制動時

當減速或制動時，馬達發電機的發電功能就作用，並向電容器充電如圖 11-88 所示。

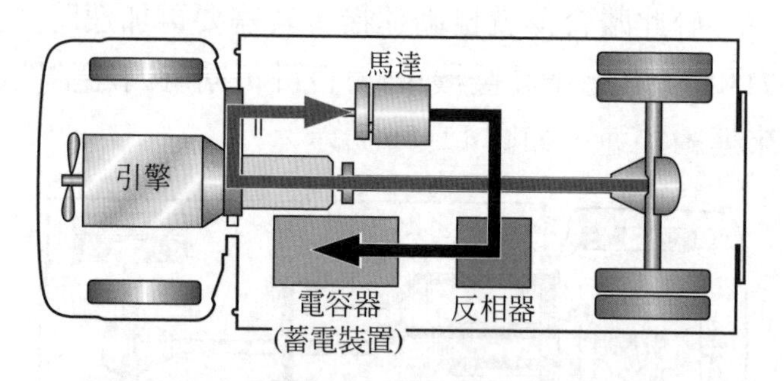

圖 11-88　減速制動時的混合系統之作動狀態

⑥　停車時

停車時，經過一定時間(約卅秒鐘)後，惰速停止(idling stop)功能就自動作用，讓引擎熄火，如圖 11-89 所示。

但是依電容器的電壓水準，可讓控制系統作用而進行充電。並且當充、放電時反相器也會作用。

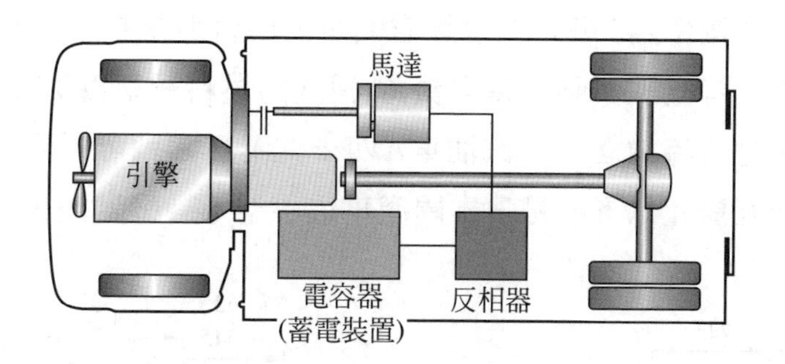

圖 11-89　停車時的混合系統之作動狀態

三、鈴木 TWIN 混合型輕型汽車

TWIN是雙人座(Two seater)的前輪驅動(FF)車，因雙人座而命名，輕型汽車最早的混合型電動汽車而受矚目，如圖 11-90 所示。

圖 11-90　鈴木 TWIN HEV

1. 車身尺寸等

車身尺寸如圖 11-91 所示，長 2735×寬 1475×高 1450mm，軸距爲 1800mm，輪距爲前 1310、後 1290mm。車輛重量，混合型電動車爲 726 公斤，汽油車自動變速箱規格爲 600 公斤，手排車爲 560 公斤。

燃料費率，混合型電動車A(四速自動變速箱、空調與動力轉向機)，以 10-15 模式行車的燃料費率，實現了 34km/L之省油佳績。汽油車(汽油 A：五速手排車、無空調及動力轉向機)同模式之燃料費率爲26km/L也算省油車。混合型電動車B(四速自動變速箱、有空調與動力轉向機)同模式的燃料費率爲32km/L。低價格也是其特徵之一，汽油車A四十九萬日圓就可買到，折合新台幣十五萬元以下。是日本國產車最小型，旋轉半徑也最小的車。

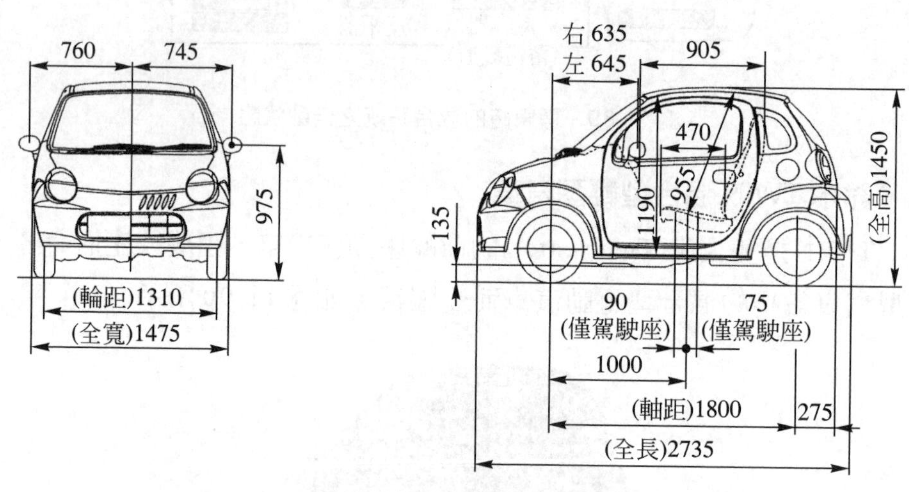

圖 11-91 TWIN 車之尺寸圖

2. 混合型系統

此受矚目的混合型系統，行車用主角無論如何還是要靠引擎。馬達僅是增強動力的任務而配合並聯方式，所以行車時並不僅使用馬達來行駛。基本上與本田喜美同樣的作動。

(1) 行車時

馬達對引擎的動力增強動作，是依起步、加速及上坡之條件時就作動。此車亦有制動回生系統和惰速熄火，如圖 11-92 所示。

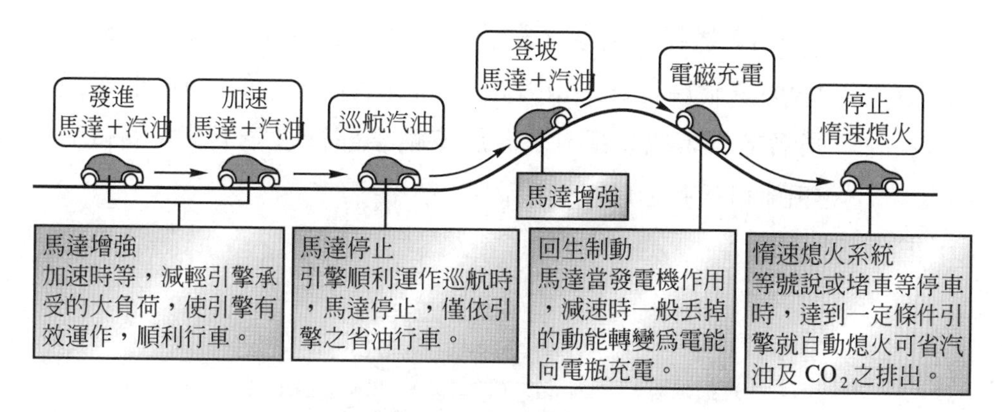

圖 11-92　行車時的混合系統之作動概要

⑵　構成零件

混合型電動車之電動部分構成基本上都相同，即馬達、反相器及電瓶三種爲主。TWIN 混合型的最大特徵是，電瓶與傳統汽車一樣的鉛電瓶。12 伏特補助機件用電瓶，與用此電瓶作動的 12 伏特起動馬達亦有裝置，如圖 11-93 所示。

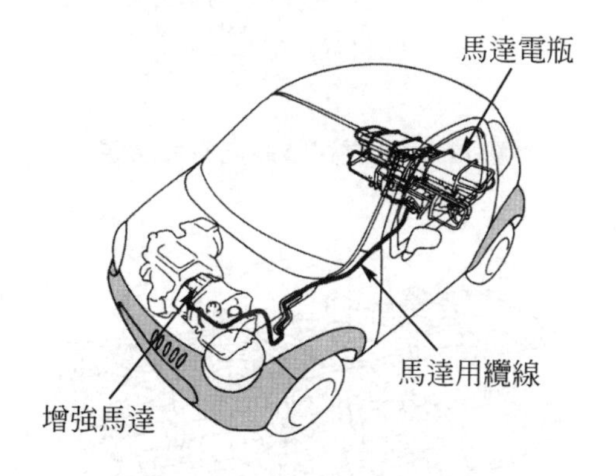

圖 11-93　混合系統之構成零件

①　電　瓶

驅動馬達用電瓶，稱爲“馬達電瓶(motor battery)”。馬達電瓶總電壓爲 192 伏特，由 12 伏特鉛電瓶 16 個串聯而得。12 伏特鉛電瓶，是將機車用免保養(MF：maintenance free)電瓶為基礎，改良成為混合型車專用的。16 個電瓶分為各 8 個裝成 2 箱，裝置於車輛後部行李箱下部左右位置，如圖 11-94 及 11-95 所示。

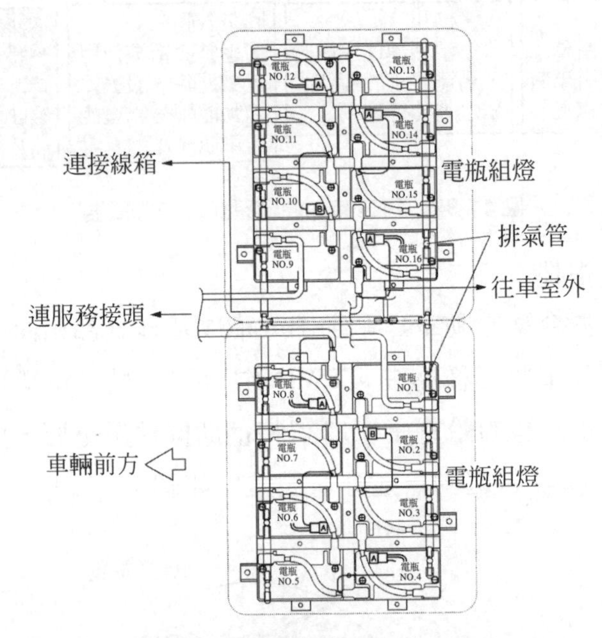

圖 11-94　馬達電瓶之組合狀態

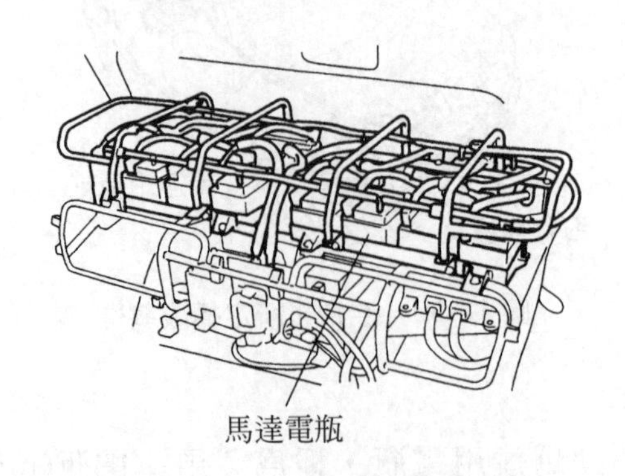

圖 11-95　馬達電瓶之裝車狀態

爲了控制上述電瓶，組合了電瓶溫度感測器和檢測電壓用端子。電瓶內部產生的氣體排出車外，各有排氣管連接如圖 11-96 所示。所謂反相器，則與放置於接合箱(junction box)，如圖 11-97 所示的迴路端子連接。爲了點火開關on後立即產生的衝流(rush current)免損壞到反相器或接點(contact)，點火開關 on 後，預充電繼電器(pre.charge relay)立即 on，稍微過後到負(－)接點，再不久就按順序到正(＋)接點 on。其後經過一段時間後預充電繼電器就自動 off。

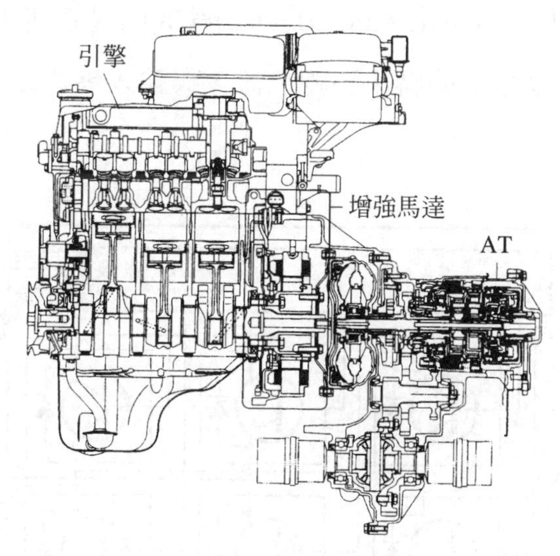

圖 11-96　增強馬達配置於引擎與 AT 之間

② 馬　達

馬達是使用永久磁鐵三相交流同步型，與前所推出之混合型車相同。所謂的增強馬達(assist motor)，是裝置於引擎與自動變速箱之間如圖 11-96 所示。額定輸出力爲 5.0kW (6.8ps)/1500～4500rpm，額定扭力爲 31.8Nm，厚度約 80mm，重量約為13.5公斤。冷卻系統是氣冷式，曲軸與扭力轉換器結合，經常與引擎相同轉速迴轉。

③ 反相器

此反相器的任務，是把192伏特直流電變換為三相交流電，是由六個絕緣閘雙極電晶體(insulated gate bipolar transistor)組合後，再由橋式電路(bridge circuit)、電容器及中央處理機(CPU：central processing unit)等所構成的，如圖 11-97 所示。在中央處理機可接收，從混合型控制器(HCU：hybrid control unit)輸入的馬達扭力指令值，從增強馬達輸入的轉子迴轉位置，與輸入馬達溫度信號等。

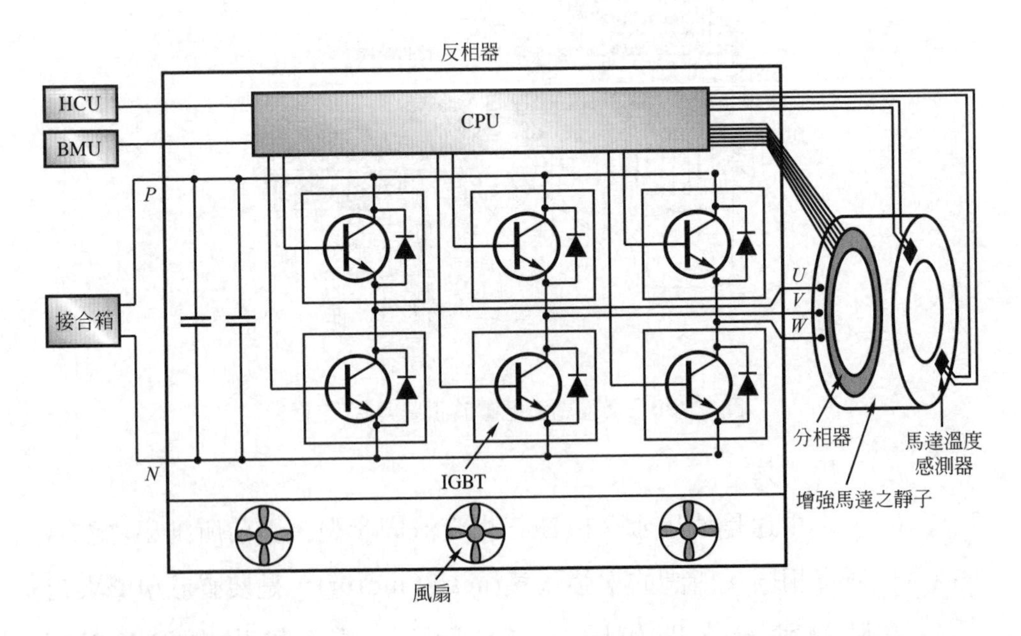

圖 11-97　反相器是 6 個 IGBT 組成的橋式迴路與電容器及 CPU 等構成

反相器是，以這些輸入信號爲基礎，藉以控制增強馬達的驅動力或迴轉數。反相器的冷卻，是強制氣冷，在底部配置冷卻風扇來冷卻。冷卻風扇是當絕緣閘雙極電晶體的溫度達到規定值以上時，就自動旋轉。圖中的BMU(battery management unit)，是電瓶的管理者，又稱爲“電瓶電腦(battery computer)”。做電瓶電壓、電流及溫度之監視，並將負荷情況 SOC：state-of-charge (HV 電瓶的充電狀態)等資料輸入混合型控制器(HCU)。

註：HV：Hybrid Vehicle。

④ 其 他

TWIN 車，汽油車用 12 伏特電瓶，12 伏特起動馬達及發電機均有裝備。

3. 混合型系統之作動

其作動部分，由前述的電動車部分、引擎、自動變速箱及空調控制器等來作動。

(1) 由引擎行車

僅由引擎的行車條件下，增強馬達就停止馬達功能與發電機功能。所以增強馬達，就不會消耗馬達電瓶的電力，反之，也不會充電如圖 11-98 所示。

(2) 增強時之行駛狀態

加速中馬達增強的作動條件成熟後，從混合型控制器的增強要求，反相器就將儲存於馬達電瓶的電能，變換爲三相交流電供給增強馬達。結果全車的驅動就變成引擎馬達合併的驅動力，如圖 11-99 所示。

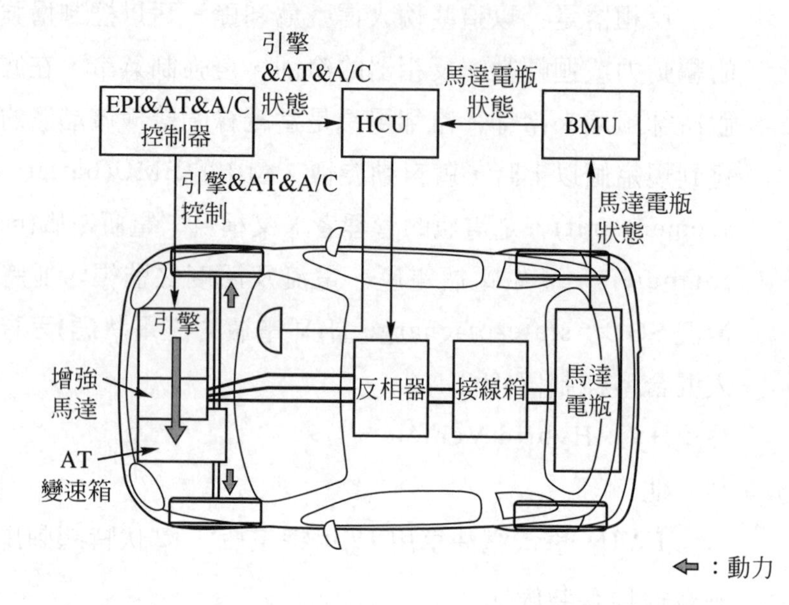

圖 11-98　在引擎行車狀態用混合系統之作動概要

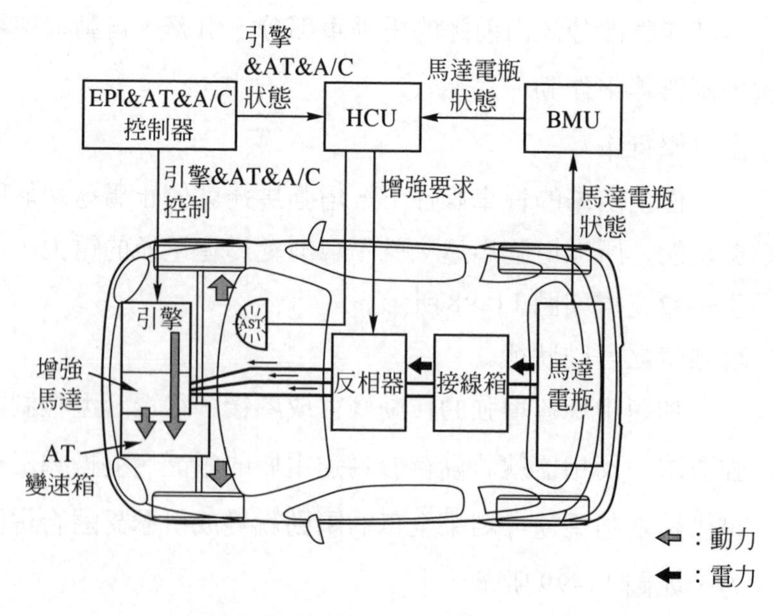

圖 11-99　在增強時的行車狀態之混合系統作動概要

(3) 回生時之行車狀態

制動或減速時，回生條件成熟，則增強馬達就轉變成發電的功能。由此原來丟棄(因制動發熱而散發於空氣中)的動能之一部分，回收而以電能儲存於馬達電瓶，如圖 11-100 所示。

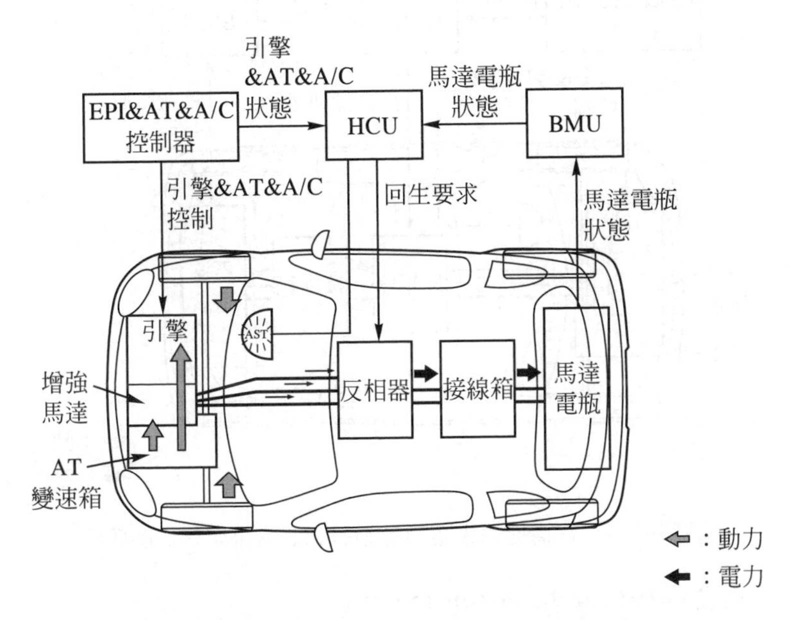

圖 11-100　在回生制動狀態混合系統之作動概要

(4) 從惰速至再起動狀態

惰速停止 on 的條件成熟後，當車輛停止後引擎就熄火。此時若欲再起動，則增強馬達就負擔起起動馬達之功能，並且若依點火開關的一般起動，則如前述由 12 伏特起動馬達負責，如圖 11-101 所示。

惰速停止控制中與惰速停止控制終了至經過一定時間後止，同時有丘狀控制(hill hold control)功能。此爲惰速停止時由駕駛人所產生的煞車油壓之保持，當引擎再起動則解放煞車油壓的設施，在上坡路的起步等，抑制駕駛人從煞車踏板轉換踏油門踏板時，車輛可能之後退。

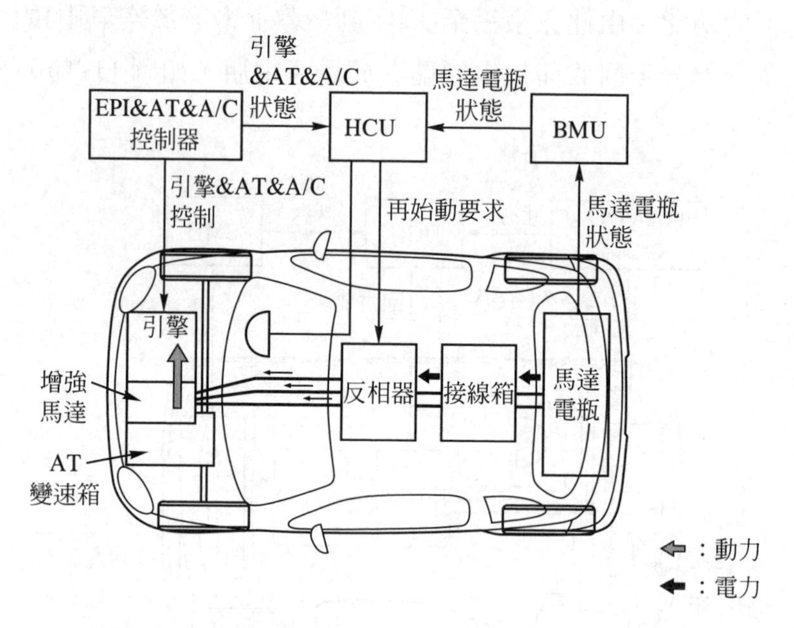

圖 11-101　在惰速熄火至再起動狀態混合系統之作動概要

⑸　組合儀表(combination meter)

裝置於中央的組合儀表，在混合型車有惰速停止燈、增強燈、回生系統燈、混合型系統警告燈等如圖 11-102 所示。上列燈均在作用時點亮，僅有混合型系統警告燈，當系統發生異常時才會點亮。

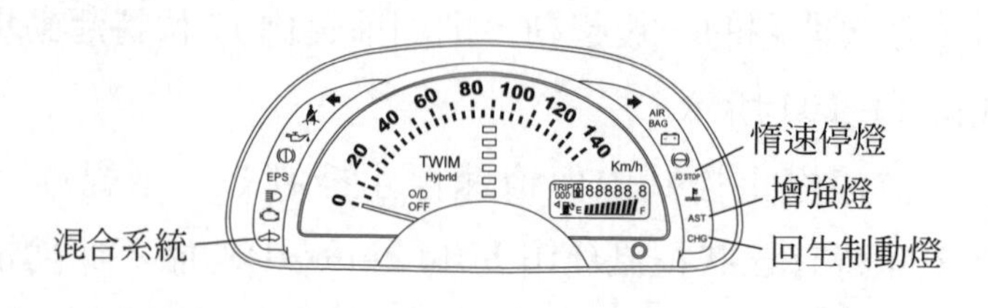

圖 11-102　組合儀錶

4. 引　擎

引擎是直列三汽缸、660cc、DOHC四汽門的K6A型，最大輸出力為32kW(44ps)/5500rpm，最大扭力57Nm(5.8kgm)/3500rpm。汽缸口徑68.0×行程60.4mm，壓縮比為10.5。汽缸體與汽缸蓋均是鋁合金製，汽缸套是壓入式半濕(semi wet)構造。口徑節距(bore pitch)是80mm。在汽缸體下部裝置鋁合金製之曲軸軸承蓋一體式肋骨(ladder frame)構造的底殼曲軸箱，以支撐曲軸如圖11-103所示。

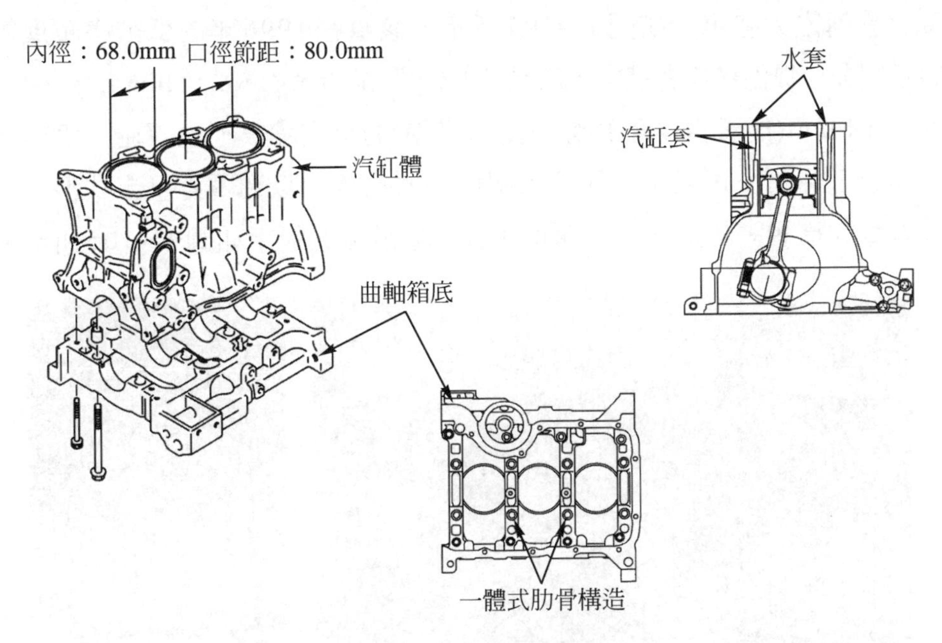

圖 11-103　K6A 型引擎構造

燃料噴射控制，使用壓力感測器的速率密度方式。順序噴射(sequential injection)，在空燃比的回饋(feed back)控制，使用空燃比(A/F)感測器。燃料噴射壓力，使用裝置於油箱內(intank)式燃料泵的壓力調整閥，經常調整於一定壓力。點火控制是直接點火方式，而採用銥(Ir：iridium)火星塞。排氣性能全車被認定超低排出廢氣。

5. 驅動系

變速箱混合型車使用四速自動變速箱，汽油車使用三速自動變速箱與五速手動變速箱。四速變速箱，在一般行車時與混合型行車時，各給與不同的變速線圖與鎖定(lock up)線圖。

四、日產 ERIP 混合型大客車

此型大客車是由東京都交通局，以練馬營業所爲據點，在東京都內每日營運之大客車，如圖 11-104 所示。該車在 1996 年的低公害車展的展示期間，提供參考者試乘。所謂“ERIP”是Energe Recycling Integreted Power Plant(能量再循環智慧型動力設備)的英文縮寫。已經由三菱汽車公司或五十鈴公司兩家公司納入都內公共汽車。以油壓蓄壓方式混合型大客車的構想，將附加機器類均組合裝置於床底板下如圖 11-105 所示。

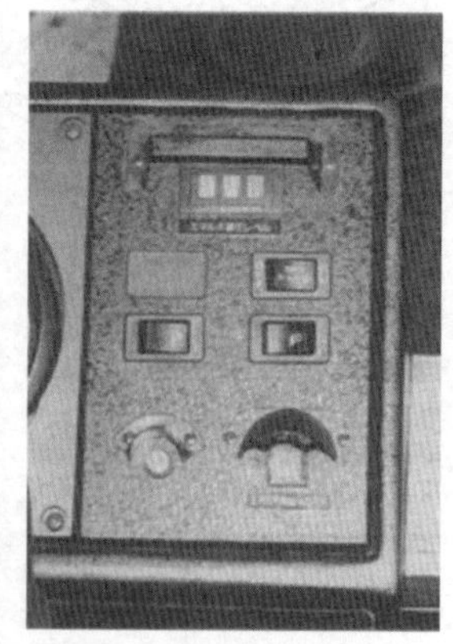

圖 11-104 ERIP 大客車(蓄壓式混合型大客車)制動時儲存能量，起動時將儲存能量向驅動輪放出，由此可減小起步時引擎的負荷，可減少排出氣體及省燃料

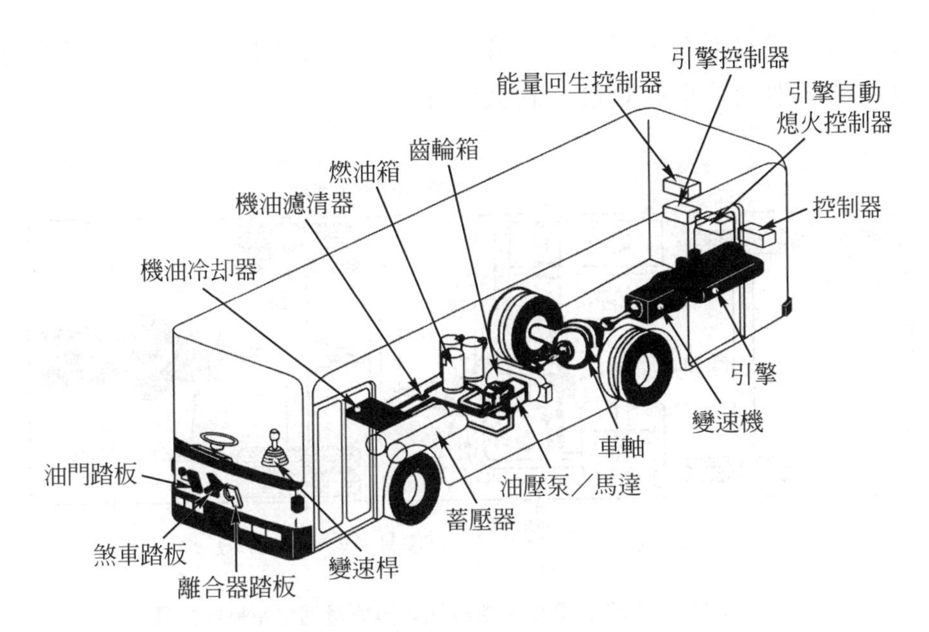

圖 11-105　附加機器類組合裝置於床底板下

其能量回生裝置，是透過驅動軸即後車軸前方配置的增速器與離合器，連接油壓泵、馬達，在減速時連接離合器，則以高油壓之形態回收能量，並暫時儲存於蓄壓器(accumulator)，在下次加速時就把它釋放，(則先前的泵浦就以馬達作動)，當驅動力增強引擎輸出力。

蓄壓器是透過自由活塞(free piston)分割成爲機油式與氮(N)氣室如圖 11-106 所示。氮氣室可從休息時的 160 bar到作動時加壓至 380 bar，並把高壓狀態釋放動作重覆進行。此型車與原來的一般車比較，有下列特徵。

1. 蓄壓器採用自由活塞小型化。
2. 油壓泵、馬達的效率可提高10%以上，由此可小型化。

系統重量一仟公斤，因此不得不減少三人乘坐(後軸軸重的容許限度之關系)。此外，此型車與一般車同樣有惰速自動停止(idling auto stop)及起動系統，與制動回生系統的相乘效果，可減低 NOx 或黑煙之排放，燃料費效率亦可提高。在惰速自動停止及起動系統，又考慮安全與實用性，增設了自動駕駛之約束條件。

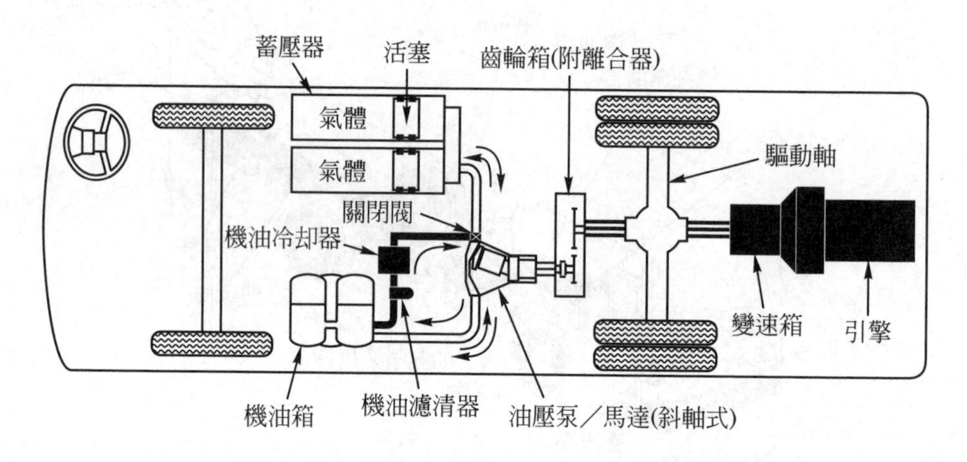

圖 11-106　ERID 大客車之機器配置與能量回生系統構成圖

五、日產混合型無階大客車(nissan hybrid non step bus)

在第 32 屆東京汽車展，日產公司展出了日本國內最早的混合型無階大客車。是柴油引擎和電瓶的混合型電動大客車。如圖 11-107 所示，是對國民而言，是高福祉型大客車，是低床化並且沒有上下車的車門台階，車內底板是全車完全在同一平面無高低處(車門上下處無台階，前後車輪處亦無凸出狀況)，坐椅的靠背可電動傾斜(electric slope)依個人舒適的程度自行調整。此外，尚有 knee-ring 裝備當客人上下車時，上下車側車身可傾斜，消除與路面步道之段差。讓老幼乘客可安全上下車，無因台階而上下車發生意外。所以稱爲“高福祉型大客車”。

所謂“knee-ring(托架環或膝關節環)”，是大客車在停車場停車上下客時，利用懸吊的特殊構造，在有上下車門的左側(日本是左側行國家)車身，可短時間傾斜，消除車門的底板與路面步道之段差，開車起步前又可恢復左右平衡狀態之功能。

該車有如上述設施的混合型電動大客車，可由柴油引擎與馬達來行車，其特性是實現了低污染又無噪音(靜音)之行車，最適合市區公共汽車之用，是高科技化、省能源與高效率化之環保車。該車之混合型系統如圖 11-108 所示。

圖 11-107　日產高福祉無階混合型電動大客車

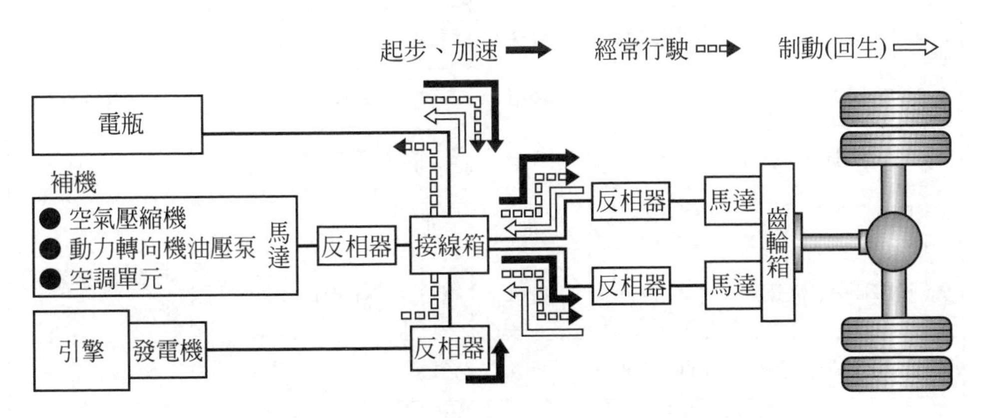

圖 11-108　日產無階混合型大客車機器類配置圖

六、其他混合型電動車

1. 車廠別之混合型車

以上所介紹的混合型電動汽車，是代表性的，因日本電動車技術相當發達，又基於環保省能源，減少噪音之基礎下，有繁多車種，因篇幅關係不便一一介紹，茲將筆者所搜集到的資料，將其混合型車含燃料電瓶(FC)EV 列出如表 11-15 以供參考。

表 11-15　未介紹之日本混合型電動汽車

項目	汽車公司	車名	車種	燃料	電瓶種類	有能量回收	備註
1	TOYOTA(豐田)	可斯達	中型客車	汽油			
2	同上	Premio	轎車	汽油			
3	同上	Crown Royal	轎車	汽油		○	Mild Hybrid 馬達再起動、空調回生之用
4	同上	Estima	旅行車	汽油		○	FF4WD、休閒車、馬達僅驅動後輪
5	同上	Flappo	小型客車	汽油		○	FF 車
6	NISSAN(日產)	Tino	轎車	汽油	鋰離子	○	NEO Hybrid
7	MITSUBISHI(三菱)	Canter	卡車	柴油	錳鋰離子	○	
8	同上	MBECS	大客車	柴油		○	
9	HONDA(本田)	Civic	轎車	汽油	NiMH	○	薄型DC無刷馬達
10	MAZDA(馬自達)	Titn Dash	卡車	柴油			
11	同上	Premacy	休閒車	甲醇	FC		有改質器
12	DAIHATSU(大發)	Charade	轎車	汽油			
13	同上	Move	廂型	汽油			二汽缸 570cc引擎僅供發電
14	同上	Hijet	廂型	汽油		○	Mild Hybrid
15	ISUZU(五十鈴)	ELF	卡車	柴油			
16	HINO(日野)	Dutro	卡車	柴油	鎳氫		

表 11-15　未介紹之日本混合型電動汽車(續)

項目	汽車公司	車名	車種	燃料	電瓶種類	有能量回收	備註
17	同上	HIMR	大客車	柴油		○	
18	SUBARU(速霸陸)	Elten	轎車	汽油	錳鋰		電容器電瓶及太陽能屋頂
註：資料不詳者空白							

2. 低公害車及電動汽車等普及數量

如上述，日本對低公害車、節省能源車及零污染等電動汽車之普及，雖然未達到百分之百，但是其普及率亦相當可觀，茲對日本全國各種環保車之數量，統計至 2002 年三月底之普及情形列表 11-16 如下以供參考。

表 11-16　低公害車普及狀況

車種	2001 年至 3 月底 (A)	2002 年至 3 月底 (B)	增加輛數 (B － A)	增加率 (%)	備註
電動車	763	772	＋ 9	＋ 1.2	
混合型車	37,168	50,566	＋ 13,398	＋ 36	
合計	37,931	51,338	＋ 13,407	＋ 35.3	
CNG	4,133	5,928	＋ 1,795	＋ 43.4	以下是替代燃料車之低公害車提供參考
LPG	287,117	288,108	＋ 991	＋ 0.35	
LPG 內卡車	12,602	14,962	＋ 2,360	＋ 18.7	
柴油車	11,253,023	11,799,594	＋ 546,571	＋ 4.9	
甲醇	176	234	＋ 58	＋ 33.0	

3. 燃料電瓶用燃料

純電動汽車，僅使用二次電瓶之充、放電來行車之單純構造，迄今推出市場的電動汽車，有下列兩點缺點(1)電瓶充電需耗費長時間，(2)續航里程太短等，欠缺實用性。因此此兩點缺點近來在日本市場，有逐漸減少購買趨勢。

因此對二次電瓶之使用比較缺少信心，對燃料電瓶之使用與日俱增，而燃料電瓶之燃料均以氫氣爲主，不過氫氣之使用在日本有使用高壓氫氣之趨勢，茲將日本及美德國之使用氫氣情形列表如 11-17 提供參考。

表 11-17　FCEV 用燃料

廠名	燃料種類	備註
TOYOTA	高壓氫氣	使用高壓容器
NISSAN	同上	同上
HONDA	同上	同上
MAZDA	汽油＋改質器	
DAIMLER-CHRYSLER	汽油＋改質器	提供參考
GMC	液態氫氣	提供參考

11-4　歐洲各國之電動汽車發展情況

11-4-1　歐洲的電動汽車開發狀況

自從石油危機及環保意識提高後，尋找替代能源及節省能源之前提下，車輛行駛中不排出廢氣的電動汽車頗受矚目。電動汽車從 1830 年代由法國的“克爾內俞”等開始研究，1860年由“布蘭迪”(法國)發明了蓄電池，始邁入實用化。其後，在 1865 年，最早的實用電動汽車由英國製造出來。這是發表汽油車的12年前之事。在1899年“恰梅耿旦特”有105km/h之紀錄。可是電瓶的充放電特性不良，結果被汽油車所取代。

目前電動汽車技術格外進步，已達到實用於都市圈的代步工具。

11-4-2 法國的電動汽車

一、概 述

法國政府的環保及經濟部在1992年7月委託了雷諾(RENAULT)、標緻(PEUGEOT)、雪鐵龍(CITROEN)等集團(PSA 集團)與 EDF 各公司，研究開發了以電氣爲動力的小型交通車(參閱圖 11-109)，爲了都市環境保護決定促進電動汽車之實用化及普及。

圖 11-109 雷諾 ZOOM 的外觀(車門開閉要拉上再旋轉)

此計劃外，爲了電動汽車之普及，另計劃了(1)沿著公共道路，建設電動汽車之充電用的充電站及停車場。(2)到 1995 年在國內十個城市設置電動汽車之模範城市的重點。茲將各公司製造的電動汽車介紹如下。

二、雷諾(ZOOM)電動汽車

ZOOM是“雷諾”公司和“馬特拉”公司合作開發的，雙人座(two seat)、單廂(one box)的車身全長爲2650mm，全寬爲1520mm，全高爲1495mm 的小型化尺寸(參閱圖 11-110)，此型式可變軸距(variable wheelbase)之獨特的特徵。軸距的長度可從 1845mm 縮小 600mm，此時全長縮小爲2300mm「從後方後臂(trailing arm)的根部折彎，以縮短軸距，車高則增高230mm」。縮短車身時的迴轉半徑爲3.3公尺變成很小。

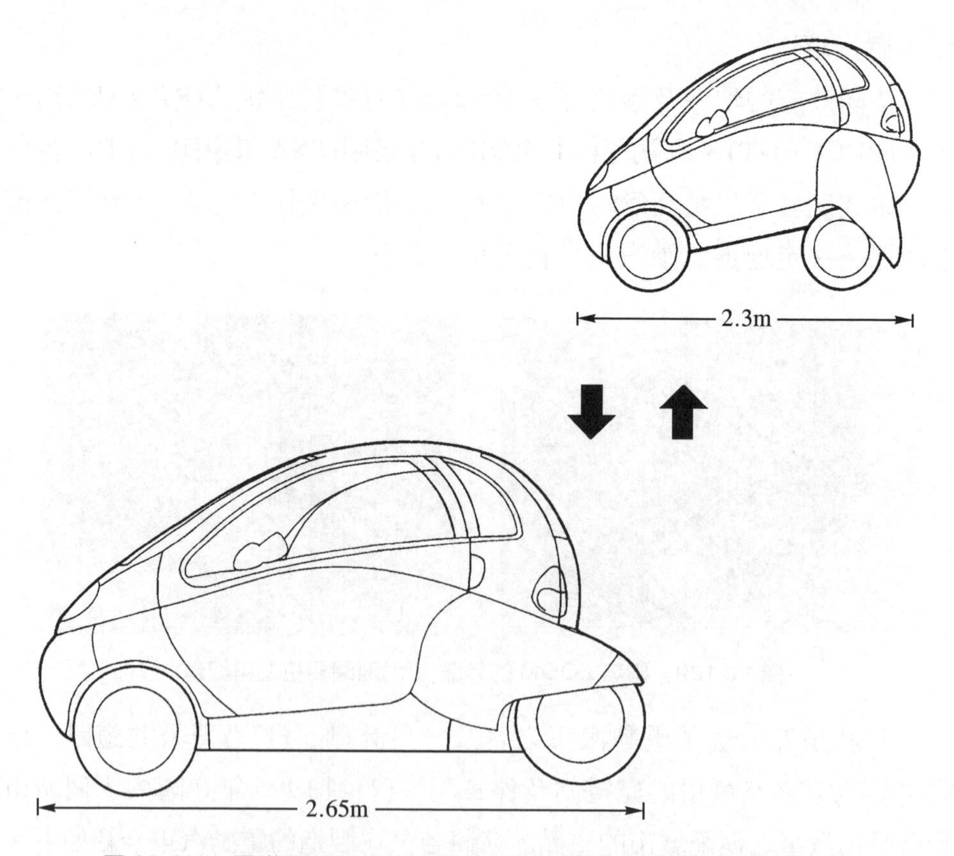

圖 11-110　雷諾ZOOM從後方後臂根部折彎以縮短軸距(可變軸距)狹的地方也可停車

其動力在駕駛座(bench seat)下裝置鎳鎘(Ni-Cd)電池以驅動橫置於前方的交流馬達(輸出力為 25kW)。車輛重量為 800 公斤，其中 350 公斤為電瓶重量。最高速度可達到 120km/h，0→50km/h 的加速為 6.0 秒鐘。一次充電可行駛里程，依市區行駛模式為 150 公里，以 50km/h 定速行駛時可行駛 260 公里。使用充電機充電時間為八小時。

三、阿克拉迷你電動車

"阿克拉"(音譯)迷你電動車(如圖 11-111 所示)，也是法國製(廠商不詳)，也是雙人座(two seat)小型迷你車。車頂是屬敞篷(open top)車。採用車重 670 公斤，鉛電瓶 12 伏特裝用 10 只 320 公斤。馬達的輸出力比較小僅 7.5kW，可是最高速度可達 75km/h，一次充電後的續航里程行駛市區 60 公里，50km/h 定速可行駛 80 公里。電瓶可用 100 伏特充電，但需要八小時。

圖 11-111 阿克拉 EV(M.S.K 公司)

四、標緻 106 電動汽車

標緻公司雖然從1989年以來就在市場出售商業用 J6 的電動汽車，但是當市區交通車使用的計劃“106”的電氣化，從1993年開始全程計劃的試造車測試(test trial)。其性能如圖 11-112 所示。

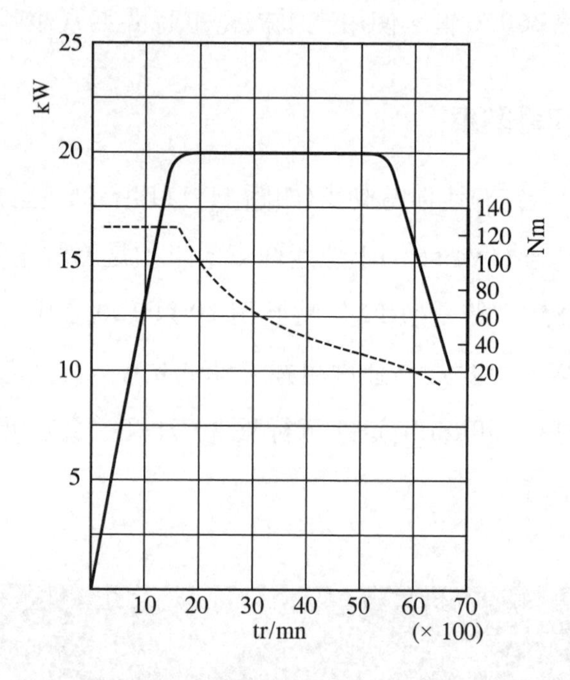

圖 11-112　標緻 106 Electric 車之性能曲線

在三門的106的基本設計不變更，裝置電動馬達，潮縮管、軸、電子控制及電瓶等，四人座的車內空間完全無變更(但是行李箱稍微變小)。在前面橫置的馬達輸出力爲20kW，扭力爲15.3kgm/1500rpm，電瓶是鎳鎘型，將此電瓶裝置於引擎室內三個地方放置。由此可獲得最高速度90km/h，0→50km/h的加速爲8.3秒鐘(參閱圖 11-113)。標緻 106 電動車之配置圖如圖 11-114 所示。其電瓶的充電時間，需要六小時，電源爲220伏特16安培。一次充電後的行駛里程爲80公里。

圖 11-113　標緻 106 “Electric”

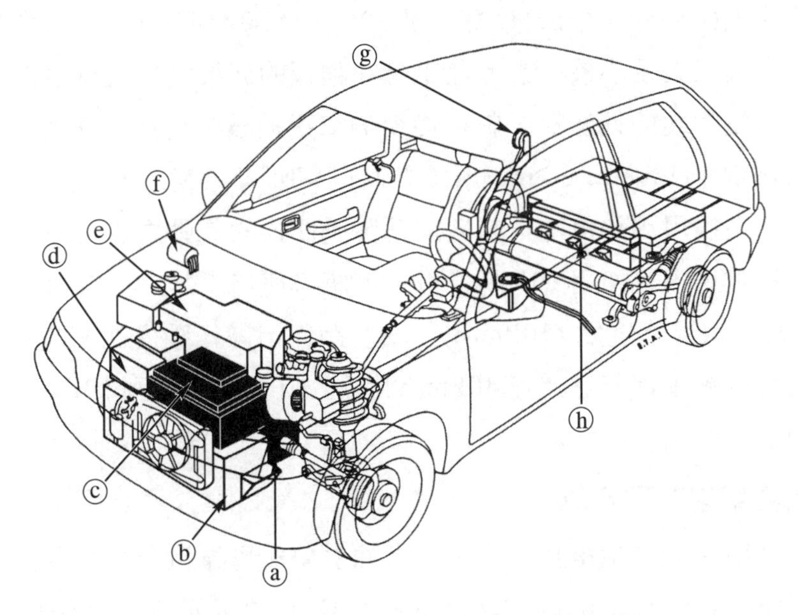

圖 11-114　標緻 106 “Electric”之配置圖

五、雪鐵龍 CITELA 電動汽車

以行駛城市區域爲目的開發的雪鐵龍CITELA(參閱圖 11-115)，是PSA 集團研究部與雪鐵龍共同開發的。

圖 11-115　雪鐵龍 CITELA 外觀

單廂型(one box type)車身，是2960×1550×1410mm的小型尺寸，可乘坐大人三人及小孩一人。此車身在鋼板的底板裝置機械零件，只要更換上面塑膠製的外廂板，就可從交通車變換爲多用途的廂型車(VAN)及業餘轎跑車(leisure coupe)所需要時間只要五分鐘以下。

動力系採用鎳鎘電池，前置前輪驅動(FF)的電動馬達及控制單元所構成，據說馬達可使用100萬公里，電瓶可使用十年之長壽命。巡航速度爲90km/h(最高度爲110km/h)，續航距離市區行駛模式110公里。充電一次可行駛里程若在定速40km/h時爲210公里，達到50km/h時所需要時間爲8.5秒鐘。

六、雪鐵龍之 VETELA

VETELA混合型電動汽車，是汽油引擎與馬達組合的混合型車。其原型車(proto type car)的雪鐵龍AX屬4WD型車如圖11-116所示。一次充電後之續航里程爲70～100公里。

該車取消後輪驅動裝置，後輪軸與等速接頭以電動馬達替代。此馬達組合了行星齒輪減速機，與變速機軸連接。爲了提高動力與重量的平衡，使用高週波並俱有多極的自動操縱同步型馬達。此原型車使用水冷式，馬達之最高轉速爲7500rpm。馬達使用電壓爲180伏特。附有制動能量回生裝置。

圖 11-116　雪鐵龍 VETELA 混合型電動車

電瓶使用“荷爾達姆”公司產品之密閉式鉛電瓶 15 個。充電時可用汽油引擎行車時的600瓦特電力，停車時可用EDF(法國電力公司)的標準插頭(standard concentric plug)充電之兩種方法。

性能方面；可行駛30～60km/h之時速最省能源，0～50km/h之加速時間爲22秒鐘。電力消耗爲0.2kWh/km。以汽油引擎模式行車，以最高時速168km/h可行駛400公里。

車輛總重量，比標準的汽油車重 200 公斤，爲防止電線束(wire harness)因振動而產生的微小噪音，採用SOFANOU公司出品之防音皮管(tube)。

七、電動汽車之課題

歐洲的大汽車製造廠，大部份投入電動汽車之改良工作。在法國從雷諾、標緻及雪鐵龍之三大製造廠開始，“強諾”公司的汽車部 micro car 公司，SEER 公司(歐洲電力公司)等均開發了獨特之電動汽車(參閱表11-18)。

表 11-18　已發表的法國製主要電動汽車

製造廠	型式名稱	組合型式	充電一次可行駛里程	最高時速	電瓶種類	價格
⑴現有轎車改造型式						
標緻	405 維爾	混合型	72 公里	130 公里	鎳鎘	★
雷諾	ElectroClio	電動型	100 公里	110 公里	密封型鉛	★
⑵迷你車種類						
MicroCar	里拉	電動型	50～80 公里	75 公里	鎳鎘	12 萬法郎
SEER	波爾多	電動型	80 公里	73 公里	鉛電瓶	15 萬法郎
里究	歐普帝馬山	電動型	60～80 公里	100 公里	鉛電瓶	9 萬 2 仟法郎
愛拉渡	斯巴西亞	電動型	50～70 公里	75 公里		9 萬 2 仟 5 佰法郎
⑶概念車之種類						
雪鐵龍	CITELA	電動型	110 公里	110 公里	鎳鎘	★
雷諾	ZOOM	電動型	150 公里	120 公里	鎳鎘	★

註：★1994 年筆者蒐集資料時，未在市面銷售

電動汽車不排出廢氣，無引擎之迴轉聲音及排氣聲音比較寧靜，能量效率高又省能源，駕駛操作簡單等優點存在。如此乾淨的電動汽車，其普及尚有各種課題存在。

1. 充電一次可行駛里程短

首先，充電一次可行駛里程，可列出比汽油車差很多。50 公斤的電瓶與 50 公斤的汽油相比，電瓶的連續行駛里程為 13 公里，汽油為 1000 公里，其差距甚大。即裝載同重量的能源時，電力僅能行駛汽油的七十分之一的里程。因此在電動汽車來說，如何開發充電一次之續航里程長甚至不受限制，才是其重點。

法國SAFT公司(電瓶製造廠)，CEAC公司(歐洲累積器製造公司)在此領域積極進行研究開發。並且因爲電瓶笨重，車輛的輕量化也不能迴避而過。而且需要如此受限的能量有效地使用。因此，馬達、冷暖房裝置、控制器及車體素材等將要與汽油車不同的概念。

尤其是未具有電瓶製造技術的汽車製造廠，不得不依賴從未技術交流的電機製造廠。由此開發"ZOOM"的雷諾公司與馬特拉公司始有合作之今天。此外，在法國有"魯亞蘇明爾"、"特夢遜奧克西列"等公司致力開發馬達、汽車零件製造廠"拔列奧"則投入冷暖房裝置之改良工作。

2. 爲了電動汽車普及之環境保護

第二，爲了電動汽車之普及，在城市的環境保護是不可缺的。相當於汽油車的加油站，在市區就需要設置好幾處電瓶充電站。在"拉羅雪爾"市，由PSA集團及EDF公司的合作之下，從1993年下半年開始了電動汽車之導入計劃。

PSA集團，將電動汽車雪鐵龍AX與標緻106合計50輛，從一般車主選擇50人貸與當日常生活的交通工具使用。該公司仍然負責該批車之售後服務工作。拉羅雪爾市在公有或私有停車場或購物中心設置電瓶充電站。EDF公司設置40處之充電站，並進行其維護工作。

充電站分爲普通充電與高速充電兩種，按其需求分別使用。普通充電因爲需要6～10小時，故設置於停車場等處，使車主亦可在夜間充電。

在EDF公司(法國電力公司)，因此也對停車費或夜間電力費等折扣之設定作檢討。

高速充電裝置，若是鉛電瓶 30 分鐘就可充電一半容量，鎳鎘電瓶則一小時內即可完全充滿電。

拉羅雪爾市嘗試一件實驗，是在城市區使用電動汽車有關業務之實驗。即對駕駛人的行動或使用者的反應及充電站的使用狀況，加以記載以得實際資料。視其初期階段的結果如何，在第二階段決定漸次投入200～300輛之電動汽車。同樣的實驗，1955年在"杜爾"市也有此計劃，其合作伙伴是PSA集團及運輸專門企業集團"維亞．GTI"公司。同樣引進50輛電動汽車(雪鐵龍AX及標幟106)，在杜爾市設置充電站10處等環境保護工作。

11-4-3 瑞典的電動汽車

一、富豪混合型車使用瓦斯渦輪機與高速發電機

瑞典的富豪公司在巴黎開辦了汽車展，公開了稱爲"富豪(VOLVO)環保概念車(ECC：environment concept car)"的獨特的電動混合轎車(electric hybrid saloon)(參閱圖 11-117)。

混合型車的動力系，其動力供應的比較，是小型又輕量(更符合環保)是必須具備的條件。富豪又完整的推出使用新開發的所謂"高速度發電(HSG：high speed generation)"的動力設備(power plant)。

二、瓦斯渦輪機與高速發電機之組合

高速發電機(HSG：high speed generator)公司是ABB(asea brown boveri)公司、Svenska Vattenfall公司、富豪(Volvo、Flygmoto關係企業與 United Turbine 公司)公司共同開發的，高速的瓦斯渦輪機(gas turbine)與新開發的永久磁鐵型高速發電機組合，以小型的尺寸、輕量、乾淨的排氣及振動少爲其最大特徵。發電機爲了提高其迴轉速度，可將重量及尺寸縮小，但是需要新素材，特殊的電子組件及複雜的控制系

統。高速發電所使用的發電機轉速，是普通發電機的 50 倍快，最高可達到 90,000rpm。

圖 11-117　富豪的混合電動汽車 ECC。裝置瓦斯渦輪引擎，可向電瓶充電以補充電力行駛

其原動力的瓦斯渦輪機可動零件數甚少(主要組件僅有四件信賴性高)，能量損失少，有構造簡單之特徵，此瓦斯渦輪機的轉速與發電機的轉速製成為近似值，據說可製成兩者共同用軸、共用軸承而成一體。瓦斯渦輪機與渦輪增壓器(turbocharger)相似，採用極簡單構造的單級

(single stage)徑向型壓縮機(radial compressor)及單級徑向型渦輪機(radial turbine)。

低放射(low mission)的燃燒室，將廢氣的熱傳給引擎的進氣，作熱交換器使瓦斯渦輪機燃燒效率提高，是低放射(幅射)的特徵。

並且在此單元，發電機的輸出(out put)設置整流器爲了系統電壓調節設置變換器(converter)，供給電動馬達電力的反相器(inverter)將此發電機利用做起動馬達的起動反相器(start inverter)控制系統等附屬組件。

瓦斯渦輪機的進氣先通過發電機的周圍來冷卻它，接著進入壓縮階段，於此提高壓力與熱度(溫度)。其次的步驟，空氣即進入熱交換器單邊的一半交換器中繼續提高熱度。已經充分高熱的空氣再導入燃燒室，並與柴油混合。柴油瞬間就與空氣混合，在燃燒室的火炎室(flame chamber)中著火開始燃燒。高速度的噴射流(jet)流入渦輪機時其溫度是達到 1000℃以上。由此渦輪機的輪葉(blade)開始高速迴轉。同時渦輪就驅動同軸的壓縮機，又使發電機動作。此後，熱瓦斯就經過熱交換器的另一半排出外部。此熱交換器又可達成消音器(Silencer)的任務。渦輪機無論液態燃料或氣態燃料均能使用，但是此高速發電機考慮其經濟性，使用柴油。

製造與此瓦斯渦輪機同程度轉速的發電機，兩者可共用一軸與軸承，軸承數量全部僅兩組就足夠。發電機的冷卻由瓦斯渦輪機的進氣來進行。

此高速發電機可供給固定電壓的交流電流，但是驅動電動馬達時此電流的週波數(頻率)過高。當作汽車動力利用時，則由駕駛人使用油門來調節，爲使能夠這樣做，交流電流要先變換爲直流電流(系統電壓)，然後使用反相器再變換爲交流電流。

利用為汽車動力時，也從電瓶的電流與此發電機發電的電流併用的情形。可是此系統電壓比電瓶電壓高甚多，要借助反相器提高電瓶電壓。

高速發電的重要項目為

瓦斯渦輪機……41kW/55.8PS
發電機…………39kW/53PS

但是最高可達到300kW，最低輸出力為10kW。有些動力範圍，其利用範圍較廣。

可利用於小型巡洋艦(cruiser)的補助動力外，也適用於主動力，如大客車、大貨車等，或固定式的發電設施亦能使用。但是富豪公司的目的是利用於轎車。

三、驅動車輪使用電動馬達

在富豪ECC，把高速發電機與電動馬達組合，橫置於車體前面，作前輪驅動(FF)，但是高速發電機與車輪並無連結。高速發電機僅作車上的發電裝置。高速發電機發電的能量使用於電瓶之充電，或電瓶一起驅動電動馬達。所以車輛之驅動無論如何要使用電動馬達。

此馬達同步(synchronize)式最高轉速為12,000rpm，其最大輸出力為70kW/92.5ps，連續為56kW/76.2ps。其動力源有電瓶包裝件(battery package)。此電瓶使用鎳鎘(Ni/Cd)原料，分為兩個包裝，放置於後行李箱(luggage space)與床底板下面，其合計容量為16.8kW。

馬達是二速自動變速箱(齒輪比第一檔為3.272，第二檔為1.962，最終減速比為4.00)之組合。圖11-118表示ECC的主要組件的配置圖。

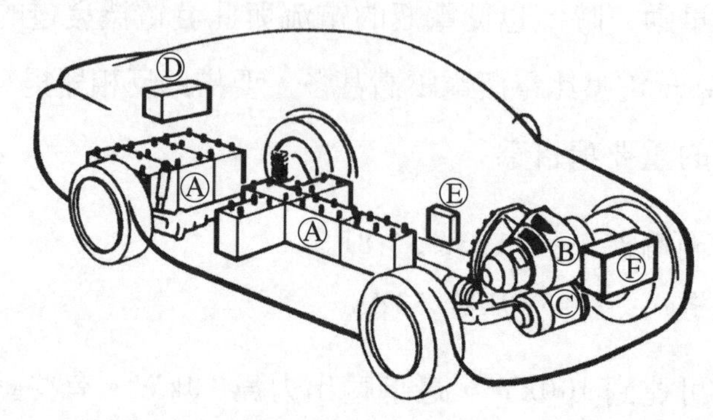

圖 11-118　ECC 之構成圖Ⓐ電瓶Ⓑ瓦斯渦輪機/HSSGⒸ電動馬達Ⓓ DC/AC 變換器Ⓔ車輛管理單元(VMU)Ⓕ反相器

車體流用 VOLVO 850 的低床板車，其尺寸全長爲 4487mm，全寬爲 1804mm，全高爲 1390mm，軸距爲 2700mm，四人座(可加小孩一人)的四門家庭用轎車(family saloon)，車重爲 1580 公斤。其分配爲駕駛系列 237 公斤(15%)電瓶 350 公斤(22%)，車身 220 公斤(13%)，此外有軸、車輛、底盤組件、玻璃、外部塑膠及內部塑膠等。

車身全部以鋁質材料製造，空氣阻力(Cd)值據說測定爲 0.23。

富豪公司以此 ECC 車定位爲家庭級之混合型電動汽車，到底在何處做混合之情形，其運作狀況如何介紹如下。

1. 僅使用電瓶行駛時

　　在市區道路或環保問題嚴格的地域行車時，高速發電機完全不使用及不起動瓦斯渦輪機，僅使用車裝電瓶的電流驅動馬達行駛。其最高速度可期待 80km/h 以上，從靜止起步至 100km/h 之加速時間爲 23 秒鐘很正常。當然，此行駛模式可說完全無排放氣體(參閱圖 11-119)。

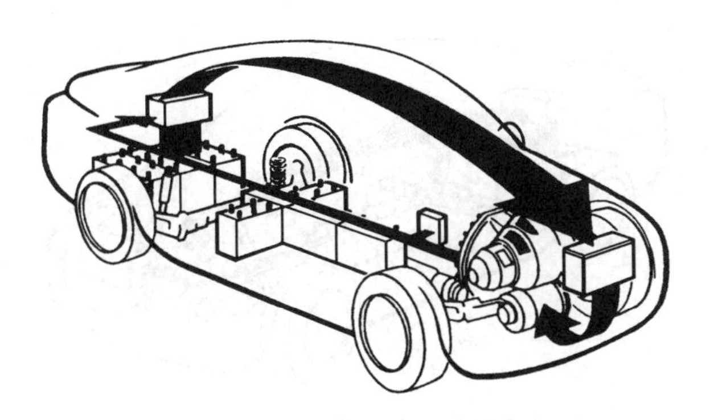

圖 11-119　僅使用電瓶行駛時

2. 高速發電機之起動

行駛市區道路以外的地方，要先起動瓦斯渦輪機，此時發電機達成起動馬達之任務。此方式要利用電瓶的電流並以反相器為中介(參閱圖 11-120)。

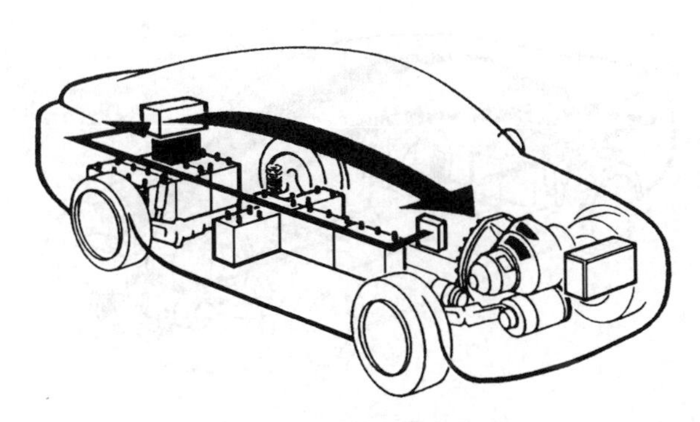

圖 11-120　起動高速發電機

3. 動用高速發電機來行車時

在普通道路行駛時，高速發電機的發電就連續不斷，時常補給電瓶的消耗電力而行車(參閱圖 11-121)。

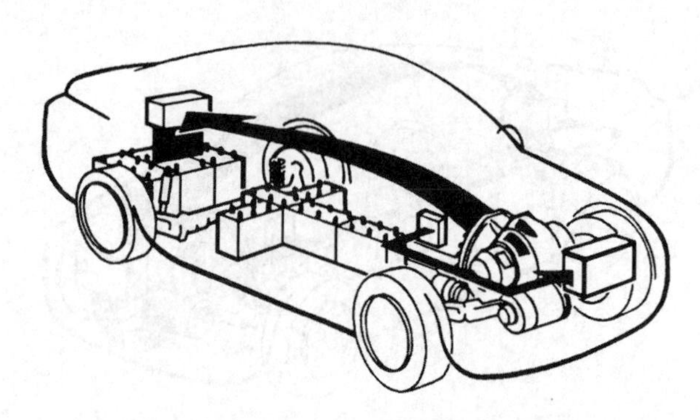

圖 11-121 由高速發電機充電並行車

4. 使用電瓶與高速發電機兩者之電流來行車時

急加速或行駛陡坡道路時，高速發電機的轉速提高，從高速發電機輸出的電流加上電瓶的電流，以強電力驅動馬達。那時的最高輸出力爲70kW、ECC的最高速度爲175km/h(參閱圖11-122)。

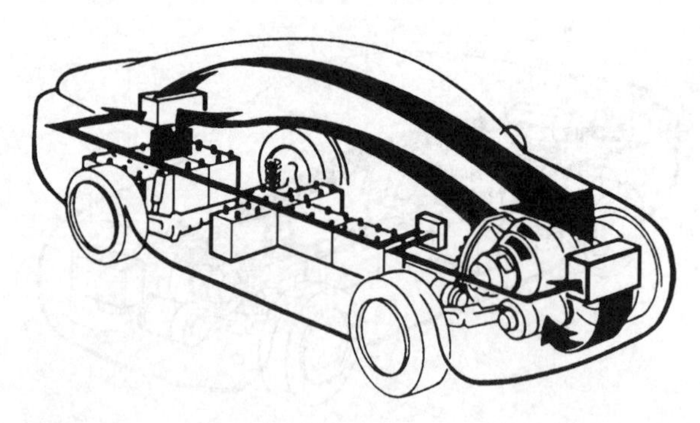

圖 11-122 高速發電機電流加上電瓶電流來行車

5. 制動時有回收能量之作用

踩下煞車時的狀態，驅動馬達(drive motor)當作發電機作用，將其電力送回電瓶(充電)(參閱圖11-123)。也就是制動時回生能量(將動能變爲電能)系統就作用。

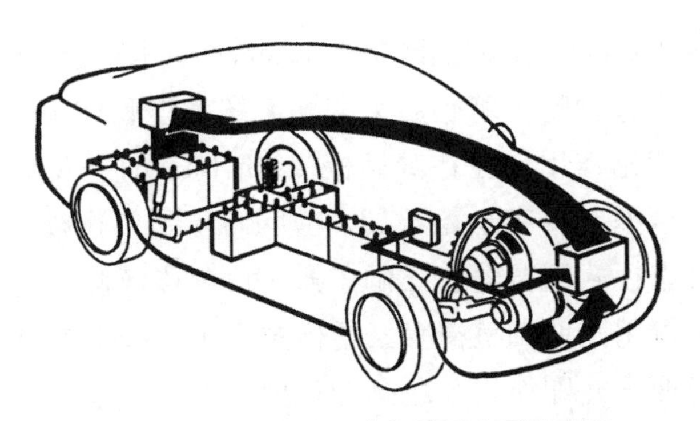

圖 11-123　煞車時馬達的發電向電瓶充電

這些行車模式的變換稱爲“車輛管理單元(VMU：vehicle management unit)”的電子控制器可自動進行外，也可由駕駛人以手動方式按自己的意思變換。無論那一種場合，在模式的變換，駕駛人並不感到有衝擊現象。

VMU雖然小巧的(compact)，但是備有非常多的功能。可感測電瓶或充電水準，控制高速發電機或駕駛系統，接收駕駛人的輸入傳給高速發電機。其續航里程按狀況列出如下。

A 僅使用電瓶的電流行車時

在市區道路行駛時………… 80 公里

50km/h 的定速行駛時………146 公里

B 併用瓦斯渦輪機行駛時

90km/h 的定速行駛時………670 公里

燃料箱的容量爲 35 公升(柴油)以普通的行車狀態行駛時其續航里程爲 650 公里。

電瓶的充電是使用 170～380 伏特的電源進行，但是，以普通電源充電時，不使用鎳鎘電瓶，而使用傳統的鉛電瓶。

在 ECC 儀錶板，即駕駛人前面有列出控制類別；點火開關(ignition lock)、行車模式選擇器(mode selecter)、齒輪選擇器

(gear selecter)、加速油門(accelater)及煞車踏板(brake petal)等。

首先起動時，轉動點火開關系統就自動作用。VMU 及電子系統就開始作用，並在儀錶板(dash board)上五至十秒鐘內點亮綠燈。惰速聲音完全聽不到，並隨時可起步行駛。

行車模式選擇器有三個按鈕，可選擇僅使用電力行駛，混合行駛及併用瓦斯渦輪機等三種模式行車。按下混合行駛按鈕，則車輛管理單元即作用，所有行車模式就自動進行。瓦斯渦輪機的選擇鈕是在需要高輸出力(high output)時使用。

對於重視環保的明日轎車，世界各國的各汽車製造廠家發表了種種新概念(concept)的資訊，而富豪公司的 ECC 車也是其中之一種試驗車，具有很大的意義。

11-4-4 德國的電動汽車

一、福斯及奧迪電動車

在德國有福斯(VW)(參閱圖 11-124 及圖 11-125)及奧迪(Audi)(參閱圖 11-126)汽車製造廠也盛行研究開發混合型電動汽車，VW 廠以高爾夫(golf)柴油車爲基礎，與電動馬達/發電機的混合型車有 30 輛左右營運試用，據說轎車的水準也逐漸走向低公害車的大潮流。

圖 11-124 VW 高爾夫柴油的混合型車。有 30 輛試驗參加營運

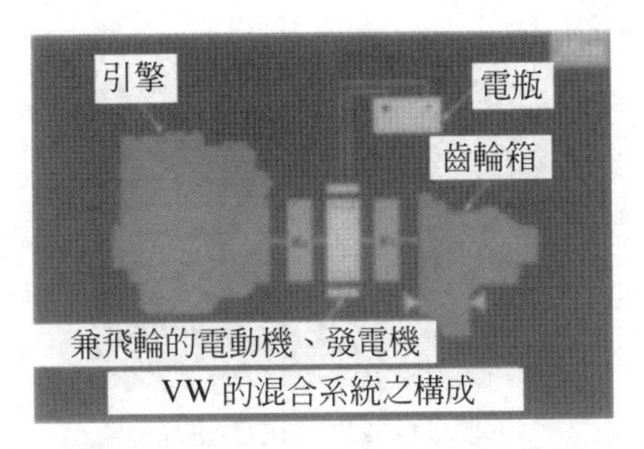

圖 11-125　VW 的試驗方式接 HIMR，在馬達兩側配置離合器可斷續各種動力來使用

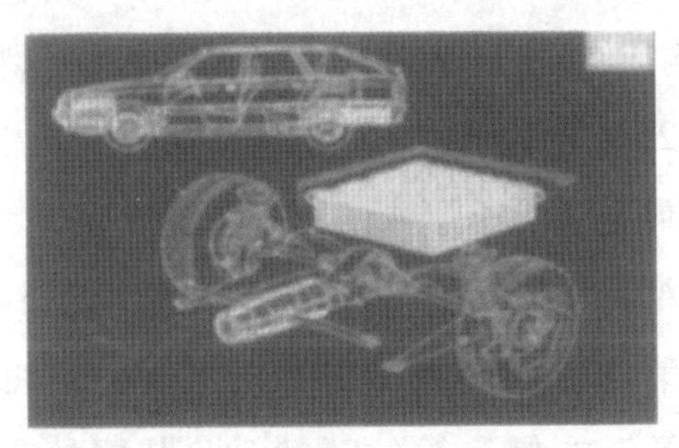

圖 11-126　奧迪的混合系統。流用 4WD 的部份 FF 車為汽車引擎，RR 車由電動馬達負擔

二、朋馳的電動汽車

1. NECAR 電動汽車

⑴ 台姆勒・朋馳(Daimler Benz)的燃料電瓶車(FCEV)NECAR I，是在1994年發表的。現在使用同車之小型車麥西地・朋馳(Mercedes・Benz)A級(A clas)之NECAR，已研發進展至NECARIII。

⑵ NECAR I如圖11-127所示，是最早研發出來的FCEV系統。行李箱空間裝滿了電瓶，導致車身演變成廂型車。該公司規劃預定於2004年，將NECAR I量產在市面出售。其製造成本，預料可與柴油車看齊。

圖 11-127　NECAR I

NECAR II是在 1996 年發表的，其性能方面；輸出力有 50kW，輸出力每 1kW 的重量爲 6 公斤，燃料每充填一次可續航里程爲 250 公里，最高速度可達 110km/h，乘車人數可按規定的六人乘坐。

NECAR II的英文字母，是稱呼爲New Elcctric car II。第 I 號及第 II 號均使用壓縮氫氣，NECAR II如圖 11-128 所示。是將氫氣的儲存箱(高壓容器)裝置於車頂。

圖 11-128　necar II

(3) NECAR III號車是使用如汽油箱的盛承甲醇，並由改質器生成水而另產出氫氣提供燃料電瓶(FC)之發電用。

性能方面，其輸出力爲 50kW，每 1kW的重量爲 2 公斤，最高速度限制爲 120km/h。踩下油門踏板後二秒鐘內，可達最大輸出力之90%，其2～3秒鐘後可加速至50km/h之時速，油箱38公升容量的甲醇可行駛400公里之報導。

在NECAR Ⅲ，改質器上游之化油器，從300公斤輕量化爲3公斤，其體積容量也大爲縮小。該車至2004年尚有三點必須克服介紹如下。

① 甲醇供給的最適當化。
② 燃料電瓶尚需要小型輕量化。
③ 降低製造成本。

三、OPEL公司的燃料電瓶車“Thefeeler”

在1988年10月1～11日於巴黎舉辦了汽車展，德國OPEL公司展出了命名爲“Thefeeler”的燃料電瓶概念車(concept car)如圖11-129所示。Thefeeler是裝置50kW的交流感應馬達(AC Induction motor)之試造車。今後鄰接Adam OPEL公司的「國際替代燃料引擎中心」(GAPC：global alternative proparsion center)的研究員工或工程師們會形成燃料電瓶車的研究平台(platform)而熱絡。OPEL公司，擬以此Thefeeler爲環境適合性高的未來技術，預定於2004年推出市場商品化爲目標而努力。

圖11-129 OPEL Thefeeler FCEV

電瓶使用燃料電瓶(FC)，由油箱內的甲醇(methanol)經改質器(reformer)來產生氫氣。OPEL 公司的主公司爲美國通用公司(GMC)，使用甲醇外，另研究以汽油(可行)、天然瓦斯(CNG)、純氫氣等替代之可行性，以利廣泛找出氫氣之生產資源。該電瓶採用固體高分子燃料電瓶(PEFC：polymer electrolyte FC)。

每一電池可發電 0.7～0.9 伏特，再把幾十個電池積層成 stack，供 50kW交流感應式馬達之電源。動力經單一速度之齒輪箱以驅動前輪(FF方式)，OPEL 公司之電動汽車有 Astra、EV1 等車種。馬達、電瓶包裝(battery Pack)、電力控制器等裝置於原引擎室內。電瓶提供加速等增加動力之一時之用外，亦有制動回生能量儲存於電瓶。

Adam Opel 公司從 1960 年就開始研發燃料電瓶。這些活動是 Opel 公司從 1998 年起設置於德國“旅謝爾斯海姆”附近的“國際替代燃料引擎中心」(GAPC)”的正式開幕而強化的。由“麥克密革”與“修見特”兩位博士所率領的 GAPC 包含美國密西根州“握連”和紐約州的“露接斯達”的北美研究所在內，有三處的物理學家、科學家、製造工程師(process engineer)及電子專家等在研發預定將實用的燃料電瓶於 2004 年導入市場爲目標，加緊努力當中。

“Thefeeler”之舒適性、性能及安全性方面，比原來的一般車並不遜色，不排出有害物質、肅靜無噪音、燃料效率又高。該車依通用公司的「GM：Generation II Power Electronics」技術研發製造。最高速度爲 120km/h，車重爲 1850 公斤，甲醇燃料箱爲 54 公升，水容量爲 20 公斤，改質器採用甲醇以CO_2爲副產品改質成高質氫氣，改質中產生的CO再氧化爲CO_2由觸媒燃燒器(burner)提供改質器需要的熱。

四、奧地汽車公司的混合型電動汽車-duo

1. 概　述

奧地(AUDI)汽車公司是屬於德國VW(Volks Wagen)集團，從1997年秋天就開始出售“Audi duo”HEV。是一部直接噴射柴油引擎，與電動馬達的混合型車。從1989年以來該公司的旅行車“Audi 100”爲基礎進行研發了所謂的混合型電動汽車。

2. 第一代車

第一代車在基礎車的前後輪拆除傳動軸，以2.3公升100kW(136ps)五汽缸汽油引擎驅動。採用鎳鎘型電瓶爲電源以馬達驅動後輪。1989年當時的直流馬達輸出力9.3kW(12.6ps)，效率爲72%其大小爲13.5公升，重量62公斤。行駛100公里須要的電瓶消耗電力爲25.5kWh，一次充電後之續航里程僅有25公里。

3. 第二代車

二年後的第二代車，更換爲四汽缸2.0公升汽油引擎，輸出力85kW(115ps)，小型化並恢復傳動軸。電動馬達爲水冷永久磁鐵三相無刷同步式，21kW 效率81%，重量46公斤11.6公升，100公里的電瓶消耗電力爲21kWh。電瓶改用鉛型。一次充電後之續航里程爲38公里。

4. 第三代車

第三代車是在1996年於柏林汽車展展示，以“Audi A4”爲基礎的原型車(參閱圖 11-130 及圖 11-131)。引擎爲直列四汽缸1.9公升，渦輪增壓直接噴射(TDI：turbo direct injection)柴油引擎。其機構上以TDI柴油引擎爲基本配置，在自動油壓離合器與自動化的五段變速箱，將馬達軸設置於輪絲座(flange mount)，其馬力爲 66kW(90ps)，直接將動力輸進變速箱副軸(counter shaft)。其驅動單元集中於前軸，結果效率獲得了 90%。馬達的輸出力爲 21kW(29ps)，馬達重量 22 公斤容積 5.2 公升，更小型化了，如圖 11-132 所示，其諸元如表 11-19 所示。100 公里的行車所須要的電瓶消耗電力爲 15.9kWh。一次充電後之續航里程爲 50 公里。

圖 11-130　奧地 duo A4 混合型電動車

圖 11-131　奧地 duo 之透視圖

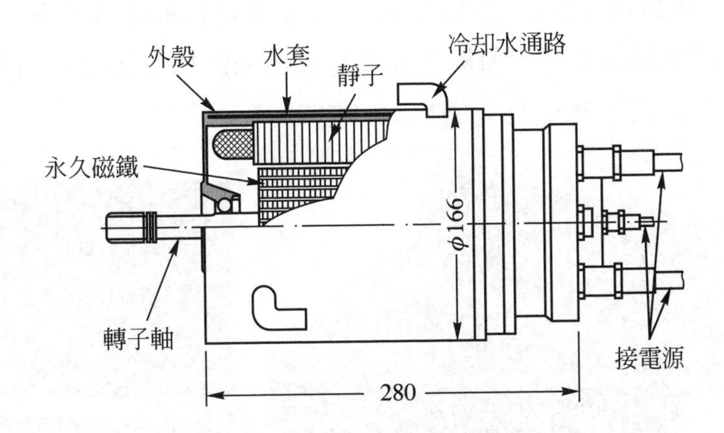

圖 11-132　水冷式三相交流同相位電動馬達之構造

表 11-19　duo 水冷式三相交流馬達之諸元表

主要諸元		同相位電機馬達	電機馬達
輸出力每 kW 之重力		1kg/kW	2.5 kg/kW
輸出力每 kW 之質量		0.3L/kW	0.7L/kW
馬達效率	馬達	92%	90%
	輕負荷	87～92%	85%
	全負荷	85%	75%
規定		磁場	同左
減速		1：2	1：4
轉子		磁鐵式複合轉子	鋁燒結

5. 電　瓶

電瓶經研究並充分比較結果，採用鉛電瓶。共有 24 個爲一單元，於後備胎及行李箱床面改造後分成二層裝置如圖 11-133。

但一般的鉛酸電瓶，電解液會造成液面的電解槽，而“duo”則採用玻璃纖維可含電解液而不造成液面的構造如圖 11-134 所示，以防止萬一碰撞時有漏出之危險。

圖 11-133　電瓶的裝載狀態與電容量計及充電插頭

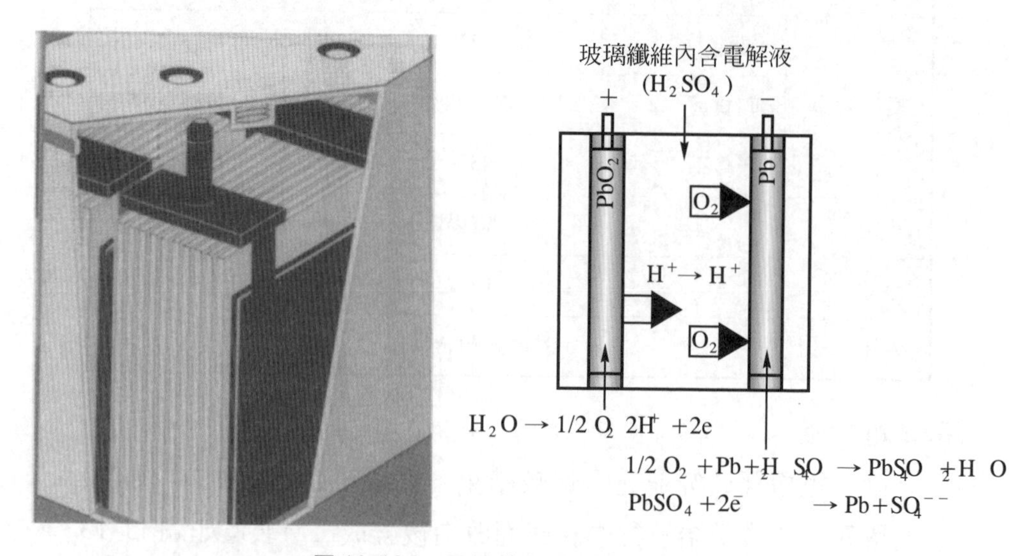

圖 11-134　免保養型鉛電瓶之構造

Duo用電瓶，也可以利用太陽能電池來充電，如圖 11-135 所示。如相片之太陽能電池之發電量，讓duo行駛 400 公里之路程。

圖 11-135　太陽電池可向電瓶充電，一年間可得 4000 公里的電力

6. 行車方式

駕駛模式，有引擎、duo及馬達三種可選擇。任何一種模式，依自動離合器，不操作離合器踏板，僅操作變速桿及油門踏板就可選擇駕駛人所希望車速的排檔。一般行車以duo模式行駛，但起步時以馬達起步行駛，駕駛人油門踩下一定以上時，柴油引擎就自動起動，急加速時電氣驅動系統就停止，僅利用柴油引擎行車。

恢復緩慢行車時，電動馬達自動切換爲驅動車輛而使柴油引擎熄火。僅使用柴油引擎或僅使用馬達驅動行駛時，亦可利用開關的切換來選擇。

7. 性　能

僅使用引擎行駛時，滿油箱可行駛 600 公里，僅以馬達行駛則可行駛 50 公里。柴油引擎的行車模式，最高速度爲 170km/h，

0～100km/h之加速所須時間爲16秒鐘。電動馬達之行車模式，最高速度爲80km/h，0～50km/h之加速所須時間爲9.5秒鐘。

行車中之減速、制動時亦採用能量回生並可向電瓶充電。其能量回生系統，無論使用引擎行車或使用馬達行車均會作用。

11-4-5 使用空氣動力的法國計程車

絕對零污染(zero emission)的計程車(taxi)，從 1999 年在法國生產。此種車由"凱內酷爾"爲主的法國技術者群(engineer group)所開發的，有大小兩個汽缸，使用壓縮空氣作動的革新設計的空氣引擎，此引擎，首先由第一汽缸吸入空氣並壓縮至20氣壓止，使空氣升高至400℃後送入第二汽缸。在排氣量700cc的主汽缸，從第一汽缸的壓縮空氣之外，亦可導進儲存箱內的高壓縮空氣，以此力來驅動車輪。

引擎重量爲35公斤，最大輸出力爲25HP/3000rpm，在500～2500rpm的迴轉域就可得5.3kgm之扭力。裝載此引擎的計程車(taxi zero emission)以經濟速度行駛之續航里程約爲200公里，續航時間約爲100小時，若以短時間行車最高速度可達109km/h。

所裝載的壓縮空氣(400psi)的容器容量有300公升，若欲再補充充填(recharge)時，使用普通的電動壓縮機需要四小時，若使用有特別裝備的高速充填站，則2～3分鐘即可填滿壓縮空氣。

此外，在制動系統組合了空氣壓縮裝置，亦可在制動時將其動能儲存下來。

在中空鋼的底盤上裝載由碳纖維與玻璃纖維來強化的強化樹脂之車身，車重約爲700公斤。價格抑制於一萬磅以下。

依據持有專利的國際馬達開發公司(MDI：motor development international)之發表，從 1999 年在墨西哥(Mexico)開始生產。並製成計程車外之小型轎車，甚至廂型車等均可應用。

註：本節所介紹的空氣動力車，雖然不是電動汽車，是屬於替代燃料車。因該車使用空氣爲燃料非常特殊，是前所未有之車輛，所以特別提出介紹供讀者參考。

11-5 中華民國電動汽車之發展

11-5-1 前　言

目前世界各國的都會區道路，到處均以擠滿車輛爲患，其交通工具排放廢氣，是空氣污染的主要來源。尤其是邇來汽機車的增加迅速，導致因汽機車之排放廢氣、廢熱而造成空氣品質日益惡化，已達到危害人體健康與生活，爲求生存歐、美、日等先進國家大都會，均領先倡儀採用“零污染車(ZEV：zero emission vehicle)”以改善交通工具的排放污染，藉以改善空氣品質，也是目前世界各國的重要環保政策之一。所以除訂定廢氣排放標準及鼓勵使用清潔替代燃料車外，另發展零污染車的電動車輛，衡量我國汽機車工業基礎及技術能力，發展汽機車具有相當的優勢。

爲了地球村的環境保護，電動車輛無不視爲綠色產品，盼成爲廿一世紀的主要交通工具，近年來世界各國均積極研發，我國亦順應世界潮流，積極參與研發推動電動汽機車。

又現在汽機車工業的基礎下發展電動汽機車，可創造新興產業，使我國成爲世界電動汽機車研發製造中心，達成科技化國家，提升台灣國際化形象，使成爲綠色矽島。

11-5-2 電動汽車之發展簡史

1. 清華大學電動汽車

   我國電動汽車最早由清華大學於 68 年開始研發，命名爲清華電動汽車。其實驗車種有清華 1 號及至清華 2 號，從清華 3 號爲試量產車，清華 4 號及 5 號車爲量產車種，提供郵局作收發郵件之用。

2. 亞太投資公司的亞太一號及二號概念車

   由台塑集團董事長王永慶先生主導的亞太投資公司，在民國 85 年間與美國獨特動力公司(UNIQUE MOBILITY CO.)聯合開發，電瓶採用與美國能源開發公司(OVON IC)合作開發的鎳氫電瓶，車身則由義大利平尼法瑞那(PININFARINA)設計，採用可回收的塑膠車身之概念車，命名爲“亞太一號(AP-1)”。

   其次爲減輕電動汽車電瓶負擔及解決長距離行駛的問題，於民國 86 年另發展電動、汽油混合的四人座混合式電動概念車。可是不久就終止合作，改與雷諾公司合作，之後雷諾公司另與裕隆汽車公司簽合作計劃，後來如何發展不得而知。

3. 民國 85 年 9 月成立中華民國電動車輛發展協會。
4. 民國 89 年 2 月 1 日起至 4 月 30 日止於台北市正式試行“復合式電動公車”。

11-5-3 電動汽車之性能

電動汽車之性能，主要由一次充電後的續航里程與最高速度及電瓶的充電時間等三要素來決定，其是由馬達、控制器和其電路及減速時的能量回收等性能所左右。

茲將清華四號車的主要諸元表及其外觀列出如表 11-20 及圖 11-136 所示。爲了方便比較起見，茲將日本的電動汽車主要諸元附表刊於表

11-21所示。從表11-20及11-21的性能欄可看到續航里程均以行駛40km/hr的速度下表示其續航里程，由此可知40km/hr爲電動汽車最省電的經濟速度。清華4號車及日本“大發”廠的高屋頂廂型車的車形相當，不過“大發”廂型車因車輛總重多了105公斤，然而使用電容量爲150AH的12伏特電瓶有八個，其電力供應相同下，其最高速度較清華4號爲低，爬坡能力則日本車均比清華4號車優良。

表11-20　清華大學4號車電動車諸元表

尺寸	長度	3.03m	電瓶鉛酸	電容量	150AH
	寬度	1.34m		電壓	12V
	高度	1.61m		能量密度(3小時)	45Wh/kg
	軸距	1.73m		個數	8pcs
	離地高	165mm		總重	320kg
重量	空重	980kg		總電壓	96V
	總重	1290kg		總能量	14.4kW/hr
	載重	2座位＋200kg	性能	最高速度	80km/hr
直流馬達	電壓(VDC)	90V		續航力(40km/h)	105km
	額定輸出	10kW		加速(0～40km/h)	8sec.
	最大輸出	—		爬坡能力	30%
	重量	50kg			
	額定轉速	6000rpm			
	最大轉速	7000rpm			
	冷卻	外部風扇			

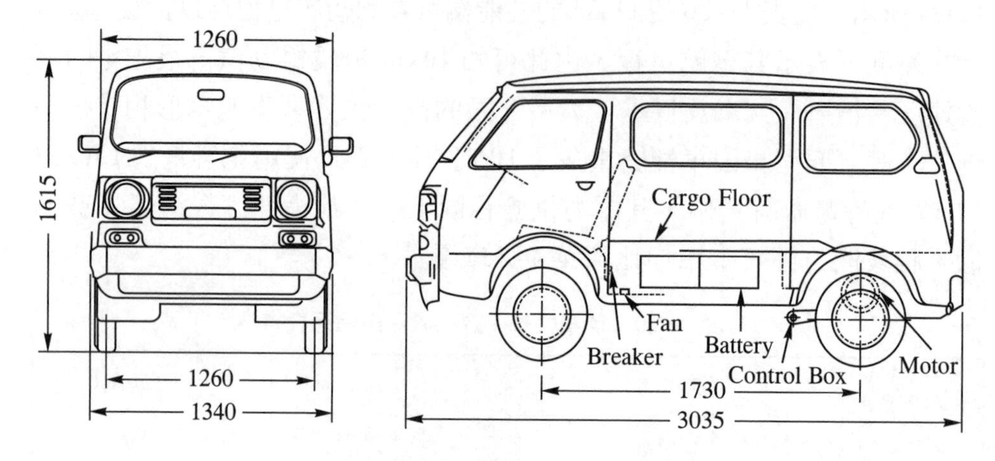

圖 11-136　清大第四號電動車

表 11-21　日本試用制度之電動車主要諸元

車名・型式			鈴木 ALTO	大發 HIJETVAN	鈴木 EVERY (廂型車)
車種			輕乘用車	廂型車高頂	多目的廂型車高頂
主要尺寸	全長(m)		3,295	3,295	3,295
	全寬(m)		1,395	1,395	1,395
	全高(m)		1,410	1,790	1,870
質量	空車重量(kg)		920	1,085	1,235
	最大載重量(kg)		—	200(100)	200(100)
	乘車人員(人)		2	2(4)	2(4)
	總重量(kg)		1,030	1,395(1,405)	1,545(1,555)
性能馬達	最高速度(km/h)		90	75	70
	爬坡能力[tanθ/(度)]		0.4(21°48')	0.32	0.35
	最小回轉半徑(m)		4.4	3.5	3.8
	一次充電行駛距離	＊40km/h 定速行駛時(km)	130	100	120
		平均都市內行駛時(km)	—	—	—
	種類		直流分繞	直流分繞	直流分繞
	定額出力・電壓・時間(kW-V-h)		10・90・1	14・90・1	13・115・1

表 11-21　日本試用制度之電動車主要諸元(續)

車名・型式			鈴木 ALRO	大發 HIJETVAN	鈴木 EVERY (廂型車)
控制方式			MOS・FET 斷續器	電晶體斷續器	MOS・FET 斷續器
輪胎	前輪		135SR12	145R10-6PRLT	145R12LT-6PR
	後輪		135SR12	145R10-6PRLT	145R12LT-6PR
電池	主電池	種類・型式	鉛電池・ED150	鉛電池・ED150	鉛電池・ED150
		電容量・電壓 (Ah/HR・V)	150/5・12	150/5・12	150/5・12
		裝載個數(個)	8	8	10
		總電壓(V)	96	96	120
	補助電池	型式・電壓(V)	NT60-S4	28B17L・12	NT60-S4・12
充電裝置	設置型式		別置型	車載型	別置型
	充電控制方式		準定電壓	準定電壓	準定電壓
	交流入力電源相數・電壓・電流 (ϕ・V・A)		1・200・10 或 1・200・17	1・200・20	3・200・17 或 1・200・30
	標準充電時間(h)		8	8～10	8

註：平坦路連續行駛，外氣溫 30℃時，在冬季此值會降低至 76～80%，諸元會因改良而變更，決定試用時事先向協會確認。

由此可知電動汽車不僅是電瓶性能影響續航里程，行車速度和載重也影響續航里程至鉅，所以行駛高速公路可能尚不甚適用。此外急遽加速及行駛坡度大的上坡道路，也是耗電原因將縮短續航里程。總而言之，電動汽車與燃油車一樣，要節省用電(油)要平穩行車爲條件。

電子科技之發達神速，電子機械亦隨著進步，馬達、控制器及減速時的能量回收等零組件比較容易改善，至於影響續航里程、最高速度及充電時間的電瓶之改善就比較困難了。茲將馬達及電瓶的性能簡介如下。

1. 馬　達

電動汽車的續航里程主要受電瓶性能的影響外，減速時將馬達轉變爲發電機的功能使用，就可以將所發之電向電瓶充電。即將動能轉變爲電能，提高馬達效率，由此電瓶供應行車用電力，就可延長其續航力了。

至於馬達本體原使用直流馬達，其最高效率爲80～85%，但直流可直接使用電瓶的直流電，可是馬達碳刷容易磨損，必須經常更換，而交流馬達雖然沒有其持久性的問題，效率又因供應的周波數可配合轉速而提高(85～90%)，但因轉子的轉速相對於迴轉磁場而言比較慢，所以導致效率低落。

永久磁鐵式同步馬達，則無此種效率低落的現象，其效率爲95%，是效率最高的馬達。因此電動汽車發展迄今，以永久磁鐵式同步馬達爲主流。

2. 電　瓶

依清華4號車的主要諸元表，電瓶就佔了該車總重量的四分之一，所以電瓶的重量也是電動汽車的一大問題。因使用傳統的鉛酸電瓶，目前其小型又輕量化，並且又可增強其功能的電瓶尚難實現。只有另研發其他質量輕、功能更高的電瓶始能勝任電動汽車的電力供應。

經歐、美、日等先進國家對電動汽車專用電瓶不斷研發結果，可實用又可商業化的，目前還是以傳統的鉛酸電瓶改爲密閉式免保養電瓶爲主，鎳氫電瓶爲副。茲將此二種電瓶之工作原理簡介如下。

⑴ 鉛酸電瓶

請參閱圖11-137，當電瓶在最初的充電狀態時，正極的過氧化鉛(PbO_2)與負極的鉛(Pb)就稀硫酸作用而產生電動勢。但是從電極向外部流動的電流會消耗電力，也即放電現象時，則正極與負極均會變化成硫酸鉛($PbSO_4$)，並在電解液中生成水使稀硫酸稀釋，比重因而降低。反之，當充電時，硫酸鉛又恢復為原來的過氧化鉛與鉛。其反應方程式列出於下供參考。

過氧化鉛		稀硫酸		鉛	放電	硫酸鉛		水		硫酸鉛
PbO_2	+	$2H_2SO_4$	+	Pb	$\rightleftharpoons$	$PbSO_4$	+	$2H_2O$	+	$PbSO_4$
(正極)		(電解質)		(負極)	充電	(正極)		(電解液中)		(負極)

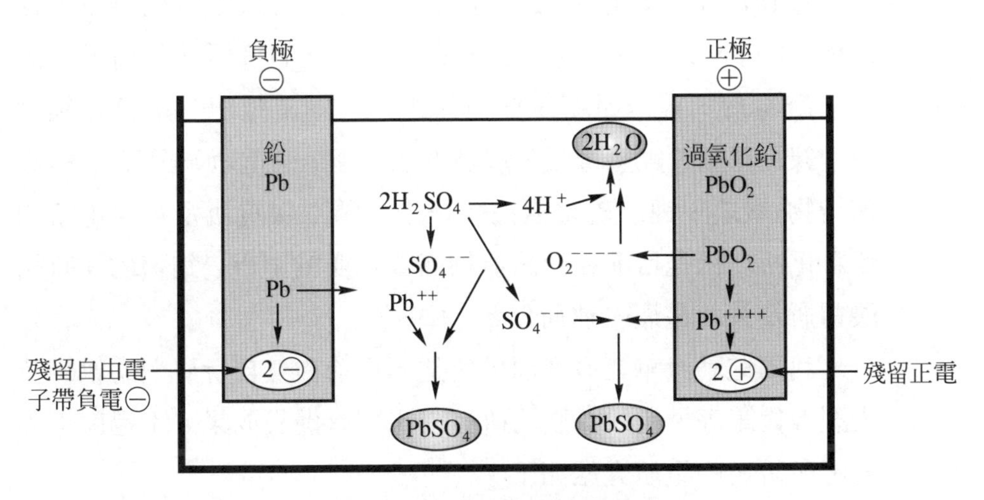

圖 11-137　電瓶之電動勢結構

⑵ 鎳氫電瓶

鎳氫電瓶所使用的金屬請參閱圖6-15所示的負極MH，是使用鑭(Lanthanum)化學符號為La，是可吸藏氫的金屬元素。其化學反應方程式如下。

$$\frac{1}{6}\mathrm{LaNi_5} + \mathrm{Ni(OH)_2} \underset{\text{放電}}{\overset{\text{充電}}{\rightleftharpoons}} \frac{1}{6}\mathrm{LaNi_5H_6} + \mathrm{NiOOH}$$

11-5-4 電瓶之研發

1. 電瓶的研發目標

電動汽車用電瓶之發展，是要考慮其安全性、環境互容性、可循環性、提高性能、可用性及經濟性方面去研究發展，始能開發出最理想的電瓶。

2. 電瓶的研發情形

電動汽車用電瓶的發展歷程，各階段均以鉛電瓶爲主，從1990 年起，美、日、德、法等先進國家，對其電瓶的研發，計有鉛酸電瓶、鋅溴電瓶、鋅空氣電瓶、鈉硫電瓶、鈉氯化鎳電瓶、鎳鎘電瓶、鎳氫電瓶、鎳鐵電瓶、鋰離子電瓶、鋰高分子(鋰聚合物)電瓶、鋰二硫化鐵電瓶等十一種二次電瓶及一次電瓶的燃料電瓶。但是目前在台灣能夠商業化並推出市場銷售的僅有鉛酸電瓶及鎳氫電瓶二種而已。

我國電動汽車之發展簡史所述，目前尚無自行研發的轎車及大型客貨車等，所以電瓶的研發尚未聞有優異成果。不過就世界各國所研發的電瓶介紹如下。

(1) 電動汽車的技術規格

電動車在國際上訂有法規，其法律爲強制性的，是有關於安全性、環保性、電動車使用方便性等法律。規範(含規格、標準)是爲了促進電動車之發展，統合其共同性零組件及共通性技術而訂定之工業標準。

先進國家對電動車的法規研究很積極，在國際性標準組織有IEC：the International Electrotechnical Commission(國際電工委員會)和 ISO：the International Organization for Standardization(國際標準化組織)。美國是由眾所周知的汽車工程師學會(SAE)負責，日本則由日本電動車輛協會(JEVA：the Japanese Electric Vehicle Association)負責訂定。茲將可使用於電動汽車之電瓶技術規格列出如表11-22所示。

表 11-22　電動車可使用之電池技術規格

電瓶型式	能量密度 (Wh/kg)	功率密度 (W/kg)	能量效率 %	循環壽命	價格 (US$/kWh)
鉛/氧化鉛	35-50	150-400	＞80	100-500	60-120
鎳/鎘	40-60	80-150	75	800	250-350
鎳/鐵	50-60	80-150	65	1500-2000	200-400
鎳/氫	70-95	200-300	70	750-1200＋	200-350
鎳/鋅	55-75	170-260	70	300	100-300
鋅/溴	70-85	90-110	65-75	500-2000	200-250
鈉/硫	150-240	230	85	800＋	250-450
鋅/空氣	120-220	30-80	60	600＋	90-120
鋰/硫化鐵	100-130	150-250	80	1000＋	110
鋰/離子	80-130	200-300	＞95	1000＋	200
鋰/高分子	110	250	＞75	800＋	＞500
對應於電動車特性	行駛里程	加速性能	能源效率	使用成本	購買成本

⑵ 各種電瓶的性能比較

各種電瓶都有其優缺點，茲將代表性的六種列出如表11-23所示。

表11-23 電動車可使用之各型電池性能比較表

	鉛酸	鎳鎘	鎳氫	鋰離子	鋅-空氣	燃料電池
優點	1.可深度充放電 2.技術成熟 3.價格低	1.可快速充電 2.價格便宜	1.可快速充電 2.高功率放電 3.能量密度稍高	1.可快速充電 2.可高功率放電 3.能量密度高 4.壽命長	1.能量密度高 2.價格便宜	1.使用壽命長 2.使用環境簡單
缺點	1.不可快速充電 2.能量密度低 3.壽命短	1.能量密度低 2.具記憶效應 3.環保問題(Cd)	1.具些許記憶效應 2.高溫環境下性能差	1.價格高	1.不可高功率放電	1.價格高 2.不可高功率放電 3.儲氫系統安全性低
發展現況	已有成熟產品上市，並普遍使用於電動車上	已有成熟產品上市，歐洲電動車輛使用較多	國內電池廠已開發雛形品供電動機車試用	雛形品開發階段	雛形品開發階段	雛形品開發階段

3. 電瓶的發展趨勢

現階段的電動汽車用電瓶，以鉛酸電瓶、鎳鎘電瓶、鎳氫電瓶、鋰電瓶等爲主，中期可能發展鎳氫電瓶、鋰電瓶、鋅空氣電瓶、燃料電瓶爲主、而長期發展趨勢可能以鋰電瓶、鋅空氣電瓶及燃料電瓶爲主流，是可預料得到的。

11-5-5 燃料電瓶

1. 何謂燃料電瓶(FC：fuel cell)

所謂燃料電瓶，是氫氣與氧氣化合的能源(化學能)利用來當作電能的一次電瓶而言。其作用係將氫離子化後，分離成氫原子與電子，然後化合氫原子和氧氣，使分離的電子流到外部的電路上作為電力使用。

燃料電瓶是從 1960 年代起被應用在太空船之後才開始實用化的。當時的太空船曾經攜帶氫氣與氧氣，是分別作為推進燃料和氧化劑之用的，由此被引進電動汽車供電瓶之用。

2. 燃料電瓶的種類

燃料電瓶因電解質之不同，其作動溫度、反應物質及發電效率等均不同，由此可分為磷酸型、液化碳酸鹽型、固體電解質型、固體高分子(聚合物)型及鹼型等五種。

磷酸型燃料電瓶的作動溫度為 150～220℃，反應物質為氫氣，發電效率為 40～45%。液化碳酸鹽型燃料電瓶的作動溫度為 600～700℃，反應物質為氫氣與一氧化碳，發電效率為 45～60%。固體電解質型燃料電瓶的作動溫度為 900～1000℃，反應物質為氫氣與一氧化碳，發電效率為 50～60%。固體高分子型燃料電瓶的作動溫度為 60～100℃，反應物質為氫氣，發電效率為 60%。

燃料電瓶之構造，在第六章有詳細介紹於此省略。

3. 實用的燃料電瓶

燃料電瓶如前述，是利用氫氣與氧氣的化合來發電的。可是氫氣在常溫下，是氣態體積又大並且容易爆炸。其裝載方法雖然有高壓容器(bombe)與液化兩種，但是最怕受到撞擊有爆炸之危險。所以研發出氫氣吸藏合金，受到撞擊也不致於爆炸，可是其合金 100 公斤僅能吸藏 2 公斤的氫氣，成本相當昂貴。因此西德賓士公司和日本豐田公司及馬自達公司研發出採用甲醇(methanol)等燃油，在原有加油設備之下加入車輛本身的燃料箱，並另設置燃料質變器又稱爲改質器(reformer)以擷取氫氣的方法。

茲將普及型的磷酸型燃料電瓶的發電概念圖刊出如圖 11-138 所示。根據日本通產省的「能源 95」報導，全日本有 17 座磷酸型發電設施，設置於各電力公司或天然氣公司營運中。

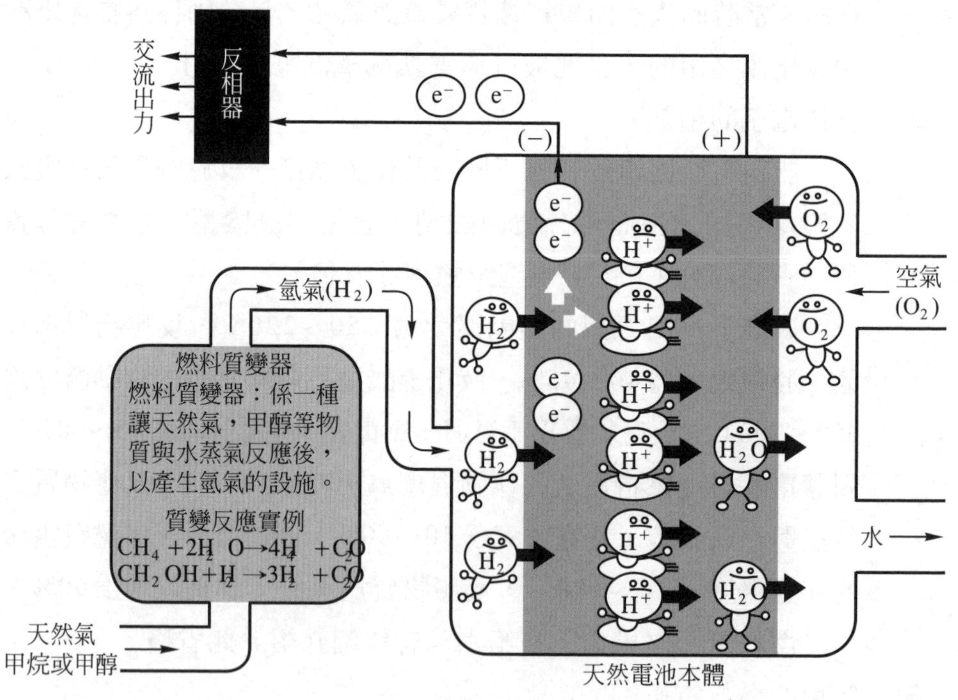

圖 11-138　磷酸型燃料電池的發電概念圖

11-5-6 未來電動汽車之發展趨勢

目前的傳統燃油車是屬於高污染的排放廢氣之汽車，爲了環保尋求低污染車(LEV)，是從1980代開始研發的，除開發甲醇等替代燃料車以降低污染外，也研發了電動汽車，但因電瓶尙未能達到理想的電容量，所以導致續航力不足始有燃油電動之混合式電動汽車(HEV：hybrid electric vehicle)問世。即在都會區使用馬達之電力驅動方式，在郊外則使用燃料發動引擎行車。

可是低污染車究竟還是會造成環境污染，最後還是會朝零污染車(ZEV)方面發展，也就是以純電動車(PEV：pure electric vehicle)。不過其所採用的電瓶，初、中期可能有數種，但最後諒必以燃料電瓶爲主流。茲將未來的電動汽車與使用電瓶的過程列出如圖 11-139 所示。

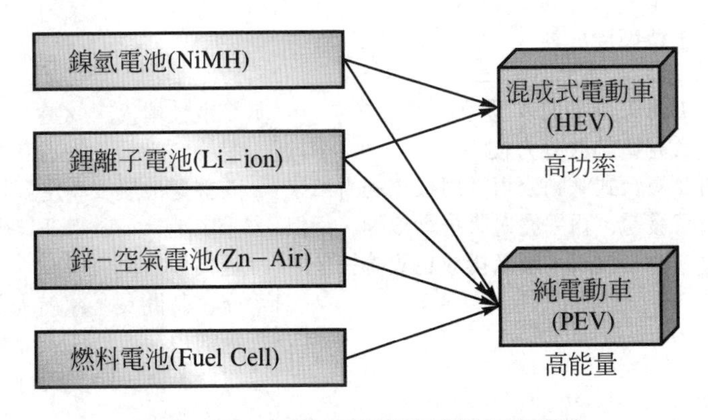

圖 11-139 電動車用電池發展未來趨勢

11-5-7 我國的低污染公車之營運概況

爲有效改善空氣品質，台北市已實施天然公車示範，另於民國 89 年2月1日起至4月30日止，實施複合式電動公車示範運行，收費與一般公車相同。可是兩者均非我國自行研發，皆從國外引進的。此二種公車實際使用情形，與原來的柴油大客車性能尚有差異。茲將兩者的使用結果之性能作比較列出如表 11-24 所示。

表 11-24　台北市天然氣公車與複合式電動公車示範計畫性能比較表

區分	優點	缺點
天然氣公車	1. 天然氣本身爲一極佳的燃料，使用在車輛上有可能降低一般、柴油車輛的污染。 2. 不論是否壓縮或者液化形態，在車輛燃料市場的許多對手裡，天然氣提供了重要安全優勢。 3. 天然氣車輛由於較高的技術和天然氣的特有屬性的可行性，使用天然氣和使用石油爲基礎的燃料幾乎安全。 4. 技術尚成熟。	1. 加氣站設立地點困難。 2. 碳氫化合物排放量高。 3. 燃料儲存效率差。 4. 壓縮氣體中含有過多的水分，造成管路腐蝕及阻塞。
複合式公車	1. 污染低排放及低噪音。 2. 充電站設立方便。 3. 複合式電動公車採用較小的引擎來發電，再用發電來推動車輛，不但節省油料，廢氣排放也改善許多。	1. 電池技術尚未成熟。台灣天候潮溼易使電池發生短路，故障率高。 2. 鉛酸電池無法滿足現有需求，鋰離子電池、鎳氫電池技術尚未成熟，且價格太高。 3. 充電時間長，續航力低。 4. 目前複合式公車，行駛期間大多沒有開冷氣，使夏天行駛，消費者無法忍受。

資料來源：車輛工業月刊第 84 期 2001 年 1 月

11-5-8 結 語

我國汽車製造廠連同裝配工廠列入計算將近十家可不算少，但是台灣市場不大，產品達到國際水準者不多，外銷了了無幾，業者生存空間實令人擔憂。

近年來我國材料科學及化工相當發達，若能竭盡所能努力從事電瓶之研發，必能如電子產業立足於世界先進之行列。但必須投入鉅資，在民間企業能夠負擔者鮮矣！希望政府相關機關或融資給民間企業早日研發最理想的燃料電瓶。俟成功之日我國電動汽車產業就可成爲電動汽車研發製造中心，並可擠入世界先進之林。

11-5-9 華太能源開發公司的電動車用風力發電裝置

1. 概 述

聞名於世界的風力發電的國家，首推荷蘭、德國，風力可從大自然中免費取用，並且取之不盡，將其應用於發電，可省下鉅大能源又最環保，不因發電而排出物質製造污染空氣。我國雖然有少數風力發電使用於社區(電視報導)，但規模不大。

近來有華太能源開發有限公司(簡稱爲華太公司)總經理曾達成先生，閱讀“電動汽車與替代燃料車”和“電動汽車全集”兩本書後更有了心得，產生了更突破性靈感，與同好盡心盡力互相研究，終於開發風力發電機，可供陸海空之交通工具使用。並且向美國、德國、日本、中國、加拿大及台灣等六國申請專利並已陸續取得智慧財產權。

有了此風力發電機，則電動車用電瓶之二次電瓶就不會電能不足影響續航里程，甚至續航里程可能無所限制。而目前所研發出的一次電瓶之燃料電瓶(FC)，要使用燃料與汽、柴油車同樣會受到續航里程限制。然而風力發電機是靠行車中的氣流來發電，不像燃料電瓶仍要有燃料之能源始能發電，而風力發電機之風力是免費又取用不盡，諒必前途無量。茲將風力發電機，華太公司所申請專利部分簡介如下。

2. 風力電能組合裝置

(1) 技術領域

此實用新型風力電能組合裝置是關於一種運輸工具上的風力電能組合裝置，特別是一種應用風力發電供運輸工具輔助補充電力的組合裝置。

(2) 背景技術

爲了改善因使用汽油燃料而造成的日益嚴重的污染問題，而且由於電動汽車具有至少三種優點，包括適合環保、能量使用效率佳、能源可多樣化等優點，使得多年來各國專家學者都致力於發展電動汽車等運輸工具。

以汽車爲例的電動運輸工具而言，目前電動汽車可分爲三類(已在 1-4-3 節介紹，於此省略)，此三類均適用此風力發電裝置。

無論如何，各國對電動汽車的性能評比的好壞，建立於消費者使用的需求，主要是考究最高速度、加速性能，以及充電一次能行駛的里程，即續航里程或稱續航力。所有能夠增加上述性能的方法，都將被認爲是電動汽車設計上的一大技術突破，對於電動汽車之早日普及化有非常大的貢獻。

純電動車(PEV)的簡單裝置，如圖 11-140 所示，是利用充電 10、或太陽能電池 11、或其他電能如燃料電瓶等 12，預先輸入電流給電動汽車上的動能來源電瓶 13。當電動汽車運轉時，電瓶 13 輸出電流給馬達 14 就可起動行進 15。電動汽車的發電機 16，因行車後亦會發電並向電瓶 13 充電。但因電動汽車開始行進後所消耗的電力相當大，本身發電機無法及時補充電容量，因此其續航力性能無法提升，所以極待改良。

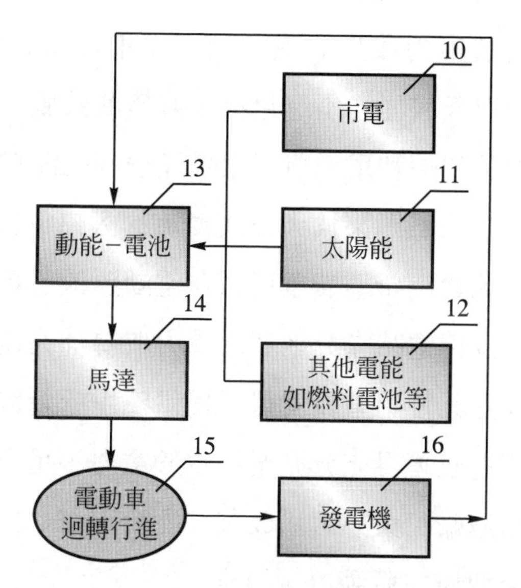

圖 11-140　電動汽車的實用新型裝置示意圖

(3)　發明內容

此實用型之目的在於提供運輸工具上的風力電能組合裝置，可以與傳統各種電力供應裝置相輔相成而增加電動運輸工具的行駛性能，此實用新型是一種利用風力發電裝置，循環輔助補充電力，可以增加電動運輸工具的續航力進而提高其速度之裝置。

此實用新型裝置是提供運輸工具上的風力電能組合裝置，可裝設在電動汽車、電動機車或電動自行車或船舶或電動飛機等任何一種。此裝置可供應上列運輸工具上的原電瓶之電源。其有一風力發電單元固定於電動運輸工具的上方或前端或尾部，該風力發電單元的入風口朝向運輸工具的逆風面，在運輸工具行進間蒐集氣流而發電，且該風力發電單元連接著原車電瓶，將借著風力產生的電流輸入原車電瓶充電以輔助補充電力。風力單元較佳的是還包括一個集風裝置，設在風力發電單元的入風部位，利用一對可由馬達控制開關自如，用以調整入風氣流大小的風門來擴大蒐集氣流的入口截面積。

由於此實用新型裝置可以在電動運輸工具行進間，特別是其加速、或行進時充分地利用風力取得補充電源，使得續航力提高，因此此實用型裝置可以提供使用於新製造的電動運輸工具中，使電瓶獲得充分充電不致於電力不足影響行車。甚至於現用電動運輸工具亦可以改裝。配合現在之汽油燃料汽、機車成爲混合型風力電動汽、機車。

(4) 附圖說明

附圖是說明此實用型運輸工具上的風力電能組合裝置的較佳實施例及其可行性。

圖 11-140 是電動汽車的實用新型裝置示意圖。

圖 11-141 是此實用新型運輸工具上的風力電能組合裝置與用電流程示意圖。

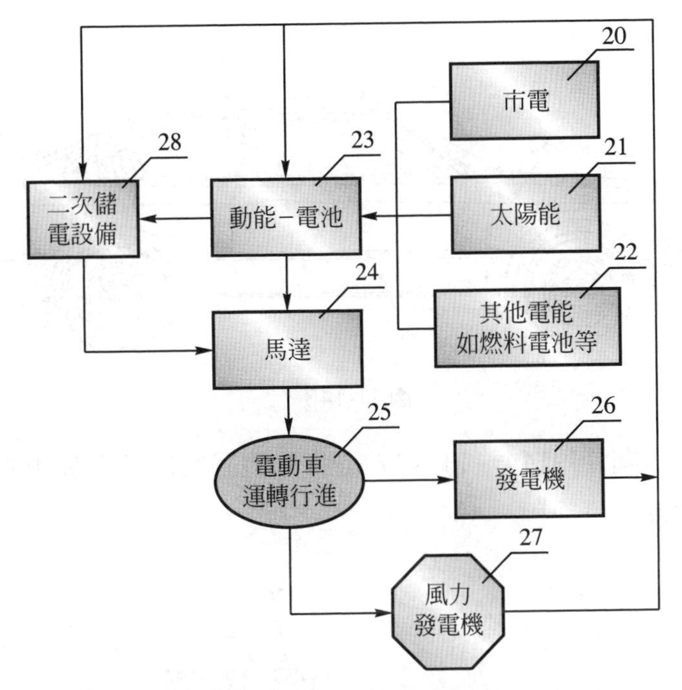

圖 11-141　風力電能組合裝置與用電流程示意圖

圖 11-142 與圖 11-143 是此實用新型應用於一般小客車(轎車)實施例的示意圖，風力發電單元裝設於車的上方，其中圖 11-142 並顯示氣流的動向。

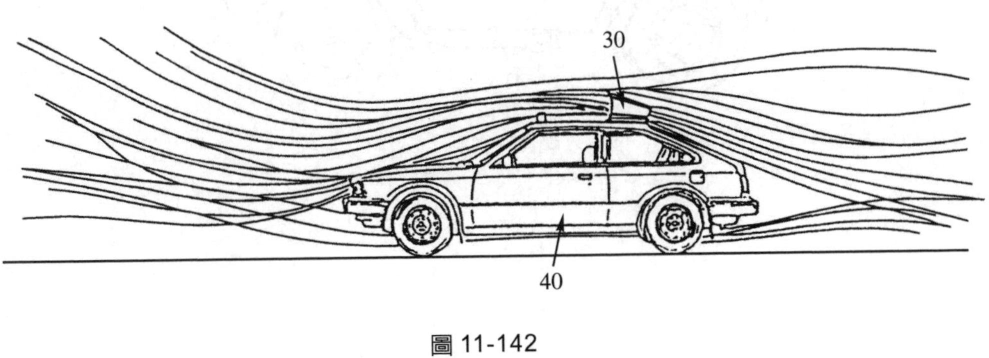

圖 11-142

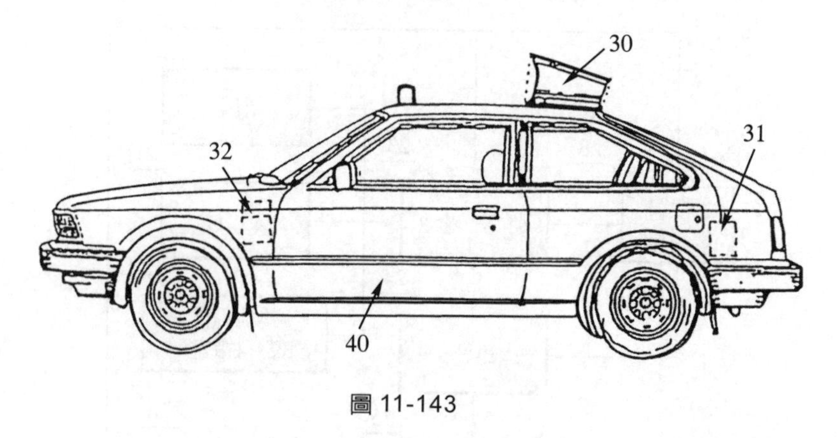

圖 11-143

圖 11-144～11-147 是將此裝置裝置於各種電動車輛之示意圖。

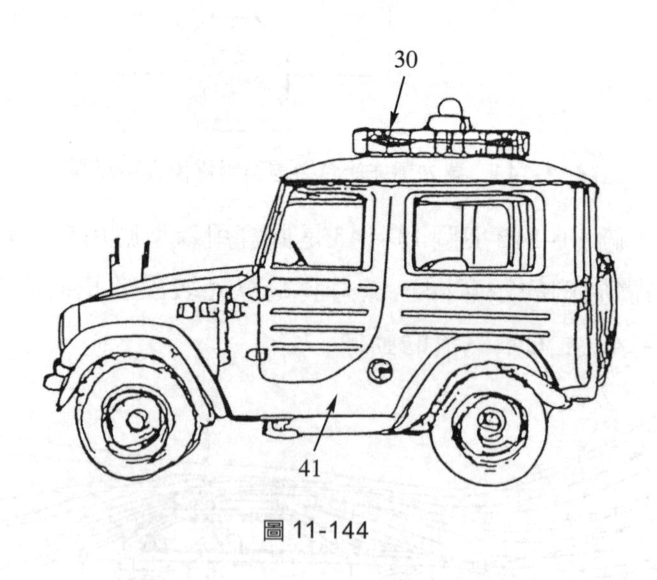

圖 11-144

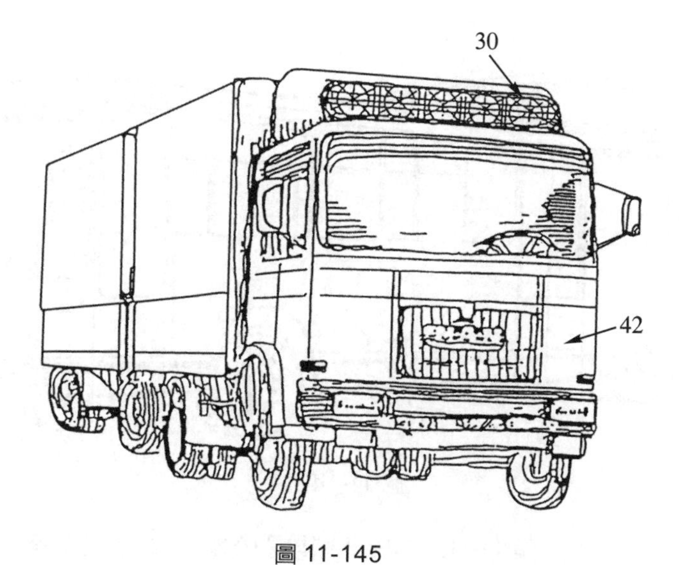

圖 11-145

圖 11-146　風力發電機裝置於朋馳車示意圖

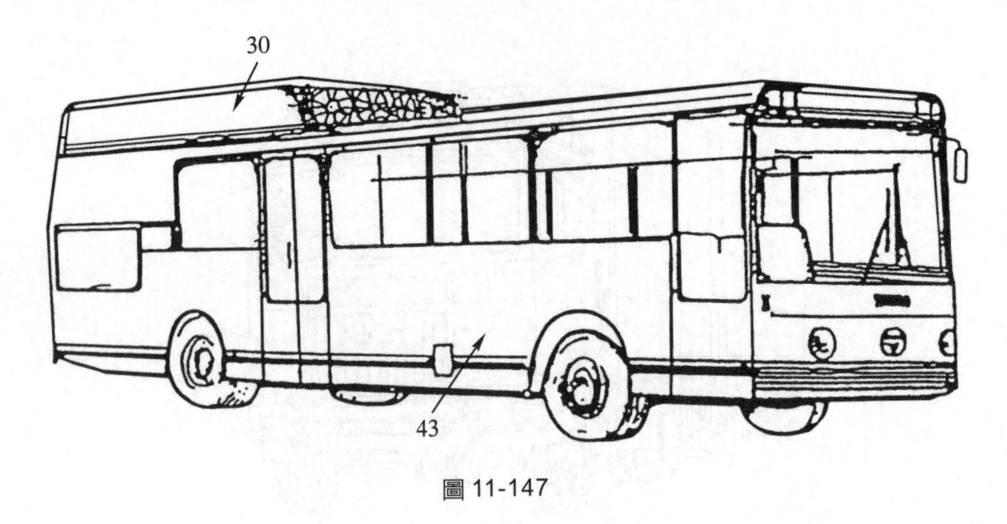

圖 11-147

圖 11-148～11-149 是裝置於電動機車及電動自行車的示意圖。

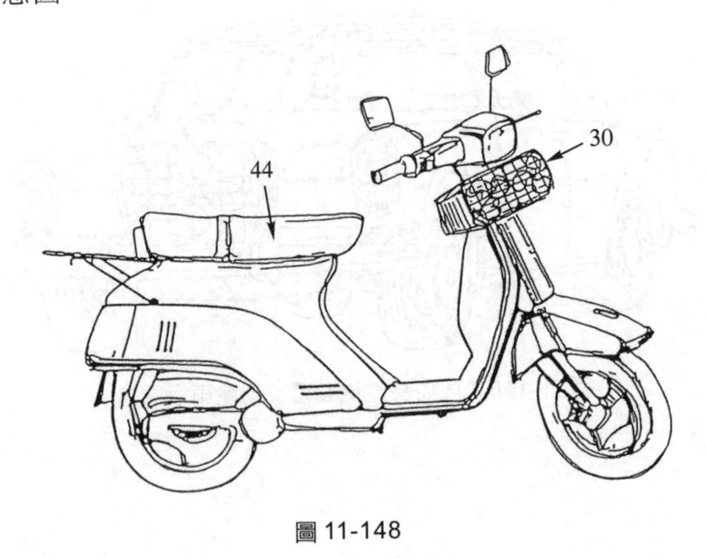

圖 11-148

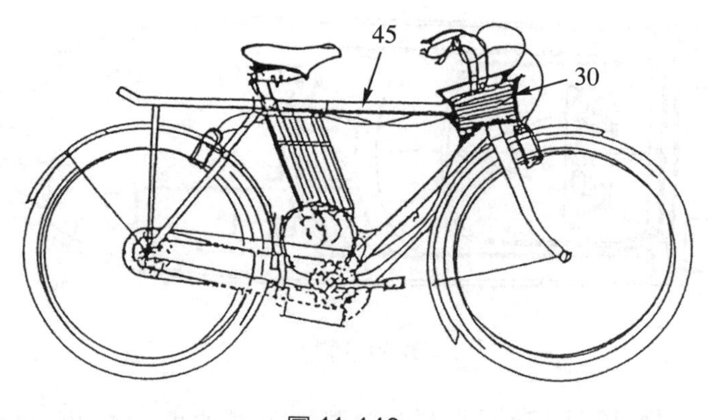

圖 11-149

圖 11-150～11-151 是裝置於船的示意圖。

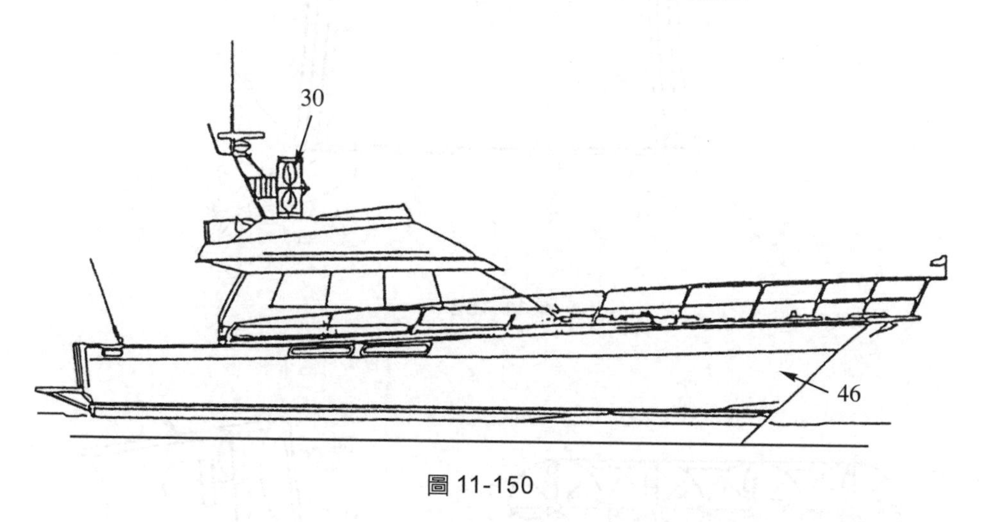

圖 11-150

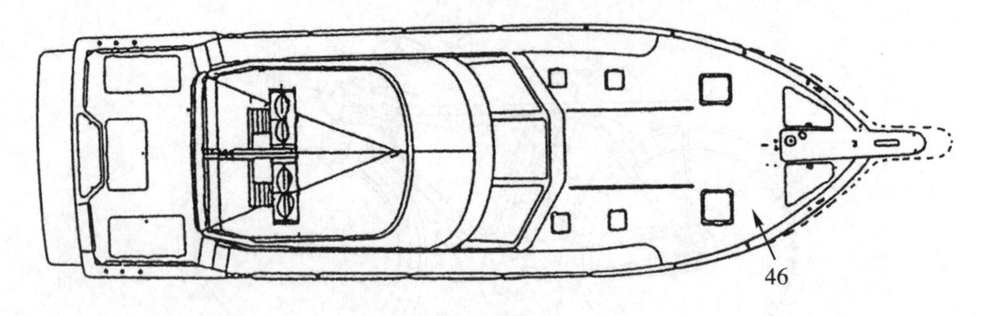

圖 11-151

圖 11-152～11-156 是此新型裝置的各種示意圖。

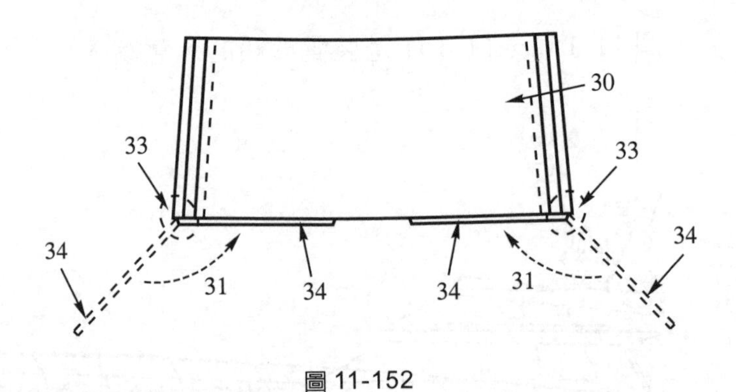

圖 11-152

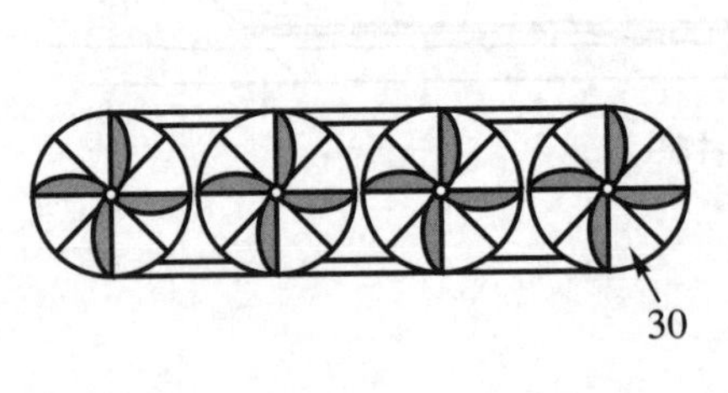

圖 11-153

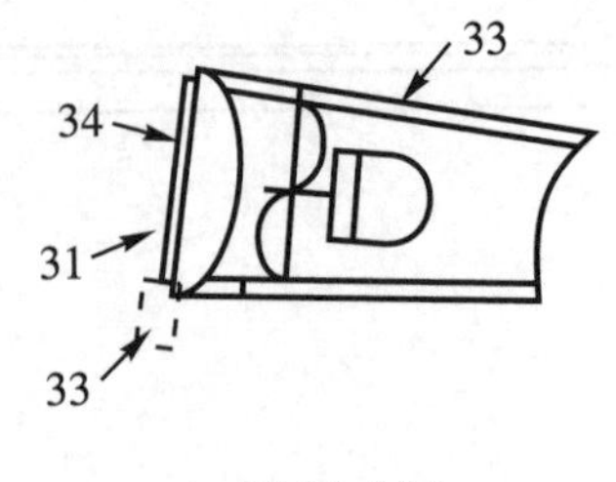

圖 11-154

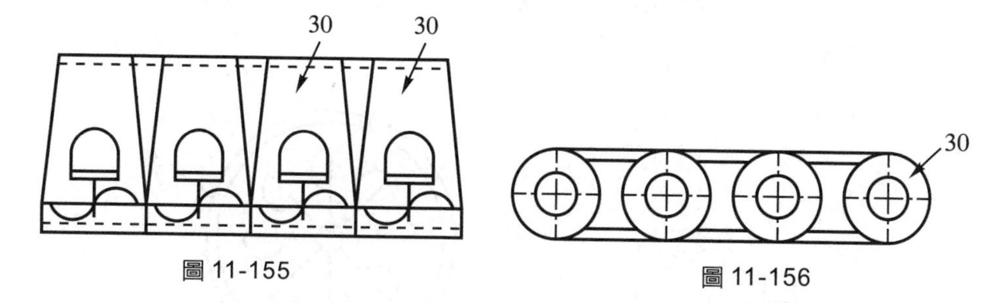

圖 11-155　　圖 11-156

圖 11-157 是類似於圖 11-143 的另一種形狀的裝置示意圖。

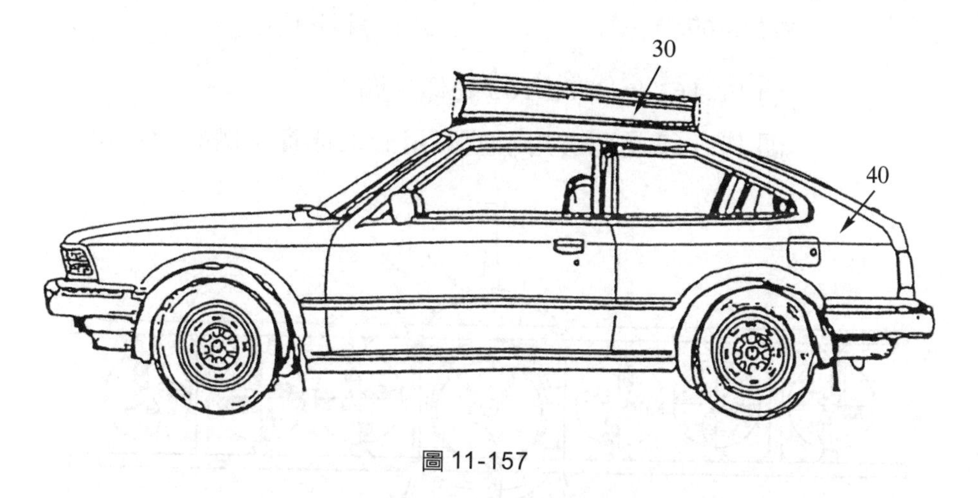

圖 11-157

圖 11-158～11-159 是應用於圖 11-157 風力發電單元實施例的結構示意圖、及側視圖。

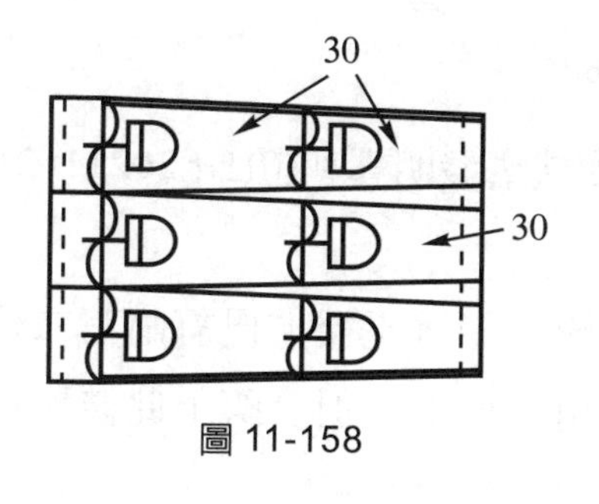

圖 11-158

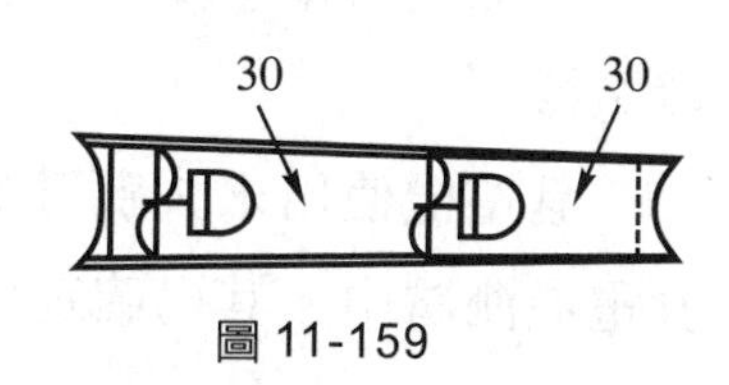

圖 11-159

圖 11-160 是應用於圖 11-144 風力發電單元實施例的結構側視示意圖。

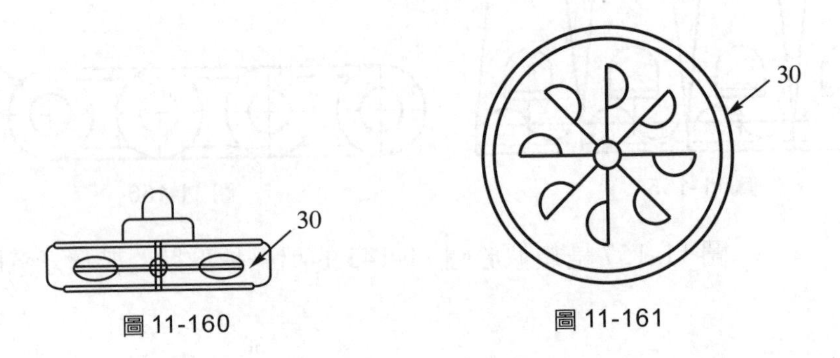

圖 11-160　　圖 11-161

圖 11-161 是圖 11-160 的仰視圖。

圖 11-162 是此實用新型應用於飛機實施例的示意圖。

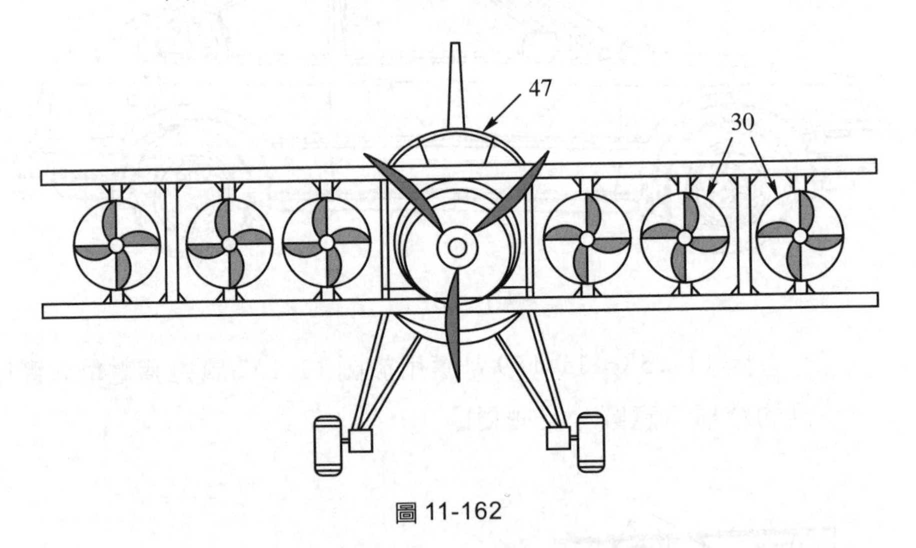

圖 11-162

以上摘錄德國智慧財產權機構發明專利證(Nr 20211624,3)。

3. 發電機

發電機使用永久磁鐵式直流三相發電機。已訂購第二代風力發電機測試中。其已確定可適用車如下。但實際上此裝置可適合任何交通工具。

(1) 中　國

① 中國粵海電動汽車

使用鉛酸電瓶、電壓 120 伏特，裝用 20 個，充電時間六小時。

② 該車最高時速 100km/h，耗電量 300W/km。

(2) 中華民國

① 改裝朋馳電動汽車測試中。

② 吉普車改裝爲電動汽車測試中。

③ 電動機車

❶ 益通電動機車

❷ 易維持電動機車

❸ 景興發電動機車

4. 結　語

筆者素以只問耕耘不問收獲，期望將最新汽車新知介紹給讀者，希望能藉此大家盡心盡力共同推動電動汽車之普及化。因本國汽車製造技術與先進國家相比尚差數拾年，如能從電動汽車出發，欲迎頭趕上並齊進汽車先進國家必指日可待也。敬請產官學之汽車專家共同努力吧！

太陽能汽車

12-1 前 言

1992 年夏天，在日本被強烈的太平洋高氣壓籠罩著，連續了炎熱又刺眼的日子。強烈的陽光照射雖然人們可以避開，但是以此陽光爲糧食來行駛的太陽能汽車(solar car)，正要享受其陽光照射來展現其英姿及雄力呀！這一年夏天，在日本連續舉辦了太陽能汽車之賽車(race)與長距離賽車(rally)。在鈴鹿繞圈(circuit)賽車場有 45 輛賽車參家競技賽車。另在能登半島舉行長距離賽車有 102 輛的太陽能汽車參加競賽。這當然是世界最大規模，使日本一時成爲世界第一的太陽能汽車大國。到底太陽能汽車是何種汽車？太陽能是否能夠實用化？針對此問題，將其實際狀態介紹如下。

12-2 太陽能之汽車世界

12-2-1 陽光變為電能之效率不到20%

雖然說是太陽能，但其有各種英姿。如光、熱或風等可變成各種狀態。所謂的太陽能汽車，是將太陽的光能直接變換爲電能而行駛的車輛。

太陽能汽車在1-4-3節曾經歸納爲電動汽車的一種。但是兩者之間有決定性的不同，那就是能量的絕對量。電動汽車是利用充分充電的電瓶來行車，而太陽能汽車，是將非常小的能量(即太陽能電池)有效地使用來行車。

太陽能電池(solar cell)，並非蓄電池而是將光變爲電的裝置(半導體)。此種半導體是在1954年發明的，其後雖然逐漸提高了其性能，但是其發電能力極小。原來太陽能，全部可大爲擴散的形狀分佈於全球。因此在受限的空間能夠接收的能量有限。受限空間接收的能量如何？盛夏太陽照射的炎熱天，每一平方公尺(m^2)最大據說爲1000W(1kW)。夏天以外的季節或早晚太陽位置低的時間範圍，當然太陽照射的光能降低。

太陽能電池的性能，是照射的光能如何來變換爲電能，作爲決定其變換的效率，現在最有效的是單晶型的太陽能電池，15%～17%爲最實用的水準。研究所的水準也有開發超出20%的，無論如何我們以15%的變換率來作考慮。假如有 $1m^2$的太陽能電池，發電量最大爲 150 瓦特(W)。欲點亮大一點的電燈是充分足夠，但是要驅動乾燥機或冷氣機是動不了的。假設有小型車級的4.7m×1.7m的車輛頂部舖滿太陽能電池，則約有$8m^2$的面積承受太陽光。其結果可獲得1200W的電力，一馬力爲750瓦特(W)，換算後僅得1.6馬力。僅能獲得小型機車的一半輸出力。

若以太陽能汽車爲主題去思考時，首先需要認識的是以如此小之動力去驅動汽車。雖然如此，只要太陽能電池有光照射到接面，確實能發電，並驅動汽車。可是，在夜間或陰天及隧道內，太陽能電池是不會發電的。所以要裝載電瓶作補助用，當太陽能電池不能發電時，或上坡道動力不足時可作備用。

12-2-2 到實用化尚要一段距離

太陽能汽車因爲輸出力小，所以要研究如何使用小能量獲得良好效率。因此需要效率良好的馬達，重量輕及行駛阻力小的車體。

這樣一來就形成了太陽能汽車獨特的車姿(styling)。現在，可看到多量的太陽能汽車競技用車輛。這些車輛，是所謂的競爭效率的賽車(racing car)。所以，大部分造成類似的小型化，其主要項目如下。

1. 盡量使用轉換效率高的太陽能電池。
2. 有效地接收太陽光。
3. 製成空氣阻力小的車型(style)。
4. 車體盡量製成輕量。
5. 使用滾動阻力小的輪胎。
6. 使用重量輕效率又好的馬達。
7. 裝載重量輕又強力的電瓶。

上列各項，均能讓汽車快速行駛的條件之要素。實際上，懸吊或煞車等行駛裝置也重要，不過都不太講究的多。迄今太陽能汽車的賽車，大部分爲很直的道路及平淡行駛的情形比較多，也有不需要懸吊功能的情況。可是，如“鈴鹿”的賽車場，不但彎曲，並且上下坡厲害的路線(course)，雖然是太陽能汽車也和一般車輛一樣，也要求有轉彎或停車的功能。

參觀今夏舉行的兩次太陽能汽車大賽，其變成主流的(表現雖然不好)是蟑螂型的三輪車。並且，又是重量輕行駛阻力小的車體，也看到爲了經濟行駛而開發的背負太陽能板型式的車輛(參閱圖 12-1)。

圖 12-1　本田的太陽能汽車：形狀好像蟑螂型的三輪車

對於車體的製造，因製作人之不同其水準差別也很大。可是，汽車製造廠家或電力公司，認眞製造的太陽能汽車，定位爲世界上最高水準不會有錯，按現在的調節，參加太陽能汽車大賽的車輛尺寸，據說爲全長6m×全寬2m×全高1.0～1.6m以內，重量並無特別規定。進行徹底輕量化的車輛，僅150公斤以內的車子也不少。

這種太陽能汽車，參加賽車(race)或長距離賽車(rally)，雖然可以完全發揮其性能，但尚不能稱爲實用化的車輛。其性能與汽油車比較，完全不成問題。使用太陽能行車的太陽能汽車不排放廢氣，也不使用燃料費沒有錯，但是否可以馬上被現今的汽車界所接受？其答案是否定的。

在實用化方面來說，反而電動汽車方面比較實在。將太陽能利用於電動汽車當補助是馬上可以上路的。但是太陽能汽車本身，不久即成爲實用化是不可能的。主要是現在的太陽能汽車，如何有效的利用尙在實驗階段，若考慮空氣污染或資源枯渴等問題，可以想像到太陽能汽車的的確確是乾淨(clean)又可當做將來的汽車，可是現在尙未步出研究實驗的階段。

但是，需要如此實驗研究可不用說，從競爭性能中可產生出明日之技術，若談起可能性，則太陽能汽車如其形象(image)有明朗的將來。從無限的太陽恩惠我們人類如何有效的使用，太陽能汽車逐漸成爲一個指標。

12-3 在“能登”舉辦太陽能汽車長途賽車

1992年8月30日在石川縣“能登”的收費道路及“千里濱”濱海的汽車專用道路(Driveway)爲舞台，舉辦了「太陽能汽車長途賽車在能登」大賽。主辦單位爲北陸三縣(石川、富山及福井)連名共同舉辦的長途賽車，在日本眞正的太陽能汽車長途賽車很早就受矚目，最後參賽的太陽能汽車有102輛出場(參閱圖12-2)。

長途賽車當日，是夏末的嚴酷熱天，在起賽時間的上午九時，氣溫突破30℃，正適合太陽能汽車之長途賽車。夏天的陽光照得很耀眼，其競技場是能登收費道路的“今濱”起跑路線(IC：initial course)與“千里濱”起跑路線(IC)區間並行的濱海的汽車專用道路之繞圈路線(circuit course)(參閱圖12-3)能登收費道路的“穴水此木”起跑路線(IC)再折回的往復路線分別舉行，無論那一條路線均爲長離競技賽，所以每十五秒鐘就有一輛車起跑，其原則是盡量在限定時間內正確行駛至目的地。跟一般長途賽車一樣有核對點(check point)，早到或遲到均要扣分。

圖 12-2　排列於起點的太陽能汽車

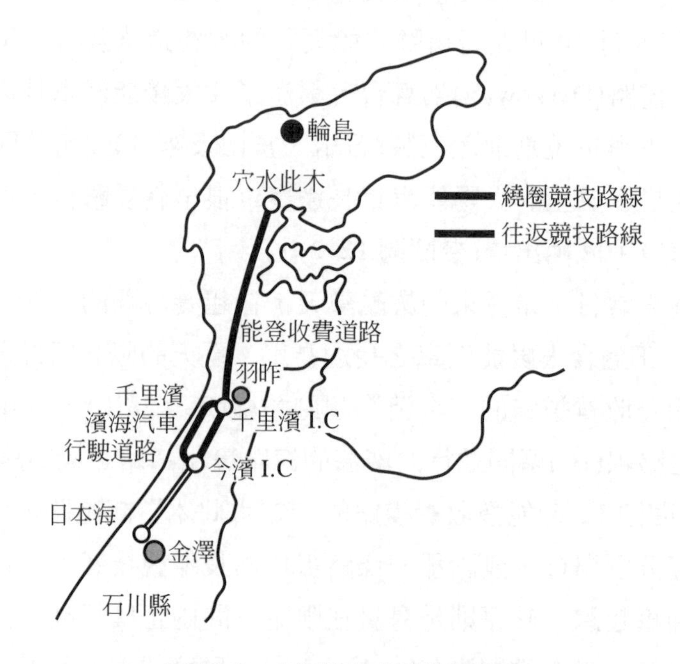

圖 12-3　太陽能汽車競技場地圖

競賽車依車輛規則分類爲 I 等級(Class)與II 等級二種(參閱表 12-1)。

表 12-1　太陽能汽車等級區分表

分類	等級名稱	乘車人數	摘要
I 等級	限定等級	一人	太陽能板的總發電量爲 800W 以下。 裝載鉛蓄電池者。
	自由等級(1)		不適合上列等級者。
	自由等級(2)	二人	車輪爲三輪者。
II 等級		三人	車輪爲四輪者。

在 I 等級中再分爲限定等級及自由等級。其車輛尺寸均爲全長 6 公尺以內，全寬爲 2 公尺以內，全高爲 1.0～1.6 公尺以內。車輛重量並無限制。乘員一人或二人，一人時爲 70 公斤，兩人爲 130 公斤之指定重量。未達到此重量時要裝載配重。

其出發(start)地點與目的地(goal)，設置於汽車專用道路靠“千里濱”這一邊。此海岸是極細的沙質，有地基結實的路面，大客車行駛也無問題。可是，對裝置滾動阻力小，細紋輪胎的太陽能汽車來說，到處有低窪處或車轍，有料想不到的難處，其條件還是很差。

繞圈路線，含此沙濱道路一周約爲 11 公里。在此一周 20 分鐘的速度(pace)行駛五小時。往返路線是去程 52 公里，回程 62 公里合計 114 公里設定時間爲 190 分鐘之行駛時間。並且繞圈路線有 50 輛。往返路線有 52 輛之太陽能汽車參賽。圖 12-4 表示在能登收費道路參賽之太陽能汽車一景。

圖 12-4　行駛於收費道路之太陽能汽車

並非以絕對速度競技的賽車(race)，所以此長途賽車(rally)車輛的性能差異影響不大。因此參加隊伍的臉孔是多彩的，地主隊的高專隊或同好會隊以及家族隊等眞正手造的太陽能汽車參加的隊伍爲數甚多。

另一方面，自本田、日產、豐田等汽車製造廠開始，各地的電力公司或電池製造廠等，再加上大學研究所或工學院的隊伍等全部參加。於此世界上最高水準的太陽能汽車，彙集於一處。國外從美國開始，澳洲、英國、瑞士、蘇聯等參加太陽能汽車挑戰賽(WSC：world solar car challenge)的高性能車亦與賽，是國際上最隆重的汽車大賽。世界上參加此次太陽能汽車賽(race)的外國隊，亦因有這麼多的太陽能汽車會合參加競技大賽，不但是初次看到，又使老外瞠目結舌。

其長途賽車之結果，在繞圈競技方面，此長途賽車初登場的豐田 RaRa 10 與 1992 年在澳洲舉行世界太陽能汽車挑戰賽獲得冠軍的 SPIRIT of Bill，兩車之爭霸戰。前半段快速又順利的SPIRIT of Bill號車，在濱海路線途中發生鏈條脫落之故障擔誤時程之故，導致被正常競馳的豐田RaRa 10車爭奪冠軍。是幸運又率先獲得初次登上(debutin)冠軍寶座。

在沙灘的濱海汽車專用公路，該區域很遺憾因路面凹凸不平，有幾輛車子由於跳動致使驅動用鏈條脫落，也有無懸吊的車輛，對太陽能汽車來說，是非常壞的道路。

往返競技方面，是先前在“鈴鹿”的賽車得勝的本田公司的幻想號(DREAM)勇奪冠軍，亞軍是車姿獨特又有人緣的Kyocera隊的SCV-Z號車。

表12-2表示繞圈競技賽前十名排行榜，表12-3是表示往返競技賽前十名排行榜。

表12-2 繞圈競技賽前十名排行榜

順序	參賽隊名	扣分	繞圈次數
第一名	豐田RaRa 10	1.40	14
第二名	Ingenieurschule Biel	3.11	14
第三名	關電庄川 太空貓	3.65	14
第四名	Cal Poly Pomona	4.08	14
第五名	Kyocera B	6.08	14
第六名	中部電力公司 燕子號	31.63	14
第七名	BEL TA DESIGN-DDS	65.55	13
第八名	早稻田大學 永田研究室	67.06	13
第九名	M W 335	93.86	13
第十名	日產車體未來21群	95.40	13

表 12-3　往返競技賽前十名排行榜

順序	參賽隊名	扣分
第一名	HONDA R&D	0.08
第二名	Kyocera A	0.18
第三名	PFU.SOFIX	0.23
第四名	中部電力技術研究所隊	0.23
第五名	NISSAN 太陽能汽車隊	0.33
第六名	太陽蟲隊	0.47
第七名	廣大・能源隊	0.77
第八名	PFU.SOFIX	0.83
第九名	MYLD	1.07
第十名	大發群	0.42

12-4　太陽能汽車之機構

在日本太陽能汽車成爲話題的，諒必從 1987 年在澳洲舉行的第一次世界太陽能汽車挑戰大賽開始，三年後的第二次大賽，日本參賽的隊伍也增加，從那時開始太陽能汽車的存在開始有了認知。而且 1992 年在日本舉行了兩次太陽能汽車競技賽，好像景氣忽然熱絡似地情況。會合於“鈴鹿”與“能登”之太陽能汽車約有 150 輛。因篇幅關係參賽車不便一一介紹。

太陽能汽車，與 F1 賽車一樣競賽於鈴鹿繞圈(Circuit)賽場。完全不排放廢氣，適合地球環保的車輛諒必會給我們帶來更好的明天。茲將其機構按組件(componet)分別介紹如下。

12-4-1 效率良好與輕量化之重點

1. 太陽能電池(太陽能集光板：solar panel)

   太陽能電池是半導體之一種。材料一般使用矽。其構造有單晶體、多晶體及非晶體，按其順序價錢愈便宜但效率差。太陽能電池的輸出力最小單位僅有 0.5V，使容易使用要串聯構成一module 單位。此次賽車，大部份隊伍都構成 100V 的 module 並且將每一個 module 並聯。太陽能電池的性能以效率表示，每單位重量的輸出力在輕車子製造時變成重要因素。

   太陽能電池(參閱圖 12-5)是將光能變爲電能最重要的部份。太陽在南中位置時(25℃ AM1.5 100MW/cm^2)之標準測定條件達到 800W 爲現在標準(today class)。不限制輸出力，從正上方看下去包含集光板(panel)的長方形的面積達到 8m^2的是將來標準(tomorrow class)(參閱圖 12-6)。如測定的太陽條件最好時爲每 1m^2輸出 1000W。現在的矽(silicon)系太陽能電池的轉換效率，大概爲 15%～20 之水準，將來標準(以 8m^2集光板面積計算)，最大也是 1500W 左右，實際上，集光板格(cell)與格之間有間隙，及配線等損失，最好也可能僅取用其六至七成。

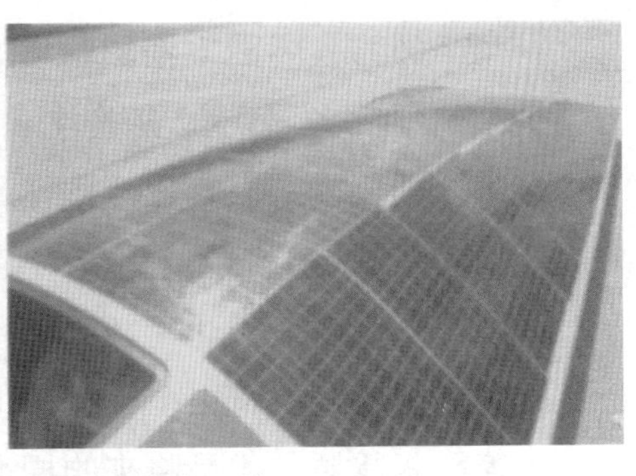

圖 12-5 太陽能電池是半導體之一種

圖 12-6 將來標準的車輛，大部份使用 1 鎳鋅電池，使用鉛鎳鎘、銀鋅電池也有一、兩隊。對同電容量的鉛蓄電池、鉛及鎳的重量約一半、銀鋅約 1/4，使用鉛電瓶就佔了車重的 10～30%。並且鉛來說，鎳鋅的價錢為五倍，銀鋅則 100 倍之高價，循環壽命各約為 1/6 及 1/30

可是太陽能電池的價格，最便宜的隊也花了 100 萬日圓以上。花費再多的隊諒必在尾數再加一個零。爲了要贏得賽車，轉換效率不稍微高的話，是不能獲得高輸出力，否則同樣的輸出力也需要面積大些，則重量就不能輕量化了。

2. 電 瓶

僅靠太陽能電池的輸出力，停止一次鈴鹿的上坡路就爬不上去。何況太陽若被雲遮住之狀態時，太陽能汽車若配載電瓶行車，則與電動汽車並無兩樣。並且以規定繞圈次數三週之計時時間(lap time)之競技預賽，電瓶使用與預賽不同的電瓶也可以，或經充電再使用也可以。

電瓶雖然有很多種類，但是規定使用鉛電瓶爲現在標準。不管電瓶種類，才是將來的標準。在電瓶的性能方面，採用多少電力(使用於加速力及上坡力)之所謂輸出力，與可行駛多少里程之電容量二種。可是，並非視競爭時的瞬間最高速度，所以無論那一只電瓶其輸出力均十足，但是在鈴鹿時，規定容量爲 2kWh(每小時輸出率)爲止，所以對同性能的電瓶以較輕者佔優勢也是好電瓶。其他即以充放電特性爲目標，如何有效地使用電瓶的能量，也是必要的戰略。總之，因爲大部份的電瓶均無電容量計，不能得知尚能使用多久。

3. 馬　達

馬達是相當於汽車之引擎部份，但是其調節無限制。所以，使用什麼馬達都可以，雖然各隊車的輸出力都不同，但是都不約而同採用直流無碳刷馬達。(參閱圖 12-7)把轉子(rotor)當做永久磁鐵，靜子(stator)當線圈使用無碳刷馬達，並採用檢出轉子的轉速以適當時期給與靜子導入電流的方式，因無碳刷所以電氣損失也少。可獲得高速迴轉，散熱特性又優異。

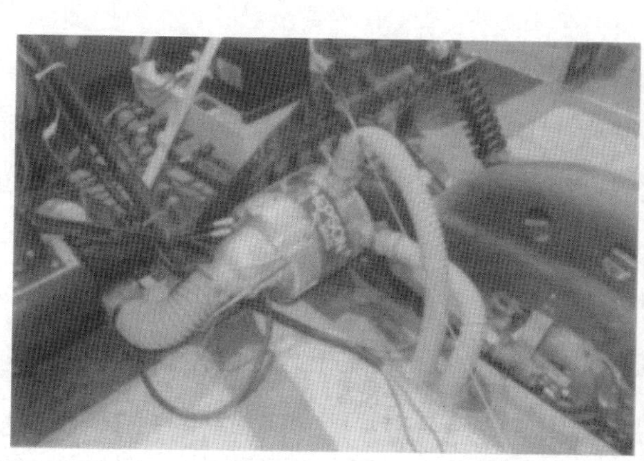
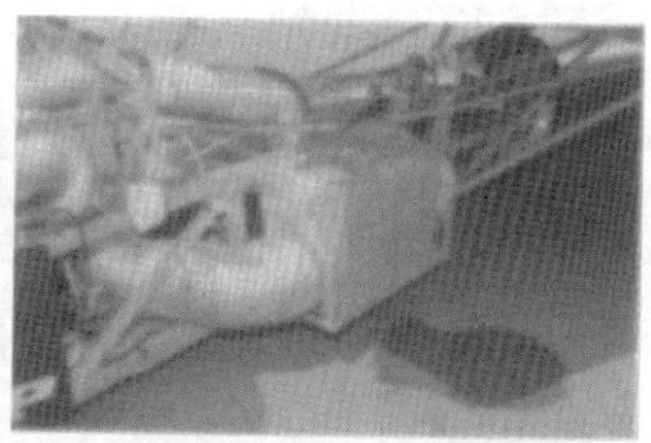

圖 12-7　馬達的主流是直流無碳刷馬達。要求輕量效率又高的馬達，輸出力為 1～1.3kW 左右。有些隊伍馬達發熱，需要冷卻設施

此外使用磁力線密度非常高的稀土類磁鐵(釤、鈷、釹、鐵及硼等)製造轉子使用，就可能製成效率更高、小型而輕量化的馬達。最大效率含控制器也有超出90%的。但其價格相當昂貴，其性能優良者據說可買一部車子。

註：釤：Samarium，化學符號Sm。

鈷：Cobalt，化學符號Co。

釹：Neodymium，化學符號Nd。

12-4-2 太陽能汽車的底盤與車體

1. 太陽能汽車無變速箱亦能行駛

在汽車來講引擎(馬達)之後就是變速箱，使用馬達的場合，轉速愈低以輸出大扭力時，不必像一般車輛一樣變換很多檔也可以行駛。只是跟扭力成比例會導出大電流，則因加速或上坡等高負荷時會流動大電流，導致可行駛里程縮短，馬達或控制器因此產生高熱。

實際上，上列賽車也有無變速箱者，在需要計時的預賽上，儘量導出大電流，準備電瓶不斷更換，並以高齒輪比引出高速度。反之，在決賽時，變換低齒輪比抑制電流，以增加可行駛里程。

其他很多隊，採用了腳踏車的變速器，行駛中變換齒輪比，但是齒輪的周邊設施發生故障。若有損失，對各種負荷有適當的齒輪比可選擇，尚且信賴性高的變速機，成績必能更好，很多隊均有如此說法。無上述變速機，若使用某種程度的大型馬達，諒必比不使用變速機反而可獲得好成績。

2. 煞　車

一般所說的煞車，是將動能變換爲熱能的裝置，但是太陽能汽車(電動汽車)與引擎不同，馬達可變換爲發電機，此稱爲“能量回生煞車”。但是減速時先前驅動用馬達，即可轉換爲發電機發電，並可向電瓶充電。

但是，使用能量回生煞車(也有使用單向離合器不回收能量的車子)，最後還是使用機械式煞車否則不能停車。所定規則是制動時的初速爲35km/h時應該在14公尺以內停車，但是也有在規定邊緣始停止的車子，煞車的效果差異很大。機械式煞車，有與腳踏車一樣的挾住輪緣(rim)的鋼索式的，及留用既有成品的油壓式煞車。此種煞車當然要求有充分的制動力外，並要求拖曳(阻力)少的組件(參閱圖12-8)。

圖12-8　輪胎流用自行車的情形比較多，尺寸以20～24吋為主流。補助煞車，有如自行車以鋼索制動的，及油壓碟煞等，其水準差異很大

3. 底　盤

一萬公尺馬拉松等，參與省能源賽車的隊，以同樣的車子爲基礎改造成太陽能汽車的也有數輛。可是其車子有一般太陽能汽車之二倍以上，速度也接近二倍，其原來的輪胎或懸吊承受不了。在調節時的傾斜穩定測試(坐著駕駛人橫向傾斜35度)其自行測試時車輪即變形之情形發生，實際賽車時輪胎破裂或車輪損壞不能繼續比賽的車子也很多。

此外，調整車高變化荷重的平衡以變更變向特性，或賽車一樣外傾角等校正作細調的隊也有。

若有不踩煞車能夠轉彎的底盤最有利，但是因而裝用滾動阻力大的寬胎面的輪胎則效率差。有關此點，需要多行駛幾次路線(course)後，再做最好的設定吧！

4. 車　體

車體因各隊的基本想法與預算的編制法，可看出很大的差異。其想法，從雙人座採用四輪乘用車的意識，以水獺的形狀爲設計模式爲優先，另外有如蟑螂般的以空氣力學、行車性能爲優先的種種形狀。在內容上，使用鐵管熔接的車架以三夾板作罩裝配之低成本的，甚至使用碳或蜂巢(honeycomb)材料的整體車體(monoch body)構造等，比F1略遜色的隊也有(參閱圖12-9)。

爲了保持紀錄，空氣阻力小、車重量要輕，兩者無論如何都需要抑制的重點。爲何？因爲如鈴鹿賽車場轉彎多，雖然道路寬度十分足夠但是上下坡多的路線(course)，在下坡時如何保持速度(行駛阻力小)，及上坡如何減低能量之消耗，形成重要的行車技術。

圖 12-9 日產 Sun Farver 的座艙名廠製造的車子整潔，但是有些東西不像駕駛室所有。可是為了看電力消耗量與電瓶殘量，設置電壓表及電流表

12-4-3 結 語

太陽能汽車是初次在日本舉行繞圈(circuit)賽車，爲了再發展此類賽車，諒必須要調節修正能夠有更多的人參賽享樂的方向走。例如，電瓶電容量、行駛限定的繞圈賽場，可否限制爲現在賽場的一半。如此對電瓶重量差異，致影響性能的情形比較少，並且也容易顯現出來像太陽能汽車。並非“賽車”爲了要獲勝什麼都可以做，爲了要取勝應該多下一些功夫，節約能源不破壞地球環境，則此競技賽必能提倡。無論如何希望能夠繼續舉辦。茲將參賽日本車之各種組件比較表列出如表 12-4 及表 12-5 所示。

表 12-4　各車使用的組件比較表

	賽車編號	重量 (kg)	太陽能電池製造廠	種類	輸出力 (W)	電瓶製造廠	型式	種類	電壓 (V)	電瓶數量	電壓 (V)	容量 (W/h)	馬達製造廠	輸出力 (kW)
	1	200	Sharp	單晶體	1270	YUASA	YNZ 7	Ni-Zn	13.6	8×3	108.8	1961	高岡	3
	2	114	栗本鐵工所	單晶體	980	SANYO		Ni-Cd		24＋2＝26	100.8	808	安川	1.3
	3	150	福克山	單晶體	1400	YUASA		氧化銀鋅	1.5	66	99	1980	EPDON	1.2
	4	160	Kyocera	單晶體	1500	YUASA	YNZ 7	Ni-Zn	13.6	8×3	108.8	1961	安川	2
	5	180	Kyocera	多晶體	800	YUASA	YNZ 10	Ni-Zn	6.8	16×2	108.8	1856	安川	1.3
	7	130	Sharp	單晶體	1200	YUASA	YNZ 7	Ni-Zn	13.6	8×3	108.8	1961	麻普地	2
	8	210	Sharp	單晶體	1200	YUASA	YNZ 10	Ni-Zn	6.8	17×2	115.6	1972	EPSON	1.5
將來標準	10	190	Kyocera	多晶體	480	YUASA	YNZ 7	Ni-Zn	13.6	10×2	136	1634	安川	1.3
	13	136	Kyocera	單晶體	1400	YUASA	YNZ 7	Ni-Zn	13.6	8×3	108.8	1961	安川	2
	15	150	昭和雪爾	單晶體	880	YUASA	YNZ 7	Ni-Zn	13.6	8×3	108.8	1961	高岡	2.2
	16	200	福克山	單晶體	1200	G S	SUN 22	鉛蓄電池	12	8	96	1420	EPSON	1.2
	18	160	Sharp	單晶體	1000 弱	YUASA	YNZ 7	Ni-Zn	13.6	8×3	108.8	1961	UNIC	15
	19	150	Sharp	單晶體	1000	衣格匹洽		氧化銀鋅	1.5	83	125	1925	EPSON	
	22	170	福克山	單晶體	1000	YUASA	YNZ 7	Ni-Zn	13.6	8×3	108.8	1961	EPSON	1.2
	23	110	Kyocera	多晶體	460	YUASA	YNZ 7	Ni-Zn	13.6	10×2	136	1634	山洋	0.75
	24	180	Sharp	單晶體	1000	YUASA	YNZ 7	Ni-Zn	13.6	8×3	108.8	1961	UNIC	

表 12-5　各車使用的組件比較表

	賽車編號	重量 (kg)	太陽能電池製造廠	種類	輸出力 (W)	電瓶製造廠	型式	種類	電壓 (V)	電瓶數量	電壓 (V)	容量 (W/h)	馬達製造廠	輸出力 (kW)
現在標準	52	230	Sharp	單晶體	720	YUASA		鉛電瓶	12	8	96		高岡	2.2
	53	130	Sharp	單晶體	760	松下	34A19R	鉛電瓶	12	5	60	966	松下	1.2
	54	210	Kyocera	多晶體	800 弱	YUASA	NP7-12	鉛電瓶	12	9×3	108	1490	安川	1.3
	55	170 弱	Kyocera	多晶體	530	Panasonic		鉛電瓶	12	9	108	1814.4	安川	1.3
	56	220	Kyocera	多晶體	797	YUASA	NP12-12	鉛電瓶	12	7×3	84	1949	山洋	0.75×2
	57	265	Kyocera	多晶體	797	G S	CM14Z3B	鉛電瓶	12	20(?)	(?)	1966	產業用(改)	
	58	220	Sharp	單晶體	755	YUASA	YB16B	鉛電瓶	12	14	168	1964	東芝	3
	59	210	Sharp	單晶體	800	G S	CM12AZ3A	鉛電瓶	12	11×2	132	1848	自動車電氣	1.2
	60	205	Kyocera	多晶體	800 弱	G S	EB90(35)	鉛電瓶	12	2×2	24	1950	二中	2
	61	250	Kyocera	多晶體	750	YUASA	CH60-B17	鉛電瓶	12	9	108	1957	富士電氣	1.1
	62	170 弱	Kyocera	多晶體	796	G S	40B19R	鉛電瓶	12	9	108	1974.6	高岡	2.2
	63	200 弱	Kyocera	多晶體	800 弱	YUASA		鉛電瓶	12	9 ＋ 1	108	1987	安川	1.3
	65	130	昭和雪爾	單晶體	800	YUASA	NPH12-12	鉛電瓶	12	10	120	1984	安川	0.8
	68	180	Kyocera	多晶體	550	G S		鉛電瓶	12	8	96	1498	日本電裝	0.5×2
	69	207	Kyocera	多晶體	793.73		SBS30	鉛電瓶	12	9	108	1944	UNIC	7.5
	70	200	Kyocera	多晶體	800	YUASA	NP12-12	鉛電瓶	12	9×2	108	1719	安川	1.3
	71	180	栗本鐵工所	單晶體	800	G S	SUN21S	鉛電瓶	12	12	144	1966	山洋	1.1
	74	210	昭和雪爾	單晶體	800	YUASA	YB16B-A	鉛電瓶	12	11	132	1994	高岡	2
	75	220	福克山	單晶體	750	古川	55A-23R	鉛電瓶	12	4	48	1545.6	高岡	1.1
	78	270	昭和雪爾	單晶體	800	G S	GM12B-4B	鉛電瓶	12	11×2	132	1850	富士電氣	1.1
	82	185	Sharp	單晶體	720	P a	LCR12V6.5P	鉛電瓶	12	18	108	861.1	安川	1.3
	84	180	昭和雪爾	單晶體	780	G S	RX32A19RT	鉛電瓶	12	10	120	1872	山洋	1.1
	89	220	Sharp	單晶體	720	YUASA	CH60B17L	鉛電瓶	12	9	108	1957	山洋	0.75
	90	270	Kyocera	多晶體	450	G S	ED120	鉛電瓶	12	2	24	1872	二中	2
	91	150	Kyocera	多結晶	790	YUASA	CH60-B17	鉛電瓶	12	9	108		EPSON	1.5
	92	120	昭和雪爾	單結晶	800	G S	GM12AZ-3A	鉛電瓶	12	10	120		安川	1.3
	93	200	昭和雪爾	單結晶	780	YUASA	NPH16-12	鉛電瓶	12	12	144	1505	三洋	1.1
	94	120	昭和雪爾	單結晶	800	G S		鉛電瓶	12	10	120	983	UNIC	7.5

12-5 優異的太陽能汽車

12-5-1 本田幻想號

一、行駛車姿好像是自然生物

1992年8月，太陽能汽車在日本鈴鹿舉行了繞圈(circuit)大賽(race)，在能登舉行了長途賽車(rally)。此兩種競技賽中獲得優異成績的是“本田技研”開發的幻想(dream)號(參閱圖 12-10)。幻想號在 1990 年參加了在澳洲舉行的“第二次世界太陽能汽車挑戰賽(WSC)”，榮獲第二名。太陽能汽車挑戰賽，是從澳洲的北部城市達爾文(darwin)到南部的阿得雷德(adelaide)要突破約3000公里之嚴酷賽車。幻想號之原設計是能勝任澳洲縱貫賽車而製造之車輛。

從開始製造至 1992 年歷經三年的歲月，其先進的設計思想與測試實戰中培養了獨創的技術，在現有的太陽能汽車參賽車(solar car racer)中，其實力的存在還是第一。

幻想號的開發，是以 1987 年第一次太陽能汽車挑戰賽榮獲冠軍的通用公司(GMC)的太陽能賽車(sun racer)的紀錄爲目標而著手開發的。太陽號是3000公里以平均66.9km/h的速度，創造了世界紀錄，三年後參加挑戰的本田隊，當然要製造能夠超越此紀錄之車輛。其目標爲在晴天狀態要能保持75km/h的巡行速度。

欲提高太陽能汽車之性能，要增加由太陽能電池所獲得的發電量，並減低行車阻力一途。因爲發電量是依太陽能電池的性能來決定之故。因此與競爭對手之差別並不會太大。於是，幻想號賽車對減低行車阻力深入研究。

幻想號車之最大特徵是其特異的車姿(styling)。以昆蟲爬地的形象而設計，以導出太陽能集光板(solar panel)效率的最上限，並且，欲將

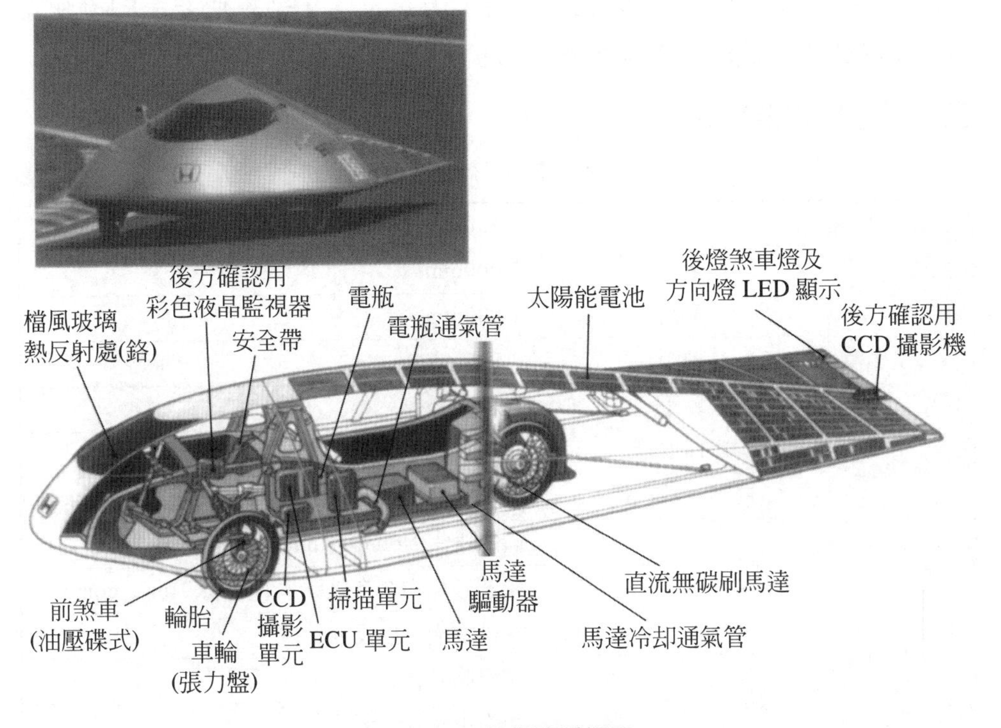

圖 12-10　幻想號透視圖

行車阻力減低爲最小的結果而誕生的。據說設計工程師因有「太陽能汽車承受大自燃的恩惠而行駛於地面上，應該要像某種生物」的強烈觀念。因此，此車雖然是追求空氣動力學(aerodynamics)的汽車，而幻想號令人有某種生物之感覺。

平均巡行速度超越 70km/h 水準，在行車阻力中空氣阻力(Cd)所佔的比例也變大，原來滾動阻力就小，所以可以說空氣阻力的大小可左右太陽能汽車性能之決定。爲了要減低空氣阻力，需要使前面投影面積縮小，以降低 Cd 值。於是重複風洞實驗，檢討各種形狀。其結果，幻想號之製成從前方觀察，好像三角形飯團壓扁形成五角形的形狀，水平斷面成層次落形(tier drop)。此輪廓(silhouette)不僅是可減低空氣阻力，

以座艙為中心把空氣切開成左方右方上方之三道，結果使空氣的流動安定了車輛的直進性能。車身本身的形狀，達成了一種空氣平衡器的任務。

二、幻想號主要諸元

表 12-6　本田幻想號主要諸元

尺寸及重量	全長		5,730mm
	全寬		2,000mm
	全高		1,000mm
	軸距		2,375mm
	輪距		1,400mm
	車輛重量		140kg
	最小迴轉半徑		9.9m(前輪軌跡)，10.2m(車身)
規格	車身	車架	碳纖維＋Nomex Honeycomb
		罩	碳及碳化物合金纖維＋Nomex Honeycomb
		檔風玻璃	聚碳酸酯＋熱反射區域
	懸吊	前	雙雞胸骨臂式
		後	雙拖曳臂式
	轉向	型式	畢特門臂式
		方向盤	方向棒(Bar Handle)
	太陽能電池	電池	單結晶矽
		總輸出力	1.2kW
	馬達	型式	DC 無碳刷馬達
		額定輸出	1.2kW
		最大輸出	4.4kW
		重量	7.0kg
		控制方式	PWM 控制
	電瓶	型式	氧化銀－鋅電池
	驅動	型式	由鏈條驅動後輪(無變速箱)
		減速比	4：1
	最高速度		120km/h 以上

太陽能汽車賽車這一部門(category)中，幻想號表現了寶貴的榜樣，今後諒必對各種太陽能汽車進行研究的建議會提出很多，可是要超出幻想號的水準，恐怕不容易，茲將本田幻想號主要諸元列出如表12-6所示。

12-5-2　日產 Sun Farvor

一、投入最新技術、完成程度為第一

在1992年太陽能汽車賽鈴鹿繞圈賽車中，在預賽時獲得4分16秒的最好時間(best time)紀錄，分爲四次(4 heat)舉行的決賽中，雖然尙不習慣於賽車的本田幻想號，但是堂堂榮獲亞軍獎的就是日產公司Sun Farvor。(參閱圖12-11及圖12-12)黃色的彩色環也很鮮艷(參閱圖12-13)，格外給與強烈的印象，其小巧程度，如F1賽車一樣使用最新的素材，並以最新技術組合的眞正的太陽能賽車(racing solar car)。

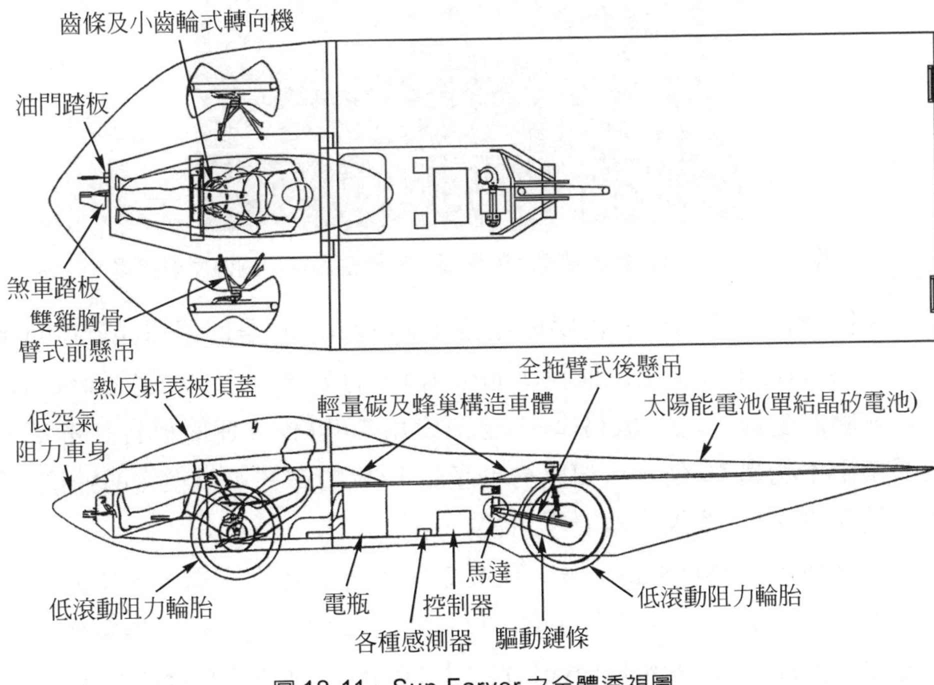

圖12-11　Sun Farver之全體透視圖

圖 12-12　為徹底減低空氣阻力而製造的獨特車姿，可想像空中飛鳥

圖 12-13　側線條是非常美麗的速姿。頂蓋使用純金的熱反射包覆

太陽能汽車的命脈—太陽能電池，Sun Farvor 是使用單晶矽(sharp 製品)，表面使用經加工之層板(laminate)，約 70 枚連接成模組(module)予以並聯的配置。集光板格(cell)全部使用 3000 枚，連層板合計重量，全部使用不超過 10 公斤。如此約可產生 1kW的電力，以緩慢的速度(不使用補助電瓶)，據說鈴鹿賽場可繞一週。

馬達使用 EPSON 製，是一種高效率的直流無碳刷馬達。由此以鏈條驅動一只後輪。電瓶採用每單位重量電容量大的氧化銀、鋅電瓶。但是充放電僅能行駛 10 循環(cycle)之耐久性能，諒必是今後的課題。

表 12-7　Sun Farvor 之主要諸元

尺寸及重量	全長		5,960mm
	全寬		2,000mm
	全高		1,050mm
	車輪配置		前 2 輪，後 1 輪
	軸距		2,200mm
	輪距		1,420mm
	車輛重量		150kg
	限乘人數		1 人
規格	車身	罩	碳或碳化物合金 FRP + Nomex Honeycomb
		整體骨架	碳纖維(CFRP)＋鋁蜂巢
		檔風玻璃	壓克力＋熱反射表皮(鍍純金)
	懸吊	前	雙雞胸骨臂式
		後	雙拖曳臂式
	制動	前	油壓式碟煞車
		後	回收能量煞車
		手煞車	腳踏車用橡膠墊式(後輪)
	轉向		齒條與小齒輪
	燈類	方向燈	LED 方式(前、後)
		停車燈	LED 方式
	太陽能電池	Cell	單結晶矽
		輸出力	1kW
	馬達	型式	直流無碳刷馬達
		額定輸出	1.2kW
		最大輸出	4.5kW
		控制方式	PWM 控制
	電瓶	型式	氧化銀一鋅電池
	驅動	型式	由鏈條驅動後輪(無變速箱)
	最高速度		120km/h 以上

太陽能汽車之認知不僅是追求最高速度一途，究竟是太陽能汽車賽車用的賽車(racing machine)，開發當時的目標是：

1. 減低行車阻力。
2. 提高輸出力。

因此在車體或懸吊上要投入最新的技術。

二、SUN FARVOR 之主要諸元

在鈴鹿舉行的太陽能汽車賽車中，Sun Farvor比本田幻想號慢一步是件遺憾的事。但是其獲得「基本設計新穎，完成度高」之評價是事實。今後的發展諒必可得其中之樂。

茲將Sun Farvor之主要諸元列出如上(表12-7)。

12-5-3　Kyocera 太陽之子

一、概　述

在鈴鹿的太陽能汽車賽車中，有本田公司及日產公司的二輛澎湃賽車(Works Machine)登場。兩車完成度都很高，尤其是其懸吊等，是表現汽車製造廠的技巧優異的地方。並且，在本田對賽車的行車狀況，使用如F1所使用的遙測技術系統(telemetering system)連續向座艙輸送的遙控方法。

二、太陽之子誕生

其中，也非汽車製造廠的澎湃隊伍(works team)之一就是Kyocera隊。此Kyocera隊推出命名爲太陽之子即 Son of Sun的新型賽車(參閱圖12-14及圖12-15)此Son of Sun是Kyocera公司之第三輛賽車。前一代的藍鷹(blue eagle)是與北見工業大學合作開發的，在1990年參加澳洲的世界太陽能汽車挑戰賽中跑完賽程並獲得第14名。

圖 12-14　“太陽之子”太陽能汽車之雄姿

圖 12-15　下罩籠罩至輪胎邊緣

這次的Son of Sun是根據“藍鷹”資料加以改良而開發出來的。從外觀可看出其變更之一的車輪數量，“藍鷹”是四輪車今已改爲前二輪後一輪之三輪車。此外，空氣阻力係數(Cd)由0.139稍微提高爲0.135，由此可知摩擦的減低爲大課題。

三、競賽之經過

在鈴鹿的賽車，使用同路線自由行駛多次，Son of Sun能夠行駛的是在賽車前約一星期的自由行駛最後一日。事實上，這一天是Shakedown(新車改良前之試車)。

在決賽時這種調整檢查的日數很少，所以要利用機會保養得當爭取最後勝利。在競賽中停過二次均爲小故障。

其一爲驅動系故障，Son of Sun預賽與決賽選用二種齒輪，其決賽用齒輪匹配不良鏈條陷入其中，預賽用齒輪是重視加速之低速傳動齒輪。而在決賽時是使用重視經濟性之高速傳動齒輪。

上述故障全部排除後，這次發生在低迴轉域馬達不能輸出扭力。而且，停止後就不能起步，停一段時間又可起步之奇妙故障。

現在這些小故障均已解決了，在能登賽車上無意中獲得了肯定。下次的大目標是指向澳洲。

12-6 何謂太陽能電池

12-6-1 地球上的自然現象要靠太陽

例如在夏天的沙灘晒太陽皮膚會晒黑，放在室外的水會升高溫度。停駛的車輛廂板晒得發燙，這些全是太陽能(solar energy)的作用。此外，植物的發育，吹風下雨，甚至煤炭或石油的生產等等，這些也都是因爲太陽能而發生的。

從人類誕生以來，一直消耗了石化燃料，在某意義上可以說與大自然的運作相反，是大不相同的能源收集方法。因此處處尋找新的多量礦物生產，人類的營運與原來自然界的循環不同，可能走向不歸路。

利用太陽能一節，是欲把人類的消費活動盡量走向有循環的方向，即爲了走向不製造無去路的廢棄物之方向的一種手段。當然，要製造太陽能電池(solar cell)也要相對消耗資源，其廢棄物的問題也會產生，但是解決無能源實體的形態來消費比較重要吧！

12-6-2 為何有陽光車輛就能動？

那麼，太陽能電池是什麼東西？

極簡單的想法，是爲什麼從太陽可取得“200 公斤的車輛可行駛 70km/h”之力量……？在電的世界因無法直接從肉眼看到其作用，所以很難瞭解。更有“光”等概念進來，就追溯到愛因斯坦的世界裡要徹底瞭解更困難。於此，僅道出重點作簡單的介紹。

欲從太陽取得能量(energy)有兩種方法。其一爲從太陽能(solar energy)利用爲熱能，其二，即此次的話題中心，收集陽光轉換爲電能(electric energy)。太陽能電池是一種半導體製品。在結晶系列中，有N型矽(silicon)與P型矽接合的PN接合物。此接合物具有取出能量之構造。

矽原子在原子核(atomic nucleus)周圍有結合原子(atom)用的四個電子(價電子valence electron)環繞著原子核，若從外部加給光或熱等能量，則其一個電子(electron)就溢出從原子跳出形成自由電子。此爲太陽能電池之開端。

此太陽能電池是在N型矽接合物中混合磷(pnosphorus 化學符號 P)之雜物，使自由電子有剩餘狀態。對於P型接合物方面，摻入硼(boron 化學符號B)使電子容易溢出狀態，即變成多存電洞(hole；又稱爲正洞)之物質。其中，上述的矽原子與光碰撞就製成電子溢出形成自由電子的電洞狀態。其依 PN 接面的內部電場，電子就在N型側，電洞就在P型側被分離收集。因此，從N型表面與P型表面之電極向外部電器連接，於是電子就在該電路內流動，即流動電流(參閱圖 12-16)。

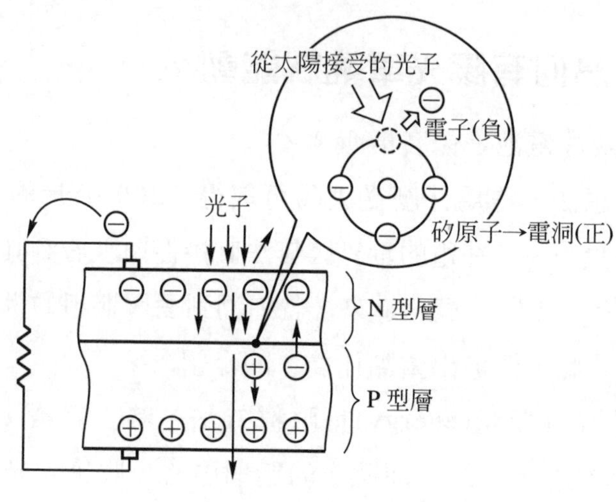

圖 12-16 太陽能電池發電原理

12-6-3 太陽能電池的顏色是灰色

此太陽能電池的厚度約爲0.3mm，其原料爲二氧化矽(SiO_2)。並將二氧化矽還原爲金屬矽，再製成合成矽(polysilicon)。與此重覆合成矽的精製與分離，將其純度提高至 Nine Eleven 之高純度(99.999…%，9 連接11只)。並將合成矽溶解凝固，再切成薄片經研磨後製成極板(wafer；薄片又可稱爲晶片)。其成品尚無N型及P型之區別，僅是一般之半導體。

從此摻入硼製成P型半導體，再於其周圍摻入磷以製成N型半導體之表層。這樣雖然完成了太陽能電池之製造，但是其表面呈現灰色狀態。此爲矽之原色，但是此色對陽光的反射較多，要加工減少陽光之反射製一層防止反射膜(參閱圖 12-17)由此始能成爲眾所周知的藍色太陽能電池。有無此膜，其效率相差30%。

此外，爲使其集光板(solar panel)表面能有效地流動電子集光板要印刷成銀之電極。並且將集光板粗線稱爲匯流條(bus bar)，因此伸出的細線稱爲“指狀物(Finger)”。在此狀況下匯流條及指狀物愈粗電阻愈小，可是因此受光表面積變少……等陷入兩難推論(dilemma)。爲了解決此問題，最近利用激光器組(laser group)的方法在電池(cell)表面作細溝，以縱向埋入指狀物(finger)的方法也有人推出。

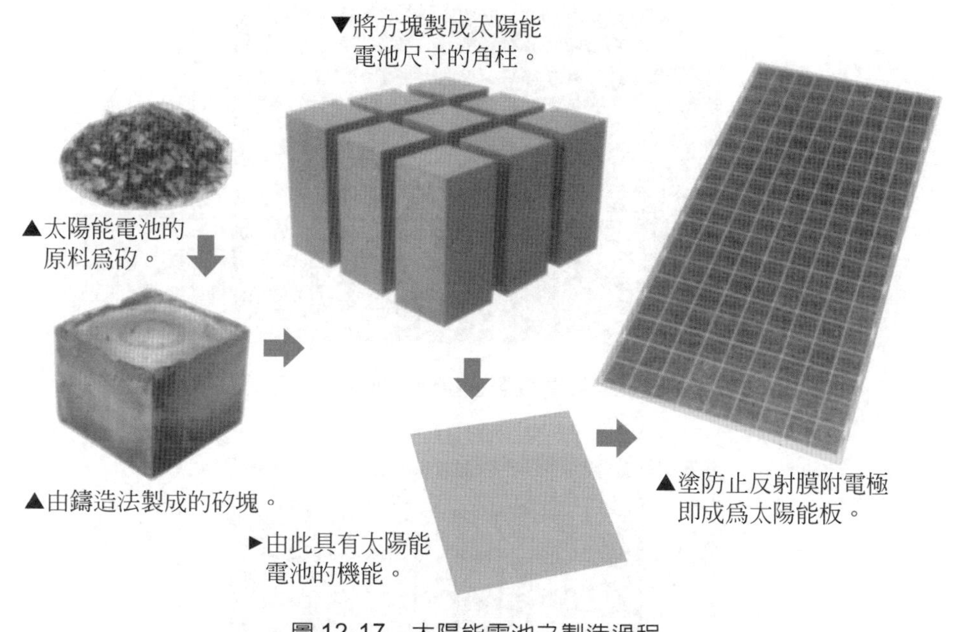

圖 12-17　太陽能電池之製造過程

12-6-4　單晶體及多晶體

在太陽能電池，常聽到單晶體(single crystal)、多晶體(polycrystal)及非晶體(amorphous)等名詞，此由原子的排列方法來區分的。單晶體是指原子全面有規則的端正排列。多晶體是將有規則排列的單晶體組合而成的。因爲有所謂結晶粒界的結晶物境界，電子或電洞不能跳躍此界而移動。另有非晶體，是原子不規則排列的東西。

單晶體的效率最高(一般爲 14～15%)，但是其製造過程費時又費力(參閱圖 12-18)多晶體則成本較低，但因有結晶粒界之存在，效率比單晶體略遜(一般效率爲 13～14%)。(參閱圖 12-19)。非晶體因基本上與結晶形(crystal form)不同，重疊各種薄膜就可以製造，可以低溫過程製造，所以成本最低但是效率也低(一般效率爲 5～8%)。

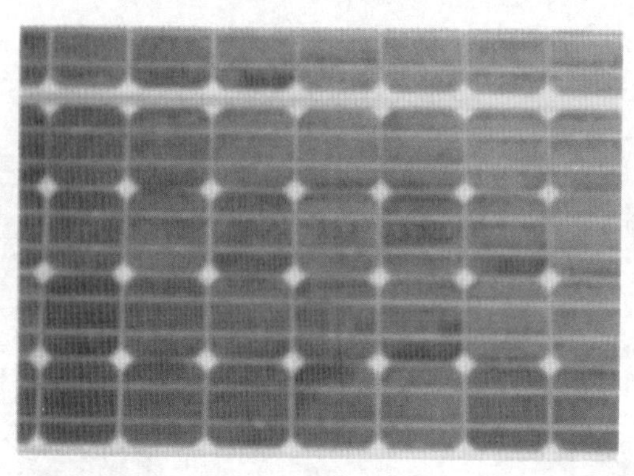

圖 12-18　單晶體因需要高度製造技術、成本高。可是其效率最高

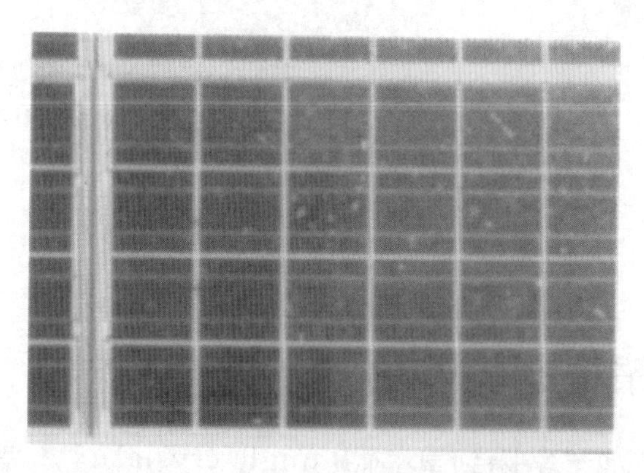

圖 12-19　多晶體與單晶體比較有普及型之感覺。因為結晶塊一塊一塊獨立，效率略降

此外，提高效率最好的方法是多吸取陽光，在結晶系(crystal system)的技術之一，爲透過此太陽能電池的光子(photon)再度送回電池內，在 P 型層下方設置反射層的方法。由此把將透過的光子反射回去再一次製造徘徊於電池內自由電子。此外，在N型層表面加工作V型溝。此乃將在 V 型溝承受的光子，原來反射掉未利用的光子，在反向側被吸收。

現在研究水準在世界上最高效率的單晶體太陽能電池，其效率可提高至 24.3%。這是由集光板表面之反金字塔(pyramid)型的低窪處所促成，使光子的閘(trap)有效地進行作用。由這種表面處理，集光板電池(cell)就逐漸看成黑色。即能夠吸收全部光線。

把"車輛"的框拆下設想時，現在的太陽能電池(solar battery)其利用領域相當廣泛。設置於海洋上的浮標(buoy)燈利用太陽能電池來點燈是眾所周知，在此種電力供給困難的地方其效果可十分發揮。所以，也被利用於離島之(燈塔)發電系統。此外應用其特點的小規模發電能力，亦利用於道路標識的夜間引導燈等設施。

這些系統，不必設置什麼配線裝配即可使用，免保養之優點亦大。例如，浮標燈不會因電池沒有電，特意派人到該處更換電池之需要。

並且現在有政府補助金事業所進行的個人住宅太陽能系統之導入此爲小規模發電，在屋頂全面積可裝置太陽能電池(即我國之太陽能熱水器)，現階段成本尚高。太陽能雖然是免費，但是要製造太陽能電池其成本高。在 1994 年前每一瓦特售價爲一萬日圓，最近每一瓦特已降至 1000～2000 日圓之水準，可是，這尚未達到實用化之水準。其實用化水準據說以 150～200 日圓/瓦特當目標。此標準以電力公司一般供電毫無遜色的水準作考慮。

所謂"太陽能"，在用不盡的能量應用上，有很大又現實的可能性。可是，欲將太陽能應用於日常生活，現在尚需要成本降低並提高效率始能實用化。

12-7 鈴鹿賽車雜感

現在利用太陽能的有上述各種東西外，在玩具方面亦已經研發出太陽能無線遙控(radio control)玩具車，爲了環保意勢的提高，今後對太陽能之利用諒必會如雨後春筍一般的發展，究竟太陽能是免費並且取用不盡的，只要對利用太陽能之器具研發出製造簡單成本又低，其普及於日常生活諒必指日可待也。

12-7-1 太陽能汽車有生存空間

以太陽能汽車當未來的汽車是不可能的，也曾經聽過此話，但是太陽能電池的開發諒必對今後的汽車會有貢獻的。

不要說廿年卅年後那麼遠的話，電動汽車的時代不久將來臨。其是否能佔據全部的車輛界不得而知，但是要靠各國及全世界的決策如何而定。雖無如此大果斷但是誰都能看到電動汽車的存在吧！是時該電動汽車的車身可能會貼滿太陽能電池。即不僅在出太陽時始能行駛的太陽能汽車，可能演變為電動汽車的補助充電系統。

其有幾個原因介紹如下：

其一，是件單純的事情，陽光可以變換為電來儲存，所以既知其利用價值後不可能閑置不予利用。否則陽光每日如常照射，若不設法儲存，則到夜間即消失無存。

其二，是解決電瓶的電容量問題，在電動汽車的最大問題是即集中於電瓶受其約束，如其重量等，這是為了延長續航里程，無論如何都要求大電容量。所以車輛重量的一半將被電瓶所佔據。對此問題，若能積極利用太陽能電池，雖然尚是未知數，但起碼可使電瓶縮小或減少。即必要的輸出力不僅是靠電瓶的消耗，其數成(%)輸出力時常由太陽能電池負擔，則續航里程必可增加。所以反過來說欲保持原來的續航里程，電瓶電容量則可按比例縮小。

其三，是電瓶的壽命問題。實際上，太陽能電池也會延長電瓶壽命。在鉛電瓶之場合，影響壽命的最大因素是其放電率。此放電率接近

100%的機會愈多，電瓶壽命愈短，若是多利用太陽能電池，則要大放電狀態的機會比較少。因此，電瓶的壽命也因太陽能電池有否而變化。若考慮這些問題，電動汽車還是附載太陽能電池比較有利。

總而言之，太陽能電池的能力之提高，可期待早日達到普及水準。因此依賽車(race)及長途賽車(rally)之技術研發，必有所貢獻。

12-7-2　並非"閒遊"的鈴鹿賽車

在此次賽車並非無問題發生。此次的將來標準(tomorrow class)，是對電瓶種類無限制，爲了獲得 90 公斤的鉛電瓶同電容量，使用鎳鋅電瓶，其重量只有36公斤，若使用氧化銀鋅電瓶只有20公斤重。無論如何需要輕量化，所以有此重量之電瓶到處受歡迎。可是，爲了2kW容量需要花費1000萬日圓。若改用鎳鋅電瓶約爲40萬日圓，當然一具是不夠的，需要數具……時，將變成金錢大賽(money race)。

此外，是有關安全問題。提起太陽能汽車，是給人緩慢行駛的形象所以其安全對策不受重視，但是現在的太陽能汽車已成長至僅使用太陽能即可超過70km/h的速度行駛。但是車廂(packaging)大部份讓駕駛人躺在前面爲多。並且準備碰撞時的緩衝材料等完全未裝備。

車輛檢驗時，從煞車試驗開始，只進行幾件保安檢查。可是，以低滾動阻力爲目標，則其煞車性能嫌低爲現況，省能源賽車，無論何者，其高性能及安全性都形成一半機會(trade-off)的情形比較多。

爲了使此賽車成爲有價值的競技賽車(race)，而且給一般人能深入認識，應該對安全方面多加顧慮，來調節其製造方法吧！

12-8 更進步的太陽能汽車 Kyocera "SCV-3"

從 1989 年開始開發太陽能汽車的"Kyocera"公司推出了太陽能交通車(solar commuter vehicle)試作車 4 號"SCV-3"(參閱圖 12-20)其概念與從前的試造車一樣，利用太陽能電池的最上限供短距離用的電動汽車爲目標。

圖 12-20 更進步的太陽能汽車

SCV-3 與舊型的SCV-2 之全長相同爲 3300mm，全寬爲 1400mm，全高爲 1420mm，均略爲加大。全開(印刷用紙規格)形狀的太陽能屋頂向後伸的車姿與從前的形狀一樣，不過全部線條更具弧形，增加了像交通車之可愛程度。

裝置於屋頂及前平台(front deck)的太陽能電池，是轉換效率13.5%的多晶矽太陽能電池，最大輸出力爲350W，當陽光照射時發電的電能送入電瓶。電瓶是鎳鋅密封型，額定電壓爲245伏特，電力有8.6kWh。此電瓶一次充電可行駛里程210公里(40km/h定速)，併用太陽能電池則可延長爲250公里(晴天以40km/h定速行車)。並且，最高速度可達到100km/h。

一次充電可行駛里程，比舊型車延長50公里左右，可是電瓶裝載量增加，當然車輛重量也增加。

原來開發的車接近太陽能汽車，SCV-3車是將太陽能電池當補助電源的電動汽車之色彩比較濃。其輪胎原來採用輕量的太陽能汽車用輪胎，SCV-3則裝用普通的低滾動阻力的輪胎。其令人更覺得像實用化的市區交通車。

12-9 中華民國之太陽能車

12-9-1 前　言

我國太陽能之應用，早在卅年前就有廠商開發太陽能熱水器出售。當然政府也配合極力推動，設有補助金額藉以提倡。可是在冬天有時數天看不到太陽，太陽能就無用武之地，必須依靠瓦斯熱水器或電力熱水器之協助。因此其普及率不高。

太陽能利用於汽車，是近六、七年之事。據報紙報導，有交通大學、台灣大學、國立師範大學及南台科技大學等校，從事研發太陽能車多年。太陽能車，因為太陽能電池的光電轉換效率不到20%，所以欲完全使用於汽車尚有困難，僅能充當輔助動力之用。

現有純太陽能車，均使用於賽車，尤其在熱帶的澳洲，幾乎每年皆舉辦一次太陽能車世界大賽。據云：今年(2003年)十月十九日又將舉辦太陽能車世界大賽。我國上列各校的太陽能車均將踴躍參加是項大賽。期望能有好成績，可載譽歸國。筆者家居台南，離南台科技大學甚近，因此專訪該校的指導教授艾和昌博士。茲將該校發展太陽能車之歷程，及太陽能車的構造介紹如下。

12-9-2 南台科大太陽能車發展歷程

1993年冬天，艾和昌博士還在美國U.of Michigan唸書，由於執行之研究計畫所用的實驗室在機械系的Auto Lab.，某日從研究室走到Auto Lab.，恰巧見一輛風聞已久的太陽能車，這部是甫得過全美太陽能車總冠軍，甚至到澳洲參加太陽能車世界大賽榮獲第三名的車子，有十幾個大學生正忙著整修車子，當時第一個想法就是希望未來有朝一日，能帶著一批台灣學生製作一部賽車型太陽能車，代表國家參加世界大賽。

1995年夏天，艾和昌博士返國任教於南台科技大學機械系之後，一直未忘卻製作太陽能車的念頭，直到1998年2月，開始指導夜二技學生畢業專題製作，他便積極務色具實務設計製作的學生參與太陽能車製作，依其專長分成車體、動力、外型三小組，分頭進行各項零組件之設計、加工，在小組成員通力合作下，在短短八個月內製作完成第一代單人座賽車型太陽能車；而且常受邀參展，廣受一般大眾及業界好評。

限於經費的緣故，第一代所研製之太陽能車僅定位於雛型車，目的在於吸收製車經驗並作初步路試資料擷取，以瞭解實際行駛時太陽光電能供需關係，作二代太陽能車之製作參考。第二代於1999年2月著手進行，並向國科會科教處提出 89 年度專題研究計畫申請，經委員審查後，本處認爲「第二代太陽能車設計與製造」，除能培育學生俱工程系統整合能力外，另具能源與環保教育功能，因此優先獲得$460,000之經費補助，同時配合南台科大配合款$200,000，進行計畫執行，此階段之重要成果乃在完成外型設計製作、太陽能電池焊接與封裝技術開發及儀表控制面板等重要零組件整合作業。

爲能持續此重大教育意義之專題研究計畫研發工作，國科會科教處於 90 年 8 月起，繼續核定$566,000 之經費補助，同時配合南台科大補助款$1,500,000，提供艾博士進行「第三代參賽型太陽能車設計與製造」，第三代車爲增加太陽能電池模組光電轉換效率，除應用較二代車效率更高(光電轉換效率爲 16.5%)之太陽能電池；在進行封裝前，得先將太陽能電池作適當幾何切割，以便在串接太陽能電池時能技巧地遮住其表面之電流匯集線路，進而增加模組有效集光面積。此外，爲保護士林電機及連結之焊線，不受空氣中水份、其他化合物之侵蝕及灰塵等侵害，導致降低轉換效率並延長模組之使用壽命，特別向「士林電機」借用熱壓眞空製程設備進行太陽電池模組封裝。另該車配備一只專爲太陽能車設計之高效率、永磁性直流無刷馬達，因其直接帶動驅動輪，尖峰效率可達 95%，且重量僅 20 公斤，配合控制器可達到無段變速、煞車回充、電源保護等功能。此外，車體由鋁合金管材氬焊製成骨架，其上、下覆蓋低風阻之流線造型外殼，自行開發鋁製之蜂巢爲蕊材，及特殊玻璃纖維(Kevlar)爲包覆之外殼材料，該複合材料具重量輕、強度高、且易於加工優點，可大幅減輕車體重量。重新設計與製作完成之第三代太陽能車，可提升時速達 90～110 公里，爲增加整車安全設計，於前兩輪安裝諜式油壓煞車系統，後輪配合驅動馬達以電子式斷電作爲煞車。

12-9-3 計畫緣由與目的

本計畫之推動在南台科技大學太陽能車研發工作來說已邁入第三代，第一代太陽能車之設計製作始於 1998 年 2 月，在短短八個月內製作完成單人座賽車型太陽能雛型車「1」一阿波羅一號(參閱圖 12-21)，限於經費的緣故，第一代所研製之太陽能車僅定位於雛型車，目的在於吸收製車經驗並作初步路試資料擷取，以瞭解實際行駛時太陽光電能供需關係，作為新一代太陽能車製作參考。第二代於 1999 年 2 月著手進行，於九個月後為成了阿波羅二號(參閱圖 12-22)，此階段之重要成果乃在於完成外型設計製作，太陽能電池焊接與封裝技術開發及儀表控制面板等重要零件組合作業。

圖 12-21 第一代太陽能車[1]

圖 12-22　南台第二代太陽能車

本計畫執行的主要目的在於延續前兩代研製成果，引領學生組成一支研發工作小組，應用科學理論與實務經驗，重新規劃、設計及製作出一部可靠度高、性能佳、速度快及耐久性良好，並符合「太陽能車世界大賽」規定的參賽型太陽能車，期能將我國本土製造的太陽能車推向國際舞台，以展現我國科技實力，並可落實國內科學教育成效，倡導新能源科技應用及提高國人環保意識。

12-9-4　車　體

為減輕重量，第三代車採無底盤式桁架結構車架，本計畫以 PRO/E 3D 繪圖軟體先行構建實體結構，再以應力分析軟體進行分析後，方可著手進行實體製作，構造如圖 12-23 所示，及車架以A6061 的鋁合金焊接而成，因材料為中空的管狀，在焊接的技術上就很重要。所以焊接的方法採用氬焊，並細心從事以免降低強度。

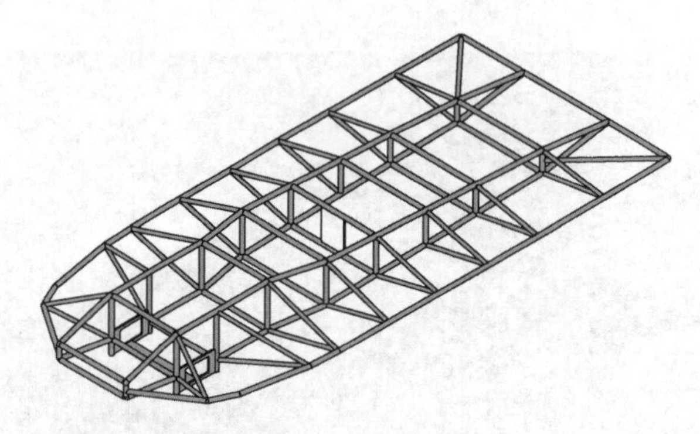

圖 12-23　太陽能車車架

12-9-5　懸　吊

車輛行駛時，會受到地面震動與衝擊，其中有一部份由輪胎吸收，絕大部份需依靠輪胎與車身間的懸吊裝置來吸收，懸吊裝置主要機件有彈簧、避震器、平穩桿及有關連桿等，用來防止車身各部機件的損壞並使乘坐人員舒適。本車設計採前二輪轉向後一輪傳動的三輪設計，考慮前後輪不同功能，前二輪使用雙A型臂式與懸吊緩衝器組成之懸吊裝置(如圖 12-24 所示)，後輪以拖曳式臂作爲支架，此型便於安裝緩衝器及驅動馬達(如圖 12-25 所示)。

圖 12-24　前輪懸吊系統

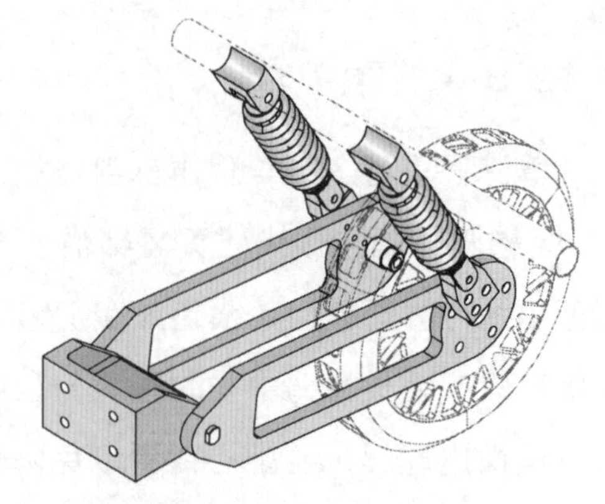

圖 12-25　後輪懸吊及傳動系統

12-9-6 轉　向

轉向機構需配合懸吊系統爲一複合改良四連桿，利用機械式齒輪及齒條傳動方式改變前輪角度達到轉向之目的，依阿克曼原理(ackerman principle)，前二輪分別裝於二個可以迴轉之轉向關節上，由轉向運動機件連接，使前二輪各繞其轉向軸之中心線而同時轉向，車子乃隨之轉彎，構造如圖 12-26 所示。

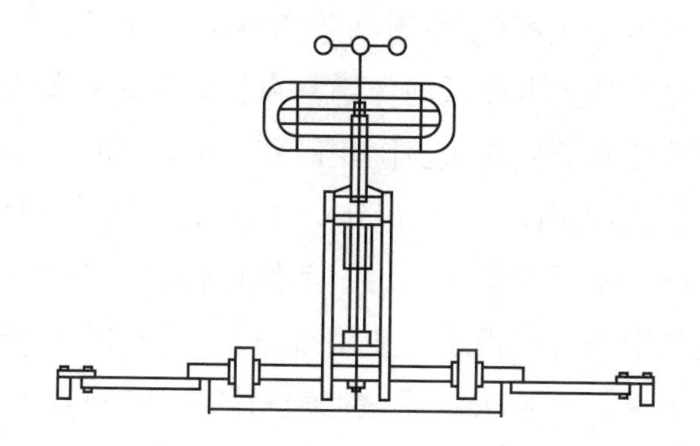

圖 12-26　轉向系統

12-9-7 煞　車

爲增加整車安全設計，第三代太陽能車採用碟式油壓煞車(圖 12-27 所示)系統，設計以前兩輪安裝煞車總成，後輪配合驅動馬達以電子式斷電作爲煞車，另增加整車效率，馬達控制器已建立煞車回充功能，也就是當車子煞車減速時馬達將轉換成發電機，將產生之電力回充至蓄電瓶中儲存起來，增加電瓶之蓄電量。

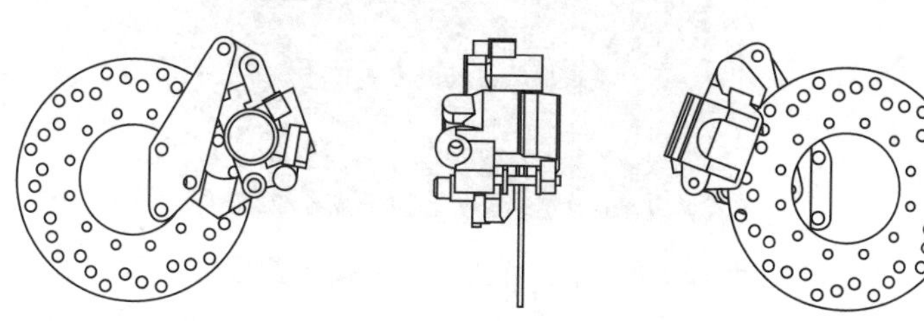

圖 12-27　碟式油壓煞車

12-9-8　太陽能板(動力系統)

太陽所放射的幅射能，提供給地球一個非常巨大的能量來源，利用太陽能電池將這些能量之一部份轉換成爲電力。從太陽能電池元件所獲得個別電流通常很小且電壓也很低，必須藉由焊接，串、並聯連接及平行佈署成爲較大的陣列，方能獲得具使用價值的轉換能源。

本計畫執行製作之第三代太陽能車，爲增加太陽能電池模組光電轉換效率，除應用較第二代車效率更高(光電轉換效率爲16.5%)之太陽能電池外；在進行封裝前，得先將太陽能電池作適當幾何切割，以便在串接太陽能電池時能技巧地遮住其表面之電流匯集線路(bus)，如圖12-28所示，進而增加模組有效集光面積(active solar cell area)。此外，爲保護太陽能電池及連接之焊線，不受空氣中水份、其他化合物之侵蝕及灰塵等侵害，導致降低轉換效率並延長模組之使用壽命，需利用熱壓眞空製程設備進行太陽能電池封裝。全車太陽能電池數量約爲2000片，總

圖12-28　第三代太陽電池模組製程

面積 7.68m²，開路電壓爲 108V，短路電流 10A。用以驅動配備的直流馬達，並帶動太陽能車可在陽光充足時能不依靠電瓶電力直接驅動太陽能車。

12-9-9 馬　達

本車所配備的直流無刷馬達，由國外進口，重20公斤，直徑315mm、厚度70mm，輸入電壓86～110V，尖峰效率93%，最大輸出扭矩110N-m，可提升時速達100公里以上；配合控制器可達到無段變速、煞車回充、電源保護等功能。另具蓄電系統可將多餘太陽能儲存，以供陰天或爬坡時提供較大電力。

12-9-10 車　身

1. 車形設計

   本項工作須在規定之有限空間(5m長×2m寬×1.6m高)內作設計，將太陽能發揮至最大效益。另一項限制因素爲舖設太陽能電池總面積需小於 8m²，但不能小到所舖設之太陽能電池輸出低於動力系統之需求。其設計要考慮空氣動力效應、太陽能接收能力及結構強度等因素，因此，設計時得先考慮太陽能車行駛阻力，太陽能電池放置位置(使其能獲得較大的太陽光源)。爲得到實際風阻對車型之影響數據，本計畫針對四種縮小模型作風洞試驗，最後選取風阻係數爲 0.3(Re＞10^5)並稍具升力之車型試件，作爲造型製作依據，完成之外型具機翼橫切面的流線造型(如圖 12-29 所示)。

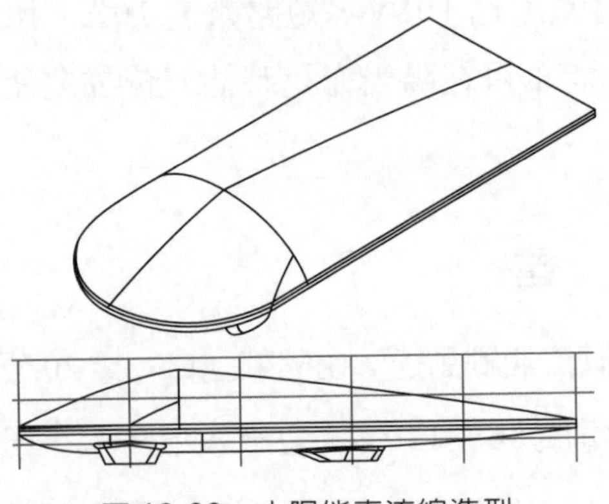

圖 12-29　太陽能車流線造型

2. 車身製作

外殼材料選用原則爲重量輕、強度高、易加工成型等條件，本車採用ϕ13mm鋁製之蜂巢爲蕊材，使用特殊玻璃纖維(kevlar)爲包覆材料，形成複合材料結構。此外，各項車體組件應安排於車殼內使之不會影響風阻及整體造型，另整車安裝拆卸需簡單快速，以方便參賽之準備。

圖 12-30　完成之太陽能車側面

圖 12-31　完成之太陽能車正面

完成之太陽能車(如圖 12-30 所示)具有流線外型以減低車子行駛之風阻；車罩表面85%面積適宜舖設太陽光電池模組，減少車子體積；活動車頭及大弧面擋風遮罩，不僅可方便人員進出，亦有較廣視野(如圖 12-31 所示)，整體設計使整車看起來非常美觀大方。

12-9-11　第四代阿波羅四號太陽能車

該車使用衛星級太陽能電池，其模組光電轉換效率達22%，馬達使用專爲太陽能車設計的高效率、永磁性直流無刷馬達，直接帶動驅動輪，尖峰效率可達95%，重量僅廿公斤，配合控制器可無段變速、制動回充、電源保護等功能，使用鋰電池作爲全車蓄電系統。

車體由太空級鋁合金管材氬焊製成骨架，其上下覆蓋低風阻之流線型外殼，殼料採用機體用複合材料，重量輕、強度高、又易加工之優點，大幅減輕車重。重新設計與製作之第四代太陽能車，最高時速可達150km/h，爲增加整車安全，於前兩輪安裝碟式油壓煞車系統，後輪裝

置機械式手煞車，另配合驅動馬達以電子式斷電作爲煞車。是南台科大目前開發的車中最輕、風阻最小、最俱先進技術的太陽能車。

12-9-12 成功完成了世界太陽能車挑戰賽

1. 第七屆世界太陽能車挑戰賽(WSC：World solar car challenge)

   在澳洲(Australia)舉行的世界太陽能車挑戰賽，自 1987 年開始創辦以來，2003 年爲第七屆，首次有來自台灣的隊伍參加，與來自世界各國知名大學的太陽能車隊挑戰縱貫澳洲 3,021 公里賽程，南台科技大學太陽能車隊則首次出國參賽。

   本屆賽程日期爲十月十九日至十月廿八日共十天，車檢日期爲十月十六日至十月十八日共三天，參賽隊隊伍有 32 隊。

2. 參賽人員編制

   本屆WSC參賽人員除艾和昌博士外，大學部同學有楊武璋、謝易翰、邱德文、黃銘彥、李威賜、李青儒、曾韋鳴、李俊良、姜禮誌、鍾文賢等十位，碩一研究生翁瑞侑，畢業校友也是去年完成太陽能車「南北走透透」駕駛賴佳偉同學，台灣舞者科技公司魏金連總經理，及隨團處理與大會聯絡工作的大同技術學院廖明瑜講師共十五位。該隊伍在阿德雷德市合影留作紀念的相片如圖 12-32 及圖 12-33 所示。

3. 參賽成果獲得第七名令人相當滿意

   南台科大參賽隊伍及太陽能車—阿波羅四號，於 2003 年十月廿四日上午十時卅分抵達澳洲阿德雷德(Adelaide)市，隨即經引導至該市中心的維多利亞廣場接受民眾歡呼。

   賽程是從澳洲北岸的達爾文市行駛到南岸阿德雷德市，全程 3,021 公里。阿波羅四號，能以最少的人員編制，最簡陋的整備首次參賽，在裝備及參賽準備皆不如參賽隊伍的情況下(很多隊伍參賽多次)，又因賽程路徑不熟三次開錯路徑而延誤賽程，仍能超前廿多隊完成全程，以總時間43小時又41分鐘紀錄獲得第七名。是本屆來自亞洲車隊中，第一隊駛抵終點站的隊伍，其優異表現不僅讓台灣打破世界太陽能車賽參賽零紀錄的歷史，同時亦開創了我國太陽能車挑戰長距離行駛一般道路的歷史紀錄。讓主辦單位及所有參賽隊伍敬佩不已！

比阿波羅四號早達到終點站的車隊，依序爲來自荷蘭的Nuon、澳洲的Aurora、美國的麻省理工學院、加拿大的皇后大學、英國的倫敦南方銀行大學及美國的Prinicipia學院等六個車隊。

筆者於84年3月編譯「電動汽車與替代燃料汽車」內第三章從127頁至188頁共81頁對太陽能車有詳細的介紹，啓發國內產

圖 12-32　第七屆世界太陽能車挑戰賽在阿德雷德市全隊隊員留念相片

圖 12-33　第七屆世界太陽能車挑戰賽全體隊員在阿德雷德市留念相片

官學方面的興趣帶動研發工作，據筆者魁集資料有三、四家大學從事研發並皆有成就。

此次南台科技大學榮獲 WSC 第七名，不但是該校的榮譽，也是我國的光榮，雖然汽車賽尚未有光榮的歷史，可是在太陽能車方面已經擠進世界先進之林。該校是筆者的母校，筆者亦與有榮焉。

參考文獻

1. 艾和昌，“南台阿波羅一號”，太陽能學刊，第四卷第一期，P32～34，民國 88 年 4 月。

2. 艾和昌等，“太陽能車設計與製造”，第十五屆全國技術及職業教育研討會(作品參展)，工業類．機械組，民國89年4月。

3. 英文文獻太多限於篇幅不便刊載。

13

未來車探討

13-1　未來汽車技術之關鍵

13-1-1　關鍵在於安樂

未來汽車技術的關鍵在於“安樂”。即持有“安樂”之意義，是從心身產生“安心快樂”，“喜歡”、“愛好”、“容易”、“親切”。其快樂程度不用說，是人對車輛所要求的重大要素。構成車輛零件要容易活動，而且車輛本身的移動容易，可提高能量效率，又有環境保護的作用。然而人可安樂移動汽車一事，是行車安全相關的。

13-1-2 車輛永久的課題是“環境保護”和“安全”

此課題非新開始提倡的，每次汽車展都有其特色，並且在市售車其技術也皆有所回饋。從第卅一次東京汽車展起，對環境保護外，更提高安全性能，是採用技術上的重點。而車輛已經不容許不能滿足這些條件。環境保護和安全，形成車輛永遠的課題參閱圖 13-1)。吾人以零破壞環境及零危險性這兩項，更會繼續挑戰下去。

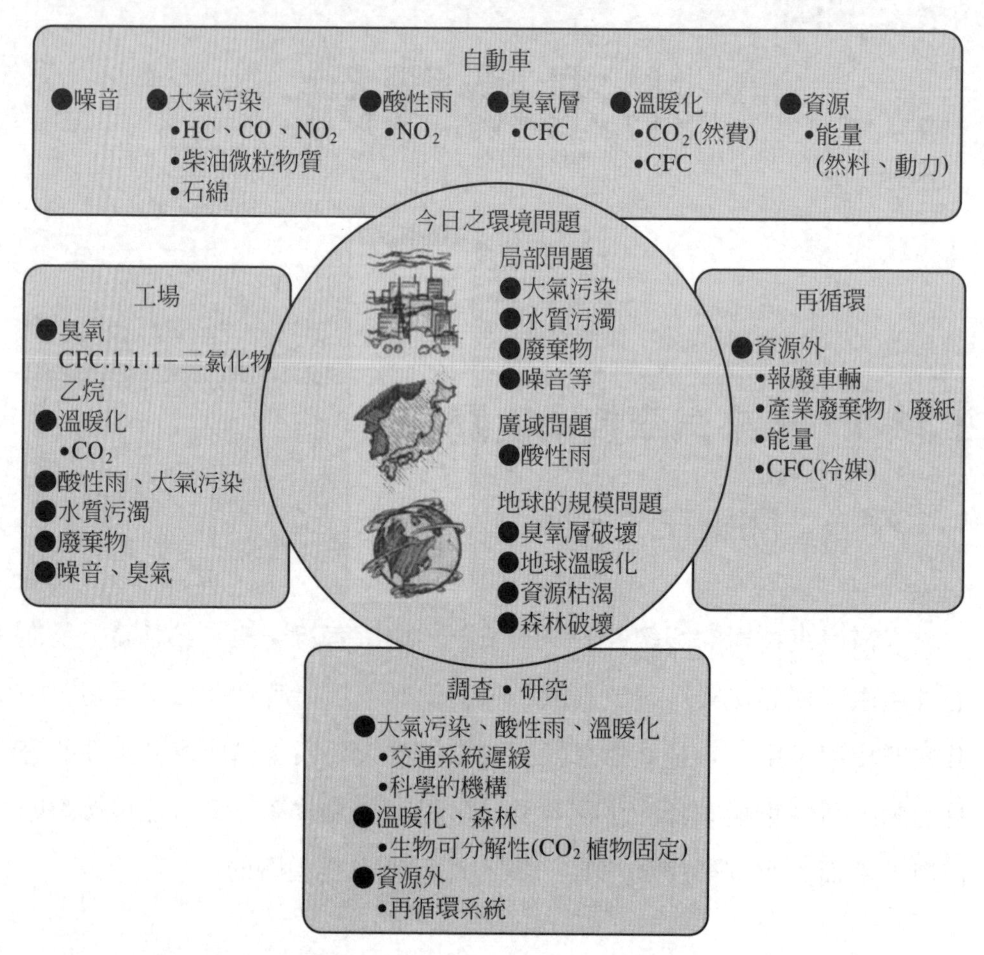

圖 13-1 環境問題對車輛很重要，環保與安全性的技術提高，從此更增加重要性

13-1-3　環境保護性能

在環境保護，如何以少能量去移動車輛之實現，成爲主題。此以提高燃料消耗率爲中心。同時以減少排出氣體的總量爲目標。排出氣體是能量的有效活用之外，亦含有零污染之課題。爲了要提高移動能量效率，當然再循環的替代冷媒，另也有減低噪音的方法。

13-1-4　提高車輛本體的效率

欲提高車輛的能量效率，首先是車重的輕量化。確保必要的空間上，如何製成輕量化成爲關鍵。可是在這次的汽車展，此點革新的提案看不到。即在車輛本體的效率提高，爲了引擎及補機類的效率提高技術的開發爲中心問題。電動汽車就是其生命之延長。

一、提高引擎效率

廿一世紀引擎的發展方向，是汽油和柴油的直接噴射(DI：direct injection)。其中直接噴射汽油引擎，原來的引擎是燃料和輸出力的兩性能相反，但 DI 引擎則均得優異性能並實現了有規劃又理想的結果。燃料性能的提高，是空燃比(A/F)40 以上的超稀薄燃燒之實現，是依燃燒穩定之惰速轉速之降低而得的。輸出力之所以能再提高，是靠直接噴射(DI)化技術之應用，及充填效率及壓縮比之提高而得的。當然依微電腦(micro computer)控制技術來活用的。

此規劃上的引擎，已經由三菱汽車公司，稱爲“缸內噴射引擎”而舉辦了詳細發表。並在 1996 年之市售車亦有推出，其他有速霸陸、五十鈴、豐田公司等亦都有推出。直接噴射柴油引擎當然加裝渦輪增壓器(turbocharger)外，DOHC 化並含四汽門化等採用高壓噴射，噴射泵之完全電子控制化，EGR 的採用等形成中心技術。

對於柴油引擎燃料費性能之提高，在波細(boush)公司的展覽場有如下之展示。即一般的汽油引擎的燃料費性能設定為100(7L/100km)，有預燃室柴油引擎提高15%，若是直接噴射式則提高30%，2000年更提高到60%(3L/100km)形成目標。如此狀況下，因直接噴射汽油引擎的燃料費性能有飛躍性的提高，則柴油引擎也不會有消失的一天。

直接噴射引擎以外，有馬自達公司的米勒循環(miller cycle)引擎亦依然使用外，速霸陸又新發表在輕型汽車用 SOHC 引擎亦使用米勒循環。可是替代燃料車有減少之趨勢。

二、補助機件之效率提高

變速箱方面，連續無段變速箱(CVT)對引擎及變速箱本身的效率提高之觀點，亦受到矚目。

CVT，是日產公司依傳統變速箱研發改進的。但尚非十分令人滿意。

可是有開始市售的本田車外，尚有豐田車亦採用同樣的 CVT，此 CVT 是針對高輸出力引擎或改善蠕動(creep)及噪音等課題而研發的，可能會再進行改善吧！

其他如機油外，盡量不消耗能量而輕易發揮功能為目標，寧靜而著實進行輕薄短小型化。輪胎亦同，如米其林公司的Green tire堅持高抓地力性能外，並再降低滾動摩擦阻力向更輕易轉動之技術開發。

■ 13-1-5　零污染車之實現

零污染車(ZEV)之法規，從 1998 年在北美的加州實施是眾所周知的，現在的電動汽車之研究開發，依車輛的燃料費效率之提高和排出氣體零污染化，以防止環境污染等，此法律深受影響是事實。

對電動汽車技術之現狀，在第十一章已有詳細介紹，不再敘述。

在汽車展所示的電能量有關之未來技術，混合型方式依原提案進行。此爲以天然瓦斯等爲燃料的內燃機轉動發電機以補充電力，行車時使用電動馬達，此外，有能量管理系統(EMS：energy manergement system)，把馬達、發電機充當直接噴射汽油引擎的補助動力源來應用，超省燃料費爲目標的動力驅動系列有豐田公司再發表，當然此項並非零污染車之範圍。

13-1-6　移動效率之提高

車輛本身的燃料費率良好而移動效率不良，則效果會減半。以最短時間輕易到達目的地之技術如圖 13-2 所示，也是與環境保護有關。當然，此後要提出的安全性能之提高亦有效。其技術手段，是依資料通訊技術，從外部提供資訊和依管制系統的車輛感應系統之實用化亦有效，此移動體通訊技術，含人造衛星之應用等，諒必會更加進步！

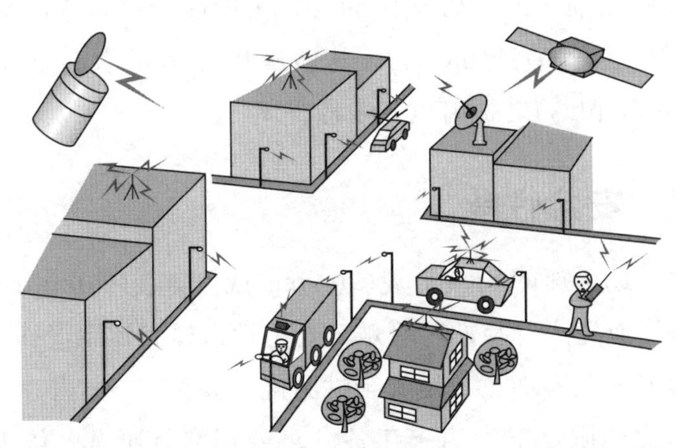

圖 13-2　在短時間有效到達目的地，也是省燃料費的好方法。資料通信技術驅使移動的效率化，會更進步

這些完全要依據政府的主導，透過導航系統裝置等，以即時(real time)提供車輛交通資訊系統的VICS(vehcile information & communication system)，已經在日本一部分地區開始實施。

建設省(相當我國交通部)推行的廿一世紀(先進)道路交通系統(ARTS：advanced road transportation system)，基於警察廳(相當我國警政署)構想的萬能交通管理系統(universal traffic management)等之研究也進行中。

汽車導航系統(car navigation system)的隆盛情形不是現在開始的，在汽車展也是百花繚亂，並且參觀者亦多，必可瞭解到人氣之旺盛與車輛交通資訊系統之連動是當然，聲音控制(voice command)的新技術亦有介紹。

依資料通訊化的向駕駛人之資訊提供，雖以畫像爲中心，但亦含有聲音。依圖像的資訊提供，爲了確保安全，使駕駛人的視線移動爲最小，進行了其技術研發。其一是在部分車種有實用化的仰視顯示器(head up display)。

駕駛人的眼前，即在儀錶板的儀錶，換成液晶電視(TV)型的顯示器。這些當然亦有儀錶(meter)，其他應用以各種資訊顯示板(maluti information display)之試用也有多種提案。

13-1-7　安全性能

駕駛座及助手座的SRS氣囊(air bag)或側氣囊(side airbag)等之採用，已經實用並進入普及期。可是，安全性這樣尚難說已經十分了，是不得不繼續追求至零爲止，是安全性必備之條件。

爲了研究極限之安全車，在各汽車公司進行研發，依先進安全車(advanced safety vehicle)之先進安全技術(參閱圖13-3)。此ASV的研究範圍，分爲預防安全、回避事故、碰撞時之減輕被害、防止碰撞後之災害擴大等四項。

圖 13-3　各汽車公司確保安全性的 ASV

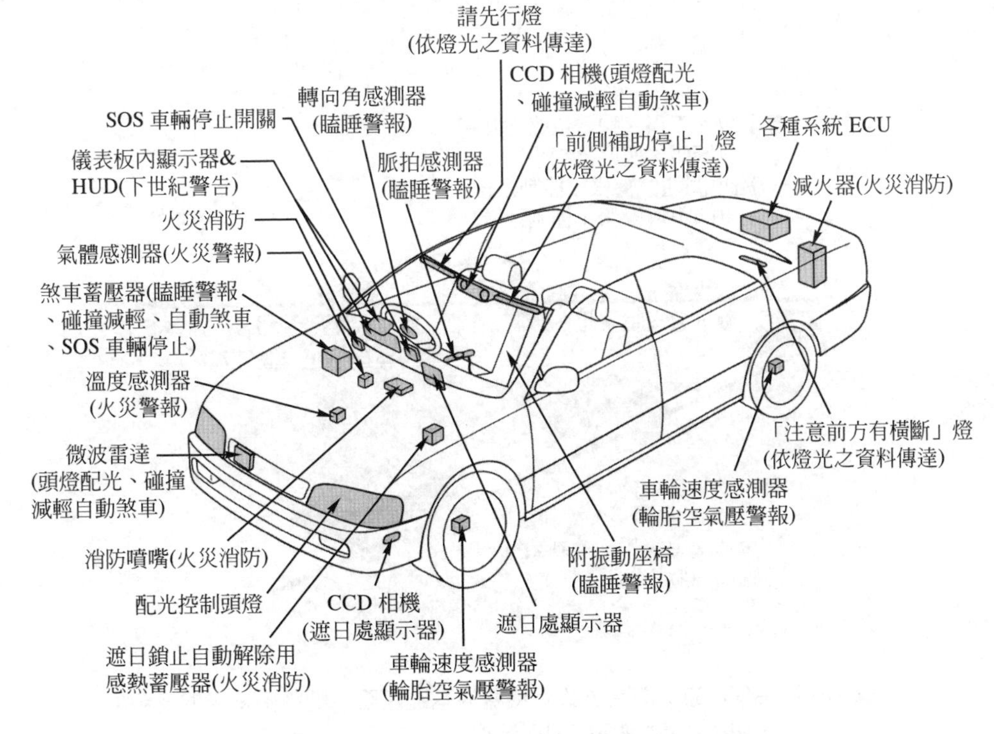

圖 13-4　裝載於豐田車的預防安全功能之概要圖

說俱體一點，包含瞌睡駕駛之警報、後方車靠近之警報、後側方警報、脫離車線警報、自動維持車間距離含回避碰撞、碰撞感應自動煞車、駛進彎路減速、側方及前方顯示器、輪胎氣壓警報、事故警報、行車記錄器等，有爲數頗多的先進系統在測試中，如圖 13-4 所示。

在這些系統中依CCD相機或雷射雷達(laser rader)等精度高的感應器(sensor)與電子技術，如前述爲了資訊化的基層建設含埋設感應電纜或路面陶瓷標誌，電波及光電指向標(beacon)的應用，如圖 13-5 所示。而且應用ASV技術後，最終目的向自動駕駛邁進，如圖 13-6 所示。

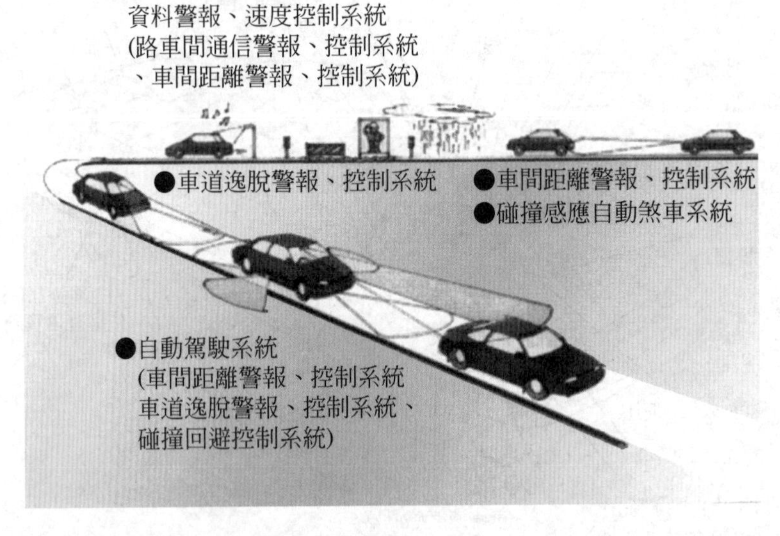

圖 13-5　ASV 的功能合併政府機關的基礎建設，則將來追求的安全行車的自動駛系統即可浮現

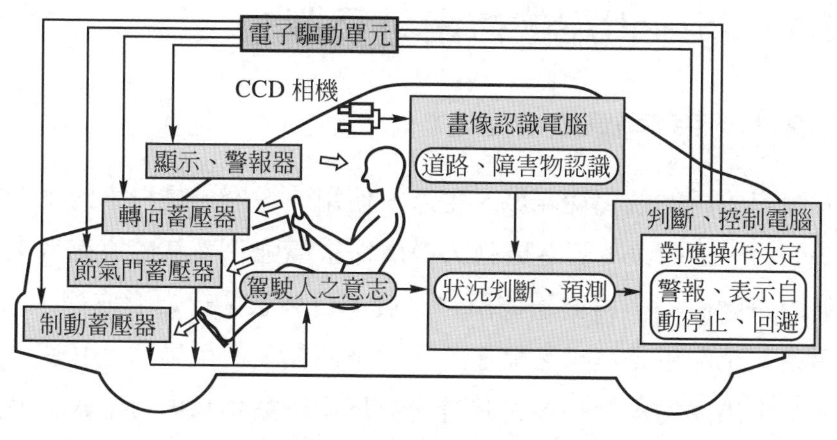

圖 13-6　自動駕駛的車輛系統

13-1-8　近期及未來車

每次汽車展都有其主題(theme)，在日本的汽車展中某次有展出賽車(racing car)(之歷史)及電動汽車。這些展示可說是兩極端之展示，即暗示近未來之車輛英姿，即賽車是環保的剋星，可是對車輛的行車、停止及轉彎性能等提高所有技術，已挹注至極限。而且爲什麼要設置輪廓把人類框在裡面呢？

另一方面，在電動汽車，爲了汽車之生存，須要有環保技術的象徵之表現。可是目前，沒有如賽車一樣的框框感。在未來的車輛的英姿，可能是此兩者(賽車與電動車)俱有的特徵混合而成的吧！

總而言之，將來必會推出於地球能親切，並且能盡力快樂舒適又安全地到處跑的車輛。

13-2 廿一世紀的汽車發展探討

13-2-1 再循環(recycle)

對汽車的再循環，從開發、生產、使用、報廢，是汽車的生命循環(life cycle)，是由汽車製造廠列入考慮而主導強化。其內容有考慮再循環性能的車輛研發，再循環技術之研發，再循環系統之形成等。

電動汽車和引擎汽車之構造，其大不同點是使用馬達，又使用大量電瓶。其中馬達的壽命長，尤其是交流馬達更換軸承即可半永久使用，故對再循環方面相當有利。大量報廢的電瓶，則電瓶製造廠有再循環系統可處理之。回收的電瓶，可列入再生鉛或再生塑膠等材料。引此在電動汽車的再循環，比汽油車有利。車身材料亦同樣，大部分可以再循環，前曾談及不再詳述。

13-2-2 保修方面

電動汽車因為有高壓電路，若使用不當有觸電及漏電等危險，所以在保修作業上要特別留意。有關高壓電路的檢查，負責進行保養或修護人員，在日本要依勞動安全衛生法第59條及勞動安全衛生第36條之規定接受講習之義務。

進行高壓電系統之檢查，或保養時，要帶絕緣手套等，不得不依防止觸電措施規定確實實施。拔掉修理旋塞(service plug)以遮斷高壓電路來作業時，或要接觸高壓電接頭或端子時，有需要確保最低五分鐘以上的時間。此因在反相器內的電容器放電所需要時間也。並且，欲接觸高電壓端子前，應該先以電錶(tester)確認電壓為零伏特始可作業。此外在工作時不要帶著金屬製品也很重要。

另外值得注意的，是拖車(電動汽車)時，有與引擎車不同的注意點。驅動輪在接地狀態下拖車時，有時馬達會發電，並因漏電而發生火災之情況發生。

於此僅介紹一般性的常識，注意事項因車別而異，詳情應該參考修理手冊。又電瓶纜線拆下放置後，再度裝回時，本來不該有流動突入電流的，但亦有忽然流動的情形發生，所以禁止有疏忽發生。

13-2-3 安全性

電動汽車很少聽到事故之例，可能實用車輛尚不多吧！雖然連接到事故之事少，但是因控制器的誤動作而放開油門踏板也有不減速之例。其原因可判定電位表(potentiometer)損壞所致，但切斷主電源後不論任何場合均可停止，所以不慌不忙處理就無問題。此與過去成問題的引擎車之自動變速控制(ASC：auto speed control)一樣，只要駕駛人把ASC的電源切斷後就可回避誤動作了。

電動汽車一般有二重或三重之安全對策設施，所以有故障時大部分按其對策處理必可排除故障。因有設置故障時可使車子不會暴走的雙重安全裝置(fail-safe)。有關此點，製作改良型(convert)電動汽車時，也需要十分注意。所有汽車全部改用電動汽車，是不敢想像的，現在使用的汽油引擎及柴油引擎，均依稀薄燃燒(leanburn)技術提高燃料費率，應用其技術將來諒必會繼續使用。例如，2001 年東京汽車展出品的豐田 ES^3(ES cubic)，是在超輕量車身裝載柴油引擎，抑制有害氣體的排出是當然，重點在於柴油每一公升可行駛 47 公里，獲得輝煌成績之性能。如此性能優異的車已由豐田公司推出，如圖 13-7 所示。可是將來的趨勢，引擎車的大部分將推出混合型，並且有效應用加減速時可回收能量之車輛。

圖 13-7 TOYOTA ES^{3}(2001 東京汽車展)

可是，現在的城市用車(tawn car)之輕型汽車，每日平均行駛里程未達 50 公里之車輛，諒必會以電動汽車替代之。在歐洲，二人座的汽車常見於市區行駛，正將其視爲電動汽車之用途概念最爲適當。在市區的“車輛噪音”與“排出公害氣體”的車輛，從此消失其蹤影已不遠矣。

在電動汽車中，亦有最高時速超過 300km/h的高性能超級車(super car)，可能會少數普及吧！電動汽車是車輛概念之自由度高，尤其是驅動單元的自由度，與引擎車不能相提並論。因此可以推出基於獨特的設計構想之汽車。

環繞於汽車之環境，不僅在硬體面(hard ware)，有關使用方法的軟體面(soft ware)之交通系統，今後亦可預測有所改變。如此新種類的汽車，在汽車社會中如何成長，有其未知數，期望與讀者共同守待之。

14 電動機車及自行車

14-1 日本電動機車

14-1-1 電動機車之先驅者(pioneer)——東京研究發展部

對電動汽車非常熱心的東京研究發展部，據說從 1992 年起就開始發售電動機車(scooter：速克達)。電動速克達，大發公司曾經以“哈樂”為名出售三輪速克達一段時間，可是在街上很少看到。是否以新市區交通車在各街道行駛停靠？不得而知。

東京研究發展部與電動汽車的關係，是研究開發的東京研究發展部的小野昌朗社長，在1986年與清水浩先生(國立環境研究所)之相遇開始的。清水浩先生對電動汽車的概念，並非由現有的車輛改造，他曾云：若非專爲電動汽車而設計毫無意義，而且該車輛若無享受參加汽車競賽的樂趣就不會有將來性。清水浩先生對汽車大製造廠家也是這麼說。可是雖然有興趣，是否能邁向商業化，迄今並未實現(他倆會面時)。在那時東京研究發展部所研究的課題是對複合材料(CFRP)與賽車(Racing car)的開發技術，恰與清水浩先生的概念一致。於是共同合作著手開發了NAV或IZA。

14-1-2 ES 600 電動機車

一、ES 600 速克達簡介

累積那些經驗後，就變化了新速克達的製造廠，可是一旦推出市售，其問題在於售價。其與忽視預算的概念車不同，從研究開發費用到販賣全部不能回收的話不算商品，其次再作製造、販賣及保養等網路。ES 600速克達(參閱圖14-1)是由“yamato”工業株式會社製造及銷售。

已經試造並應用複合材料的直接傳動二輪來驅動，利用試造(trial)車的馬達，並獲得了九州電力公司與中部電力公司的協力開始開發了速克達。其開發所遇到的課題，是要能乘越混合交通的波浪，並要能作出讓騎乘的人感到有魅力的坐車。此點與IZA的概念是一樣的。其試造的二輪或三輪速克達在福岡與名古屋當作服務車每日使用。至1995年春天止，約二年的時間行駛了一萬公里以上，「這樣始能推動」即向市售踏上眞正開發之途。

圖 14-1　東京 R&D 開發的電動機車 ES600

二、試車結果並無失調感

其開發出來的就是 ES 600 速克達，馬上予以試騎。首先點火開關轉至 on 位置，在儀錶板點亮了綠色燈，即表示可以騎走了。其安全裝置(fail safe)，有扭動油門把手、側支架(side stand)下降時電流就中斷不流向馬達，以策安全。實際試騎後，感覺到與普通的汽油速克達的情形一樣。使用直流馬達及為了重視加速性能使用皮帶式變速機(CVT)，這些亦與汽油速克達相同。

油門放置 on 則瞬間好像有滑動之感覺，但立即起步行駛後，因馬達的轉速因未附轉速錶不知其迴轉數。30km/h 時比汽油車高的迴轉驅動馬達，但從此扭動右手的油門，則速度馬上上升。那時的感覺與汽油車比較，不感覺到時間延遲的程度。就這樣，速度上升到速度錶的最高速率 60km/h。考慮有誤差存在但最高速度 60km/h 是可能達到的。

其重量 110 公斤與汽油車 50cc的速克達比較，雖然感覺到略重，但是在行車時並不感覺到其重量。反而裝載於較低位置的電瓶，可貢獻其穩定的行車。不過，電瓶待以時間動力即可恢復，這一點比汽油車有利吧！聲音是意想不到的大，所以怕步行者不能發覺來車之顧慮不會產生，當然停駛時無聲音。比較介意的是，軸距比較長以速克達的小轉彎有失平衡這一點感到遺憾，另一點試騎車可能還新的關係乘坐舒適感比較差。前輪並無感覺，但是後輪可能要承受重量的關係懸吊好像硬了些。此點尚須要改善。

用盡的電瓶約需八小時始能充滿電，30km/h定速行駛往返有60公里，若實際上只須行駛一半里程，則一趟只有 15 公里的通勤行程足足有餘。當然服務場所若有電源，則可加倍行駛。從一般的速克達使用狀況來看，上班族使用電動速克達不是充分夠用了嗎？

其儀錶板除速度錶外，尚有電瓶電容量錶，即相當於一般汽油速克達之油量錶。如圖 14-2 所示。

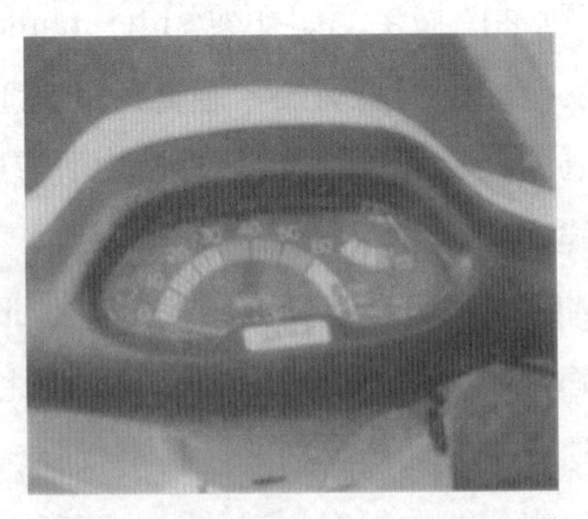

圖 14-2　儀錶板除速度錶外尚有“可行駛”燈及電瓶容量錶

每輛價格預定爲48萬日圓並不便宜，可是貴到當財產儲蓄之金額，當然，諒必不能和汽油速克達比較。

14-1-3 本田汽車公司之電動機車

一、CUV-ES 電動機車

從前曾經在低公害車展覽會場展出的本田 CUV-ES 電動機車(參閱圖 14-3)，不久將推出市面出售。

圖 14-3 本田 CUV-ES 電動機車

此CUV-ES機車，是以本田公司銷售量最大的Dio速克達爲基礎的產品，外觀上無排氣管爲其唯一不同之處。電瓶使用48伏特34Ah的鎳鋅電池，磁鐵式直流馬達的輸出力，以V型皮帶透過無段變速機傳動至後輪。總重量爲 80 公斤(電瓶 20 公斤)，與現在的 50cc 速克達水準相同。充電時直接用家庭用電100伏特的插座即可。

此速克達很早以前曾經試騎過(1991 年 8 月)，當時的試車感覺，其寧靜的印象很深。不愧爲機車製造業界的泰斗，以其市販車爲基礎，車體或底盤的設定等是其本行之業務，各地方均做得平衡美觀。

當時(大約在1991年)的成就確實很了不起，馬上可能推出市面銷售的水準，以大製造廠家到現在尚未推出市面銷售，是否保養的問題或生意經營的問題？不得而知。價格雖然尚未訂定，但是以商品水準而言，確實是夠水準的優良產品。

二、試車用電動機車－“EV Trial”

此試車(trial)用電動機車(electric bike, ETL60A)“EV Trial”如圖14-4所示。又稱為“山野賽車(motocross)”的機車，是為了在山野競賽用而開發的。此為本田公司每年在公司內舉行的構想競賽(idea contest)，在2000年應徵而得的提案之後，雖然就進行研發，但對外展示是第一次。

圖14-4　電動機車Trila-ETL60A。右圖展示Trial排氣系、汽缸體、水箱等有效利用空間，此車裝載鎳氫電瓶單元與永磁型同步馬達

此車以含障礙又多起伏的路線(course)為競賽目的而開發的競技車。性能方面；油門操作極靈敏而反應又快。又有操作性優異而良好的煞車。

該車電瓶採用鎳氫電瓶。以現有的二行程汽油引擎150cc能夠突破嚴酷的行車條件為目標，期望此電動機車亦能達成。但目前未達此水準，其連續行駛時間約為20分鐘，此性能尚難滿足。

三、電動機車之主要諸元

茲將各廠製造之電動機車之主要諸元集列出如表 14-1 所示。

表 14-1　電動機車之主要諸元

性能＼車種	車名	ES 600	CUV-ES
	製造公司	東京研究發展部	本田技研工業
尺寸、重量	全長(mm)	1725	1600
	全寬(mm)	650	615
	全高(mm)	990	990
	車輛重量(kg)	110	80
	乘車定員(人)	1	1
電動機	種類	直流無碳刷	磁鐵式直流無碳刷
	額定輸出力(kW/V)	0.6/48	0.58
	最大扭力(kgm/rpm)	—	—
電瓶	型式、種類	密閉型鉛蓄電池	鎳鋅
	容量(Ah/HR)	30/5	34/5
	個數(個)	4	4
	總電壓(V)	48	48
性 能	最高速度(km/h)	—	—
	加速(SEC)	—	—
	一次充電行駛距離(km)	60(30km/h 定地)	60(60km/h 定地)
充電裝置	設置型式	車載型	車載型
	電源相數、電壓、電流	單相、100V、5A	單相、100V、6.6A
	充電方式	定電流定電壓充電	—
	充電時間	8 小時	5 小時
價格		48 萬日圓	未定

四、ELE-ZOO 電動速克達

東京研究發展部於1993年製造出售電動速克達“ES 600”約500輛。其後中斷一段時期，繼續作技術開發工作。在1999年設立專門製造並販賣電動驅動裝置的“PUES”公司之後開發電動速克達的原型車“ES-XZ”。又在2001年將市售汽油速克達改良爲電動速克達。

在2003年將“ES 600”的缺點一一改良推出“ELE-ZOO”電動速克達如圖14-5所示。其主要諸元如表14-2所示。

圖 14-5　ELE-ZOO 電動速克達

表 14-2　ELE-ZOO 主要諸元

空車重量	95公斤	最高速度	50km/h	最小回轉半徑	1.9公尺
爬坡能力	16度	一次充電續航力	50km (30km/h 定地)	馬達種類	永久磁鐵同步式
電瓶種類	鎳氫型 (Ni-MH)	一次充電續航力	25km(市區)	馬達型式	PUES ESH 600
電瓶電容量及電壓	6.5Ah 72V	電池數量及電壓	120個1.2V	馬達定額輸出	0.58kW
車載充電器充電時間	2.5小時	限乘人數	一人		

14-2 中華民國—電動機車

14-2-1 前　言

我國機車數量之多可以說是世界之最。依據交通部車籍資料截至民國 86 年 11 月止，台灣地區的機動車輛數量已逾一仟伍佰萬輛，其中機車約為一仟萬輛，每年產生一氧化碳約為 33 萬噸、二氧化碳約為 183 噸、碳氫化合物約為 9 萬噸等汙染物，分佔全國排放量的 12%、1%、8%。尤其約有伍佰萬輛的二行程機車，所排放的二氧化碳為四行機車的 1.5 倍、碳氫化合物為 4.5 倍，汙染很嚴重，久為民眾所詬病，因此對此汙染物的控制，已經達到刻不容緩之地步。所以勢必研發無汙染的交通工具來取代，藉以改善。

我國可以說是機車王國，機車工業基礎深厚對發展電動機車相當有利，只要將引擎換置馬達、電瓶及控制器等即可，車身則可原形利用。但必須對此三項零件，加速研發其性能之提高、可與汽油引擎匹敵，始能取代汽油機車。

政府有鑑於此，積極推動電動機車的研發及制定規範，並獎勵廠商從事研發及生產以早日上市藉以改善日益惡烈的空氣品質。茲將其推動發展情形列出如下。

14-2-2 電動機車的發展簡史

茲將電動機車之產官學所推動發展的情形分別列出如下。

1. 政府機關、研發單位及學術單位對推動發展電動機車的分工情形，如表 14-3 所示。

表 14-3　電動機車產業結構及政府研發機關之關係

單位發展方向		政府機關							研究單位							學術			廠商				
		經濟部	工業局	能源委員會	環境保護署	中科院	國科會	交通部	工研院				中科院材料研發中心	交通部運研所	自強社	清大	交大交研所	中興企研所	康陽公司	山康公司	三陽公司	光陽公司	湯淺公司
									能資所	機械所	材料所	航太中心											
機車整車				○	○					*									□	□	□	□	
零組件	電池	○		○					*		*		*										□
	馬達																						
	使用環境		○														*						
	技術及潛力													*									
	產業關聯及市場		○														*						
	改善污染效果				○												*						
	電動機車技術				○					*													
	零組件發展策略		○							*													
	產業發展		○												*								
	示範運行									○							*	*					
	電動機車使用				○											*		*					
	電動車發展		○																				
	實車運行				○					*													
	各縣市電動機車推廣				○											*							

註：○：委託單位，＊：執行單位，□：自行研發產製

資料來源：工研院機械工業研究所

2. 政府推動發展電動機車的措施如下

(1) 民國69年代後期：開始研發電動機車。

(2) 民國80年7月～84年6月：工研院機械所研發ZES(zero emission scooter)2000電動機車。

(3) 民國84年ZES2000雛型電動機車研發完成改稱爲EC1。

(4) 民國84年5月22日，環保署發布機車三期排放氣體標準(87年1月1日施行)規定89年2%電動機車配額制度。

(5) 民國84年9月30日：環保署公告第一版「行政院環境保護署補助新購電動機器腳踏車執行要點」每輛5,000元。

(6) 民國84年9月～85年6月：新竹市辦理電動機車推廣使用計畫。

(7) 民國85年7月～86年6月：工研院機械所研發EC 1電動機車。

(8) 民國85年8月～86年6月：十五縣市辦理電動機車推廣使用計畫。

(9) 民國86年8月～87年6月：各縣市社區辦理電動機車推廣使用計畫。

(10) 民國86年12月2日：環保署公告第二版「行政院環境保護署補勵新購電動機器腳踏車執行要點」依性能補助不同金額，全程補助期限至民國88年12月31日。

(11) 民國87年1月5日：蕭萬長院長於總理紀念月會提示電動機車爲國家發展六項產業科技重點之一。

(12) 民國87年3月5日：行政院第2568次院會通過「發展電動機車行動計畫」。

其計畫目標是配合環保署民國89年起實施更嚴格的排放標準，減少高汙染二行程機車生產銷售，及其他相關措施，計畫預計每年銷售電動機車數量表如表14-4所示。

表 14-4　預計每年銷售電動機車數量表

時程	數量	說明
民國 88 年	10,000 輛	1. 選定示範地點專案推動 2. 光陽預計 88 年 3 月量產
民國 89 年	40,000 輛	1. 電動機車 2%銷售比例之規定生效 2. 實施更嚴格的排放標準，減少高汙染二行程機車銷售
民國 90 年	80,000 輛	1. 電動機車周邊環境逐步建立，銷售量成長
民國 91 年	150,000 輛	1. 高汙染二行程機車生產銷售量大幅萎縮，其中約 50%轉為購買電動機車，另外一半轉為購買四行程機車 2. 電動機車技術已成熟，鎳氫電池開始量產
民國 92 年	200,000 輛	1. 電動機車已達量產規模，成本逐漸隆低 2. 電動機車使用環境更趨完善
民國 95 年	400,000 輛	1. 電動機車使用環境已普遍設立 2. 電動機車銷售量持續成長，佔全年機車銷售量 40%

資料來源：環保署

⒀　民國 87 年 5 月 20 日：環保署公告第三版「行政院環境保護署補助新購電動機器腳踏車執行要點」將第二版補助金額加倍執行至 87 年 12 月 31 日，全程補助期限至 91 年 12 月 31 日。

⒁　民國 87 年 8 月 31 日：環保署公告「各級政府機關購置電動機車作要點」。

⒂　民國 87 年 9 月 25 日：環保署公告第四版「行政院環境保護署補助新購電動機器腳踏車執行要點」修改充電器補助金額，不分車上或車外型。

⒃　民國 87 年 12 月 6 日：交通部取消電動機車燃料使用費。

⒄　民國 87 年 12 月 31 日：環保署公告第五版「行政院環境保護署補助新購電動機器腳踏車執行要點」將第三版加倍補助延長一年至 88 年 12 月 31 日，全程補助期限至 91 年 12 月 31 日。

⒅ 民國88年3月24日：交通部同意五馬力以下電動機車視爲輕型機車。

⒆ 民國88年7月～91年12月：工研院機械所研發第三代電動機車。

⒇ 民國88年12月30日：環保署公告第六版「行政院環境保護署補助新購電動機器腳踏車執行要點」將第三版加倍補助再延長一年至89年12月31日，全程補助期限至91年12月31日。

(21) 民國89年8月3日：環保署召開調整補助新購電動機車政策說明會。

(22) 民國89年9月29日：環保署成立「電動機車專案評估小組」。

3. 電動機車現行獎勵措施如下

⑴ 對生產者

① 研發補助措施(括弧內係指主管機關)。

❶ 產學合作研究計畫(國科會)

❷ 科技專案業界合作計畫(技術處)

❸ 民營事業申請科專計畫(技術處)

❹ 主導性新產品開發輔導計畫(工業局)

❺ 關鍵零組件及產品計畫(科學園區管理局)

❻ 創新技術計畫(科學園區管理局)

❼ 經濟部所屬事業協助中小企業推廣研發計畫(經濟部)

② 投資20%抵稅或五年免稅。

③ 貨物稅減半徵收(17%→8.5%)

④ 可申請行政院開發基金配合投資。

⑵ 對使用者

① 補助新購電動機車。

② 電動機車免徵牌照稅及燃料使用費。

4. 電動機車製造廠商發展簡史

⑴ 民國81年7月：康陽CITY BIKE電動機車上市。

⑵ 民國84年10月：康陽電動機車正式接受補助。

⑶ 民國85年9月：中華民國電動車輛發展協會成立。

⑷ 民國86年12月：上暐SWAP電動機車上市並接受補助。

⑸ 民國87年6月8日：成立策盟公司由台灣山葉、三陽、台鈴、摩特動力、台灣偉士伯、永豐、信通、台全等公司合資經營研發。

⑹ 民國87年10月：景興發F 21電動機車上市並接受補助。

⑺ 民國88年4月：光陽AIR舞風電動機車上市並接受補助。

⑻ 民國88年9月：策盟公司EM 1電動機車上市並接受補助。

⑼ 民國89年5月：科藝EVT電動機車上市並接受補助。

⑽ 民國89年6月：益通E-POWER電動機車上市並接受補助。

14-2-3 新購電動機車之補助

1. 補助金額標準

環保署爲了改善空氣品質，以補助新購電動機車之方式來推廣國民使用電動機車，訂定了補助辦法。其補助金額有訂定規格標準，分爲基本規格和配備項目大項。配備項目又分動力系統、電池種類及電池管理系統等三項。茲將補助金額表列出如表14-5所示。

表 14-5　電動機車補助金額表

<table>
<tr><th colspan="3">整車基本規格與配備項目</th><th>補助金額</th></tr>
<tr><td colspan="2">基本規格</td><td>安全性能：符合交通部輕型機車標準
爬坡性能：8 度坡每小時 10 公里以上
最高車速：平坦路面每小達 40 公里以上
電能效率：平坦路面 30 公里/小時，耗電率 27 瓦小時/公里以下
電池能量：3 小時率放電，1 仟瓦小時以上</td><td>5,000 元</td></tr>
<tr><td rowspan="8">配備項目</td><td rowspan="2">動力系統</td><td>有刷式直流馬達驅動系統</td><td>3,000 元</td></tr>
<tr><td>無刷式直流馬達(交流同步馬達)驅動系統</td><td>6,000 元</td></tr>
<tr><td rowspan="4">電池種類</td><td>一般閥調式鉛酸電池(免保養鉛酸電池)</td><td>2,000 元</td></tr>
<tr><td>高性能電池，壽命 4,000 公里以上，初始續航力 40 公里/ECE-40B 以上</td><td>8,000 元</td></tr>
<tr><td>高性能電池，壽命 8,000 公里以上，初始續航力 50 公里/ECE-40B 以上</td><td>16,000 元</td></tr>
<tr><td>高性能電池，壽命 12,000 公里以上，初始續航力 60 公里/ECE-40B 以上</td><td>24,000 元</td></tr>
<tr><td rowspan="2">電池管理系統</td><td>車上充電器：8 小時可充入 90%電池電量，充電效率 80%以上</td><td>4,000 元</td></tr>
<tr><td>車外充電器：4 小時可充入 80%電池電量，充電效率 80%以上</td><td>6,000 元</td></tr>
</table>

註：*1.* 資料來源：環保署
　　2. 補助期限：民國 87 年 5 月 20 日起至 88 年 12 月 31 日止

新購者扣除政府補助金額後付款就可領回電動機車，政府補助金額則由廠商領回。但是購買者並不踴躍，於是數次延長補助期限，即全程補助期限延至民國 91 年 12 月 31 日止，其補助標準則另制定如表 14-6 所示。其補助項目分爲車體及電池兩大項，電池又分爲鉛酸電池、鎳氫電池及電池管理系統等三項。

表 14-6　電動機車補助標準表

補助項目		基本要求	補助金額
車體		安全性能：符合交通部輕型機器腳踏車標準 爬坡性能：8 度坡每小時 10 公里以上 最高車速：平坦路面每小達 40 公里以上 電能效率：平坦路面 30 公里/小時，耗電率 27 瓦小時/公里以下	最高 5,000 元： *1.* 無刷馬達補助 5,000 元 *2.* 有刷馬達補助 3,000 元
電池	鉛酸電池	電池組模擬 ECE-40B 行車型態，壽命 4,000 公里以上，初始續航力 40 公里以上	依其成本核定，最高每套 4,000 元，補助兩套
		電池組模擬 ECE-40B 行車型態，壽命 8,000 公里以上，初始續航力 50 公里以上	依其成本核定，最高每套 8,000 元，補助兩套
		電池組模擬 ECE-40B 行車型態，壽命 12,000 公里以上，初始續航力 60 公里以上	依其成本核定，最高每套 12,000 元，補助兩套
	鎳氫電池	電池組模擬 ECE-40B 行車型態，壽命 12,000 公里以上，初始續航力 60 公里以上	依其成本核定，最高每套 20,000 元，補助一套
		電池組模擬 ECE-40B 行車型態，壽命 25,000 公里以上，初始續航力 60 公里以上	依其成本核定，最高每套 25,000 元，補助一套
	電池管理系統	車上充電器：8 小時可充入 90%電池電量，充電效率 80%以上	2,000 元
		車外充電器：4 小時可充入 80%電池電量，充電效率 80%以上	4,000 元

註：*1.* 資料來源：環保署
　　2. 補助期限：民國 89 年 1 月 1 日起至 91 年 12 月 31 日止

2. 補助項目測試規範

補助項目均制定規範分爲兩大項，其測試項目有安全性能、爬坡性能、最高車速、電能效率、電池能量、動力系統、電池種類及電池管理系統等八項外，另制定其試驗方法。如表14-7所示。

表 14-7　電動機車補助相關測試規範

整車基本規格與配備項目			參考規範或試驗方法	備註
基本規格	安全性能	符合交通部輕型機器腳踏車標準	交通部道路交通安全規則	
	爬坡性能	8 度坡每小時 10 公里以上	二輪電動機車整車性能試驗方法，或本署認可方法	
	最高車速	平坦路面每小達 40 公里以上		
	電能效率	平坦路面 30 公里/小時，耗電率 27 瓦小時/公里以下		
	電池能量	3 小時率放電，1 仟瓦小時以上	電動機車電池三小時率容量測試方法，或其他本署認可方法	
配備項目	動力系統	有刷或無刷式直流馬達(交流同步馬達)驅動系統	零件出廠證明文件，或其他本署認可證明文件	
	電池種類	一般閥調式鉛酸電池(免保養鉛酸電池)	零件出廠證明文件，或其他本署認可證明文件	
		高性能電池，壽命 4,000 公里以上，初始續航力 40 公里/ECE-40B 以上	電動機車電池模擬行程壽命測試方法，或其他本署認可方法	
		高性能電池，壽命 8,000 公里以上，初始續航力 50 公里/ECE-40B 以上	電動機車電池模擬行程壽命測試方法，或其他本署認可方法	
		高性能電池，壽命 12,000 公里以上，初始續航力 60 公里/ECE-40B 以上	電動機車電池模擬行程壽命測試方法，或其他本署認可方法	
	電池管理系統	車上充電器：8 小時可充入 90%電池電量，充電效率 80%以上	二輪電動機車車上充電器試驗方法，或其他本署認可方法	
		車外充電器：4 小時可充入 80%電池電量，充電效率 80%以上	二輪電動機車車外充電器試驗方法，或其他本署認可方法	

資料來源：環保署

表 14-8 已銷售並獲准補助之電動機車數量表(84 年 9 月至 89 年 9 月)

年度	康陽		上暐		景興發		光陽		策盟		科藝		益通		總計(千元)	
	補助輛數	補助金額	補助輛數	補助金額	補助輛數	補助金額	補助輛數	補助金額	補助輛數	補助金額	補助輛數	補助金額	補助輛數	補助金額	補助輛數	補助金額
85	119	625													119	595
86	393	1,965													393	1,965
87	322	1,898	247	2,197											569	4,095
88	1,332	19,162	1,230	34,757	394	7,552	159	3,975							3,115	65,446
88 下半年	984	19,680	1,115	34,565	452	10,442	325	8,125	314	785					3,190	73,597
89 年 1 至 9 月	1,180	23,528	1,704	53,142	804	21,762	722	18,050	993	24,825	306	9,180	94	3,102	5,803	153,589
總計	4,320 (4,330)	70,772 (66,858)	4,296	124,661	1,650	39,756	1,206	30,150	1,307	25,610	306	9,180	94	3,102	13,179 (13,189)	303,249 (299,287)

註：*1.* 資料來源：環保署。

2. 表中有括弧者係經筆者核算數值，但錯在何處不得而知。

3. 環保署及縣市環保局已於公務機關、學校及公共場所之停車場設置 3,500 個充電站，並於機車經銷商設置 550 個維修站。

4. 經濟部配合「發展電動機車行動計畫」，已委託工研院發展第三代電動機車。另國科會亦委託學校單位開發電動機車充電、殘電顯示等相關關鍵技術。

3. 獲准補助之機車數量

從民國84年9月起至89年9月止國內電動機車經銷售已完成申請手續者，有康陽、上暐、景興發、光陽、策盟、科藝、益通等七家合計13,179輛。如表14-8所示。

14-2-4 電動機車之性能

電動機車之性能與電動汽車一樣，視其一次充電後的續航里程、最高速度(極速)及充電時間而定其優劣。其次是爬坡能力、馬達、控制器等性能所左右。又電瓶的壽命及售價也相當重要，其影響購買欲至鉅。

目前國內電動機車之性能經調查結果如表14-9所示。另將已經銷售並獲准補助金額的七家廠商性能售價比較表列出如表14-10所示。由表14-9之各項性能之平均值列出如下：極速52km/h、續航力66km(定速30km/h)、車重120公斤、充電時間6小時、售價補助前爲57,000元、電池壽命爲5,600公里、電池全部更換費用59,000元。

14-2-5 電動機車之發展趨勢

電動機車的發展，還是以電瓶爲首要，從鉛酸型經鎳氫型或鋰離子型，最後目標爲燃料電瓶，由此始可提高續航力、極速及循環壽命。此外電瓶的充電時間，研發提高充電性能後，可往二小時的目標邁進。提高馬達、驅動控制器效率並有效利用能量回收，均須努力研發的目標。有關整車輕量化的問題，電瓶重量外車架的輕量化是要同時進行的。

有關各種性能的發展目標，依據工研院機械工業研究所的分析，我國的電動機車發展目標與現況比較如圖14-6所示。又根據策盟工業公司的成果發表簡報的市場目標與產品現況比較如圖14-7所示。

表 14-9　台灣市售電動機車性能一覽表

廠商名稱	康陽	上暐	景興發		光陽	科藝(易維特)	策盟
車型名稱	乘風 MK2	SWAP SW2	F21S	EVT	Air 舞風 EV10AA	EVT-3000/4000	EMI
極速 km/h(環保署)	41(40)	80/60(Eco)(40)	42/52(Eco)(41)	42/52(Eco)	60/50(Eco)(48)	52(41)	52(49.9)
爬坡力($\tan\theta$) > 10km/h	0.14(8°)	0.43(23.5°)	12°	14°	0.33(18°)	14.2°	0.22(12°)
爬坡力(環保署資料)	10°	8°	12°		10°	12°	12°
續航力(km)	45.6(定速) 41(ECE47)	77-88(定速) 62(ECE47)	60(ECE47)	64(ECE47)	63(定速) 46/Eco(ECE47)	86(定速) 66(ECE47)	65(定速) 41(ECE47)
車重 kg(環保署資料)	107(103)	135(142)	117	125	114(125)	125(140)	119
馬達型式	直流有刷	直流無刷	直流無刷	直流有刷	直流無刷	直流有刷	直流無刷
電池型式	密閉式鉛酸	密閉式鉛酸	密閉式鉛酸	密閉式鉛酸	密閉式鉛酸	密閉式鉛酸	密閉式鉛酸
電池廠牌	SONNENSCHEIN	神戶電池	Kung Long/統力	Kung Long/統力	HAWKER/統力	神戶電池	HAWKER/統力
電池容量/電壓	56Ah/24V	40Ah/48V	28Ah/40V	40Ah/48V	26Ah/48V	40Ah/48V	26Ah/48V
充電功率	225W	400W	360W	400W	300W	400W	300W
充電電源	110V/3A	110V	110V	110V	110V-3.5A	110V	110V-3.5A
充電時間	8Hr	4-6Hr	4-6Hr	4-6Hr	6Hr	4Hr(可抽取充電)	8Hr
變速裝置	單段減速	CVT	兩段變速	無段直驅變速	CVT	無段變速	兩段變速
公告售價(元)	43000	66000	58000	59800	63000	55000	57000
補助金額(元)	20000	31000	25000	30000	25000	30000	25000
接受補助後售價(元)	23000	35000	33000	29800	38000	25000	32000
實測電池壽命	大於 4000km	大於 8000km	大於 4000km	大於 4000km	大於 4000km	大於 8000km	大於 4000km
電池全部更換之費用(元)	5000-6000	6600	4500	6600	8000-9000	5500-6000	6000

表 14-10　國內電動機車性能售價比較

廠商	康陽			策盟	上暐	景興發	光陽	易維特	益通
型式	50cc 機車	MK1	MK2	EM1	SW2	F-21N	EV10AC	EVT4000	EGAO-EV1
極速(km/h)	65	40.6	40	49.9	40	41	48	41	46
爬坡力(°/@10kph)	18°	8°	10°	12°	8°	12°	10°	12°	8°
市區續航力(km)	140～160	20～35	20～40	25～54	25～56	25～52	20～45	30～66	25～54
車重(kg)	70～80	107	103	119	142	117	115	140	116
售價	30,000	35,000	43,000	57,000	66,000	62,000	59,000	55,000	62,000
補助金額		12,000	20,000	33,000	33,000	33,000	25,000	30,000	33,000

備註：1. 電動機車市區續航力之上限值係指模擬特定行車型態可行駛之距離。
2. 資料來源：環保署。

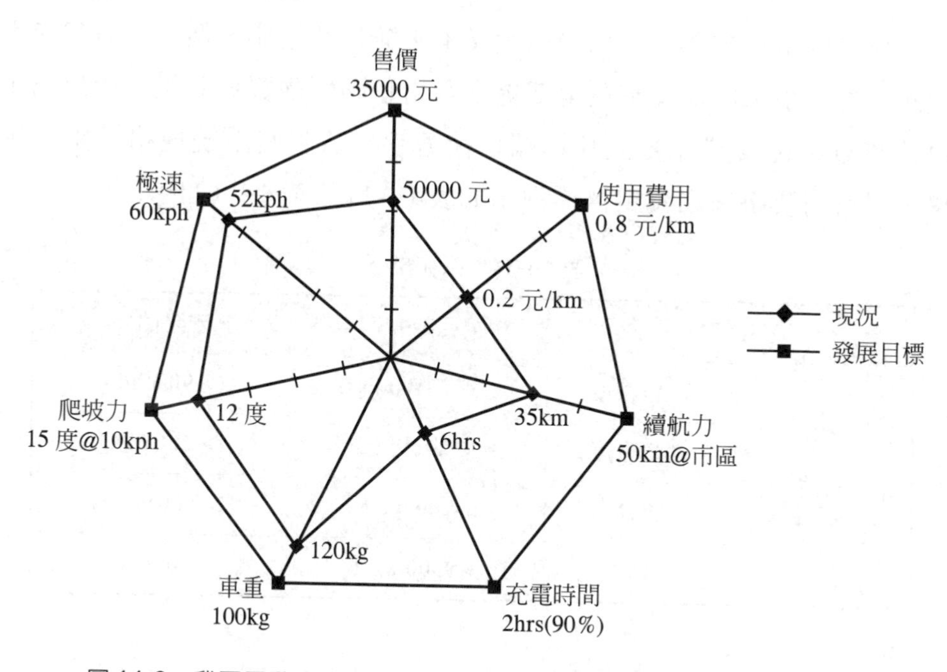

圖 14-6　我國電動機車發展目標與現況比較(資料來源：工研院機械所)

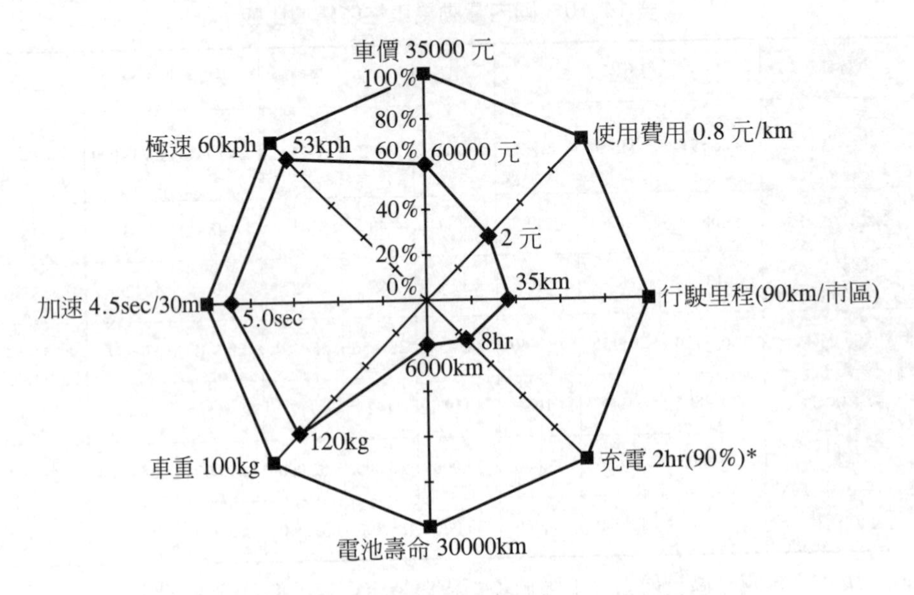

圖 14-7　電動機車市場目標與產品現況比較

目前的鉛酸電瓶，因爲體積大又重，並且其性能、循環壽命尚未盡理想之外，整車價格及電瓶全部更換費用也影響購買欲甚鉅。所以爲了改善整車系統及零件要從其相關技術著手。茲將其系統規格及整車規格，分目前及將來之發展目標列出如表 14-11 及表 14-12 所示。

表 14-11　系統規格

項目		目前 ES	未來目標
電池	能量密度	＜27Wh/kg	＞90Wh/kg
	功率密度	＜200W/kg	＞200W/kg
	壽命	＜200cycles	＞600cycles
	成本	＞$300/kWh	＜400/kWh

表 14-11　系統規格(續)

項目		目前 ES	未來目標
馬達與控制器	功率	＜1.5kW	＞2.5kW
	效率	＜85%	＞85%
	功率元件	IGBT	MOS.FET
通訊		無此功能	具此功能
傳動	型式	二段變速	ICVT 或齒輪變速
充電器	功率	200W	＞320W
車架	材料	鋼管	輕合金或高強度鋼管

資料來源：工研院機械工業研究所

表 14-12　整車規格

項目		目前 ES	未來目標
性能	極速	50 km/h	＞60km/h
	加速(0-30m)	5sec	＜4.5sec
	爬坡力	20km/h@10 度	＞20km/h@15 度
	續航力 @定速 30km/h @ECS47B	 60km 40km	 ＞80km ＞60km
	車重	120kg	＜90kg
成本	整車	63,500(補助前) 13,000(補助)	＜69,000 21,000
	終生使用費用	96,220 (2.7km*36,000km)	57,600 (1.5km*36,000km)
便利性	一般充電	6～8 小時	＜6 小時
	快速充電	發展中	＜15min.(20% to 85%)

資料來源：工研院機械工業研究所

又電動機車之關鍵技術的發展與國內的現況，如表 14-13 所示。

表 14-13　電動機車關鍵技術與發展

項目	技術	發展	國內現況
電池	1. 提高電容量 2. 提高能量&功率密度 3. 提高充放電壽命 4. 快速充電 5. Smart Batter System	1. 鉛酸電池(薄極板、循環壽命 500 次以上) 2. 鎳氫電池(高能量密度) 3. 鋰離子電池(高能量/功率密度)	開發中
充電	1. 等化充電技術 2. 高效率充電技術 3. 快速、非接觸式充電技術	1. 等化充電技術/Pulse 充電技術 2. 振式/PFC 之 DC Converter 3. Off-Board 高頻感應式快速充電	開發中/尚未開發
能量管理及殘電計算	1. 建立最佳放電模式 2. 動態模式殘電估測	1. 整合式 EMS 2. 提高電量指示精度 3. 使電池組壽命與車輛壽命相當	開發中
馬達	1. 開發高效率，低維護需求之馬達 2. 提高重量功率密度	1. 有刷→無刷 2. 低成本化、省略變速機構 3. 輪轂式馬達(In-Wheel Motor) 4. 永磁同步磁阻馬達	部份開發
驅動控制	1. 廣域弱磁控制 2. 最佳效率控制模式	1. 與馬達整合或與 EMS 整合 2. 低成本化、可作磁場控制	部份開發

註：1. EMS(energy management system)；PFC(power factor correction)
　　2. 資料來源：工研院機械研究所

14-2-6 空氣汙染問題

1. 空氣汙染來源

根據環保署統計資料，台灣地區空氣汙染來源，固定汙染源佔57.93%，流動汙染佔42.07%。流動汙染中，分四行程機車、二行程機車、汽、柴油車及其他等，分別列出如表14-14所示。

表14-14 台灣地區空氣污染來源一覽表

污染來源		污染源百分比%	
固定污染源		57.93	
流動污染源	四行程機車	4.41	42.07
	二行程機車	12.56	
	柴油車	4.43	
	汽油車	20.40	
	其他	0.27	

2. 機動污染

在流動汙染中，機動車輛排放廢氣中，危害人體的有毒氣體爲碳氫化合物(HC)、氮氧化物(NOx)及一氧化碳(CO)等三種。其在汽油車、柴油車及機車等所佔有的比例，依據環保署的統計資料，如表14-15所示。

表14-15 機動車輛排放物分布表

	四行程機車	二行程機車	柴油車	汽油車
碳氫化合物(HC)	2.57%	61.51%	6.40%	29.52%
氮氧化物(NOx)	1.26%	3.41%	69.29%	26.05%
一氧化碳(CO)	13.52%	29.30%	3.08%	54.10

資料來源：環保署

3. 空氣污染法規

我國機車廢氣排放標準，是從民國 77 年 7 月 1 日起開始正式實施一期污染排放標準，之後經二期及三期嚴格修訂排放標準並公布實施。甚至修訂更嚴格的四期廢氣排放標準，將定於民國 92 年 12 月 31 日起實施。

可是欲解決機動車輛所造成的空氣污染問題，除了訂定更嚴格的排放污染標準外，還要有效地推廣電動機車之廣泛使用，才能夠有效地遏止空氣污染的成長。茲將環保署公布的機車各期排放標準列出如表 14-16 所示。

表 14-16　機車廢氣排放標準

檢測項目		單位	一期標準(77 年 7 月 1 日實施)	二期標準(80 年 7 月 1 日實施)	三期標準(87 年 1 月 1 日實施)	四期標準
行車	一氧化碳(CO)	克/公里	7.8	4.5	3.5	2
	碳氫化合物與氮氧化合物(HC + NOx)	克/公里	4.4	3	2	1
惰轉	一氧化碳(CO)	%		4.5	4	3.5
	碳氫化合物與氮氧化合物(HC + NOx)	PPM		7000	6000	2000
粒狀污染物(不透光率)		%		40	40	30

資料來源：環保署

4. 電動機車的空氣污染與噪音問題

電動汽(機)車並非絕對零汙染，只是轉嫁給火力發電廠罷了。所以轉嫁後電動機車與一般(汽油)機車的二氧化碳(CO_2)排放量比較，經專家估計電動機車以定速 30 km/h 騎行時爲 2.63 gram/km，以ECE 15A模式騎行時是16.85 gram/km。如果與一般機車作比較，其數值如表14-17所示。

表 14-17　電動機車與一般機車CO_2比較表

機車種類	單位	CO_2 排放量
電動機車	gram/km	2.63～16.85
一般機車	gram/km	50～70

如表14-17，電動機車如果以上述兩種模式騎行，則經轉嫁計算所排放的二氧化碳，分別爲一般機車的1/19及1/4.15。專家計算污染量時，是採用發電比例爲台電公司的全年度平均值，事實上電動機車的充電時間，大部份是在夜間離峰時段進行居多，因此核能發電的比例因而提高，火力發電比例則下降。所以電動機車所造成的環境污染應該更低。

此外電動機車對交通噪音亦有幫助。因其無引擎可發動，只要電門一開即可起步行車，此時仍然靜悄悄毫無響聲可聽到，一直到騎走時始可聽到馬達的迴轉聲音。其加速聲音很小，根據工研院機械工業研究所的資料，EC 1電動機車的加速噪音是58分貝，50cc汽油機車則測到72分貝，但是筆者所試騎的景興發F-21機車噪音似乎未達到EC 1的程度(其值因廠牌而異)。茲將其與一般機車的比較表列出如表14-18所示。

表 14-18　電動機車與 50cc 機車比較

項目	EC1	50CC 機車	康陽 City Bike
極速(公里/時)	52	實測 60～65	38～45
續航力(定速 30 公里/時)	60	200～250	65
爬坡力(度)	15	20 以上	·
空車重(公斤)	105	70～80	95
使用能源	電力	汽油	電力
使用能源費用支出(元/每公里)	0.083	0.26	·
加速噪音	58	72	·
售價(台幣)	$	30000～40000	35000

註：1. 經濟部能源委員會於八十年 7 月起委託工研院機械所與三陽、山葉、台鈴、展葉、永豐等六家業者及士林、台全等電機業者合作投入開發 ZES2000 雛型電動機車，而於民國 84 年成功研發完成後改稱爲 EC1。

2. 資料來源：周卓煇，86 年 3 月；工研院機械工業研究所

由此可知電動機車幾乎零污染、噪音又低，最值得又適合我國全力去推動發展的新交通工具及新興產業。

14-2-7　電動機車用電瓶

1. 概　述

電動機車用電瓶，目前還是以密閉式鉛酸型爲主，茲將筆者近鄰的統一工業公司(統力電池公司)所售出的電動機車用 GS 牌 SER 26 型電瓶介紹於下(參閱圖 14-8)。

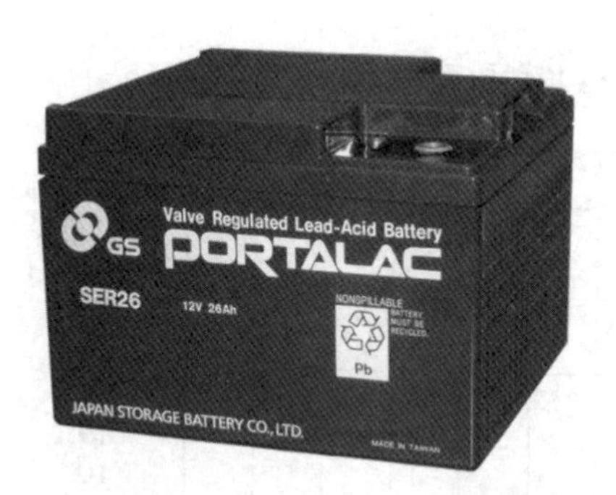

圖 14-8　GS 牌 SER26 型電瓶

茲將 SER 26 型電瓶的外形尺寸、循環使用壽命特性及定電流放電特性圖，分別刊出如圖 14-9、14-10、及圖 14-11 所示。另將其重要資料介紹如下。

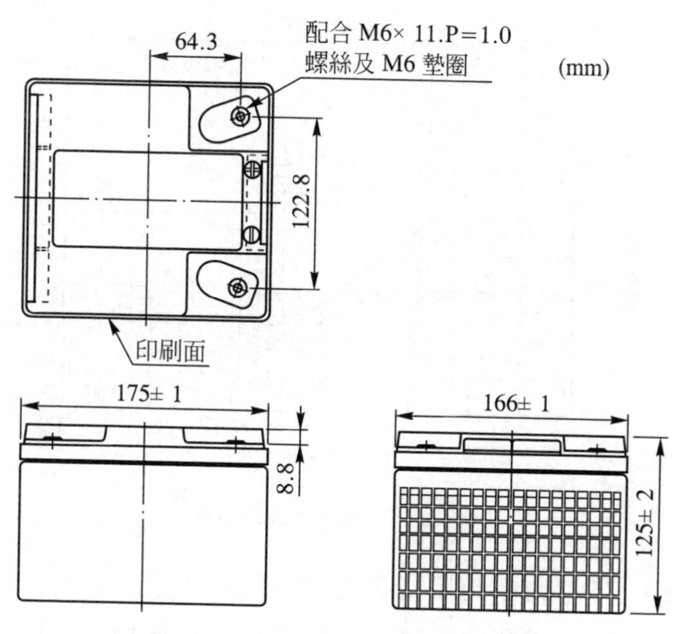

圖 14-9　SER 26 型電瓶外形尺寸

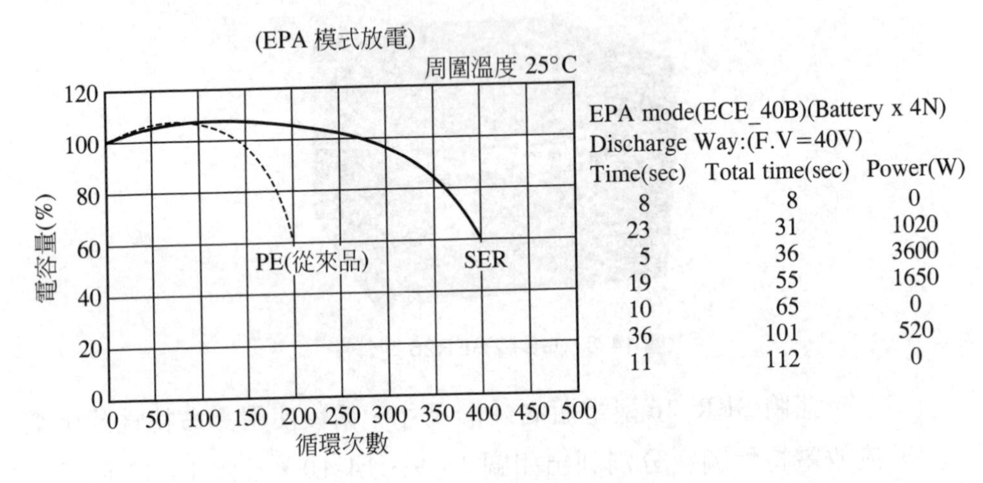

圖 14-10　循環使用壽命特性

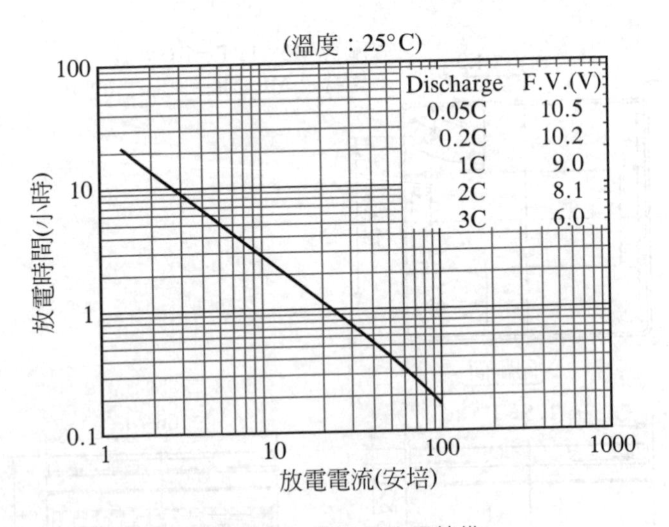

圖 14-11　定電流放電特性

(1)　SER 26 型電瓶的規格如表 14-19 所示。

(2)　SER 26 型電瓶的定電壓充電的方法如表 14-20 所示。

(3)　SER 26 型電瓶的定電力放電特性如表 14-21 所示。

表 14-19　SER26 型電瓶的規格表

項目		單位	規格
公稱電壓		V	12
公稱電容量(20 小時率)		Ah	26
重量		kg	10.5
最大放電電流(60 秒)		A	156
周圍溫度	放電	℃	－20～＋50
	儲存	℃	－20～＋40
	充電	℃	0～＋40

表 14-20　定電壓充電方法

型式＼項目	備用使用	循環使用
設定電壓(伏特)	13.65±0.15	14.55±0.15
初期充電電流(安培)	6.5 或以下	6.5 或以下
充電時間(小時)	24 或以上	10 或以上

表 14-21　定電力放電特性

F.V	5 MIN	10 MIN	20 MIN	30 MIN	40 MIN	50 MIN	60 MIN
10.8 V	1170	909	630	479	369	297	234
10.2 V	1242	963	657	491	378	302	238
9.6 V	1296	995	675	497	383	305	239

2. SER 26 型電瓶的特性

(1) 免保養：由於在超量充電時水電解所產生的氣體在蓄電池中就已完全重新結合，因此就不需要定時加添水量。

(2) 密封構造：由於特殊之構造，GS 鉛酸密封蓄電池可使用於任何之位置，正立或不超過 90 度之倒置，不致損失能量或滲漏電解質。

(3) 高能密度：利用一高吸收性之玻璃纖維隔離板即保持電解質系統可達成每一既定體積之最大能量。

(4) 卓越深度放電恢復功能：使用有專利隔離板及電解質結合的設計，以使蓄電池有最佳的充電接受性，甚至在很嚴重的放電後或長期儲存後亦不會影響到其充電性能。

(5) 超低之自行放電：由於使用高效能之排氣系統及超高純度鉛鈣化合物金格子體結構的緣故，GS 蓄電池之自行放電率極低，在存放或未使用中每月之損失率低於 3%。

(6) 壽命長：特別荷重式正極及負極在循環及備用之使用上均能加長使用壽命。

(7) 使用溫度範圍廣：GS 蓄電池之設計使它適用於很寬廣之操作溫度範圍。

(8) UL核定品：合乎UL標準924第38篇之標準，爲UL核定品。

(9) 經濟實用：由於GS鉛酸蓄電池之特殊設計加長了其使用年限，零故障、及其使用安全性均超出今日市場上之同類產品甚多。

3. 密閉式電池使用注意事項

(1) 充電：請勿將電池置於密封容器內或無排氣口之密封袋內充電。

(2) 操作：電容量不同電池或舊品與新品不同型式電也，不得混合使用，以免損壞電池與其他設備。

⑶ 其 他

① 放置儲存室之溫度必須在－20℃～40℃之間。

② 電池不用時必須將電池與充電器或與負載分開，儘可能儲存於陰涼乾燥的場所。

③ 請勿以有機溶劑擦拭或清洗電池外殼。

④ 請勿將電池安裝於會放熱之物體或火焰旁邊。

⑤ 電池儲存時至少每六個月補充電一次。

⑥ 切勿使正⊕負⊖極短路。

⑦ 如果皮膚或衣物不慎沾上硫酸，應立刻用水清洗，如果眼睛噴濺到硫酸時，請先用水清洗後立刻就醫。

至於電瓶的發展過程，必經鎳氫(Ni/MH)電瓶及鋰離子(Li/ion)電瓶方面發展，也就是要往高能量(high energe)及高功率(high power)的電瓶發展以增加續航里程。茲將鋰離子電瓶的工作原理示意圖刊出如圖 14-12 所示。另將鋰離子電瓶的性能比較表列出如表 14-22 所示。

表 14-22　電動車用鋰離子二次電池性能比較-SAFT

高能量電池←→Dual Mode←→高功率電池
(＞100 Wh/kg)　　　　(＞1000 W/kg)

	高能量	Dual Mode 雙款式	高功率	
電容量(Ah)	44	30	12	6
重量能量密度(Wh/kg)	140	100	70	64
功率密度(W/kg)	300	950	1350	1500
P/E 比	2～3	8～10	18～25	
適用車種	電動車	混合式電動車 與零污染電動車	混合式電動車 起動馬達	

資料來源：工業材料研究所

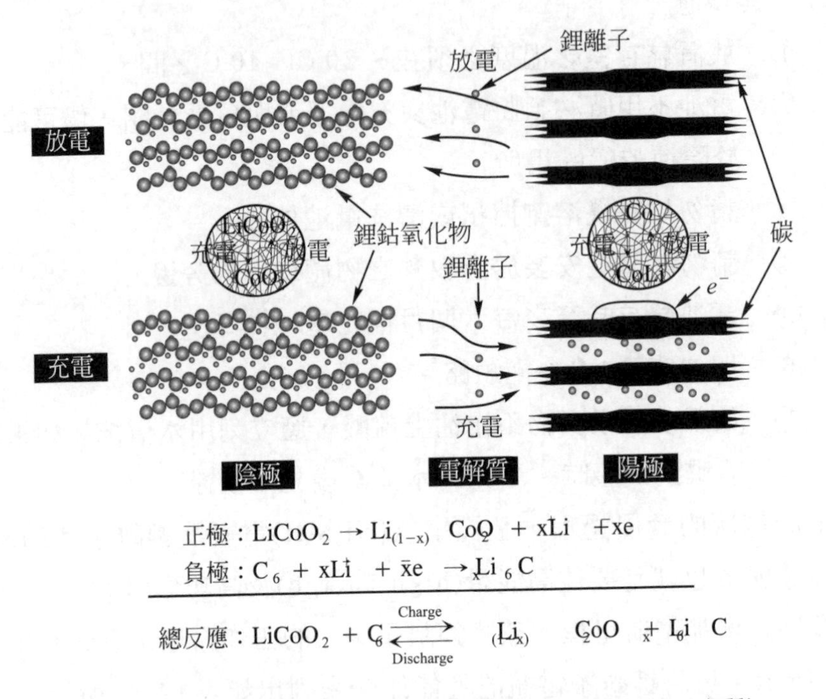

圖 14-12　鋰離子電池工作原理(資料來源：工業材料研究所)

不過最後的發展目標，可能跟電動汽車一樣，往燃料電瓶方面發展並以此型爲主流。

14-2-8　電動機車(F-21 型)實車介紹

1.　前　言

邇來在電視及報紙常看到電動機車的廣告，又恰遇要改寫本書，曾電洽台南市環保局告知，在電話簿可查到製造公司及經銷商。經查到住家附近有景興發企業股份有限公司研發電動機車已推出市場出售。所以直接前往該公司拜訪吳董事長宗興先生。據吳董事長告知，該公司於民國 83 年開始自行研發，87 年初與私立南台科技大學合作著手研究開發電動機車。經數年的研發雖然與全世界的發展一樣，尚未達到百分百之理想階段，但達到可用階段。所以民國87年10月開始推出市場銷售。購買電動機車原售價爲六萬貳仟元，政府輔助三萬三仟元實際的零售價爲新台幣貳萬玖仟元。

景興發牌之電動機車已推出市場銷售的兩種車型，即F-21型及F-6000型兩種。該公司是向環保署申請電動機車獲准的第三家製造公司。

2. F-21型電動機車之特色

茲將F-21型電動機車介紹於下，從其外觀看起來與汽油機車完全相同並無甚麼差別，不過無引擎而以馬達及驅動控制器替代而已。也就是汽油機車是將汽油的燃燒熱能爲動力，而電動機車是以電力直接驅動機車行駛。茲將其電動機車的特色介紹如下。

(1) 零污染、無噪音、免加油及省能源。
(2) 比二行程機車節省60%～80%的能源。
(3) 免定期檢驗，不必擔心廢氣排放不合格，被罰款。
(4) 沒有排氣管高溫燙傷的問題。
(5) 使用家用交流110伏特電源充電，費用低廉。
(6) 適合中、短途代步用的交通工具。
(7) 充電時間3～4小時之電容量可達85%。
(8) 馬達：使用DC無刷直流馬達，替代引擎動力。
(9) 驅動控制器：以控制馬達調整車速。
(10) 電瓶：使用12V、28AH電瓶四個，是密閉式、免保養。
(11) 在試車場測試：從0～100公尺只要七秒鐘。
(12) 行車速度以30～40km/h最省電力。

3. 電動機車的各部名稱

電動機車與汽油機車在外觀上看起來幾乎相同，除無引擎外有馬達及驅動控制器是不同之處，茲將各部分名稱介紹如圖 14-13 所示。

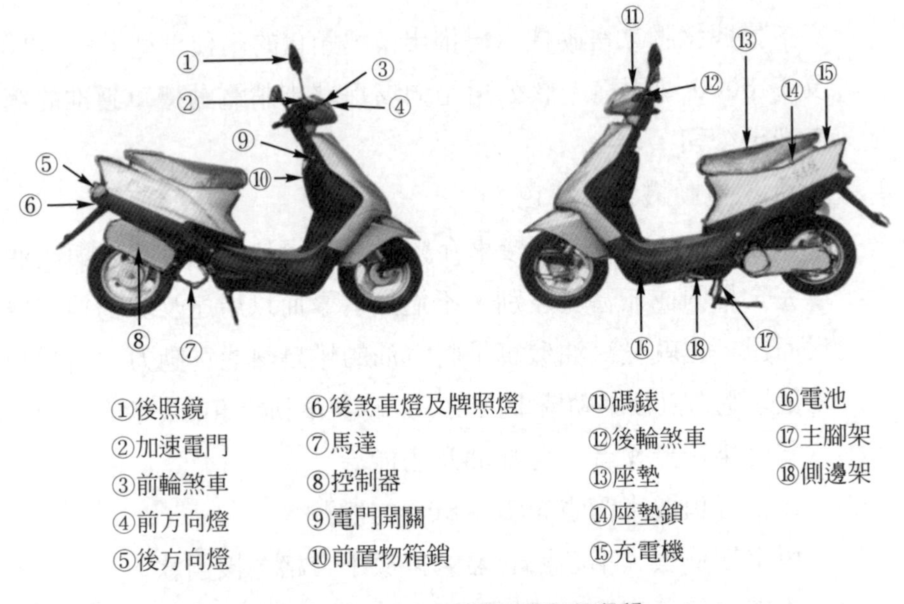

圖 14-13　F-21 電動機車各部名稱

4. F-21 型電動機車性能規格

此型電動機車是第三家申請獲准補助的，所以性能均已達到規定標準。茲將其性能規格表列出如表 14-23 所示。

5. 試車雜感

F-21 型電動機車之試騎，首先點火開關轉至 on 後，就有一紅燈及綠燈同時點亮，待紅燈熄滅後剩下綠燈即可以騎走。扭動油門把手車子立即衝出，使筆者嚇一跳，其加速之靈敏程度不亞於汽油車，這是電動機車騎士須要小心的，尤其是載小孩於前方，應手握煞車把手以防萬一。

表 14-23　F-21 電動機車性能規格表

<table>
<tr><td>廠牌</td><td colspan="2">景興發</td><td>廢氣排放</td><td colspan="2">無</td></tr>
<tr><td>型式</td><td colspan="2">F-21S</td><td rowspan="2">輪胎尺寸及層數</td><td>前</td><td>300-10-4PR</td></tr>
<tr><td rowspan="4">動力系統</td><td>動力機</td><td>48V 直流無刷馬達</td><td>後</td><td>300-10-4PR</td></tr>
<tr><td>使用能源</td><td>12V，28Ah 電池 4 個</td><td rowspan="2">煞車</td><td>前</td><td>鼓剎式</td></tr>
<tr><td>馬達功率</td><td>3.7HP</td><td>後</td><td>鼓剎式</td></tr>
<tr><td>起動方式</td><td>電門控制</td><td rowspan="4">燈光</td><td>前燈</td><td>12V 30W</td></tr>
<tr><td>控制裝置</td><td colspan="2">二段自動排檔</td><td>牌照燈</td><td>12V 5W</td></tr>
<tr><td rowspan="4">尺寸規格</td><td>全長</td><td>170 cm</td><td>煞車燈</td><td>12V 18W</td></tr>
<tr><td>全寬</td><td>70 cm</td><td>方向燈</td><td>12V 5W</td></tr>
<tr><td>全高</td><td>107 cm</td><td rowspan="2">性能</td><td>爬坡力</td><td>8 度</td></tr>
<tr><td>重量</td><td>115kg</td><td>續航力</td><td>30～40km</td></tr>
<tr><td>胎壓</td><td>前輪</td><td>3.5kg/cm^2</td><td>後輪</td><td colspan="2">3.5kg/cm^2</td></tr>
</table>

註：以上性能規格僅供參考，實際性能應以實車爲主，且本公司若有變更時，將不另行通知。

起步行駛，僅可聽到馬達咻咻的轉動微聲談不到噪音。汽油機車騎士根本感覺不到有後方來車。景興發公司在郊外，所以騎出至省道後逐漸加速至速度錶不再上升的最高速度約爲 55km/h，可是逐漸靠近市區就不能以此速度繼續行車。然而電動機車有此速度，已令人心滿意足，惟一遺憾的是續航里程規範爲 50 公里，騎出去總要騎回來吧！打半折後僅有 25 公里，如日久電瓶老舊恐怕可行駛里程更少。

經此次試騎後，有下列五點缺點外，其餘性能諒必可與汽油機車並駕齊驅。希望電動機車廠商，能夠百尺竿頭更進一步，研發出比汽油機車更佳性能之機車。其缺點列出如下。

(1) 缺點首推續航力(續航里程)，此點是須賴電瓶之研發改善也。
(2) 機車重量太重，應再研發車架或配件之輕量化。
(3) 機車底盤太低(離地 15 公分)，無論直行或轉彎時，遇到高低不平處容易碰到底盤。
(4) 機車懸吊(彈性)較硬，失去其舒適感。
(5) 電瓶體積、重量均需要小型並輕量化(屬電瓶製造廠)。

14-2-9 免牌照小型電動機車

免牌照小型電動機車，除免向監理站申請牌照外，又可免帶安全帽，但是筆者還是帶安全帽比較好又安全。因篇幅關係僅作簡單附圖介紹景興發公司所出品小型電動機車如下。

該小型機車最高時速只有 25 公里，如圖 14-14 所示。其規格如表 14-24 所示。

圖 14-14 BES-207 小飛龍休閒車規格

表 14-24　小型機車規格表

全車尺寸	127cmL×62cmW×82cmH
重量	42kg
馬達	24V 有刷馬達
電池	2×12V 17AH 免保養鉛酸電池
最高速率	25km/h
傳動方式	鏈條
煞車	鼓式
續航力	25～30 公里
配備	遠近燈、前後方向燈、後視鏡、喇叭、後車燈、前置物籃、後置物箱

另有老年人或殘障人士可乘坐之電動小型機車有三輪或四輪車兩種如圖 14-15 所示。最高時速爲 18km/h，似如自行速度比較安全，其規格如表 14-25 所示。

圖 14-15　老年人用電動機車

表 14-25　老年人用電動機車規格表

全車尺寸	132cmL×60cmW×96cmH
馬達	450W
電池	2×12V 28AH
最高速率	18km/H
續航力	40km
傳動方式	鏈條、皮帶

14-2-10　結　語

台灣地狹人稠，在都市中不論汽機車，以車滿爲患，且顯出飽和趨勢之現象。因此所產生的能源浪費，空氣污染、噪音干擾、氣溫上昇等，已經屬世界嚴重地區之一。

目前我國電動汽車的研究尚在萌芽階段，談不上發展，無法趕上先進國家，但機車就不同了。在機車方面我國有上千萬輛的機車在使用外又外銷各國。然而一輛機車所排放的廢氣約爲汽車的三倍。若能大力推動使用零污染的電動機車，必可有效地銳減台灣地區來自機車的污染源。

電動機車除不污染空氣外又無噪音，如電動機車能夠普及，在使用上除可節省能源外，可簡單列出下列幾點益處。

1. 能源使用成本：電動機車 0.1 元/公里，汽油機車 0.65 元/公里。
2. 維護費用：電動機車 1 元/公里，汽油機車 2.115 元/公里。汽油機車要維持規定耗油率引擎需定期保修，而電動機車用馬達使用廿年亦不須維修。
3. 社會成本：汽油無法估計…如呼吸道疾病，地球生態破壞致癌病等。

另一方面，電動機車除要提高各項功能外，其售價也必須再降低始能普及。因此希望政府能夠繼續獎勵廠商研發及購買者，以極力推廣機車電動化。爲了機車電動化能夠普及，特別增加此節介紹電動機車，呼籲政府、廠商及全體國民，能夠互相勉勵合作，爲下一代子孫設想，極力爲改善空氣品質而努力。繼而如今外銷汽油機車一樣，將大量的電動機車外銷，以建立電動機車之世界製造中心及使用王國。

14-3 電動自行車

14-3-1 前 言

自行車在全世界每年的銷售量約爲一億萬台左右，爲地球環保貢獻不少。因環保問題自行車的使用量最佔優勢。

我國是自行車外銷王國，每年外銷的自行車數量約爲 850～900 萬台，內銷 50 萬台，四年前各自行車廠開始研發電動自行車，於去年有很多廠商已開發完成。

如將自行車電動化後，逆風騎行，郊外及上坡路等，均可減輕人力，享受舒適乘騎樂趣可增加利用率。如購物、通勤、通學、郊外活動等，以防止日愈嚴重的環境污染及停車問題。爲此各國均制定相關的規範，以認定爲自行車加以推廣，藉以改善空氣品質。我國當然也不例外，可是因成本高，售價亦高，因此減低購買慾，是不能普及之主要原因。

筆者是從事汽車保養、管理等工作，對自行車業從未接觸，索取電動汽機車資料時，承蒙車輛同業公會王嘉生先生提供資料，在此感謝他。

14-3-2 電動自行車的類型

電動自行車可分為二類如下。

1. 以人力為主、電力為輔
   (1) 輔助動力來源的電動機不能不經由人力而以電力獨立之形態作動。
   (2) 當腳踏板作動時，方有電力的輸出。
   (3) 不能以純電力直接啓動。
2. 以人力與電力並行
   (1) 輔助動力來源的電動機可以電力獨立之形態作動。
   (2) 當手動電門啓動，即有電力的輸出，可以純電力行駛。
   (3) 可以純電力直接啓動。

14-3-3 電動自行車的規格

電動自行車與一般自行車的速度無明顯差異，而且用腳踏板踏動控制馬達輔助，行車安全性與自行車相當。

電瓶沒電或電動機故障時仍可用人力騎乘，不會造成安全及賽車問題。其規格如下。

1. 電瓶重量約為 7～12 公斤，馬達重量約為 3～5 公斤，故較一般自行車重約 10～17 公斤。
2. 一次充電可行駛里程約 30 公里(以平地定速測得)。
3. 最高速度約為 25 公里/小時(齒輪比限制)，煞車作動時電力供應自動斷路。

14-3-4　電動自行車與一般自行車構造的異同

茲將兩者的相同點和不同點列出如下。

1. 相同點

⑴ 以腳踏板踏動控制馬達輔助力，人機一體感覺，與自行車的乘騎一樣安全。

⑵ 去除電動機、電池、控制器後，其構造、外型及運轉操作方法，與自行車相同。

2. 相異點

⑴ 提供人力踩踏及電力驅動兩種型式(沒有電時可以用踩踏方式騎電動自行車)。

⑵ 電動自行車較一般自行車多了電動機、控制器及電池組。

14-3-5　電動自行車用電池

我國電動自行車用電池，仍然以鉛酸電池爲主。英國也是使用鉛酸電池，美國與德國則使用鎳鎘電池，鎳鎘電池雖然性能較優異，可是成本較高我國電動自行車要使用鎳鎘電池，目前考慮售價恐怕免談爲宜。

14-3-6　電動自行車實車介紹

1. 捷安特

筆者住家附近有一家“忠進車行”出售捷安特電動自行車，就近索取了其電動自行車(Lafree)的說明書。該車有三種車型，即E612型、E411型及EF201型等，如圖14-16所示。茲將其規格表列出如表14-26所示。

表 14-26　Lafree 電動自行車規格表

名稱			Lafree			
型號			E612(Lafree-Life)	E411	E402	EF201(Lafree Th! nk)
前叉			鋁合金前叉	避震前叉		一般前叉
尺寸及重量		規格	26×18”	24×13.5”	24×14”	20 吋
		全長	1800mm	1824mm		1570mm
		全寬	650mm	700mm		500mm
		座墊高度	750～950mm	700～980mm		820～990mm
		重量	21kgs.	33kgs.		29kgs.
電源箱	電池	種類	Ni-MH6.5Ah (Panasonic) 松下鎳氫電池	免保養密閉式鉛酸電池		免保養密閉式鉛酸電池
		容量	24V～6.5Ah	12V～12Ah		12V～9Ah
		數量	2 個／一組	2 個／一組		2 個／一組
		壽命	六個月以上	六個月以上		六個月以上
	充電	充電時間	4～5 小時	約 5～8 小時		約 5～8 小時
		使用電壓	AC110V～120V 50/60Hz(UL)	110V～220V (交流電 AC)		110V～220V (交流電 AC)
輪胎尺寸(吋)			26"×1.75	24"×1 3/8		20"×1.75
馬達		型式	無刷式直流馬達	永磁式直流馬達		永磁式直流馬達
		額定出力	24V～240W	400W		400W
動力控制方式			自動式動力助踩系統 (P.A.P)	自動式動力助踩系統 (P.A.P)＋可控式動力系統(V.P.C)		自動式動力助踩系統 (P.A.P)＋可控式動力系統(V.P.C)
變速機構			內變四速	外六段變速		內變四速
爬坡力			(12°)坡	(12°)坡		(12°)坡
續航力			最高可達 45km	最高可達 45km		最高可達 25km
供電最高速限			28km/hr	30km/hr		30km/hr

註：*以上規格／配備及刊載照片僅供參考，如有變更請以實車爲準。

*原廠出車的 Laree 具有零組件一年品質保證，電池 6 個月品質保證；如有任何問題均可享有任何一家 Lafree 專賣店完善專業的售後服務。

*購買 Lafree 電動車可享環保署補助 3,000 元／台。

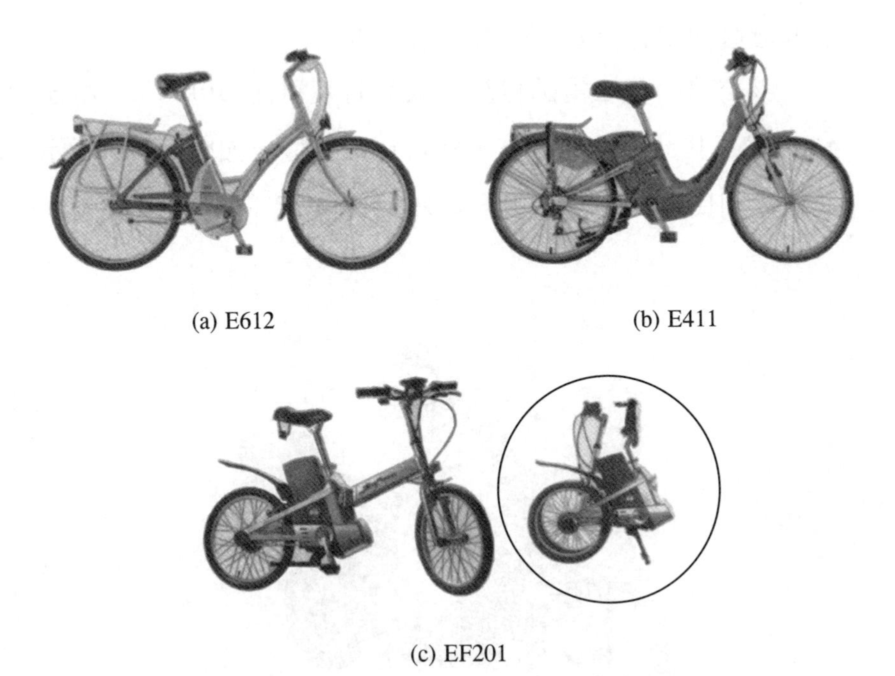

(a) E612 (b) E411

(c) EF201

圖 14-16 Lafree 電動自行車之三種車型

該車值得一提的是動力助踩系統(P.A.P.)及可控式動力系統(V.P.C.)。茲將該二種系統介紹如下。

(1) 動力助踩系統(power assisted pedaling)

此系統係自動偵測您雙腳的施力情況，在需要的時候，以最適當的動力輔助您踩踏，達到人車一體的完美境界，無論休閒運動或短程代步，都讓您騎乘起來輕鬆愉快。

(2) 可控式動力系統(variable power control)

此系統如遇陡坡、逆風時，只要輕輕轉動電力控制把手，世界專利的動力系統就會根據把手轉動的程度，來決定馬達輸出動力的大小，瞬間加速發揮行動力，讓您享受自由操控的騎乘樂趣。

2. 景興發公司出售之Coleo電動自行車

該公司出售之電動自行車最高時速可達 30km/h，續航力為60公里，其造型美觀大方，與自行車類似，如圖14-17所示，諒必會受到民眾喜愛、購用，售為19,800元。

圖14-17 Coleo電動自行車

表14-27 Coleo電動自行車規格表

全車尺寸	155cmL×65cmW×103cmH
馬達	36V 400W 無刷有刷馬達(雙用)
電池	3×12V 21AH
最高速率	30km/H
續航力	60km/H
傳動方式	馬達直驅、皮帶雙用

3. 景興發公司推出之小哈利電動自行車

此型車是以一般自行車型加裝電瓶及馬達，以電動化之自行車，其有二種車型如圖 14-18 所示，最高時速爲 25km/h，平地續航力爲 20～25 公里。

- 座椅、把手高低可調，摺疊把手。
- 殘電指示、不用擔心沒電。
- 車架前後避震器、座椅避震。
- 二段式安全開關。
- 高效能無刷防水馬達。
- 過熱保護控制系統、壽命超長。
- 最高速度 25 公里/小時。
- 平地續航力 20～25 公里。
- 免保養鉛酸電池。
- 智能型充電器。

圖 14-18　BES-105 小哈利

14-3-7 結　語

我國是自行車外銷王國，自行車雖然逐漸被機車所取代，可是未滿十八歲的青少年不准考駕駛執照，及年邁老人，仍然以自行車為代步之交通工具，所以其使用量仍然相當可觀。邇來因生活水準提高，要高級享受，所以電動自行車不僅是老年人要節省力氣，連年輕人都要節省人力，因此使用者日愈增加，可是一台電動自行車售價高達一萬八千八百元(捷安特)，與一般自行車相比貴六倍，難怪自行車行老闆說平均一個月勉強可賣出一台。如此如何去推廣甚至普及呢？值得廠商深思。由此可知如何去研發性能優良、成本又低的電動自行車，是當務之急。如果能夠早日完成此任務，則電動自行車之外銷王國，仍然我國莫屬。

14-4 日本的電動自行車

14-4-1 山葉公司研發輕輪 PAS 系電動自行車

日本為了自行車競技的振興普及，由日本自行車普及協會委託山葉發動機公司研發電動自行車。該公司應用動力補助系統(PAS：power assist system)，依人力和電動馬達的補助動力，可騎至時速60km/h。

其研發的自行車，是自行車競技先頭感應用電動混合型自行車，命名為“輕輪 PAS(1)"如圖 14-19 所示。此型電動自行車裝置一馬達，時速達到 24 km/h時就由微電腦按設定自動切斷電動補助力。人力對馬達補助力的比率：時速 0～15 km/h時是 1:1，時速 15～24 km/h時補助力就遞減。

圖 14-19　山葉公司開發的輕輪 PAS(1)

如圖 14-20 所示“輕輪 PAS(2)”則裝置 V 型兩具馬達，時速 0～60 km/h 的速度域之出力比設爲 1:2，必要時只要腳踏(pedaling)踏力之三分之一的力量就可以行駛。

圖 14-20　輕輪 PAS(2)之構成圖

參考文獻

一、中文部分

1. 汽車電系 p5-7、8，p6-4，p6-5　　黃靖雄編著　正工出版社
2. 電動汽車與替代燃料汽車　李添財編譯　全華科技圖書股份有限公司
3. 電動汽車全集　李添財編譯　全華科技圖書股份有限公司
4. 汽車電子學　李添財編譯　全華科技圖書股份有限公司
5. 國際及我國電動機車產業技術發展研討會
   專題演講資料　主辦單位：經濟部工業局
   執行單位：工研院機械工業研究所
   87 年 11 月 25、26 日
   (1)電動車用電池發展現況　講義 p1-27
   工研院材料研究所　楊模樺博士
   (2)電動機車控制系統發展現況　講義 p1-22
   報告人：張鴻喜先生
   (3)策盟電動機車成果發表　講義 p8
   林智銘主任
6. 電動車法規探討及台灣電動車推廣及發展策略研討 p10
   85 年 12 月 5 日國立清華大學　金重勳教授主辦
   台灣區車輛工業同業公會
7. 車輛機械維護(1～138 期)交通部國道高速公路局南工處印
   (員工在職訓練用)
8. 車輛工業月刊 84 期 p52-53　台灣區車輛工業同業工會
9. TTVMA
   「電動自行車」的疑型

「電動自行車」行車安全性

「電動自行車」與一般「自行車」構造的異同

10. 華太能源開發公司實用新型專利證書

11. 行政院國家科學委員會專題研究計畫成果報告

(太陽能車世界大賽之參賽型太陽能車設計與製造)

主持人：艾和昌博士　　　　　　南台科技大學機械工程系

12. 推動電動機車補助政策之緣起及現況簡報

內含一、推動電機機車之緣起

二、「發展電動機車行動計畫」之訂定背景及目標

三、電動機車推廣現況

四、政府及民間單位投資狀況

五、執行成效檢討

行政院環境保護署　　　　　　89.10.09

13. 電動機車相關主題　2001年2月1日PM04:59網路資料p1-9

周卓煇先生　　　　　　清華大學材料工程學系教授

二、日文部分

14. 自動車工學月刊　各期月刊

1995年7月號p86、87、89

1996年1月號p72、78-81

1996年8月號 p73

1996年11月號p152

1997年1月號p134、135、137

1997年6月號p39-43、45-51

1997年7月號p59、62

1997年8月號p42、47-48、61、64

1997年9月號p44-48

1997年10月號p76-77、80-81、85

1997年12月號p39-42

1998年1月號p86、88-89、97、127-128、131-133、154

1998年1月號p177、180、196-197

1998年9月號p43、55

1998年12月號p78、81

1999年8月號p85

2002年1月號p78

2002年2月號p90

2002年7月號p60-61、133

2002年9月號p62、64

2003年3月號p51-56、58-63

2003年4月號p98-104

2003年7月號p101

15. Motor Fan 月刊　各期月刊(停刊前)

16. EV.電氣自動車　佐藤員暢/高行男　山海堂

p9-10、19、21、33、36-40、42-43、47-48、52、56、91

17. 電氣自動車　第2版　清水浩　著

國家圖書館出版品預行編目資料

電動汽機車 / 李添財編. -- 三版. --
新北市：全華圖書, 2016.04
面； 公分
ISBN 978-986-463-197-1(平裝)
1. CST：電動汽車 2. CST：電動車
447.2 105005120

電動汽機車

作者／李添財
發行人／陳本源
執行編輯／蔣德亮
出版者／全華圖書股份有限公司
郵政帳號／0100836-1 號
印刷者／宏懋打字印刷股份有限公司
圖書編號／0547302
三版六刷／2022 年 2 月
定價／新台幣 500 元
ISBN／978-986-463-197-1(平裝)
全華圖書／www.chwa.com.tw
全華網路書店 Open Tech／www.opentech.com.tw
若您對本書有任何問題，歡迎來信指導 book@chwa.com.tw

臺北總公司(北區營業處)
地址：23671 新北市土城區忠義路 21 號
電話：(02) 2262-5666
傳真：(02) 6637-3695、6637-3696

南區營業處
地址：80769 高雄市三民區應安街 12 號
電話：(07) 381-1377
傳真：(07) 862-5562

中區營業處
地址：40256 臺中市南區樹義一巷 26 號
電話：(04) 2261-8485
傳真：(04) 3600-9806(高中職)
(04) 3601-8600(大專)

版權所有・翻印必究